黑龙江建筑职业技术学院
国家示范性高职院校建设项目成果

国家示范性高职院校工学结合系列教材

建筑工程项目管理

（工程造价专业）

王　敏　关秀霞　张　彬　编著
王林生　主审

中国建筑工业出版社

图书在版编目（CIP）数据

建筑工程项目管理/王敏等编著．—北京：中国建筑工业出版社，2009

（国家示范性高职院校工学结合系列教材，工程造价专业）

ISBN 978-7-112-11512-9

Ⅰ．建… Ⅱ．王… Ⅲ．建筑工程-项目管理-高等学校：技术学校-教材 Ⅳ．TU71

中国版本图书馆 CIP 数据核字（2009）第 192819 号

　　本书是以完成一个个实际工作任务为线索，把教学相关知识点融入每个任务之中，系统地介绍了建筑工程项目管理的相关工作、工程招标投标及合同管理工作、工程施工组织等相关内容。全书共分七个情境，第一个情境是工程项目管理，内容包括项目管理的基础知识，项目管理机构的设置及工程项目可行性研究报告的编写等内容；第二至第六个情境分别是建筑工程合同的招标、投标、开标、评标与中标、工程施工合同的订立、施工索赔等内容；第七个情境是建筑工程施工组织的内容。全书注重理论与实践的结合，注重学生实践技能的培养。

　　本书可作为高职高专院校工程管理、工程造价专业的教材，也可作为社会相关管理专业人士的参考书。

＊　　　＊　　　＊

责任编辑：朱首明　张　晶

责任设计：赵明霞

责任校对：袁艳玲　陈晶晶

国家示范性高职院校工学结合系列教材

建筑工程项目管理

（工程造价专业）

王　敏　关秀霞　张　彬　编著

王林生　主审

＊

中国建筑工业出版社出版、发行（北京西郊百万庄）

各地新华书店、建筑书店经销

北京密云红光制版公司制版

北京世界知识印刷厂印刷

＊

开本：787×1092毫米　1/16　印张：20¾　插页：1　字数：518千字

2009年12月第一版　　2009年12月第一次印刷

定价：**38.00**元

ISBN 978-7-112-11512-9

（18759）

前　　言

本教材是根据高职高专示范性院校人才培养方案编写的，是一门理论与实践性很强的课程。教材在阐述基本概念和基本原理的基础上，以应用为重点，设置很多实训内容，锻炼了学生的实践动手能力，使学生成为善经营、会管理、懂技术的高等职业技术应用型人才。

本教材以建筑工程项目管理系统化工作过程为主线，全书共分七个情境，二十项工作任务，主要介绍建筑工程项目基本概念、工程项目的可行性研究、建筑工程项目管理组织以及项目实施过程中的建筑工程招标与投标、建筑工程施工组织与管理、建筑工程合同的签订与管理等主要理论知识与实践工作内容。

本教材内容新颖、适用性强、难易程度得当、贴近实际工作。

本教材由王敏统稿，王敏、关秀霞、张彬主编，参编人员有唐英千、林野、石东斌、贲姗。

本教材由王林生主审，王春宁对本教材提出了许多宝贵意见，对本教材的定稿给予了极大的支持，在此表示衷心的感谢。在本教材编写过程中，参考了教材后所列的参考文献中的部分内容，谨此向作者致以衷心的感谢。

由于编者的水平有一定的局限性，教材中难免会出现错误和不足，恳请专家学者和广大读者提出宝贵意见，我们将在实践中加以改进和完善。

目　　录

学习情境一　工程项目管理

任务一　熟悉有关工程项目管理的知识

【引导问题】

1. 什么是项目？
2. 什么是项目管理？
3. 什么是工程项目管理？
4. 什么是建筑工程项目管理？

【工作任务】

了解建设项目建设程序，建筑工程项目的基本概念，熟悉建筑工程项目管理的基本内容、建筑工程项目的目标管理和建筑工程项目管理的分类及涵义。

【学习参考资料】

1. 李玉宝. 国际工程项目管理. 北京：中国建筑工业出版社，2006.
2. 危道军. 建筑工程项目管理. 武汉：武汉理工大学出版社，2005.

一、建设项目建设程序

(一) 建设项目建设程序

建设项目建设程序，是指建设项目建设全过程中各项工作必须遵循的先后顺序。它是指建设项目建设全过程中各环节、各步骤之间客观存在的不可破坏的先后顺序，是由建设项目本身的特点和客观规律决定的。进行建设项目建设，坚持按科学的建设项目建设程序办事，就是要求建设项目建设工作必须按照符合客观规律要求的一定顺序进行，正确处理建设项目建设工作中从制定建设规划、确定建设项目、勘察、定点、设计、施工、安装、试车，直到竣工验收交付使用等各个阶段、各个环节之间的关系，达到提高投资效益的目的，这是关系建设项目建设工作全局的一个重要问题，也是按照自然规律和经济规律管理建设项目建设的一个根本原则。

我国的建设程序分为 6 个阶段，即项目建议书阶段、可行性研究阶段、设计工作阶段、建设准备阶段、建设实施阶段和竣工阶段。其中：项目建议书阶段和可行性研究阶段成为前期工作阶段或决策阶段。6 个阶段的关系如图 1-1 所示。

1. 项目建议书阶段

项目法人按国民经济和社会发展长远规划、行业规划和建设单位所在的城镇规划的要求，根据本单位的发展需要，经过调查、预测、分析，编报项目建议书。

2. 可行性研究报告阶段

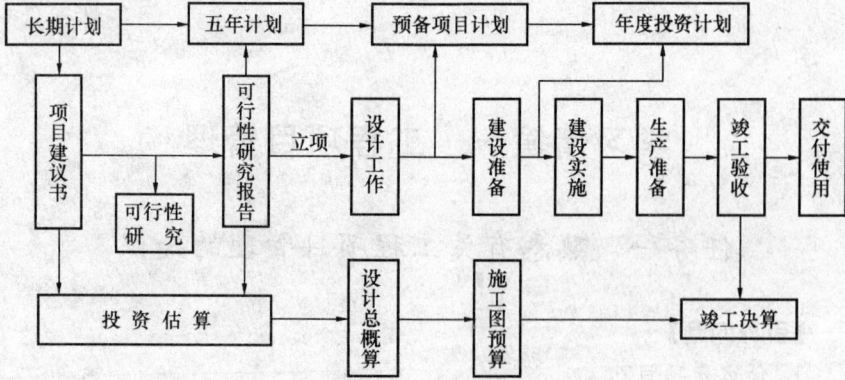

图 1-1　建设程序图

　　项目建议书批准后，项目法人委托有相应资质的设计、咨询单位，对拟建项目在技术、工程、经济和外部协作条件等方面的可行性，进行全面分析、论证，进行方案比较，推荐最佳方案。可行性研究报告是项目决策的依据，应按国家规定达到一定的深度和准确性，其投资估算和初步设计概算的出入不得大于 10%，否则将对项目进行重新决策。

　　3. 初步设计

　　可行性研究报告批准后，项目法人委托有相应资质的设计单位，按照批准的可行性研究报告的要求，编制初步设计。初步设计批准后，设计概算即为工程投资的最高限额，未经批准，不得随意突破。确因不可抗拒因素造成投资突破设计概算时，需上报原批准部门审批。

　　4. 施工图设计

　　初步设计批准后，项目法人委托有相应资质的设计单位，按照批准的初步设计，组织施工图设计。

　　5. 年度投资计划

　　项目建议书、可行性研究报告、初步设计批准后向主管部门申请列入投资计划。如果是自筹资金或者是捐赠资金，此阶段可省略。

　　6. 开工报告

　　建设项目完成各项准备工作，具备开工条件，建设单位及时向主管部门和有关单位提出开工报告，开工报告批准后即可进行项目施工。

　　7. 竣工验收交付使用

　　根据国家有关规定，建设项目按批准的内容完成后，符合验收标准，须及时组织验收，办理交付使用资产移交手续。投资达到一定规模的大型建设项目的竣工验收备案工作，由国家发改委或行业主管部门组织进行，限额以下的项目由行业主管部门或行业主管部门委托进行。

　　8. 项目后评价

　　（1）建设项目竣工投产后，一般经过 1～2 年生产运营后，要进行一次系统的项目后评价，主要内容包括：影响评价——项目投产后对各方面的影响进行评价；

经济效益评价——对项目投资、国民经济效益、财务效益、技术进步和规模效益、可行性研究深度等进行评价；过程评价——对项目的立项、设计施工、建设管理、竣工投产、生产运营等全过程进行评价。

（2）项目后评价一般按三个层次组织实施，即项目法人的自我评价、项目行业的评价、计划部门的评价。

（3）建设项目后评价工作必须遵循客观、公正、科学的原则，做到分析合理、评价公正。通过建设项目的后评价以达到肯定成绩、总结经验、研究问题、吸取教训、提出建议、改进工作，不断提高项目决策水平和投资效果的目的。

（二）建筑工程施工程序

施工程序，是指施工单位从承接工程业务到工程竣工验收一系列工作必须遵循的先后顺序，是建设项目建设程序中的一个阶段。它可以分为承接业务签订合同、施工准备、正式施工和竣工验收四个阶段。

1. 承接业务签订合同

施工单位承接业务的方式有三种：国家或上级主管部门直接下达；受建设单位委托而承接；通过投标中标而承接。不论采用哪种方式承接业务，施工单位都要检查其合法性。

承接施工任务后，建设单位与施工单位应根据《合同法》和《招标投标法》的有关规定及要求签订施工合同。施工合同应规定承包的内容、要求、工期、质量、造价及材料供应等，明确合同双方应承担的义务和职责以及应完成的施工准备工作（土地征购、申请施工用地、施工许可证、拆除障碍物，接通场外水源、电源、道路等内容）。施工合同经双方负责人签字后具有法律效力，必须共同遵守。

2. 施工准备

施工合同签订以后，施工单位应全面了解工程性质、规模、特点及工期要求等，进行场址勘察、技术经济和社会调查，收集有关资料，编制施工组织总设计。施工组织总设计经批准后，施工单位应组织先遣人员进入施工现场，与建设单位密切配合，共同做好各项开工前的准备工作，为顺利开工创造条件。根据施工组织总设计的规划，对首批施工的各单位工程，应抓紧落实各项施工准备工作。如图纸会审，编制单位工程施工组织设计，落实劳动力、材料、构件、施工机具及现场"三通一平"等。具备开工条件后，提出开工报告并经审查批准，领取《施工许可证》，即可正式开工。

3. 正式施工

施工过程是施工程序中的主要阶段，应从整个施工现场的全局出发，按照施工组织设计，精心组织施工，加强各单位、各部门的配合与协作，协调解决各方面问题，使施工活动顺利开展。

在施工过程中，应加强技术、材料、质量、安全、进度等各项管理工作，落实施工单位项目经理负责制及经济责任制，全面做好各项经济核算与管理工作，严格执行各项技术、质量检验制度，抓紧工程收尾和竣工工作。

4. 进行工程验收、交付生产使用

这是施工的最后阶段。在交工验收前，施工单位内部应先进行预验收，检查各分项分部工程的施工质量，整理各项交工验收的技术经济资料。在此基础上，由建设单位组织竣工验收，经相关部门验收合格后，到主管部门备案，办理验收签证书，并交付使用。

二、建筑工程项目的基本概念

（一）项目定义

项目是指在一定的约束条件下，具有特定目标和完整的组织结构的一次性任务或活动。简单地说，安排一场演出，一次培训任务，开发一种新产品，制造一台大型设备，建造一幢大房子，都可以称之为一个项目。

（二）项目的特征

1. 满足约束条件，有明确的目标；

2. 有明确的开始和截止日期以及限定的工作期限（周期）；

3. 具有一次性和寿命周期；

4. 具有独创性；

5. 有资源限制，包括人员、资金、时间、设备、物资和设施等；

6. 每个项目都有客户；

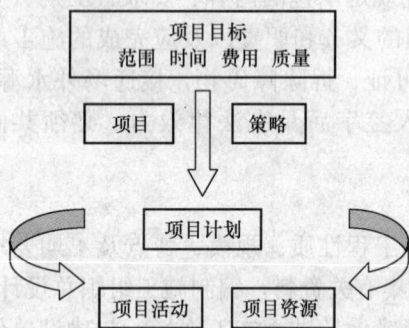

图1-2 项目构成图

7. 项目包含一定的不确定性。

（三）项目的构成

项目主要由目标、策略、任务、计划、项目活动、项目资源构成。在项目构成的最顶端是项目目标，为了实现目标，必须采取一定的策略。项目策略和任务由项目内容、项目环境及其条件确定。项目计划就是项目内容的具体体现，它是整个项目构成的基础。

项目计划确定了项目必须完成的工作、项目需要的资源、项目实施的方法与工具、项目管理等内容。如图1-2所示。

（四）工程项目管理

项目管理作为20世纪50年代发展起来的新领域，现已成为现代管理学的重要分支，并越来越受到重视。运用项目管理的知识和经验，可以极大地提高管理人员的工作效率。

按照传统的做法，当企业设定了一个项目后，参与这个项目的至少会有好几个部门，包括财务部门、市场部门、行政部门等等。而不同部门在运作项目过程中不可避免地会产生摩擦，须进行协调，这些无疑会增加项目的成本，影响项目实施的效率。

项目管理的做法则不同。不同职能部门的成员因为某一个项目而组成团队，项目经理则是项目团队的领导者，他所肩负的责任就是领导他的团队准时、优质地完成全部工作，在不超出预算的情况下实现项目目标。项目的管理者不仅仅是项目执行者，他还参与项目的需求确定、项目选择、计划直至收尾的全过程，并在时间、成本、质量、风险、合同、采购、人力资源等各个方面对项目进行全方位的管理，因此项目管理可以帮助企业处理需要跨领域解决的复杂问题，并实现更高的运营效率。

也正因为如此，项目管理的应用从仅限于建筑、国防、航天等行业迅速发展到今天的计算机、电子通信、金融业甚至政府机关等众多领域。目前在国内，对项目管理认识较浅，要求项目管理人员拥有相应资格认证的还主要是大的跨国公司、IT公司等与国际接轨的企业。

（五）建筑工程项目管理的周期

工程项目管理周期，是人们长期在工程建设实践、认识，再实践、再认识的过程中，对理论和实践的高度概括和总结。工程项目周期是指一个工程项目由筹划立项开始，直到项目竣工投产收回投资，达到预期目标的整个过程。

工程项目管理的周期实际就是工程项目的周期，也就是一个建设项目的建设周期。建筑工程项目管理周期相对工程项目管理周期来讲面比较窄，而周期是一致的。

三、建筑工程项目管理的基本内容

（一）建筑工程项目管理的工作内容

项目管理的内容应包括：编制项目管理规划大纲和项目管理实施规划，项目进度控制、项目质量控制、项目安全控制、项目成本控制，项目人力资源管理、项目材料管理、项目机械设备管理、项目技术管理、项目资金管理，项目合同管理、项目信息管理、项目现场管理、项目组织协调、项目竣工验收、项目考核评价、项目回访保修。

（二）建筑工程项目管理

建筑工程项目是最常见、最典型的工程项目类型，建筑工程项目管理是项目管理在建筑工程项目中的具体应用。考虑到项目管理在我国建筑业界的率先推广和广泛应用的具体实践，目前可以将建筑工程项目管理定义为：在一定约束条件下，以建筑工程项目为对象，以最优实现建筑工程项目目标为目的，以建筑工程项目经理负责制为基础，以建筑工程承包合同为纽带，对建筑工程项目进行高效率的计划、组织、协调、控制和监督的系统管理活动。

（三）建筑工程项目管理的程序

建筑工程项目管理的程序应依次为：编制项目管理规划大纲，编制投标书并进行投标，签订施工合同，选定项目经理，项目经理接受企业法定代表人的委托组建项目经理部，企业法定代表人与项目经理签订项目管理目标责任书，项目经理部编制项目管理实施规划，进行项目开工前的准备，施工期间按项目管理实施规划进行管理，在项目竣工验收阶段进行竣工结算、清理各种债权债务、移交资料和工程，进行经济分析，做出项目管理总结报告并送企业管理层有关职能部门审计，企业管理层组织考核委员会对项目管理工作进行考核评价并兑现项目管理目标责任书中的奖惩承诺，项目经理部解体，在保修期满前企业管理层根据工程质量保修书的约定进行项目回访保修。

（四）建筑工程项目管理规划

项目管理规划应分为项目管理规划大纲和项目管理实施规划。当承包人以编制施工组织设计代替项目管理规划时，施工组织设计应满足项目管理规划的要求。

1. 项目管理规划大纲

（1）项目管理规划大纲应由企业管理层依据下列资料编制：①招标文件及发包人对招标文件的解释；②企业管理层对招标文件的分析研究结果；③工程现场情况；④发包人提供的信息和资料；⑤有关市场信息；⑥企业法定代表人的投标决策意见。

（2）项目管理规划大纲应包括下列内容：①项目概况；②项目实施条件分析；③项目投标活动及签订施工合同的策略；④项目管理目标；⑤项目组织结构；⑥质量目标和施工方案；⑦工期目标和施工总进度计划；⑧成本目标；⑨项目风险预测和安全目标；⑩项目现场管理和施工平面图；⑪投标和签订施工合同；⑫文明施工及环境保护。

2. 项目管理实施规划

（1）项目管理实施规划必须由项目经理组织项目经理部在工程开工之前编制完成。项目管理实施规划应依据下列资料编制：①项目管理规划大纲；②项目管理目标责任书；③施工合同。

（2）项目管理实施规划应包括下列内容：①工程概况；②施工部署；③施工方案；④施工进度计划；⑤资源供应计划；⑥施工准备工作计划；⑦施工平面图；⑧技术组织措施计划；⑨项目风险管理；⑩信息管理；⑪技术经济指标分析。

（3）编制项目管理实施规划应遵循下列程序：①对施工合同和施工条件进行分析；②对项目管理目标责任书进行分析；③编写目录及框架；④分工编写；⑤汇总协调；⑥统一审查；⑦修改定稿；⑧报批。

（4）项目管理实施规划内容编写的要求：

1）工程概况应包括下列内容：工程特点；建设地点及环境特征；施工条件；项目管理特点及总体要求。

2）施工部署应包括下列内容：项目的质量、进度、成本及安全目标；拟投入的最高人数和平均人数；分包计划；劳动力使用计划；材料供应计划；机械设备供应计划；施工程序；项目管理总体安排。

3）施工方案应包括下列内容：施工流向和施工顺序；施工阶段划分；施工方法和施工机械选择；安全施工设计；环境保护内容及方法。

4）施工进度计划应包括：施工总进度计划和单位工程施工进度计划。

5）资源需求计划应包括下列内容：劳动力需求计划；主要材料和周转材料需求计划；机械设备需求计划；预制品订货和需求计划；大型工具、器具需求计划。

6）施工准备工作计划应包括下列内容：施工准备工作组织及时间安排；技术准备及编制质量计划；施工现场准备；专业施工队伍和管理人员的准备；物资准备；资金准备。

7）施工平面图应包括下列内容：施工平面图说明；施工平面图；施工平面图

管理规划。施工平面图应按现行制图标准和制度要求进行绘制。

8）施工技术组织措施计划应包括下列内容：保证进度目标的措施；保证质量目标的措施；保证安全目标的措施；保证成本目标的措施；保证雨期、冬期施工的措施；保护环境的措施；文明施工措施。各项措施应包括技术措施、组织措施、经济措施及合同措施。

9）项目风险管理规划应包括以下内容：风险项目因素识别一览表；风险可能出现的概率及损失值估计；风险管理要点；风险防范对策；风险责任管理。

10）项目信息管理规划应包括下列内容：与项目组织相适应的信息流通系统；信息中心的建立规划；项目管理软件的选择与使用规划；信息管理实施规划。

11）技术经济指标的计算与分析应包括下列内容：规划的指标；规划指标水平高低的分析和评价；实施难点的对策。

12）项目管理实施规划的管理应符合下列规定：项目管理实施规划应经会审后，由项目经理签字并报企业主管领导人审批；当监理机构对项目管理实施规划有异议时，经协商后可由项目经理主持修改；项目管理实施规划应按专业和子项目进行交底，落实执行责任；执行项目管理实施规划过程中应进行检查和调整；项目管理结束后，必须对项目管理实施规划的编制、执行的经验和问题进行总结分析，并归档保存。

（五）建筑工程项目的目标管理

为实现项目管理目标而实施的收集数据、与计划目标对比分析、采取措施纠正偏差等活动，包括项目进度控制、项目质量控制、项目安全控制和项目成本控制。

项目管理目标责任书是由企业法定代表人根据施工合同和经营管理目标要求明确规定项目经理部应达到的成本、质量、进度和安全等控制目标的文件。

项目管理目标责任书应包括下列内容：

（1）企业各业务部门与项目经理部之间的关系。

（2）项目经理部使用作业队伍的方式、项目所需材料供应方式和机械设备供应方式。

（3）应达到的项目进度目标、项目质量目标、项目安全目标和项目成本目标。

（4）在企业制度规定以外的、由法定代表人向项目经理委托的事项。

（5）企业对项目经理部人员进行奖惩的依据、标准、办法及应承担的风险。

（6）项目经理解职和项目经理部解体的条件及方法。

四、建筑工程项目管理的主体

（一）建筑工程项目管理

建筑工程项目管理的内涵可概括为：自建筑工程项目开始至项目完成，通过项目策划和项目控制，使建筑工程项目的费用目标、进度目标和质量目标得以实现的系统管理。

参与工程项目建设管理的各方面（管理主体）在工程项目建设中均存在项目管理问题。

建筑设计和施工单位受业主委托承担建设项目的设计及施工，它们有义务对建筑工程项目进行管理。一些大、中型工程项目，业主、设计单位和施工单位因缺乏项目管理经验，也可委托项目管理咨询公司代为进行项目管理。

在项目建设中，业主、设计单位和施工单位各处不同的地位，对同一个项目各自承担的任务不同，其项目管理的任务也是不相同的。如在费用控制方面，业主要控制整个项目建设的投资总额，而施工单位考虑的是控制该项目的施工成本。又如在进度控制方面，业主应控制整个项目的建设进度，而设计单位主要控制设计进度，施工单位控制所承包部分的工程施工进度。

（二）工程项目建设管理的主体

1. 业主（建设单位）

（1）国家机关等行政部门。

（2）国内外企业。

2. 承包商：有承建能力的建筑企业。

3. 设计单位

（1）建筑专业设计院。

（2）其他设计单位（如林业勘察设计院、铁路勘察设计院、冶金勘察设计院等专业设计院）。

4. 监理咨询机构

（1）专业监理咨询机构。

（2）其他监理咨询机构。

（三）工程项目管理的类型

工程项目管理的类型可归纳为以下几种：

1. 业主方的项目管理；

2. 设计方的项目管理；

3. 施工方的项目管理；

4. 供货方的项目管理；

5. 建设项目总承包方的项目管理；

6. 在我国，目前在一定程度上还采用工程指挥部代表有关部门进行项目管理。

在工程项目建设的不同阶段，参与工程项目建设的各方的管理内容及重点各不相同。在设计阶段的工程项目管理分为建设单位的设计管理和设计单位的设计管理两种情况；在施工阶段的工程管理则主要分为业主的工程项目管理、承包商的工程项目管理、监理工程师的工程项目管理。下面是对在工程项目管理实践中最常见的管理类型进行介绍。

五、建筑工程项目管理的分类及涵义

（一）建筑工程项目管理的分类

建筑工程项目管理按管理的责任可以划分为：工程项目总承包方的项目管理、施工方的项目管理、业主方的项目管理、设计方的项目管理、供应商的项目管理以及建设管理部门的项目管理。

（二）建筑工程项目管理的涵义

1. 工程项目总承包方的项目管理

业主在项目决策之后，通过招标择优选定总承包商全面负责建设工程项目的实施全过程，直至最终交付使用功能和质量符合合同文件规定的工程项目。因此，总承包方的项目管理是贯穿于项目实施全过程的全面管理，既包括设计阶段也包括施工安装阶段，以实现其承建工程项目的经营方针和项目管理的目标，取得预期经营效益。显然，总承包方必须在合同条件的约束下，依靠自身的技术和管理优势，通过优化设计及施工方案，在规定的时间内，保质保量并且安全地完成工程项目的承建任务。从交易的角度看，项目业主是买方，总承包单位是卖方，因此两者的地位和利益追求是不同的。

2. 施工方项目管理

施工单位通过工程施工投标取得工程施工承包合同，并以施工合同所界定的工程范围，组织项目管理，简称施工项目管理。从完整的意义上说，这种施工项目应该指施工总承包的完整工程项目，包括其中的土建工程施工和建筑设备工程施工安装，最终成果能形成独立使用功能的建筑产品。然而从工程项目系统分析的角度，分项工程、分部工程也是构成工程项目的子系统。按子系统定义项目，既有其特定的约束条件和目标要求，而且也是一次性的任务。因此，工程项目按专业、按部位分解发包的情况，承包方仍然可以按承包合同界定的局部施工任务作为项目管理的对象，这就是广义的施工企业的项目管理。

3. 业主方项目管理（建设监理）的涵义

业主方的项目管理是全过程全方位的，包括项目实施阶段的各个环节，主要有：组织协调，合同管理，信息管理，投资、质量、进度三大目标控制，人们把它通俗地概括为"一协调二管理三控制"或"三控制二管理一协调"。

由于工程项目的实施是一次性的任务，因此，业主方自行进行项目管理往往有很大的局限性。首先在技术和管理方面，缺乏配套的力量，即使配备了管理班子，没有连续的工程任务也是不经济的。计划经济体制下，每个建设单位都建立一个筹建处或基建处来搞工程，这不符合市场经济条件下资源的优化配置和动态管理，而且也不利于建设经验的积累和应用。因此，在市场经济体制下，工程项目业主完全可以依靠发展的咨询业为其提供项目管理服务，这就是建设监理，监理单位接受工程业主的委托，提供全过程监理服务。由于建设监理的性质是属于智力密集型层次的咨询服务，因此，它可以向前延伸到项目投资决策阶段，包括立项和可行性研究等。这是建设监理和项目管理在时间范围、实施主体和所处地位、任务目标等方面的不同之处。

4. 设计方项目管理的涵义

设计单位受业主委托承担工程项目的设计任务，以设计合同所界定的工作目标及其责任义务作为该项工程设计管理的对象、内容和条件，通常简称设计项目管理。设计项目管理也就是设计单位对履行工程设计合同和实现设计单位经营方针目标而进行的设计管理。尽管其地位、作用和利益追求与项目业主不同，但它也是建设工程设计阶段项目管理的重要方面。只有通过设计合同，依靠设计方的自主项目管理才能贯彻业主的建设意图和实施设计阶段的投资、质量和进度控制。

5. 供货方的项目管理

从建设项目管理的系统分析角度看，建设物资供应工作也是工程项目实施的一个子系统，它有明确的任务和目标，明确的制约条件以及项目实施子系统的内在联系。因此制造厂、供应商同样可以将加工生产制造和供应合同所界定的任务，作为项目进行目标管理和控制，以适应建设项目总目标控制的要求。

6. 建设管理部门的项目管理

建设管理部门的项目管理就是对项目实施的可行性、合法性、政策性、方向性、规范性、计划性进行监督管理。

（三）承包商的建筑工程项目管理

承包商的项目管理是对所承担的施工项目目标进行的策划、控制和协调，项目管理的任务主要是集中在施工阶段，也可以向前延伸到设计阶段，向后延伸到动用前准备阶段和保修阶段。

1. 施工方项目管理的内容

为了实现施工项目各阶段目标和最终目标，承包商必须加强施工项目管理工作。在投标、签订工程承包合同以后，施工项目管理的主体，便是以施工项目经理为首的项目经理部（即项目管理层）。

管理的客体是具体的施工对象、施工活动及相关的劳动要素。

管理的内容包括：建立施工项目管理组织，进行施工项目管理规划，进行施工项目的目标控制，对施工项目劳动要素进行优化配置和动态管理，施工项目的组织协调，施工项目的合同管理和信息管理以及施工项目管理总结等。

2. 建立施工项目管理组织

（1）由企业采用适当的方式选聘称职的施工项目经理；

（2）根据施工项目组织原则，选用适当的组织形式，组建施工项目管理机构，明确责任、权限和义务；

（3）在遵守企业规章制度的前提下，根据施工项目管理的需要，制定施工项目管理制度。

3. 进行施工项目管理规划

施工项目管理规划是对施工项目管理组织、内容、方法、步骤、重点进行预测和决策，做具体安排的纲领性文件。施工项目管理规划的内容主要有：

（1）进行工程项目分解，形成施工对象分解体系，以便确定阶段控制目标，从局部到整体地进行施工活动和施工项目管理；

（2）建立施工项目管理工作体系，绘制施工项目管理工作体系图和施工项目管理工作信息流程图；

（3）编制施工管理规划，确定管理点，形成文件，以利执行。这个文件类似于施工组织设计。

4. 进行施工项目的目标控制

施工项目的目标有阶段性目标和最终目标。实现各项目标是施工项目管理的目的。所以它应当坚持以控制论原理和理论为指导，进行全过程的科学控制。

施工项目的控制目标有以下几项：

（1）进度控制目标；

（2）质量控制目标；

（3）成本控制目标；

（4）安全控制目标。

由于在施工项目目标的控制过程中会不断受到各种客观因素的干扰，各种风险因素都有发生的可能性，故应通过组织协调和风险管理对施工项目目标进行动态控制。

5. 生产要素管理和施工现场管理

施工项目的生产要素是施工项目目标得以实现的保证，它主要包括：劳动力、材料、机械设备、资金和技术（即5M）。施工现场的管理对于节约材料、节省投资、保证施工进度、创建文明工地等方面都至关重要。

这部分的主要内容如下：.

（1）分析各项生产要素的特点；

（2）按照一定原则、方法对施工项目生产要素进行优化配置，并对配置状况进行评价；

（3）对施工项目的各项生产要素进行动态管理；

（4）进行施工现场平面图设计，做好现场的调度与管理。

6. 施工项目的组织协调

组织协调为目标控制服务，其内容包括：

（1）人际关系的协调；

（2）组织关系的协调；

（3）配合关系的协调；

（4）供求关系的协调；

（5）约束关系的协调。

这些关系发生在施工项目管理组织内部、施工项目管理组织与其外部相关单位之间。

复习思考题

1. 项目管理的概念？项目的构成和特征有哪些？

2. 什么是建筑工程项目管理？

3. 建筑工程项目管理的程序？

4. 建筑工程项目管理的内容和分类。

完成工作任务的要求：熟悉建筑施工技术知识和工程造价知识。

任务二　建筑工程项目管理组织的设计

【引导问题】

1. 什么是建设项目管理组织？

2. 什么是工程项目管理的组织形式？

3. 工程项目谁来组织实施？

4. 项目经理是干什么的？

5. 怎样搭建项目班子？

【工作任务】

了解建设项目管理组织，熟悉工程项目管理的组织形式及特征，建筑工程项目管理组织机构的主体，熟悉项目经理部的组织模式、构建和项目经理的职责、权限，项目部职能配置和人员构成。

【学习参考资料】

1. 李玉宝. 国际工程项目管理. 中国建筑工业出版社，2006.

2. 危道军. 建筑工程项目管理. 武汉理工大学出版社，2005.

3. 田金信. 建筑企业管理学. 中国建筑工业出版社，2004.

一、工程项目管理机构的组织模式

（一）工程项目管理机构的组织模式概述

建设项目管理组织是指业主（或项目管理单位）及其相应的管理组织体系。建设项目立项后，应根据项目的性质、投资来源、建设规模大小、工程复杂程度等条件，建立相应的项目管理组织，其作用是对项目的建设进度、质量、资金使用等实施有效的控制与管理。

施工项目管理组织机构同参与项目建设的各方的企业管理组织机构是局部与整体的关系。组织机构设置的目的是为了进一步充分发挥项目管理功能，提高项目整体管理效率，以达到项目管理的最终目标。工程项目管理组织体系和组织机构的建立是项目管理成功的组织保证。

1. 组织的两种涵义

组织的第一种涵义是作为名词出现的，指组织机构。组织机构是按一定领导体制、部门设置、层次划分、职责分工、规章制度和信息系统等构成的有机整体，是社会的结合体，可以完成一定的任务，并为此而处理人和人、人和事、人和物的关系。组织的第二种涵义是作为动词出现的，指组织行为（活动），即通过一定权力和影响力，为达到一定目标，对所需资源进行合理配置，处理人和人、人和事、人和物的行为（活动）。管理职能是通过两种涵义的有机结合而产生并起作用的。

2. 施工项目管理的组织

施工项目管理的组织，是指为进行施工项目管理、实现组织职能而进行组织系统的设计与建立、组织运行和组织调整三个方面。组织系统的设计与建立是指通过筹划、设计，建立一个可以完成施工项目管理的组织机构，建立必要的规章制度，划分并明确岗位、层次、部门的责任和权力，建立和形成管理信息系统及责任分担系统，并通过一定岗位和部门内人员的规范化的活动和信息流通实现组织目标。

3. 项目管理的组织职能

组织职能是项目管理基本职能之一，其目的是通过合理设计和职权关系结构来使各方面的工作协调一致。项目管理的组织职能包括五个方面：

（1）组织设计。包括选定一个合理的组织系统，划分各部门的权限和职责，确立各种规章制度，还包括生产指挥系统组织设计、职能部门组织设计等等。

（2）组织联系。就是规定组织机构中各部门的相互关系，明确信息流通和信息反馈的渠道，以及它们之间的协调原则和方法。

（3）组织运行。就是按分担的责任完成各自的工作，规定各组织体的工作顺序和业务管理活动的运行过程。组织运行要抓好三个关键性问题，一是人员配置，二是业务接口关系，三是信息反馈。

（4）组织行为。就是指运用行为科学、社会学及社会心理学原理来研究、理解和影响组织中人员的行为、言语、组织过程、管理风格及组织变更等。

（5）组织调整。组织调整是指根据工作的需要、环境的变化，分析原有的工程项目组织系统的缺陷、适应性和效率性，对原组织系统进行调整和重新组合。包括组织形式的变化、人员的变动、规章制度的修订或废止、责任系统的调整以及信息流通系统的调整等。

（二）建设工程项目的组织形式

即为管理工程项目的组织建制。国内外常见的工程项目管理的组织形式有以下几种：

1. 业主自管方式

即业主自己设置基建机构（筹建处）负责支配建设资金、办理一切前期手续、委托设计、监理、采购设备、招标施工、验收工程等全部工作；有的还自行组织设计、施工队伍直接进行设计和施工（自营方式）。

这是我国计划经济时期多年惯用的方式，在计划经济体制下，基本建设任务由国家统一安排、资金统一分配。业主与设计、施工单位及设备物资供应单位关系如图 1-3 所示。

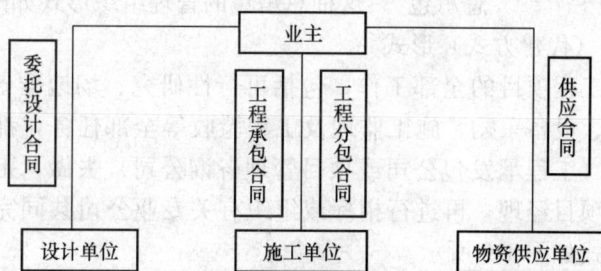

图 1-3 计划经济体制下建设各方关系示意图

这种管理体制是业主和承包单位的管理体制。这种业主的筹建机构并非是专业化、社会化的管理机构，其人员都是临时从四面八方调集来的，多数没有管理工程建设的经验，而当他们有了一些管理经验之后，又随着工程的竣工而停止工程管理工作，改行从事其他工作。如此，其后的其他工程项目建设又在很低的管理水平上重复，使我国建设水平和投资效益永远难以提高。

2. 工程指挥部形式

我国在建国后的 30 年里, 一些大型工程项目和重点工程项目的管理都采用这种方式如图 1-4 所示。

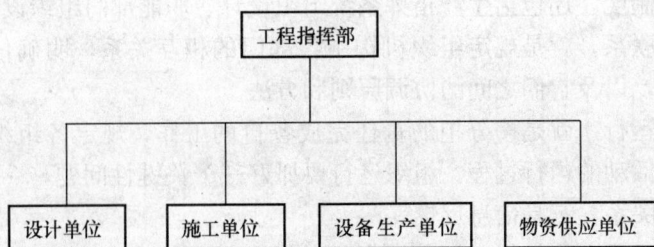

图 1-4 工程指挥部管理方式

这种建设指挥部是由专业部门和地方高级行政领导人兼任正副指挥长, 用行政手段组织指挥工程建设, 由所属的设计和施工队伍承担工程项目的设计与施工。

这种工程指挥部对工程项目建设不承担经济责任, 业主在指挥部中处于次要的地位, 也无明确的经济责任。设计和施工单位与建设指挥部的关系都属于行政隶属关系, 无严格的承包合同, 不承担履行合同的责任, 这是当时历史条件下的产物。

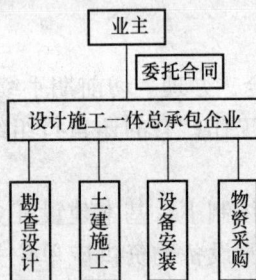

图 1-5 项目总承包形式

3. 项目总承包形式

也称一揽子承包方式, 即业主仅提出工程项目的使用要求, 而将勘察设计、设备选购、工程施工、材料供应、试车验收等工作委托一家承包公司去做, 竣工后接过钥匙即可启用。承担这种任务的承包企业有的是科研、设计、施工一体化公司, 有的是设计、施工、物资供应和设备制造厂家以及咨询公司等组成的联合集团。我国把这种管理形式叫做"全过程承包"或"工程项目总承包"。这种总承包的管理组织形式如图 1-5 所示;

4. 工程托管 (代建方式) 形式

业主将整个工程项目的全部工作, 包括可行性研究、场地准备、规划、勘察设计、材料供应、设备采购、施工监理及工程验收等全部任务, 都委托给工程项目管理专业公司 (工程承发包公司或项目管理咨询公司) 去做, 工程承发包公司或咨询公司派出项目经理, 再进行招标或组织有关专业公司共同完成整个建设项目。这种管理方式如图 1-6 所示。

5. 三角管理形式

由业主分别与承包单位和咨询公司签订合同, 由咨询公司代表业主对承包单位进行管理, 这是国际上通行的传统工程管理方式。三方关系如图 1-7 所示。

(三) 建筑工程项目管理的组织机构

建筑工程项目管理组织机构的主体, 就是施工企业的组织机构——项目部。

一个施工企业接到项目之前就应考虑, 对该项目管理设一个什么组织机构才能充分发挥其管理效用, 应考虑以下几点:

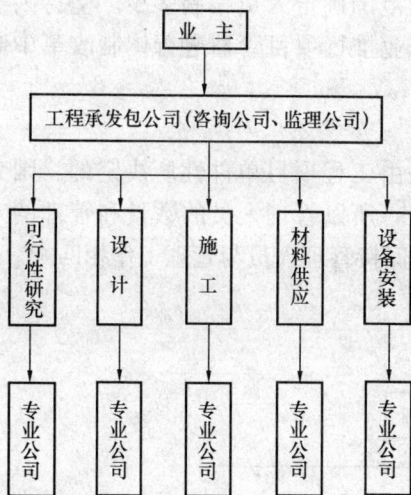

图 1-6　工程托管方式　　　　　图 1-7　三角管理形式

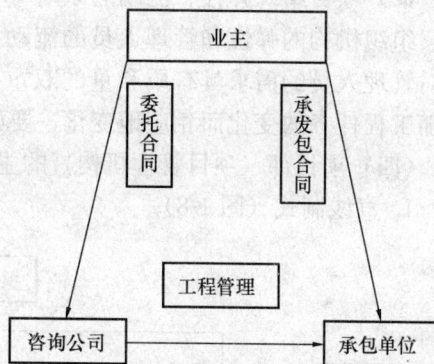

1. 组织机构设置的目的

组织机构设置的目的是为了进一步充分发挥项目管理功能，为项目管理服务，提高项目管理整体效率以达到项目管理的最终目标。因此，企业在项目施工中合理设置项目管理组织机构是一个至关重要的问题。高效率项目管理体系和组织机构的建立是施工项目管理成功的组织保证。

2. 项目管理组织机构的设置原则

（1）高效精干的原则

项目管理组织机构在保证履行必要职能的前提下，要尽量简化机构、减少层次，从严控制二、三线人员，做到人员精干、一专多能、一人多职。

（2）管理跨度与管理分层统一的原则

项目管理组织机构设置、人员编制是否得当合理，关键是根据项目大小确定管理跨度的科学性。同时大型项目经理部的设置，要注意适当划分几个层次，使每一个层次都能保持适当的工作跨度，以便各级领导层在职责范围内能实施有效的管理。

（3）业务系统化管理和协作一致的原则

项目管理组织的系统化原则是由其自身的系统性所决定的。项目管理作为一种整体，是由众多小系统组成的；各子系统之间，在系统内部各单位之间，不同栋号、工种、工序之间存在着大量的"结合部"，这就要求项目组织又必须是个完整的组织结构系统，也就是说各业务科室的职能之间要形成一个封闭性的相互制约、相互联系的有机整体。协作就是指在专业分工和业务系统管理的基础上，将各部门的分目标与企业的总目标协调起来，使各级和各个机构在职责和行动上相互配合。

（4）因事设岗、按岗定人、以责授权的原则

项目管理组织机构设置和定员编制的根本目的在于保证项目管理目标的实施。

所以，因目标需要设办事机构，按办事职责范围确定人员编制多少。坚持因事设岗、按岗定人、以责授权，这是目前施工企业推行项目管理进行体制改革中必须解决的重点问题。

（5）项目组织弹性、流动的原则

组织机构的弹性和管理人员的流动，是由工程项目单件性所决定的。因为项目对管理人员的需求具有质和量的双重因素，所以管理人员的数量和管理的专业要随工程任务的变化而相应地变化，要始终保持管理人员与管理工作相匹配。

（四）项目部（项目管理机构）的主要模式

1. 直线制式（图 1-8）

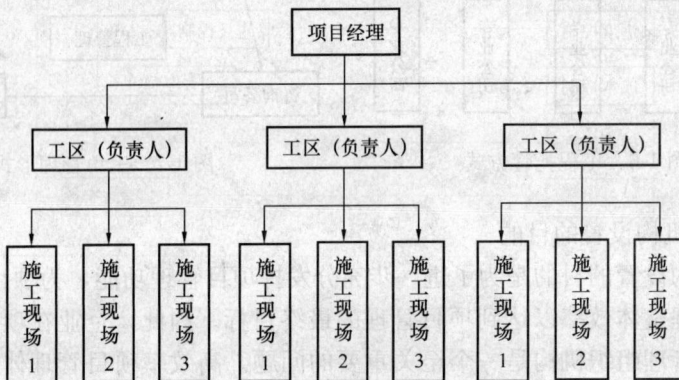

图 1-8 直线制式

（1）特征 机构中各职位都按直线排列。

（2）适用范围：适用于中小型项目。

（3）优点：项目经理直接进行单线垂直领导。人员相对稳定，接受任务快，信息传递迅捷，人事关系容易协调。

（4）缺点：专业分工差；横向联系困难。

2. 混合工作队制式（图 1-9）

混合工作队制式是完全按照对象原则的项目管理机构，企业职能部门处于服务地位。

（1）特征

1）一般由公司任命项目经理，由项目经理在企业内招聘或抽调职能人员组成，由项目经理指挥，独立性大。

2）管理班子成员与原部门脱离领导与被领导关系，原单位只负责业务指导和考察。

3）管理机构与项目施工期同寿命。项目结束后，机构撤销，人员回原部门和原岗位。

（2）适用范围

适用于大型项目、工期紧迫的项目，以及要求多工种多部门密切配合的项目。

（3）优点

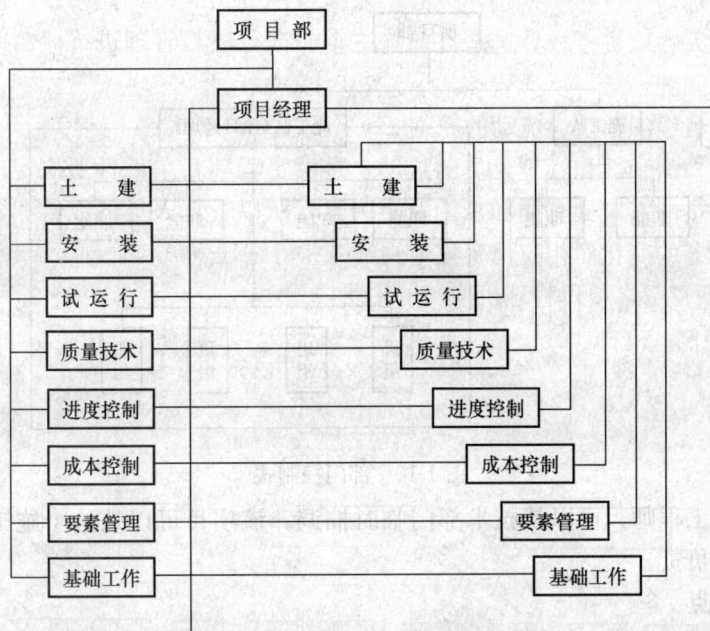

图 1-9　混合工作队制式

1）人员均为各职能专家，可充分发挥专家作用，各种人才都在现场，解决问题迅速，减少了扯皮和时间浪费。

2）项目经理权力集中，横向干涉少，决策及时，有利于提高工作效率。

3）减少了结合部，不打乱企业原建制，易于协调关系，避免行政干预，项目经理易于开展工作。

（4）缺点

由于临时组合，人员配合工作需一段磨合期，而且各类人员集中在一起，同一时期工作量可能差别很大，很容易造成忙闲不均、此窝彼缺，导致人力浪费。由于同一专业人员分配在不同项目上，相互交流困难，专业职能部门的优势无法发挥作用，致使在一个项目上早已解决的问题，在另一个项目上重复探索、研究。基于以上原因，当人才紧缺而同时有多个项目需要完成时，此项目组织类型不宜采用。

3. 部门控制式（图 1-10）

它是按照职能原则建立的项目组织，是在不打乱企业现行建制的条件下，把项目委托给企业内某一专业部门或施工队，由单一部门的领导负责组织项目实施的项目组织形式。

（1）特征

是按职能原则建立的项目机构，不打乱企业现行建制。

（2）适用范围

适用于小型的、专业性强、不需涉及众多部门的施工项目。例如煤气管道施工、电话、电缆铺设等项目只涉及少量技术工种，只交给某地专业施工队即可，

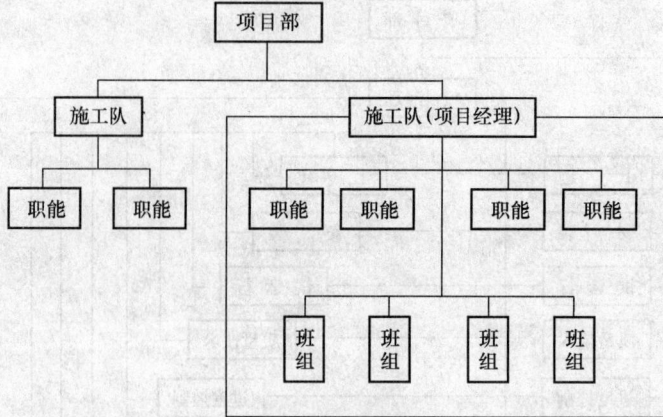

图 1-10　部门控制式

如需要专业工程师，可以从技术部门临时抽调。该项目可以从这个施工队指定项目经理全权负责。

（3）优点

1）机构启动快；

2）职能明确，职能专一，关系简单，便于协调；

3）项目经理无需专门训练便能进入状态。

（4）缺点

人员固定，不利于精简机构，因而不能适应大型复杂项目或者涉及各个部门的项目，局限性较大。

4. 矩阵式（图 1-11）

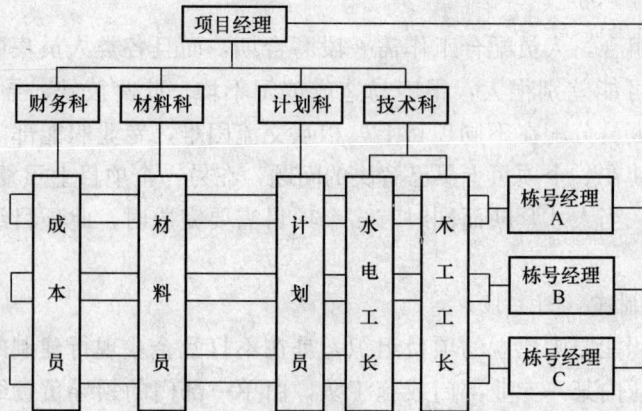

图 1-11　矩阵式

矩阵式组织是现代大型项目管理中应用最广泛的新型组织形式，是目前推行项目法施工的一种较好的组织形式。它吸收了部门控制式和混合工程队式的优点，发挥职能部门的纵向优势和项目组织的横向优势，把职能原则和对象原则结合起来。从组织职能上看，矩阵式组织将企业职能和项目职能有机地结合在一起，形成了一种纵向职能机构和横向项目机构相交叉的"矩阵"型组织形式。

在矩阵式组织中，企业的专业职能部门和临时性项目组织同时交互作用。纵向：职能部门负责人对所有项目中的本专业人员负有组织调配、业务指导和管理的责任；横向：项目经理对参加本项目的各种专业人才均负有领导责任，并按项目实施的要求把他们有效地组织协调到一起，为实现项目目标共同配合工作。矩阵中每一个成员，都需要接受来自所在部门负责人和所在项目的项目经理的双重领导。与混合工程队形式不同，矩阵组织中专业人员参加项目，其行动不完全受控于项目经理，还要接受本部门的领导。部门负责有权根据不同项目的需要和忙闲程度，将本部门专业人员在项目之间进行适当调动。因不可能所有的项目都在同一时间需要同一种专业人才，专业人员可能同时为几个项目服务。这就充分发挥了特殊专业人才的作用，特别是某种人才稀缺时，可以避免在一个项目上闲置，而在另一个项目上又奇缺的现象，从而大大提高了人才的利用率。对于项目经理来说，他的主要职责是高效率地完成项目。凡到本项目来的成员他都有权调动和使用，感到人力不足或某些成员不得力时，他可以向职能部门请求支援或要求调换。这也使项目实施有了多个职能部门作后盾。矩阵组织形式需要在水平和垂直方向上有良好的沟通与协调配合，因而对整个企业组织和项目组织的管理水平、工作效率和组织渠道的畅通都提出了较高的要求。

（1）特征

1）将项目机构与职能部门按矩阵式组成，矩阵式中每个结合部都接受双重领导，部门控制力大于项目控制力。

2）项目经理工作有各职能部门支持，有利于信息沟通、人事调配、协调作战。

（2）适用范围

1）适用于同时承担多个项目管理的企业；

2）适用于大型、复杂的施工项目。

（3）优点

1）兼有部门控制式和混合工程队制式两者的优点，解决了企业组织和项目组织矛盾。

2）能以尽可能少的人力实现多个项目管理的高效率。

（4）缺点

双重领导造成的矛盾；身兼多职造成管理上顾此失彼。

矩阵式组织对企业管理水平、项目管理水平、领导者的素质、组织机构的办事效率、信息沟通渠道的畅通，均有较高要求，因此要精干组织、分层授权、疏通渠道、理顺关系。由于矩阵式组织较为复杂，结合部多，容易造成信息沟通量膨胀和沟通渠道复杂化，致使信息梗阻和失真。这就要求协调组织内部的关系时必须有强有力的组织措施和协调办法以排除难题。为此，层次、职责、权限要明确划分，有意见分歧难以统一时，企业领导要出面及时协调。

5. 事业部制（图 1-12）

事业部制项目管理组织，在企业内作为派往项目的管理班子，在企业外具有

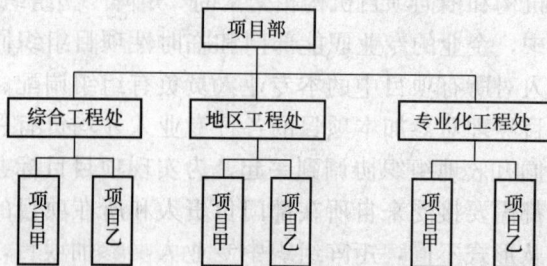

图 1-12　事业部制项目组织机构

独立法人资格。

（1）特点

1）企业成立事业部，事业部对企业内部来说是职能部门，对企业外部来说享有相对独立的经营权，可以是一个独立单位。它具有相对独立的自主权，有相对独立的利益，相对独立的市场，这三者构成事业部的基本要素。事业部可以按地区设置，也可以按工程类型或经营内容设置。事业部能较迅速适应环境变化，提高企业的应变能力，调动部门积极性。当企业向大型化、智能化发展并实行作业层和经营管理层分离时，事业部式是一种很受欢迎的选择，既可以加强经营战略管理，又可以加强项目管理。

2）在事业部（一般为其中的工程部或开发部，对外工程公司是海外部）下边设置项目经理部，项目经理由事业部选派，一般对事业部负责，有的可能直接对业主负责，是根据其授权程度决定的。

（2）适用范围

事业部式项目组织适用于大型经营性企业的工程承包，特别是适用于远离公司本部的工程承包。需要注意的是，一个地区只有一个项目，没有后续工程时，不宜设立地区事业部，即它适用于在一个地区内有长期市场或一个企业有多种专业化施工力量时采用。在这些情况下，事业部与地区市场同寿命，地区没有项目时，该事业部应予撤销。

（3）优点

事业部式项目组织不仅有利于延伸企业的经营职能，扩大企业的经营业务，便于开拓企业的业务领域，还有利于迅速适应环境变化以加强项目管理。

（4）缺点

事业部式项目组织的缺点是企业对项目经理部的约束力减弱，协调指导的机会减少，故有时会造成企业结构松散，必须加强制度约束，加大企业的综合协调能力。

（五）项目部机构的选择思路

选择什么样的项目组织机构，应将企业的素质、任务、条件、基础同工程项目的规模、性质、内容、要求的管理方式结合起来分析，选择最适宜的项目组织机构，不能生搬硬套某一种形式，更不能不加分析地盲目作出决策。一般说来，可按下列思路选择项目组织机构形式：

1. 大型综合企业，人员素质好，管理基础强，业务综合性强，可以承担大型任务，宜采用矩阵式、混合工作队式、事业部式的项目组织机构。

2. 简单项目、小型项目、承包内容专一的项目，应采用部门控制式项目组织机构。

3. 在同一企业内可以根据项目情况采用几种组织形式，如将事业部式与矩阵式的项目组织结合使用，将混合工作队式项目组织与事业部式结合使用等；但不能同时采用矩阵式及混合工作队式，以免造成管理渠道和管理秩序的混乱。

（六）项目组织效果评价

项目组织确定后，应对其进行评价。基本评价因素如下：

1. 管理层次及管理跨度的确定是否合适，是否能产生高效率的组织。

2. 职责分明程度，是否将任务落实到各基本组织单元。

3. 授权程度。项目授权是否充分，授权保证的程度，授权的范围。

4. 精干程度。在保证工作顺利完成的前提下，项目工作组成员有多少。

5. 效能程度。是否能充分调动人员积极性，高效完成任务。

根据所列各评价因素在组织中的重要程度及对组织的影响程度，分别给予一定的权重然后对各因素打分，得出总分，以作评价。

表 1-1 可供选择项目组织机构形式时参考。

选择项目组织形式参考因素　　　　表 1-1

项目组织形式	项目性质	施工企业类型	企业人员素质	企业管理水平
工作队式	大型项目，复杂项目，工期紧的项目	大型综合建筑企业，有得力项目经理的企业	人员素质较强，专业人才多，职工和技术素质较高	管理水平较高，基础工作较强，管理经验丰富
部门控制式	小型项目，简单项目，只涉及个别少数部门的项目	小建筑企业，事务单一的企业，大中型基本保持直线职能制的企业	素质较差，力量薄弱，人员构成单一	管理水平较低，基础工作较差，项目经理难找
矩阵式	多工种、多部门、多技术配合的项目，管理效率要求很高的项目	大型综合建筑企业，经营范围很宽、实力很强的建筑企业	文化素质、管理素质、技术素质很高	管理水平很高，管理渠道畅通
事业部式	事业部制企业承揽的项目	大型综合建筑企业，经营能力很强的企业，区承包	人员素质高，项目经理强，专业人才多	经营能力强，资金实力强

二、建筑工程项目经理部

（一）项目经理

项目经理是施工企业法人代表在施工项目中派出的全权代理。建设部颁发的《建筑施工企业项目经理资质管理办法》指出："施工企业项目经理是受企业法定代表人委托，对工程项目施工过程全面负责的项目管理者，是建筑施工企业法定代表人在工程项目的代表人。"这就决定了项目经理在项目中是最高的责任者、组织者,是项目决策的关键人物。项目经理在项目管理中处于中心地位。其任务是:

1. 确定项目管理组织机构的构成并配备人员,制定规章制度,明确有关人员的职责,组织项目经理班子开展工作。

2. 确定管理总目标和阶段目标,进行目标分解,制定总体控制计划,并实施控制,确保项目建设成功。

3. 及时、适当地作出项目管理决策,包括前期工作决策、招标决策(或投标报价决策)、人事任免决策、重大技术措施决策、财务工作决策、资源调配决策、进度决策、合同签订及变更决策,严格管理合同执行。

4. 协调本组织机构与各协作单位之间的协作配合及经济、技术关系,代表企业法人进行有关签证,并进行相互监督、检查,确保质量、工期及投资的控制和实施。

5. 建立完善的内部和外部信息管理系统。项目经理既作为指令信息的发布者,又作为外部信息及基层信息的集中点,同时要确保组织内部横向信息联系、纵向信息联系、本单位与外部信息联系畅通无阻,从而保证工作高效率地展开。

(二)项目经理的责、权、利

1. 项目经理的主要职责

搞好工程施工现场的组织管理和协调工作,控制工程成本、工期和质量。具体内容包括:

(1)代表企业实施施工项目管理。贯彻执行国家法律、法规、方针、政策和强制性标准,执行企业的管理制度,维护企业的合法权益。

(2)履行"项目管理目标责任书"规定的任务。

(3)组织编制项目管理实施规划。

(4)对进入现场的生产要素进行优化配置和动态管理。

(5)建立质量管理体系和安全管理体系并组织实施。

(6)在授权范围内负责与企业管理层、劳务作业层、各协作单位、监理工程师等的协调,解决项目中出现的问题。

(7)按"项目管理目标责任书"处理项目经理部与国家、企业、分包单位以及职工之间的利益分配。

(8)进行现场文明施工管理,发现和处理突发事件。

(9)参与工程竣工验收,准备结算资料和分析总结,接受审计。

(10)处理项目经理部的善后工作。

(11)协助企业进行项目的检查、鉴定和评奖申报。

2. 项目经理应具有下列权限

(1)参与企业进行的施工项目投标和签订施工合同。

(2)经授权组建项目经理部,确定项目经理部的组织结构选择、聘任管理人员,确定管理人员的职责,并定期进行考核、评价和奖惩。

(3)在企业财务制度规定的范围内,根据企业法定代表人授权和施工项目管理的需要,决定资金的投入和使用,决定项目经理部的计酬办法。

（4）在授权范围内，按物资采购程序性文件的规定行使采购权。

（5）根据企业法定代表人授权或按照企业的规定选择、使用作业队伍。

（6）主持项目经理部工作，组织制定施工项目的各项管理制度。

（7）根据企业法定代表人授权，协调和处理与施工项目管理有关的内部与外部事项。

3. 项目经理应享有以下利益

（1）获得基本工资、岗位工资和绩效工资。

（2）除按"项目管理目标责任书"可获得物质奖励外，还可获得表彰、记功、优秀项目经理等荣誉称号。

（3）考核和审计，未完成"项目管理目标责任书"确定的项目管理责任目标或造成亏损的，应按其中有关条款承担责任，并接受经济或行政处罚。

4. 项目经理的素质

美国著名项目管理专家约翰·宾认为，项目经理应具备的素质有以下6条：

（1）具有本专业技术知识。

（2）有工作干劲，主动承担责任。

（3）具有成熟而客观的判断能力。成熟是指有经验，能够看出问题来；客观是指他能看到最终目标，而不是只顾眼前。

（4）具有管理能力。

（5）诚实可靠与言行一致，答应的事就一定做到。

（6）机警、精力充沛、能够吃苦耐劳，随时准备着管理可能发生的事情。

根据我国的项目管理实践，项目经理应具备的素质可概括为以下4个方面：

（1）品格素质

项目经理的品格素质是指项目经理从行为作风中表现出来的思路、认识、品行等方面的特征，如对国家民族的忠诚，良好的社会道德品质，管理道德品质，诚实的态度，坦率的心境及言而有信、言行一致的品格。

（2）能力素质

能力素质是项目经理整体素质体系中的核心素质。它表现为项目经理把知识和经验有机结合起来运用于项目管理的能力，对于现代项目经理来说，知识和经验固然十分重要，但是归根结底要落实到能力上，能力是直接影响和决定项目经理成功与否的关键，概括起来，包括6个方面：

1）决策能力。决策能力集中体现在项目经理的战略战术决策能力上，即能够制定出各项决策并付诸实现。从决策程度来看，经理人员的决策能力可分解为如下三种：收集与筛选信息的能力、确定多种可行方案的能力、选优抉择的能力。

2）组织能力。项目经理的组织能力是指设计组织结构，配合组织成员以及确定组织规范的能力，能够运用现代组织理论，建立科学的、分工合理的、配套成龙的高效精干的组织机构，确定一整套保证组织有效运转的规范，并能够合理配备组织成员，做到知人善任。

3）创新能力。项目经理的创新能力可归纳为嗅觉敏锐、想象力丰富、思路开阔、设想多样、提法新颖等特征。项目经理必须具备创新能力，这是由项目活动的竞争性所决定的。

4）协调与控制能力。项目经理作为项目的最高领导者必须具有良好的协调与控制能力，而且，项目的规模越大，对这方面的能力要求越高。项目经理的协调与控制能力是指正确处理项目内外各方面关系、解决各方面矛盾的能力。从项目内部看，经理要有较强的能力协调项目中的各部门、所有成员的关系，控制项目资源配置，全面实施项目的总体目标。从项目与外部环境的关系来说，经理的协调能力还包括协调项目与政府、社会、各方面协作者之间的关系，尽可能地为项目创造有利的外部条件，减少或避免不利因素的影响。

在经理的协调能力中，最重要的是协调人与人之间的关系，因为项目的内外部关系很大程度上表现为人与人之间的关系。经理协调能力赖以实施的手段是沟通，应倾听各方意见，通过沟通和交流达到相互间的理解和支持。

5）激励能力。项目经理的激励能力可以理解为调动下属积极性的能力。从行为科学角度看，经理的激励能力表现为经理所采用的激励手段与下属士气之间的关系状态。如果采取某种激励手段导致下属士气提高，则认为经理激励能力较强；反之，如果采取某种手段导致下属士气降低，则认为该经理激励能力较低。

6）社交能力。项目经理的社交能力即和企业内外、上下、左右有关人员打交道的能力。待人技巧高的经理会赢得下属的欢迎，因而有助于协调与下属的关系；反之，则常常引起下属反感，造成与下属关系紧张甚至隔离状态。在现代社会中，项目经理仅与内部人员发生交往远远不够，还必须善于同企业外部的各种机构和人员打交道，这种交道不应是一种被动的行为或单纯的应酬，而是在外界树立起良好形象，这关系到项目的生存和发展。那些注重社交并善于社交的项目经理，往往能赢得更多的投资者和合作者，使项目处于强有力的外界支持系统中。

（3）知识素质

法约尔曾经提出，构成企业领导人的专门能力有技术能力、商业能力、财务能力、管理能力、安全能力等。每一种能力都是以知识为基础的。因此，理想的项目经理应该有解决问题所必要的知识。项目经理应具备两大类知识，即基础知识与业务知识，并懂得在实践中不断深化和完善自己的知识结构。

（4）体格素质

项目经理要有健康的体魄，精力充沛。

（三）项目经理部的构建

1．项目经理部

项目经理部是施工项目管理的工作班子，置于项目经理的领导之下。

（1）项目经理部在项目经理领导下，作为项目管理的组织机构，负责施工项目从开工到竣工的全过程施工生产的管理，是企业在某一工程项目上的管理层，同时对作业层负有管理与服务的双重职能。

（2）项目经理部是项目经理的办事机构，为项目经理决策提供信息依据，当好参谋，同时又要执行项目经理的决策意图，向项目经理全面负责。

（3）项目经理部是一个组织体，其作用包括：完成企业所赋予的基本任务——项目管理和专业管理任务等；要具有凝聚管理人员的力量并调动其积极性，促进管理人员的合作；协调部门之间、管理人员之间的关系，发挥每个人的岗位作用；贯彻承包或目标责任制，搞好管理；沟通项目经理部与企业部门之间，项目经理部与作业队之间，项目经理部与建设单位、分包单位、生产要素市场等之间的关系。

（4）项目经理部是代表企业履行工程承包合同的主体，对最终建筑产品的业主全面负责。

2. 项目经理部的规模

（1）项目经理部要根据工程项目的规模、复杂程度和专业特点设置。大中型项目经理部可以设置职能部、室；小型项目经理部一般只需设职能人员即可。如果项目的专业性强，可设置针对此种专业的职能部门，如房屋建筑中水、电、设备安装等，可视需要设专门的职能部门。

（2）项目经理部是为特定工程项目组建的，必须是一个具有弹性的一次性全过程的施工管理组织，在其存在期内还应按工程管理需要的变化而调整，开工之前建立，竣工之后解体。项目经理部不应有固定的作业队伍。

（3）项目经理部的人员配置应面向施工项目现场，满足现场的计划与调度、技术与质量、成本与核算、劳务与物资、安全与文明施工的需要；不应设置专管经营与咨询、研究与开发等应在企业中设立的部门。

3. 项目经理部的部门设置

（1）工程技术部门：负责生产调度、技术管理、施工组织设计、计划、统计、文明施工。

（2）监督管理部门：负责质量管理、安全管理、消防保卫、环境保护、计量、测量、试验等。

（3）经营核算部门：负责预算、合同、索赔、成本、资金、劳动及分配等。

（4）物资设备部门：负责材料询价、采购、运输、计划、管理、工具、机械租赁、配套使用等管理工作。

4. 项目经理部的解体

施工项目经理部是一次性具有弹性的施工现场生产组织机构，工程临近结尾时，业务管理人员乃至项目经理要陆续撤走。因此，必须重视项目经理部的解体和善后工作。项目经理部的解体和善后工作目前尚没有统一的制度，但在实践中一些企业创造了一些可行的办法可供借鉴。

5. 施工项目经理部解体程序与善后工作

（1）企业工程管理部门是施工项目经理部组建和解体善后工作的主管部门，主要负责项目经理部的组建及解体后工程项目在保修期间的善后问题处理，包括因质量问题造成的返（维）修、工程剩余价款的结算等。

（2）施工项目在全部竣工交付验收签字之日起15天内，项目经理部要根据工作需要向企业工程管理部门写出项目经理部解体申请报告。

（3）项目经理部在解聘工作业务人员时，为使其在人才劳务市场有一个回旋的余地，要提前发给解聘人员两个月的岗位效益工资，并给予有关待遇。从解聘第3个月起（含解聘合同当月），其工资福利待遇在系统管委会或新的被聘单位领取。

（4）项目经理部解体前，应成立以项目经理为首的善后工作小组，其留守人员由主任工程师、技术、预算、财务、材料工作各一人组成，主要负责剩余材料的处理、工程价款的回收、财务账目的结算移交，以及解决与甲方的有关遗留事宜。善后工作一般规定为 3 个月（从工程管理部门批准项目经理部解体之日起计算）。

（5）施工项目完成后，还要考虑项目的保修问题，因此，在项目经理部解体与工程结算前，凡是未满一年保修期的竣工工程，要由经营和工程部门根据竣工时间和质量等级确定工程保修费的预留比例。保修费分别交公司工程管理部门统一包干使用。

6. 施工项目经理部效益审计评估和债权债务处理

（1）项目经理部剩余材料原则上转售处理给公司物资设备部，材料价格按新旧情况按质论价，由双方商定，如双方发生争议时可由经营管理部门协调裁决；对外转售必须经公司主管领导批准。

（2）项目经理部自购的通信、办公等小型固定资产，必须如实建立台账，按质论价，移交企业。

（3）项目经理部的工程成本盈亏审计以该项目工程实际发生成本与价款结算回收数为依据，由审计牵头，预算财务、工程部门参加，写出审计评价报告。

（4）项目经理部的工程结算、价款回收及加工订货等债权债务的处理，由留守小组在三个月内全部完成。如三个月未能全部收回又未办理任何符合法规手续的，其差额部分作为项目经理部成本亏损额计算。

（5）整个工程项目综合效益审计评估除完成承包合同规定指标以外仍有盈余者，按规定比例分成，留经理部的可作为项目经理部的管理奖，整个经济效益审计为亏损者，其亏损部分一律由项目经理负责，按相应奖励比例从其管理人员风险（责任）抵押金和工资中补扣。

（6）施工项目经理部解体善后工作结束后，项目经理离任重新投标或聘用前，必须按上述规定做到人走账清、物净，不留任何"尾巴"。

7. 施工项目经理部解体时的有关纠纷裁决

项目经理部与企业有关职能部门发生矛盾时，由企业经理裁决。项目部与劳务、专业分公司及栋号作业队发生矛盾时，按业务分工由企业劳动人事管理部门、经营部门和工程管理部门裁决。所有仲裁的依据原则上是双方签订的合同及有关的签证。

（四）工程项目的承包风险管理

工程项目的立项、可行性研究及设计与计划等都是基于正常的、理想的技术、管理和组织以及对将来情况（政治、经济、社会等各方面）预测的基础之上进行的。在项目的实际运行过程中，所有的这些因素都可能发生变化，而这些变化将可能使原定的目标受到干扰甚至不能实现，这些事先不能确定的内部和外部的干扰因素，称之为风险，风险即是项目中的不可靠因素。任何工程项目都存在风险，风险会造成工程项目实施的失控，如工期延长、成本增加、计划修改等，这些都会造成经济效益的降低,甚至项目的失败。正是由于风险会造成很大的伤害,在现代项目管理中,风险管理已成为必不可少的重要环节。良好的风险管理能获得巨大的经济效益,同时它有助于企业竞争能力、素质和管理水平的提高。

全面风险管理有四个方面的涵义:一是项目全过程的风险管理,从项目的立项到项目的结束,都必须进行风险的研究与预测、过程控制以及风险评价,实行全过程的有效控制以及积累经验和教训;二是对全部风险的管理;三是全方位的管理;四是全面的组织措施。

1. 工程项目风险因素的分析

全面风险管理强调风险的事先分析与评价,风险因素分析是确定一个项目的风险范围,即有哪些风险存在,将这些风险因素逐一列出以作为全面风险管理的对象。罗列风险因素通常要从多角度、多方位进行,形成对项目系统的全方位的透视。风险因素可以从以下方面进行分析:

首先,按项目系统要素进行分析。这主要有三个方面的系统要素风险:

(1)项目环境要素风险,最常见的有政治风险、法律风险、经济风险、自然风险、社会风险等;

(2)项目系统结构风险,如以项目单元为分析对象,在实施以及运行过程中可能遇到的技术问题,人工、材料、机械、费用消耗的增加等各种障碍和异常情况等;

(3)项目的行为主体产生的风险,如业主和投资者支付能力差,改变投资方向,违约不能完成合同责任等产生的风险;承包商(分包商、供应商)技术及管理能力不足,不能保证安全质量,无法按时交工等产生的风险;项目管理者(监理工程师)的能力、职业道德、公正性差等产生的风险;

(4)其他方面的风险,如外部主体(政府部门、相关单位)等产生的风险。

其次,按风险对目标的影响分析,这是按照项目的目标系统结构进行分析,它体现的是风险作用的结果,包括以下几个方面的风险:

(1)工期风险,如造成局部的(工程活动、分项工程)或整个工程的工期延长,不能及时投产;

(2)费用风险,包括财务风险、成本超支、投资追加、报价风险、收入减少等;

(3)质量风险,包括材料、工艺、工程等不能通过验收,工程试生产不合格或经过评价工程质量未达到标准或要求;

(4)生产能力风险,项目建成后达不到设计生产能力;

(5)市场风险,工程建成后产品达不到预期的市场份额,销售不足,没有销路,没有竞争力;

(6)信誉风险,可能造成对企业的形象、信誉的损害;

(7)人身伤亡以及工程或设备的损坏;

(8)法律责任风险,可能因此被起诉或承担相关法律的或合同的责任。

再次,按管理的过程和要素分析。这个分析包括极其复杂的内容,但也常常是分析风险责任的主要依据,它主要包括:

（1）高层战略风险，如指导方针战略思想可能有错误而造成项目目标设计的错误等；

（2）环境调查和预测的风险；

（3）决策风险，如错误的选择，错误的投标决策、报价等；

（4）项目策划风险；

（5）技术设计风险；

（6）计划风险，如目标的错误理解，方案错误等。

（7）实施控制中的风险，如合同、供应、新技术新工艺、分包层、工程管理失误等方面的风险；

（8）运营管理的风险，如准备不足，无法正常运营，销售不畅等的影响。

2. 风险的控制

（1）风险的分配

项目风险是时刻存在的，这些风险必须在项目参加者（包括投资者、业主、项目管理者、承包商、供应商等）之间进行合理的分配，只有每个参加者都有一定的风险责任，他才有对项目管理和控制的积极性和创造性，只有合理地分配风险才能调动各方面的积极性，才能有项目的高效益。合理分配风险要依照以下几个原则进行：

1）从工程整体效益的角度出发，最大限度地发挥各方面的积极性。因为项目参加者如果都不承担任何风险，则他也就没有任何责任，当然也就没有控制风险的积极性，就不可能搞好工作。如采用成本加酬金合同，承包商则没有任何风险责任，承包商也会千方百计地提高成本以争取工程利润，最终将损害工程的整体效益；如果承包商承担全部的风险也是不可行的，为防备风险，承包商必须提高要价，加大预算，而业主也因不承担风险将随便决策，盲目干预，最终同样会损害整体效益。因此只有让各方承担相应的风险责任，通过风险的分配以加强责任心和积极性，更好地达到计划与控制的目的。

2）公平合理，责、权、利平衡。一是风险的责任和权力应是平衡的，有承担风险的责任，也要给承担者以控制和处理的权力，但如果已有某些权力，则同样也要承担相应的风险责任；二是风险与机会尽可能对等，对于风险的承担者应该同时享受风险控制获得的收益和机会收益，也只有这样才能使参与者勇于去承担风险；三是承担的可能性和合理性，承担者应该拥有预测、计划、控制的条件和可能性，有迅速采取控制风险措施的时间、信息等条件，只有这样，参与者才能理性地承担风险。

3）符合工程项目的惯例，符合通常的处理方法。如采用国际惯例合同条款，就明确地规定了承包商和业主之间的风险分配，比较公平合理。

（2）风险的对策

任何项目都存在不同的风险，风险的承担者应对不同的风险有着不同的准备和对策，这应把它列入计划中的一部分，只有在项目的运营过程中，对产生的不同风险采取相应的风险对策，才能进行良好的风险控制，尽可能地减小风险可能产生的危害，以确保效益。通常的风险对策有：

1）权衡利弊后，回避风险大的项目，选择风险小或适中的项目。这在项目决策中就应该提高警惕，对于那些可能明显导致亏损的项目就应该放弃，而对于某些风险超过自己承受能力，并且成功把握不大的项目也应该尽量回避，这是相对保守的风险对策。

2）采取先进的技术措施和完善的组织措施，以减小风险产生的可能性和可能产生的影响。如选择有弹性的、抗风险能力强的技术方案，进行预先的技术模拟试验，采用可靠的保护和安全措施。为项目选派得力的技术和管理人员，采取有效的管理组织形式，并在实施的过程中实行严密的控制，加强计划工作，抓紧阶段控制和中间决策等。

3）购买保险或要求对方担保，以转移风险。对于一些无法排除的风险，可以通过购买保险的办法解决；如果由于合作伙伴可能产生的资信风险，可要求对方出具担保，如银行出具的投标保函，合资项目政府出具的保证，履约的保函以及预付款保函等。

4）提出合理的风险保证金，这是从财务的角度为风险作准备，在报价中增加一笔不可预见的风险费，以抵消或减少风险发生时的损失。

5）采取合作方式共同承担风险。因为大部分项目都是多个企业或部门共同合作，这必然有风险的分担，但这必须考虑寻找可靠的即抗风险能力强、信誉好的合作伙伴，以及合理明确地分配风险（通过合同规定）。

6）可采取其他的方式以减小风险。如采用多领域、多地域、多项目的投资以分散风险，因为这可以扩大投资面及经营范围，扩大资本效用，能与众多合作企业共同承担风险，进而降低总经营风险。

（3）在工程实施中进行全面的风险控制

工程实施中的风险控制贯穿于项目控制（进度、成本、质量、合同控制等）的全过程中，是项目控制中不可缺少的重要环节，也影响项目实施的最终结果。

首先，加强风险的预控和预警工作。在工程的实施过程中，要不断地收集和分析各种信息和动态，捕捉风险的前奏信号，以便更好地准备和采取有效的风险对策，以抵御可能发生的风险。

第二，在风险发生时，及时采取措施以控制风险的影响，这是降低损失，防范风险的有效办法。

第三，在风险状态下，依然必须保证工程的顺利实施，如迅速恢复生产，按原计划保证完成预定的目标，防止工程中断和成本超支，唯有如此才能有机会对已发生和还可能发生的风险进行良好的控制，并争取获得风险的赔偿，如向保险单位、风险责任者提出索赔，以尽可能地减少风险的损失。

复习思考题

1. 什么是建设项目管理组织？
2. 什么是工程项目管理的组织形式和特征？
3. 项目部的组织模式有哪些？
4. 项目经理职责有哪些？

5. 调查一工程项目部组织形式，职能部门的构成情况。

6. 怎样控制工程项目的风险？

完成工作任务的要求：熟悉建筑施工技术知识和企业管理知识。

任务三 编制工程项目的可行性研究报告

【引导问题】

1. 什么是可行性研究？

2. 为什么要进行可行性研究？

3. 怎样编制可行性研究报告？

【工作任务】

了解可行性研究报告概念、作用、意义，熟悉可行性研究报告内容、编制程序和规范，掌握投资估算的基本方法。

【学习参考资料】

1. 李玉宝. 国际工程项目管理. 中国建筑工业出版社，2006.

2. 可行性研究报告手册. 中国建筑工业出版社，2004.

一、工程项目的可行性研究

（一）工程项目可行性研究阶段的划分及其主要内容

1. 可行性研究报告的阶段

根据联合国工业发展组织（UNIDO）编写的《工业可行性研究手册》即可行性研究"黄皮书"的规定，工程项目投资前期的可行性研究工作分为机会研究、初步可行性研究、可行性研究、评估与决策四个阶段。

（1）机会研究，也称投资机会鉴定。是指寻求投资的机会与鉴别投资的方向。它的主要任务是对项目投资进行初步鉴定。在一个指定的地区或部门内，对资源的情况，市场需求情况的预测及对项目工艺技术路线和经济效益作一些粗略的分析研究，寻找最有利的投资机会。这种研究一般靠经验数据估计，是匡算的，其误差一般为±30%，时间较短，约1~2个月，费用也较少。如果这一研究能引起投资者的兴趣，可以转到下一个步骤；如果觉得不可行，就此停止。

机会研究又分一般机会研究和特定项目机会研究两种。根据当时的条件，决定进行哪种机会研究，或两种机会研究都进行。

1）一般机会研究。这种研究主要是通过国家机关或公共机构进行的，目的是通过研究指明具体的投资建议。有以下三种情况：地区研究；部门研究；以资源为基础的研究。

2）特定项目机会研究。一般投资机会作出最初鉴别之后，即应进行这种研究并应向潜在的投资者散发投资简介；实际上做这项工作的往往是未来的投资者或企业集团。主要内容为：市场研究，项目意向的外部环境分析，项目承办者优劣势分析。

（2）初步可行性研究：它是进一步分析和判断投资项目是否有生命力，是否有利可图。是否值得进行下一步的可行性研究，对投资项目的关键性问题需要作专门的调查研究，如：市场情况、资源条件、产品方案、工艺路线、技术设备及经济效益的评价等，需要取得较精确的数据。初步可行性研究一般要用半年左右时间，投资估算误差一般为±20%，而所需费用一般占投资总额的0.25%～1.5%左右。如果对项目的各个主要专题研究结果感到可行，就可转入下一个步骤，进行可行性研究。有些项目在有较大的把握时，就不再作初步可行性研究，而直接从机会研究转到可行性研究阶段。

（3）可行性研究。这是一个关键阶段，也是投资前最重要的阶段。一般的可行性研究是指这一阶段，它需要对研究项目进行深入详细的技术经济论证，提供项目所需的各种依据，并作出全面、详细、完整的经济评价，并且可列出不同的方案，从最优目标出发，对项目的原材料、工艺、品种、厂址、投资情况及项目工期等进行论证，从中选择投资少、进度快、效益高的最优方案。这一阶段的建设投资和成本估算的误差应在±10%以内，所需时间一年左右，或更长时间，其费用一般占投资总额的0.8%～3%。

（4）评估与决策

工程项目评估是在可行性报告的基础上进行的，主要任务是综合评价工程项目建设的必要性、可行性和合理性，对拟建工程项目的可行性研究报告提出评价意见，最终决策工程项目投资是否可行并选择满意的投资方案。

因基础材料的占有程度、研究深度及可靠程度等要求不同，可行性研究阶段的工作性质、工作内容、投资成本估算精度、工作时间与费用各不相同。它们之间的关系见表1-2。

工程项目可行性研究阶段划分及内容深度比较　　　　表1-2

工作阶段	机会研究	初步可行性研究	可行性研究	评估与决策
工作性质	项目设想	项目初选	项目拟定	项目评估
工作内容	鉴别投资方向，寻求投资机会，提出项目投资建议	对项目作专题调查研究，广泛分析、筛选方案，确定项目的初步可行性	对项目进行深入细致的技术论证，重点分析财务效益和经济效益，作多方案比较，提出结论性建议，确定项目投资的可行性	综合分析各种效益，对可行性研究报告进行评估与审核，分析项目可行性研究的可靠性和真实性，对项目作出最终决策
工作成果	提出项目建议，作为编制项目建议书的基础，为初步选择投资项目提供依据	编制初步可行性研究报告，确定是否有必要进行下一步的详细可行性研究，进一步说明工程的生命力	编制可行性研究报告，作为项目投资决策的基础和重要依据	提出项目评估报告，为投资决策提供最后的决策依据。决定项目取舍和选择最佳投资方案
估算精度	±30%	±20%	±10%	±10%

续表

工作阶段	机会研究	初步可行性研究	可行性研究	评估与决策
费用占总投资的百分比	0.2%～1.0%	0.25%～1.5%	大型项目 0.8%～1.0%；中小型项目 1.0%～3.0%	
需要时间	1～3个月	4～6个月	8～12个月	

2. 可行性研究的作用和意义

投资一个项目，目的就在于最大限度地获得经济效益和社会效益。任何投资决策的盲目性或失误，都可能导致重大的损失，特别是重大项目的决策正确与否，其影响所及，会是整个国民经济的结构和规模。投资项目进行可行性研究的主要作用，表现在以下几个方面：

（1）可行性研究是科学的投资决策的依据。任何一个投资项目成立与否，投资效益如何，都要受到社会的、技术的、经济的等多种因素的影响。对投资项目进行深入细致的可行性研究，正是从这三个方面对项目分析、评价，从而积极主动地采取有效措施，避免因不确定因素造成的损失，提高项目经济效益，实现项目投资决策的科学化。科学的投资决策，是项目顺利进行、投资效益正常发挥的保证。

（2）可行性研究是编制计划、设计、施工实施以及后评价的依据。可行性研究是项目实施的依据。只有经过项目可行性研究论证，被确定为技术可行、经济合理、效益显著、建设与生产条件具备的投资项目，才能被列入国家或地方的投资计划，允许项目单位着手组织原材料、燃料、动力、运输等供应条件和落实各项投资项目的实施条件，为投资项目顺利实施作出保证。项目的可行性研究是项目实施的主要依据。

项目建成交付使用一段时间后要进行后评价，运营效果要与可行性研究的资料和结论相对比分析，构成项目后评价的重要依据。

（3）可行性研究是项目评估、筹措资金的依据。在可行性研究报告中，具体地分析了项目建设的必要性和可行性，对选择最优方案作出明确结论。项目评估，是在可行性研究的基础上进行的，通过论证、分析，对可行性研究报告进行评价，提出项目是否可行，是否是最好的选择方案，为最后作出投资决策提供咨询意见。可行性研究还详细计算项目的财务、经济效益、贷款清偿能力等详细数量指标以及筹资方案和投资风险等，银行在对可行性研究报告进行审查和评估后，决定对该项目的贷款金额。

（4）可行性研究是提高投资效益的重要保证。进行可行性研究时，必须在多方案中进行反复论证，筛选掉那些投资效益差的方案，当然这种筛选必须建立在数据准确和完善的基础上，并且要进行综合分析。这样可以促进项目的最优化，同时为项目实施过程的顺利进行，防止重大方案的变动或返工奠定基础。

3. 可行性研究的内容、程序和机构

（1）可行性研究的内容

可行性研究工作内容可以概括为以下三个方面：

1）进行市场研究，以解决项目建设的必要性问题。

2）进行工艺技术方案的研究，以解决项目建设的技术可能性问题。

3）进行经济和社会环境分析，以解决项目建设的合理性问题和可持续性发展问题。

（2）可行性研究的工作程序

国际上典型的可行性研究的工作程序分为六个步骤。在整个程序中，委托单位和咨询单位必须紧密合作。

第一步，开始阶段。要讨论研究的范围，细心限定研究的界限及明确委托单位的目标（包括成果性目标和约束性目标）。

第二步，进行实地调查和技术经济研究。每项研究要包括项目的主要方面，需要量、价格、工业结构和竞争将决定市场机会，同时，原材料、能源、工艺要求、运输、人力和外国工程又影响适当的工艺技术的选择。所有这些方面都是相互关联的，但是每个方面都要分别评价。

第三步，选优阶段。将项目的各不同方面设计成可供选择的方案。这里咨询单位的经验是很重要的，它能用较多的有代表性的设计组合制定出少数可供选择的方案，便于有效地取得最优方案，随后进行详细讨论，委托单位要作出非计量因素方面的判定，并确定协议项目的最后形式。

第四步，对选出的方案更详细地进行论证，确定具体的范围，估算投资费用、经营费用和收益，并作出项目的经济分析和评价。为了达到预定目标，可行性研究必须论证选择的项目在技术上是可行的，建设进度是能达到的。估计的投资费用应包括所有的合理的未预见费用（如包括实施中的涨价备用费）。经济和财务分析必须说明项目在经济上是可以接受的，资金是可以筹措到的。敏感性分析则用来论证成本、价格或进度等发生变化时，可能给项目的经济效益带来的影响。

第五步，编制可行性研究报告和环境影响报告。其结构和内容常常有特定的要求（如各种国际贷款机构的规定）。这些要求和涉及的步骤，在项目的实施过程中能有助于委托单位进行管理工作。

第六步，编制资金筹措计划。项目的资金筹措在比较方案时，已作过详细的考查，其中一些潜在的项目资金会在贷款者讨论可行性研究时冒出来。实施中的期限和条件的改变也会导致资金的改变，这些都可以根据可行性研究的财务分析作相应的调整。最后，要作出一个明确的结论，以供决策者作最终判断。

4. 可行性研究工作应遵循的基本原则

（1）科学性原则。即要求按客观规律办事。这是可行性研究工作必须遵循的最基本的原则。

1）要用科学的方法和认真的态度来收集、分析和鉴别原始的数据和资料，以确保它们的真实和可靠。真实可靠的数据和资料是可行性研究的基础和出发点。

2）要求每一项技术与经济的决定，都有科学的依据，是经过认真的分析、计算而得出的。

3) 可行性研究报告和结论必须是分析研究过程的合乎逻辑的结果，而不掺杂任何主观成分。

(2) 客观性原则。也就是要坚持从实际出发、实事求是的原则。建设项目的可行性研究，是根据建设的要求与具体条件进行分析和论证而得出可行或不可行的结论。

1) 首先要求承担可行性研究的单位正确地认识各种建设条件。这些条件都是客观存在的，研究工作要求排除主观臆想，必须从实际出发。

2) 要实事求是地运用客观的资料作出符合科学的决定和结论。

(3) 公正性原则。就是站在公正的立场上，不偏不倚。在建设项目可行性研究的工作中，应该把国家和人民的利益放在首位，决不为任何单位或个人而生偏私之心，不为任何利益或压力所动。实际上，只要坚持科学性与客观性原则，又不弄虚作假、谋取私利，就能够保证可行性研究工作的正确和公正，从而为项目的投资决策提供可靠的依据。

5. 可行性研究的方法

(1) 定量与定性分析相结合，以定量分析为主。在整个可行性研究中，对项目建设和生产过程中的很多因素，通过费用、效益的计算，得出了明确的综合的数量概念，从而使可行性研究能选择最佳方案，而这种定量分析随着科学技术的进步及人们观念的转变越来越被广泛应用。但同时，一个复杂的项目总会有许多因素不能量化，不能直接进行数量比较，在许多情况下，需要用理论加以说明，因此，必须进行定性分析。定量与定性相结合，使可行性评价较完整。

(2) 动态与静态分析相结合，以动态分析为主。可行性研究的经济评价用静态分析，很难正确反映可行性研究的结果。动态分析考虑货币的时间价值，用等值计算法将不同时间内资金流入和流出换算成同一点的价值，以便进行不同方案、不同项目的比较，使投资者、决策者树立起资金周转观念、利息观念、投入产出观念。

(3) 宏观效益与微观效益分析相结合，以宏观效益为主。在可行性研究的财务评价与国民经济效益评价中，多数是一致的，但有时是不一致的。不仅要看项目本身获利多少，有无财务生存能力，还要考虑对国民经济的净贡献。财务评价不可行，国民经济评价可行的项目，一般应采取经济优惠措施；财务评价可行，国民经济评价不可行的项目，应该否定，或重新考虑方案。

(4) 预测分析与统计分析相结合，以预测为主。在可行性研究中既要以现有状况水平为基础，对各种历史资料和现有资料进行分析，在预测技术不发达及信息资料不全的情况下，以实际达到水平作依据。同时，又要运用各种预测的方法，对各种因素进行预测分析，还应对某些不确定因素进行敏感性分析、风险分析和概率分析等。

(二) 可行性研究报告和环境影响报告书的编写

1. 编写可行性研究报告的要求

由于可行性研究工作对于整个项目建设过程以至于整个国民经济都有极其重要的意义，为了保证它的科学性、客观性和公正性，有效防止错误和遗漏，对编制可行性研究报告有下列要求：

（1）必须站在客观公正的立场进行调查研究，搞好基础资料的收集。对于基础资料，要按照客观实际情况进行论证评价，如实地反映客观规律、经济规律。可行不可行的结论，要用科学分析的数据来回答，绝不能先定可行的结论，再去编选数据。一句话，应从客观数据出发，通过科学的分析，得出最终的结论。

（2）可行性研究报告的内容深度一定要达到国家规定的标准（如误差不大于10％），基本内容要完整，应占有尽可能多的数据资料，避免粗制滥造，走形式。在做法上要掌握以下四个要点：

1）坚持先论证，后决策。

2）要掌握好项目建议书、可行性研究、评估这三个阶段的关系，哪一个阶段发现不可行应停止研究。对于重大项目，如果发现建议书研究不够深入，应先进行初步可行性研究。多比较选择一些方案，厂址可以先预选，认为可行后，再选定厂址，要进行全面的、更深层次的可行性研究。

3）调查研究要贯彻始终。要掌握切实可靠的资料，保证资料选取的全面性、重要性、客观性和连续性。

4）坚持多方案比较，择优选取。在进行方案比较时，特别要注意方案之间的可比性：如满足需要可比；消耗费用可比；价格可比；时间可比。

（3）为了保证可行性研究质量，应保证咨询设计单位必需的工作周期，防止各种原因而搞突击，草率行事。具体的工作周期由委托单位与咨询设计单位在签订合同时商定。

2. 可行性研究报告的编写规范

可行性研究报告的编写规范，以工业项目可行性研究报告为例，一般包括下列 11 个部分。

第一部分 总 论

总论作为可行性研究报告的首要部分，要综合叙述研究报告中各部分的主要问题和研究结论，并对项目的可行与否提出最终建议，为可行性研究的审批提供方便。

一、项目背景

（一）项目名称

（二）项目的承办单位

（三）项目的主管部门

（四）项目拟建地区和地点

（五）承担可行性研究工作的单位和法人代表

（六）研究工作依据

（七）研究工作概况

1. 项目建设的必要性。

2. 项目发展及可行性研究工作概况。

二、可行性研究结论

在可行性研究中，对项目的产品销售、原料供应、生产规模、厂址、技术方案、资金总额及筹措、项目的财务效益和国民经济、社会效益等重大问题，都应得出明确的结论。可行性研究结论包括：

（一）市场预测和项目规模

（二）原材料、燃料和动力供应

（三）厂址

（四）项目工程技术方案

（五）环境保护

（六）工厂组织及劳动定员

（七）项目建设进度

（八）投资估算和资金筹措

（九）项目财务和经济评价

（十）项目综合评价结论

三、主要技术经济指标表

在总论部分中，可将研究报告中各部分的主要技术经济指标汇总，列出主要技术经济指标表，使审批和决策者对项目全貌有一个综合了解。

四、存在问题及建议

对可行性研究中提出的项目的主要问题进行说明并提出解决的建议。

第二部分　项目背景和发展概况

这一部分主要应说明项目的发起过程，提出的理由，前期工作的发展过程，投资者的意向，投资的必要性等可行性研究的工作基础。为此，需将项目的提出背景与发展概况作系统的叙述，说明项目提出的背景，投资理由，在可行性研究前已经进行的工作情况及其成果，重要问题的决策和决策过程等情况。在叙述项目发展概况的同时，应能清楚地提示出本项目可行性研究的重点和问题。

一、项目提出的背景

（一）国家或行业发展规划

（二）项目发起人以及发起缘由

二、项目发展概况

项目的发展概况是指项目在可行性研究前所进行的工作情况，包括：

（一）已进行的调查研究项目及其成果

（二）试验试制工作（项目）情况

（三）厂址初勘和初步测量工作情况

（四）项目建议书（初步可行性研究报告）的编制、提出及审批过程

三、投资的必要性

第三部分　市场分析与建设规模

市场分析在可行性研究中的重要地位在于，任何一个项目，其生产规模的确定，技术的选择，投资估算甚至厂址的选择，都必须在对市场需求情况有了充分了解以后才能决定。而且市场分析的结果，还可以决定产品的价格，销售收入，

最终影响项目的盈利性和可行性。

一、市场调查

（一）拟建项目产出物用途调查

（二）产品现有生产能力调查

（三）产品产量及销售量调查

（四）替代产品调查

（五）产品价格调查

（六）国外市场调查

二、市场预测

市场预测是市场调查在时间上和空间上的延续，是利用市场调查所得到的信息资料，根据市场信息资料分析报告的结论，对本项目产品未来市场需求量及相关因素所进行的定量与定性的判断与分析。在可行性研究工作中，市场预测的结论是制定产品方案。

（一）国内市场需求预测

1. 本产品消耗对象。

2. 本产品的消费条件。

3. 本产品更新周期的特点。

4. 可能出现的替代产品。

5. 本产品使用中可能产生的新用途。

（二）产品出口或进口替代分析

1. 替代出口分析。

2. 出口可行性分析。

（三）价格预测

三、市场推销战略

在商品经济环境中，企业要根据市场情况，制定合格的销售战略，争取扩大市场份额，稳定销售价格，提高产品竞争能力。因此，在可行性研究中，要对市场推销战略进行研究。

（一）推销方式

1. 投资者分成。

2. 企业自销。

3. 国家部分收购。

4. 经销人代销及代销人情况分析。

（二）推销措施

（三）促销价格制度

（四）产品销售费用预测

四、产品方案和建设规模

（一）产品方案

1. 列出产品名称。

2. 产品规格标准。

（二）建设规模

产品销售收入预测：根据确定的产品方案和建设规模及预测的产品价格，估算产品销售收入。

第四部分　建设条件与厂址选择

这一部分是研究资源、原料、燃料、动力等需求和供应的可靠性，并对可供选择的厂址作进一步技术和经济分析，确定新厂址方案。

一、资源和原材料

（一）资源详述

（二）原材料及主要辅助材料供应

1. 原材料、主要辅助材料需要量及供应。

2. 燃料动力及其他公用设施的供应。

3. 主要原材料、燃料动力费用估算。

（三）需要做生产试验的原料

二、建设地区的选择

选择建厂地区，除须符合行业布局、国土开发整治规划外，还应考虑资源、区域地质、交通运输和环境保护等四要素。

（一）自然条件

（二）基础设施

（三）社会经济条件

（四）其他应考虑的因素

三、厂址选择

（一）厂址多方案比较

1. 地形、地貌、地质的比较。

2. 占用土地情况比较。

3. 拆迁情况的比较。

4. 各项费用的比较。

（二）厂址推荐方案

1. 绘制推荐厂址的位置图。

2. 叙述厂址地貌、地理、地形的优缺点和推荐理由。

3. 环境条件的分析。

4. 占用土地种类分析。

5. 推荐厂址的主要技术经济数据。

第五部分　工厂技术方案

技术方案是可行性研究的重要组成部分。

主要研究项目应采用的生产方法，工艺和工艺流程，重要设备及其相应的总平面布置，主要车间组成及建、构筑物形式等技术方案，并在此基础上，估算土建工程量和其他工程量。在这一部分中，除文字叙述外，还应将一些重要数据和指标列表说明，并绘制总平面布置图、工艺流程示意图等。

一、项目组成

凡由本项目投资的厂内、外所有单项工程，配套工程包括生产设施、后勤、运输、生活福利设施等，均属项目组成的范围。

二、生产技术方案

生产技术方案系指产品生产所采用的工艺技术、生产方法、主要设备、测量自控装备等技术方案。

（一）产品标准

叙述本项目主要产品和副产品的质量标准。

（二）生产方法

（三）技术参数和工艺流程

（四）主要工艺设备选择

（五）主要原材料、燃料、动力消耗指标

（六）主要生产车间布置方案

三、总平面布置和运输

（一）总平面布置原则

总平面布置应根据项目各单项工程，工艺流程，物料投入与产出，废弃物排出及原材料贮存，厂内外交通运输等情况，按厂地的自然条件、生产要求与功能以及行业、专业的设计规范进行安排。

（二）厂内外运输方案

（三）仓储方案

（四）占地面积及分析

四、土建工程

（一）主要建、构筑物的建筑特征及结构设计

（二）特殊基础工程的设计

（三）建筑材料

（四）土建工程造价估算

五、其他工程

（一）给水排水工程

（二）动力及公用工程

（三）地震设防

（四）生活福利设施

第六部分　环境保护与劳动安全

在项目建设中，必须贯彻执行国家有关环境保护和职业安全卫生方面的法规、法律，对项目可能对环境造成的近期和远期影响，对影响劳动者健康和安全的因素，都要在可行性研究阶段进行分析，提出防治措施，并对其进行评价，推荐技术可行、经济，且布局合理，对环境的有害影响较小的最佳方案。按国家规定，凡从事对环境有影响的建设项目都必须执行环境影响报告书的审批制度，同时，

在可行性研究报告中，对环境保护和劳动安全要有专门论述。

一、建设地区的环境现状

二、项目主要污染源和污染物

（一）主要污染源

（二）主要污染物

三、项目拟采用的环境保护标准

四、治理环境的方案

五、环境监测制度的建议

六、环境保护投资估算

七、环境影响评价结论

八、劳动保护与安全卫生

（一）生产过程中职业危害因素的分析

（二）职业安全卫生主要设施

（三）劳动安全与职业卫生机构

（四）消防措施和设施方案建议

第七部分　企业组织和劳动定员

在可行性研究报告中，根据项目规模、项目组成和工艺流程，研究提出相应的企业组织机构、劳动定员总数及劳动力来源及相应的人员培训计划。

一、企业组织

（一）企业组织形式

（二）企业工作制度

二、劳动定员和人员培训

（一）劳动定员

（二）年总工资和职工年平均工资估算

（三）人员培训及费用估算

第八部分　项目实施进度安排

所谓项目实施时期亦可称为投资时期，是指从正式确定建设项目到项目达到正常生产这段时间。这一时期包括项目实施准备、资金筹集安排、勘察设计和设备订货、施工准备、施工和生产准备、试运转直到竣工验收和交付使用等各工作阶段。这些阶段的各项投资活动和各个工作环节，有些是相互影响、前后紧密衔接的，也有些是同时开展、相互交叉进行的，因此，在可行性研究阶段，需将项目实施时期各个阶段的各个工作环节进行统一规划，综合平衡，作出合理又切实可行的安排。

一、项目实施的各阶段

（一）建立项目实施管理机构

（二）资金筹集安排

（三）技术获得与转让

（四）勘察设计和设备订货

（五）施工准备

（六）施工和生产准备

（七）竣工验收

二、项目实施进度表

（一）横道图

（二）网络图

三、项目实施费用

（一）建设单位管理费

（二）生产筹备费

（三）生产职工培训费

（四）办公和生活家具购置费

（五）勘察设计费

（六）其他应支出的费用

第九部分 投资估算与资金筹措

建设项目的投资估算和资金筹措分析，是项目可行性研究内容的重要组成部分。每个项目均需计算所需要的投资总额，分析投资的筹措方式，并制定用款计划。

一、项目总投资估算

建设项目总投资包括固定资产投资总额和流动资金。

（一）固定资产总额

（二）流动资金估算

二、资金筹措

一个建设项目所需要的投资资金，可以从多个来源渠道获得。项目可行性研究阶段，资金筹措工作是根据对建设项目固定资产投资估算和流动资金估算的结果，研究落实资金来源渠道和筹措方式，从中选择条件优惠的资金。应对资金的每一种来源渠道及其筹措方式逐一论述。并附有必要的计算表格和附件。可行性研究中，应对下列内容加以说明。

（一）资金来源

（二）项目筹资方案

三、投资使用计划

（一）投资使用计划

（二）借款偿还计划

第十部分 财务效益、社会效益评价

在建设项目的技术路线确定后，必须对不同的方案进行财务经济效益评价，判断项目在经济上是否可行，并选出优秀方案。本部分的评价结论是建设方案取舍的主要依据之一，也是对建设项目进行投资决策的重要依据。

一、生产成本和销售收入估算

（一）生产总成本

（二）单位成本

（三）销售收入估算

二、财务评价

财务评价是考察项目建成后的获利能力、债务偿还能力及外汇平衡能力的财务状况，以判断建设项目在财务上的可行性。财务评价采用静态分析与动态分析相结合，以动态为主的办法进行。并用财务评价指标分别和相应的基准参数——财务基准收益率、行业标准投资回收期、平均投资利润率、投资利税率相比较，以判断项目在财务上是否可行。

三、国民经济评价

国民评价是项目经济评价的核心部分，是决策部门考虑项目取舍的重要依据。建设项目国民经济评价采用费用与效益分析的方法，运用影子汇率、影子工资和社会折现率等参数，计算项目对国民经济的净贡献，评价项目在经济上的合理性。国民经济评价采用国民经济盈利能力分析和外汇效果分析，以经济内部收益率（$EIRR$）作为主要的评价指标。根据项目的具体特点和实际需要，也可计算经济净现值（$ENPV$）指标，涉及产品出口创汇或替代进口节汇的项目，要计算经济外汇净现值（$ENPV_F$），经济换汇成本或经济节汇成本。

四、不确定性分析

在对建设项目进行评价时，所采用的数据多数来自预测和估算。由于资料和信息的有限性，将来的实际情况可能与此有出入，这对项目投资决策会带来风险。为避免或尽可能减少风险，就要分析不确定性因素对项目经济评价指标的影响，以确定项目的可靠性，这就是不确定性分析。

根据分析内容和侧重面不同，不确定性分析可分为盈亏平衡分析、敏感性分析和概率分析。在可行性研究中，一般要进行盈亏平衡分析，而敏感性分析和概率分析可视项目情况而定。

五、社会效益和社会影响分析

在可行性研究中，除对以上各项指标进行计算和分析以外，还应对项目的社会效益和社会影响进行分析，也就是对不能定量的效益影响进行定性描述。

第十一部分　可行性研究结论与建议

一、结论与建议

根据前面各部分的研究分析结果，对项目在技术上、经济上进行全面的评价，对建设方案进行总结，提出结论性意见和建议。主要内容有：

1. 对推荐的拟建方案建设条件、产品方案、工艺技术、经济效益、社会效益、环境影响给出结论性意见。

2. 对主要的对比方案进行说明。

3. 对可行性研究中尚未解决的主要问题提出解决办法和建议。

4. 对应修改的主要问题进行说明，提出修改意见。

5. 对不可行的项目，提出不可行的主要问题及处理意见。

6. 可行性研究中主要争议问题的结论。

二、附件

凡属于项目可行性研究范围，但在研究报告以外单独成册的文件，均需列为可行性研究报告的附件，所列附件应注明名称、日期、编号。

1. 项目建议书（初步可行性研究报告）。

2. 项目立项批文。

3. 厂址选择报告书。

4. 资源勘探报告。

5. 贷款意向书。

6. 环境影响报告。

7. 需单独进行可行性研究的单项或配套工程的可行性研究报告。

8. 需要的市场调查报告。

9. 引进技术项目的考察报告。

10. 引用外资的各类协议文件。

11. 其他主要对比方案说明。

12. 其他。

三、附图

1. 厂址地形或位置图。

2. 总平面布置方案图。

3. 工艺流程图。

4. 主要车间布置方案简图。

5. 其他。

四、环境影响报告书编写

其内容主要包括：

1. 建设项目概况。

2. 建设项目周围环境现状。

3. 建设项目对环境可能影响的分析和预测。

4. 环境保护措施及其经济技术论证。

5. 环境影响经济损益分析。

6. 对建设项目实施环境监测的建议。

7. 环境影响评价结论。

二、工程项目的投资估算

工程项目投资估算包括总投资、投资成本和投资效益。工程项目总投资的估算，是投资项目评价内容的重要组成部分，估算额是否准确，对研究筹资方案、计算筹资成本有着直接的制约和影响作用；投资成本和投资效益的估算更是投资项目可行性分析的重要组成部分。这三个部分对投资项目的财务效益可行性有着重大影响，需要进行细致客观的研究。从机会成本的角度考虑，投资项目的风险成本也是不可忽略的一个方面，它也会直接影响到整个项目的成败与否，所以我们将这部分的分析也放在总投资内加以考虑。

（一）工程项目总投资的估算

工程项目的总投资，包括固定资产、无形资产投资和流动资产投资。它们是保证投资项目建设和生产经营活动正常进行所必需的资金。

1. 固定资产投资的估算

固定资产是指投入到固定资产再生产过程中去的资金，亦即为建设或购置固定资产所支付的那部分资金。

（1）固定资产投资的费用构成

固定资产投资的费用构成包括以下几个方面：

1）建筑工程费用：包括各种房屋建筑工程、各种用途设备基础和各种窑炉砌筑工程、为施工而进行的各项准备工作和临时工程以及完工后的清理工作、铁路道路铺设工程、矿井开凿及石油管道架设工程、水利工程、防空地下建筑等特殊工程所发生的费用。

2）设备、工具和器具购置费：包括购置或自制达到固定资产标准的设备、工具、器具的费用。对于新建车间购置或自制达不到固定资产标准的工具和器具的费用，应列为流动资产投资。

3）安装工程费：包括各种机械设备的安装工程、为测定安装工作质量、对设备进行试运行工作所发生的费用。

4）工程建设其他费用：包括勘察设计费、研究试验费、临时设施费、进口成套设备检验费、负荷联合试车费、投资贷款利息、合同公证费、工程质量监测费、土地使用费、有关引进技术和进口设备的其他费用、建设债券发行费用和利息，以及单独设置建设管理机构的管理费等。

5）预备费：包括设备、材料价差及其他不可预见的费用，对用投资贷款进行建设的项目，还要同时计算包括建设期间贷款利息和不包括建设期间贷款利息的固定资产总额。前者用于计算有关财务指标；后者用于计算资金流量。图1-13为建设项目总投资构成。

（2）固定资产投资估算的方法

固定资产投资估算，一般是指在项目决策之前的项目建议书和可行性研究阶段对项目建设费用的预测和估算。为了合理确定并有效地控制建设工程造价，提高投资效益，必须力求提高投资估算的精确度，固定资产投资估算的方法，取决于要求达到的精确度，而精确度又是由项目研究和研究所处不同阶段及资料数据的可靠性决定的。通常在项目建议书阶段可采用单位生产能力投资估算法、生产能力指数估算法和工程系数估算法。在项目可行性研究阶段采用概算指标估算法。

1）单位生产能力投资估算法

单位生产能力投资估算法，是根据已建成类似项目的固定资产投资总额和形成的设计生产能力，算出单位设计生产能力所需的固定资产投资，再将它乘以拟建项目的生产能力来估算拟建项目固定资产投资总额的方法。它的计算公式是：

$$P_2 = X_2(P_1/X_1)$$

式中　P_2——拟建项目固定资产投资总额；

　　　P_1——已建成类似项目固定资产投资总额；

　　　X_2——拟建项目生产能力；

　　　X_1——已建成类似项目设计生产能力。

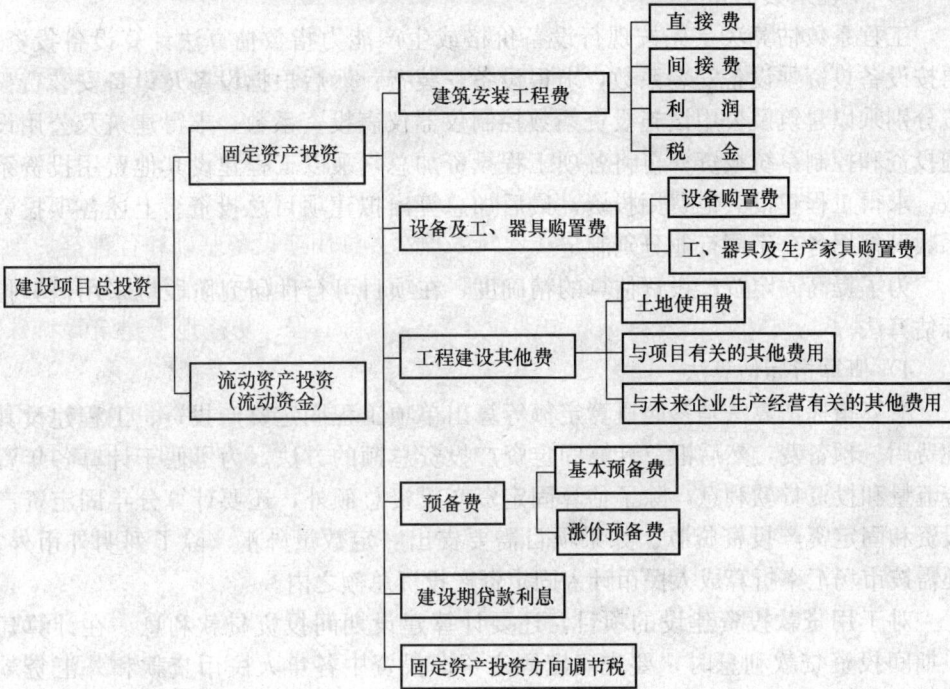

图 1-13　建设项目总投资构成

　　这种方法把项目的固定资产投资总额与其生产能力的关系视为简单的线性关系，估算结果精确度较差，使用时除了要注意拟建项目的生产能力和类似项目的可比性，其他条件也应相似，否则误差会很大。由于在实际工作中不易找到与拟建项目完全类似的项目，通常是把项目按所属车间、设施和装置进行分解，分别套用类似车间、设施和装置的单位生产能力投资指标计算，然后加总求得拟建项目固定资产投资总额，或根据拟建项目的规模和建设条件，将已建成类似项目单位生产能力的固定资产投资进行适当调整后，再估算拟建项目固定资产投资总额。

　　2）生产能力指数估算法

　　生产能力指数估算法是引用已建成项目的设备投资，估算同类不同生产能力项目的设备投资额的方法。它的计算公式是：

$$P_2 = P_1(X_2/X_1)^n$$

式中　P_2——拟建项目的设备投资额；

　　　P_1——同类项目的设备投资额；

　　　X_2——拟建项目的生产能力；

　　　X_1——同类项目的生产能力；

　　　n——生产规模效益指数。

这种方法由于不是按简单的线性关系，而是根据实际资料求得的指数关系来估算拟建项目的设备投资额，所以比较精确。根据有关统计资料，当借助于增加装置尺寸达到扩大生产能力时，生产规模效益指数 n 值取 $0.6\sim0.7$；当借助于增加装置数量达到扩大生产能力时，生产规模效益指数 n 值取 $0.8\sim1.0$。

3）工程系数估算法

工程系数估算法是先按现行设备价格或生产能力指数估算法计算设备投资，再按设备投资乘设备安装系数，求得设备安装费；然后根据设备及设备安装费投资分别乘以建筑及公用设施投资系数控制仪器仪表投资系数，求得建筑及公用设施投资和控制系统投资；再将各项工程投资加总，乘以工程建设其他费用投资系数，求得工程建设其他费用投资；最后加总算出拟建项目总投资。上述各项投资系数可根据各个不同行业分别制定。

为了提高固定资产投资估算的精确度，在项目可行性研究阶段应采用概算指标估算法。

4）概算指标估算法

概算指标估算法是参照概算定额等算出单项工程固定资产投资、工程建设其他费用、预备费，然后汇总计算固定资产投资总额的方法。为了便于计算各年资金流量和投资贷款利息，除了估算固定资产投资总额外，还要计算分年固定资产投资和固定资产投资贷款。如果项目需要支出一定数量外汇。除了列明外币外，还需按市场汇率折算成人民币计入固定资产投资总额之内。

对于用贷款投资建设的项目，还要计算建设期间投资贷款利息。在计算建设期间投资贷款利息时，要先确定固定资产投资中各年人民币贷款和外汇贷款数额，然后按规定利率计算建设期间各年人民币投资贷款利息和外汇投资贷款利息。由于在一般情况下，各年投资支出并不是在年初一次投入的，而是在全年中陆续支出的，因此，在计算建设期间各年投资贷款利息时，应按照当年投资贷款总额的 $1/2$ 估算全年利息。建设期间各年投资贷款利息的计算公式如下：

建设期间各年投资贷款利息＝（年初投资贷款累计＋本年投资贷款/2）×年利率

在计算了固定资产投资贷款总额后，还要根据项目经济寿命期和经济寿命期结束时的固定资产净残值，计算项目投产后各年固定资产折旧费。

2. 无形资产投资的估算

无形资产投资是指一次投入为取得土地使用权和专利权、非专利技术等所花费的投资支出。随着土地使用权和知识产权等的确认，随着专利法等经济法规的建立，以及房地产市场与技术市场的形成和发展，土地使用权和专利权、非专利技术的存在，已成为经济生活的现实。投资项目如以一次支付方式取得土地使用权和专利权、非专利技术，就应作为无形资产估算其投资。如以分年支付土地租赁费、技术转让费方式取得土地使用权和专利权、非专利技术，则应作为生产费用列作当年产品成本。无形资产投资在工程建设概预算中与固定资产投资一并都有一定的有效年限，因此，可按有效年限计算它的摊销额。

例如，某摩托车厂项目的土地使用权是以自有资金 2000 万元向当地某房地产开发公司以批租方式取得的，批租期限为 40 年，则 2000 万元即为无形资产——土地使用权投资支出。由于土地使用权批租期限为 40 年，因此，每年的无形资产——土地使用权摊销额为：

$$2000 \div 40 = 50 \text{ 万元}$$

考虑到建设期限 2 年的摊销额亦应在项目经济寿命期 10 年内摊销，因此，项目经济寿命期内每年的无形资产——土地使用权的摊销额为：

$$50 + 50 \times 2 \div 10 = 60 \text{ 万元}$$

如果是国有企业投资项目，土地使用权大都通过划拨方式取得，土地使用权投资支出仅包括土地征用补偿费、附着物和育苗补偿费、安置补偿费以及土地征收管理费。以划拨方式取得的土地使用权，一般没有使用期限。考虑到土地价格不会随着使用而贬值，因此，不必对无形资产——土地使用权投资支出进行摊销。

3. 流动资产投资的估算

流动资产投资是项目建成投产后垫支在原材料、产品、产成品等方面的流动资金。它是保证生产经营活动正常进行所必需的资金，因此也是项目总投资的组成部分。

流动资金按其在再生产过程中发挥的作用，分为生产领域中的流动资金和流通领域中的流动资金。

生产领域中的流动资金包括生产储备资金和生产资金。生产储备资金是保证生产顺利进行不致中断的必要的材料物资储备所占用的资金。它包括：原材料、燃料、低值易耗品、包装物、外购半成品等占用的资金。生产资金是指生产过程中在产品、自制半成品和待摊费用等占用的资金。

流通领域中的流动资金包括成品资金、结算资金（即各项应收、预付、暂付款项）和货币资金。

流动资金按其管理方式的不同，分为定额流动资金和非定额流动资金。

定额流动资金是可以根据生产任务、企业规模、材料消耗定额和供应条件等具体情况，确定其正常生产需要量的那部分流动资金。它包括生产储备资金、生产资金和成品资金。为了保证生产经营活动的正常进行和合理控制各项材料物资储备，对上述各项流动资金应拟订定额，实行定额管理。

非定额流动资金是指不确定其定额的流动资金，如应收账款、库存现金、银行存款等结算资金和货币资金。这部分流动资金，通常在流动资金总额中所占的比重不大，数量也不稳定，有的难以确定其经常占用量，有的不需要确定其经常占用量，所以，不拟订定额，不实行定额管理。

拟建项目流动资产投资额的估算，根据项目生产特点和资料数据的掌握情况，可按销售收入资金率或销售成本资金率进行估算，也可按流动资金主要项目分别逐项估算。考虑到在项目可行性研究阶段，各项原材料供应等条件还不可能完全落实，按流动资金主要项目分别逐项估算尚难进行，一般都采用按销售收入（或销售成本）资金率进行估算。

按销售收入（或销售成本）资金率估算，就是根据拟建项目年销售收入（或年销售成本）与类似项目销售收入（或销售成本）资金率来计算拟建项目流动资产投资额。它的计算公式如下：

$$\frac{拟建项目流动}{资产投资额}=\frac{拟建项目年销售}{收入（或销售成本）}\times\frac{类似项目销售收入}{（或销售成本）资金率}$$

$$\frac{类似项目销售收入}{（或销售成本）资金率}=\frac{类似项目年流动资金平均占用额}{类似项目年销售收入（或销售成本）}\times100\%$$

如某摩托车厂项目达到设计生产能力年产量后的年销售收入为 25000 万元，已建成类似项目的销售收入资金率为 16%，则该摩托车厂项目的流动资产投资额应该是：

$$流动资产投资额=25000\times16\%=4000 万元$$

在采用这种方法估算流动资产投资额时，要注意拟建项目与已建成或类似项目在原材料供应条件等方面的可比性。如果条件不尽相同，应对类似项目的销售收入（或销售成本）资金率进行适当调整后，再计算流动资产投资额。

在估算拟建项目固定资产投资额中，如果工程建设概预算中包括新建车间购置或自制达不到固定资产标准的工具和器具费用时，则在估算流动资产投资额时，要防止重复计算，即在估算固定资产投资额时，应扣除这部分达不到固定资产标准的工具、器具费用。因为为新建车间购置或自制达不到固定资产标准的工具、器具，在交付使用后要转作低值易耗品构成流动资产。

在估算流动资产投资以后，还要考虑它的资金来源。目前，投资项目所需的流动资产投资，一般要有不少于 30% 的自有资金，其余资金才能向银行贷款。

4. 投资贷款的还本付息

在估算了拟建项目的固定资产投资、无形资产投资和流动资产投资以后，还要计算投资贷款的还本付息。

固定资产投资贷款和无形资产投资贷款，一般采用资金回收系数来计算每次应偿还的本息。其计算公式为：

$$每次偿还投资贷款本息=投资贷款总额\times(A/P，i\%，n)$$

如某摩托车厂项目固定资产投资贷款及其在建设期间的利息共 8820 万元，贷款合同规定分为 5 年偿还，每年计息一次，年利率为 10%，则各年应偿还的本息为：

$$8820\times(A/P，10\%，5)=8820\times0.2638=2326.716 万元$$

（二）工程项目投资成本的估算

工程项目成本费用是进行项目经济评价的基础，主要用于计算利润表、现金流量表、确定流动资金的需要量、进行不确定性分析等，因此工程项目成本费用的估算也是一项重要的基础工作。

1. 项目成本费用的内容

项目总成本费用是指项目在一定时期（一般为一年）为生产和销售一定种类和数量的产品或提供劳务而发生的全部成本和费用。工业项目的费用成本包括：生产费用、管理费用、财务费用以及销售费用。

（1）生产费用

生产费用是指工业企业在一定时期内发生的各项生产耗费的货币表现。它包括企业为生产产品所发生的直接材料费、直接人工费和其他直接或间接费用。

（2）管理费用

管理费用是指企业行政管理部门为组织和管理生产经营活动而发生的各项费用。包括企业统一负担的公司经费、工会经费、职工教育经费、劳动保险经费、待业保险经费、行政管理人员的工资及职工福利费、折旧、业务招待费等。

（3）财务费用

财务费用是指企业为筹集生产经营所需资金而发生的费用，包括利息支出、汇兑损益以及金融机构手续费等。

（4）销售费用

销售费用是指企业在销售产品或劳务过程中发生的应由企业负担的各项费用。包括运输费、装卸费、包装费、保险费、广告费以及销售本企业产品而专设的销售机构的职工工资、福利费、业务费等经常费用。

2. 项目费用成本的分类

（1）按费用成本的经济性质分类

1）外购材料

即为项目进行建设和生产经营而耗费的一切从外单位购进的原材料、半成品、辅助材料等。

2）外购燃料动力

指为项目建设和生产经营而从外单位购进的各种固体、液体和气体燃料及各种动力。

3）工资及福利费

指应计入项目费用成本的职工工资和根据有关规定按工资总额的一定比例提取的职工福利费。

4）折旧费

指按规定的固定资产折旧提取的折旧费。

5）利息支出

指应计入项目成本费用的贷款利息减利息收入的净额。

6）税金

指应计入费用成本的各项应缴税金。如房产税、车船使用税、土地使用税、印花税等。

7）其他费用

指不属于以上各要素的费用支出。

（2）按其计入产品成本的方法分类

按费用成本计入产品成本的方法可分为：

1）直接费用

指为生产商品或提供劳务等发生的各项费用，如直接材料、直接人工等。

2）间接费用

指为组织和管理生产经营活动而发生的共同费用以及不能直接计入产品生产成本的各项费用，需要采用一定方法分配计入生产成本，如制造费用等。

（3）按费用成本与产品产量的关系分类

按费用成本与产品产量的关系可分为：

1）变动费用

指随产品产量的增减而成比例增减的费用。如各种原材料、燃料动力等。

2）固定费用

指与产品产量增减没有直接联系的相对固定的费用，如固定资产的折旧费用、管理费用等。

还有一些费用，虽然也随着产品产量增减而变化但非成比例地变化，称为半变动费用或混合费用。但半变动费用可以进一步分为变动费用和固定费用。因此，总的说来，总成本可分为变动费用和固定费用。

3. 总成本费用的估算

总成本费用的估算通常采用按生产成本费用要素估算的方法。

（1）外购原材料

1）原料及主要材料

①按不同规格、不同来源分别填列；

②按各车间和设施的年耗量加总后乘以到厂价格。

2）其他材料

参照类似企业统计材料，根据其他材料费占原料及主要材料费的比率估算。

（2）外购燃料及动力

按外购油、煤、电等分别填列。将各车间、设施耗量加总乘以到厂价格。

（3）工资及福利费

全厂职工工资＝年平均工资×职工总数

职工福利费按照企业职工工资总额的14％提取。

（4）折旧费

固定资产的价值通常是采取折旧的方法来补偿，即在项目使用寿命期内，将固定资产价值损失以折旧的形式列入产品成本中，逐年摊销。应提取折旧的固定资产有：房屋和建筑物、在用的机器设备、仪器仪表、运输车辆、工具器具；季节性停用和因修理停用的设备；以经营租赁方式租出的固定资产，以融资租赁方式租入的固定资产。下列固定资产不提取折旧：房屋、建筑物以外的未使用、不需用的固定资产；以经营租赁方式租入的固定资产；已提足折旧继续使用的固定资产；国家规定不提取折旧的其他固定资产。

固定资产折旧的计算方法，按折旧对象的不同可分为个别折旧法、分类折旧法和综合折旧法，按固定资产在项目经营期内前后期折旧费用的变化性质可分为平均年限法、工作量法和加速折旧法（双倍余额递减法、年数总和法）。

（5）修理费

修理费按其占固定资产原值的比率或按占折旧的比率提取。

（6）维简费

由于矿山、油井、天然气井等特殊资产的价值将随着已完成的采掘或采伐量而减少，故对这类资产不计折旧，而是按照生产产品数量（如采矿按每吨原矿产量）计提维持简单再生产的费用，简称"维简费"。

（7）摊销费

摊销费是指无形资产和递延资产的摊销费。

无形资产通常有一定的有效期限，有的有规定，有的没有规定。规定有效期的，应按规定期限分期摊销；没有规定期限的无形资产，可按照不短于 10 年期限分期平均摊销。

递延资产是指企业发生的不能计入当期损益，应当在以后年度内分期摊销的各项费用，包括开办费、固定资产的改良支出，以及摊销期在一年以上的其他待摊费等。

（8）利息支出

利息支出包括固定资产投资贷款利息和流动资金贷款利息。

1）固定资产贷款利息计算

在财务评价中，对国内外贷款，无论实际按年、季、月计息，均可简化为按年计息，即将名义年利率按计息时间折算成实际利率。计算公式：

$$实际年利率 = (1+r/n)^n - 1$$

式中　r——年名义利率；

　　　n——年计息次数。

2）利息计算方法

①为简化计算，假定贷款发生当年平均在年中支用，按半年计息，其后年份按全年计息，还款当年按年末偿还，按全年计息。每年应计利息的近似公式：

$$每年应计利息 = （年初贷款本息累计 + 本年贷款额/2）× 年利率$$

②等额偿还本金和利息总额的公式：

$$A = I_c \times i(1+i)^n / [(1+i)^n - 1]$$

式中　A——每年的还本付息额；

　　　I_c——建设期末固定资产贷款本金及利息之和；

　　　i——年利率；

　　　n——贷款方要求的贷款偿还年数（由还款年开始计算）；

　　　$i(1+i)^n / [(1+i)^n - 1]$——投资回收系数，即 $(A/P, i, n)$。

还本付息中偿还的本金和利息各年不等，偿还的本金部分将逐年增多，支付的利息部分将逐年减少。计算公式为：

$$每年支付利息 = 年初本金累计 × 年利率$$

$$每年偿还本金 = A - 每年支付利息$$

式中　年初本金累计 $= I_c -$ 本年以前各年偿还本金累计

③等额还本，利息照付公式

$$A_t = I_c/n + I_c \times [1 - (t-1)/n] \times i$$

式中　A_t——第 t 年的还本付息额。

等额还本，利息照付，各年度之间偿还的本金及利息之和是不等的。偿还期内每年偿还的本金额是相等的，利息将随本金逐年偿还而减少。其计算公式为：

$$每年支付利息 = 年初本金累计 × 年利率$$

$$年偿还本金＝I_c/n$$

国外贷款除支付银行利息外，还要另计管理费和承诺费等财务费用。为简化计算，可采用适当提高利率的办法进行处理。

④财务评价中，可以根据贷款方的要求选择不同的计息方法，计算出生产期的每年应计利息，计入财务费用中的利息支出项目。

3）流动资金贷款利息计算

流动资金一般应在生产前开始筹措，为简化计算，规定流动资金在投产第一年开始按生产负荷进行安排，其贷款部分按规定的流动资金贷款利率进行计算，并按全年计算利息。

（9）其他费用

其他费用可按以上各项总和的一定比例或按单位产品的其他费用金额计取。

（10）总成本费用

上述各项加总即为总成本费用。

（11）经营成本

经营成本的概念是项目评价中的一个专用术语，它在编制项目计算期内的流量表和方案比较中是十分重要的。

现金流量计算与成本计算（会计方法）有所不同，按照现金流量的概念，只计算现金收支，不计算非现金收支，而固定资产折旧费、摊销费等只是项目系统内部固定资产投资的现金转移，而非现金支出。所以，经营成本中不包括折旧费和摊销费，同样也不包括"维简费"。另外，按国家现行财务制度规定，项目生产经营期间发生的贷款利息计入产品总成本费用的财务费用中，由于在编制全部投资现金流量表时，全部投资都假设为自有资金，以全部投资为计算基础，利息支出不作为现金支出；而自有资金现金流量表中已将利息支出单列，所以经营成本中不包括贷款利息，同时与还本付息有关的汇兑净损失也应作相应处理。因此计算经营成本的公式为：

经营成本＝总成本费用－折旧费－维简费－摊销费－利息支出

4. 工程项目投资效益的估算

工程项目投资效益的估算，主要是从企业角度，按有关法律政策规定和国内外市场价格，对拟建项目的盈利能力、资金来源，以及能否按期还本付息进行分析。工程项目投资效益的估算包括静态分析和动态分析。静态分析没有考虑货币的时间价值，主要有投资收益率、投资回收期等。动态分析考虑货币的时间价值，主要有净现值、净现值指数、内部报酬率和动态投资回收期等。

（1）静态分析

对工程项目经济效益的静态分析指标主要有投资收益率和投资回收期。

1）投资收益率

投资收益率＝（年利润总额或年平均利润总额/项目总投资额）×100%

公式中，年利润总额指项目达到设计生产能力时正常年份的利润总额。如果生产期内利润总额变化幅度较大，则利用年平均利润总额计算。项目总投资包括固定资产投资、建设期利息和流动资金投资。对于项目的投资收益率，应当要求大于行业平均投资收益率。

2）投资回收期

从财务视角看，投资回收期是指项目建成后以预计年平均收益抵偿全部投资所需要的时间。其计算公式：

投资回收期＝项目总投资/年平均利润总额

从公式可见，其实际上是投资收益率的倒数。因此，对其的分析应侧重从企业财务角度进行评价。

上述计算的投资回收期是运用平均数据计算的，不够准确。准确的投资回收期是项目建设开始后，以累计回收额（累计净现金流量）抵偿全部投资所需要的时间。

（2）动态分析

项目投资经济效益的动态分析指标主要有净现值、净现值指数、内部报酬率和动态投资回收期。

1）净现值

净现值是现金流入现值与现金流出现值的差，即：

净现值＝现金流入现值－现金流出现值

可以用公式表达如下：

$$NPV = \sum_{t=1}^{n} CFI_t (1+i)^{-t} - \sum_{t=1}^{n} CFO_t (1+i)^{-t}$$

式中　NPV——净现值；

　　　　i——折现率；

　　CFI_t——第 t 年的现金流入量；

　　CFO_t——第 t 年的现金流出量。

项目评估所使用的折现率，一般采用行业基准收益率或项目加权资金成本。计算期由生产期和建设期构成，生产期根据主要设备的折旧年限确定。

净现值的意义是，当净现值大于 0 时，说明项目的投资收益率大于行业基准收益率或加权资金成本率。所以，净现值大于 0 的项目是可行的，否则应当放弃。当然，在投资总额相等的情况下，净现值越大，经济效益越好。

净现值考虑了项目寿命期间各年现金流量的现值，在投资总额相等的情况下可以按净现值的大小对项目排序；如果投资总额不等，仅仅根据净现值的大小进行决策可能导致失误。

2）净现值指数

为了克服净现值的一些缺点，可以采用现值指数指标。其可表示为：

$$INPV = NPV/I$$

式中　$INPV$——现值指数；

　　　　I——投资总额的现值。

3）内部报酬率

净现值和净现值指数，这两种方法的计算都没有克服一个缺点，即折现率的确定。采用不同的折现率会得出不同的结果。内部报酬率的使用可以克服这一缺点。内部报酬率就是项目的净现值为 0 的折现率，通常用 *IRR*（Internal Return Ratio）表示。

根据定义，$\sum_{t=1}^{n} A_t(1+IRR)^{-t} - I = 0$

式中　A_t——第 t 年的净现金流量；

　　　I——投资总额的现值；

　　IRR——内部报酬率。

当内部报酬率大于行业基准收益率或资金成本时，该项目是可行的。

对于内部报酬率的计算，由于其是个高次方程，常规的方法不能解决。通常使用内插法进行。由于在小范围内可以将净现值曲线近似地看成直线，采用相似三角形对应边成比例的原理，可以推导出内部报酬率的计算公式：

$$IRR = i_1 + \frac{(i_2 - i_1)NPV_1}{NPV_1 + |NPV_2|}$$

折现率 i_1 对应的净现值 NPV_1 大于 0，折现率 i_2 对应的净现值 NPV_2 小于 0，NPV_1 和 NPV_2 都接近 0，否则误差相对比较大。

4）动态投资回收期

动态投资回收期是指项目始建后以累计净现值回收投资所经历的时间。当全部投资回收后，累计净现值不再是负值。因此，动态回收期就是累计净现值由负值转向正值所经历的时间。

动态投资回收期＝累计净现值开始为正的年序－当年累计净现值
/当年与上年累计净现值的绝对值之和

（三）工程项目投资的决策

工程项目投资的决策，属于工程项目投资建设系统中第一阶段的工作。投资者只有决策工作做得及时而正确，才能保证以后的资金运用与建设实施、投产运营与收回投资等诸阶段工作的顺利进行。要做到这一点，就必须更新决策观念，明确决策意义，扎实地做好决策阶段的各项工作，实行决策的科学化与民主化。只有这样，才可能做到工程项目投资的科学决策，从而提高工程项目投资的安全性，降低工程项目投资的风险。

1. 工程项目投资决策的原则

工程项目投资决策的原则，是人们进行正确决策的准则，只有遵循正确的原则进行决策，才能使决策不失误，或少失误。

（1）责任制原则

任何项目的决策，都应确立责任制，特别是对那些生产经营性的投资建设项目，应实行企业法人责任制。企业法人是投资主体，应对投资建设项目的筹划、筹资、建设实施直至生产经营，归还贷款和债务本息以及资产的保值增值，实行全过程负责，承担投资风险。对于投资建设项目中所出现的投资不足，投产后出现的产品滞销，设备利用率低，无偿还债务能力等方面的问题，负有不可推卸的责任。对盲目上项目，违反决策程序上项目造成严重经济损失的，要依法追究决策者的经济法律责任。工程项目决策责任制不仅是对投资决策主体而言，对工程项目决策过程中的设计咨询单位、项目评估单位、决策分析人员等也要分别承担相应的责任，实行工程项目决策的全面负责制。通过建立责、权、利相结合的项目决策责任制，以及运用相应的决策监督机制和法律保护机制，来保证决策的严肃性、公正性和科学性，避免和减少投资建设项目决策的失误。

（2）效益原则

工程项目投资建设的出发点和归宿点都是以提高经济效益为中心。因此，对任何一个工程项目在研究它的必要性和可能性的基础上，都要注意研究它的投资效益；尤其对于生产经营性投资建设项目。企业是投资主体，企业作为一个利益集团的存在必然追求高额的投资利润。企业作为社会的一个基本生产单位，也要具有社会目标并为社会承担一定的责任，比如为社会提供高质量产品或优质服务以及注意环境保护等。

（3）系统原则

投资建设项目作为一个复杂的系统，在建设过程中受许多因素的影响，且各因素又是相互联系、相互制约的。因此，在投资建设项目决策中，要把影响项目的各方面因素逐一分析，综合考虑，进而得出正确结论：工程项目的上与不上，技术上是否先进可靠，经济上是否合理，建设资源能否保证等。同时还要考虑工程项目的相关建设和同步建设，工程项目建设对原有产业的规模、结构、布局、时序等的影响，工程项目产品在国内外市场上的竞争能力和今后的发展趋势等一系列问题，以实现项目决策的整体优化。

2. 工程项目投资决策的方法

在工程项目投资的决策阶段，有很多方法可以采用。较为常用的有定性与定量相结合的方法、多方案比较法和参数评价法等。

（1）定性与定量相结合的方法

就是在投资建设项目决策中，对投资建设项目进行定性分析和定量分析，然后综合判断项目的优劣。定量分析是建立在数学、统计学、运筹学、计量学、电子计算机等学科基础上，通过方程、数字、图表、模型、电子计算机模型等方式发展起来的决策技术。随着现代科学技术的发展，定性与定量相结合的方法在决策中得到大量运用。但是由于现代投资建设项目的决策更为复杂，涉及的因素很多，仅用定量方法是不够的，有些问题是无法用数字模型来表达的，需要从社会的政治、经济、军事、生态、能源等多方面加以综合考虑。还有一些人为因素、心理因素和社会因素等也影响决策。所以，还要应用建立在逻辑分析、推理判断基础上的定性分析。定性方法与定量方法的结合使项目决策更为科学、合理。

（2）多方案比较法

这是指在项目决策时制定多个实现项目目标的可行方案。对各种方案在技术上是否先进，经济上是否合理，实现条件的难易，建设工期的长短，投入资金的多少，投资周期等方面进行反复的比较论证。经过分析各方案的利弊，从中选择一个较为满意的方案。在项目决策中，由于影响投资建设项目的因素很多，且是动态变化的，具有很大的不确定性，所以需要选择备选方案，以增加决策的可靠性。

（3）参数评价法

这是指在正确评价和确定投资建设项目时，以国家颁布的投资建设项目经济评价方法与参数为依据和标准，分析项目的可行与否，从而做出投资决策。

3. 确保工程项目投资决策各项工作正确进行

对工程项目投资决策不仅要更新决策观念，明确决策意义和作用，提高认识，而且需要做好投资决策阶段的各项经济技术论证工作，诸如投资意向确定以后的市场调查、初步的可行性研究、投资立项、可行性研究和筹措资金等等，最后才能进行工程项目投资决策。

一个投资建设项目无论规模大小，复杂程度如何，通过可行性研究应对以下问题作出回答：

（1）项目是否符合国家的发展目标和优先顺序？

（2）项目的产品是否有充分的市场需求，资源供应是否能保证？

（3）项目所采取的工艺技术有什么特点，是否采用了先进适用的技术方案？

（4）项目的建设时间多长，是否筹集到了所需要的全部资金？

（5）项目在经济上是否合理，财务上是否可行？

（6）项目的建厂地点在哪里最佳？

（7）项目的环境如何？

（8）项目的管理是否切实可行。

通过对工程项目的可行性研究，为项目投资决策者最终决策提供直接的依据。不仅如此，项目的可行性研究还是投资者与参与项目建设的各方签订合同的依据，也是项目设计的依据和落实具体实施计划的依据。工程项目投资决策前的可行性研究工作不仅要保证决策的正确，减少投资风险，而且对工程项目的顺利实施形成完整的项目生产力起着重要的保证作用。国内外工程项目投资建设的实践证明，凡是在项目投资决策前进行了认真的可行性研究，其项目成功的可能性就大，否则就会带来很大损失，造成投资的浪费或不可能发挥投资的效益。亚洲开发银行和世界银行等国际性银行，通常将贷款金额的5%～10%用于贷款项目的可行性研究，充分保证了贷款项目的成功。

正是由于可行性研究工作是项目投资决策中极其重要的、决定项目命运的关键环节，所以必须认真做好项目的可行性研究工作。

首先，要选择技术先进、经验丰富、信誉好的咨询公司来承担可行性研究工作，以保证可行性研究的准确度，为项目决策者提供公正、客观和科学的依据。

其次，要按照可行性研究的工作程序开展可行性研究工作。国际上可行性研究的工作程序一般是：第一步，确定研究的范围，限定研究界限及明确投资者的目标；第二步，进行实地调查和技术经济研究，每项研究要包括项目的主要方面；第三步，进行优选，将项目的各个不同方面设计成可供选择的方案，进行优选；第四步，对选出的方案详细地进行编制，估算投资费用、经营费用和收益，并做出项目的经济分析和评价；第五步，编制可行性研究报告；第六步，编制资金的筹措计划，做出项目可行性研究结论。

再次，可行性研究的内容要有一定的深度和准确性，以满足投资项目决策的要求。

　　最后，要保证可行性研究的期限和费用。可行性研究在所限时间内通常要考虑项目的复杂性，对项目已了解的程度，项目是创新的还是重复的等因素。一般最短需要三个月的时间，最长则要花两年或两年以上的时间。可行性研究的费用也会因项目的复杂程度而不同。将项目投资的一部分费用用于可行性研究是值得的，它可以避免投资的更大损失。

复习思考题

1. 可行性研究及其主要作用。
2. 投资机会研究、初步可行性研究、可行性研究三者有何区别？
3. 可行性研究包括哪些内容？
4. 编制可行性研究报告的依据是什么，编制可行性研究报告有哪些要求？
5. 编制可行性研究报告由哪些部分组成？
6. 模拟一工程项目编制可行性研究报告。

完成工作任务的要求：结合案例进行讲解。

学习情境二　建筑工程招标

任务一　确定招标方式及程序

【引导问题】

1. 招标概念。
2. 招标分类。
3. 招标程序。

【工作任务】

了解招标的概念、招标的分类，掌握程序及各程序环节所涉及的工作内容。

【学习参考资料】

1. 工程造价计价与控制资格考试培训教材. 中国计划出版社.
2. 谷学良. 工程招标投标与合同. 黑龙江科学技术出版社，2006.
3. 《中华人民共和国招标投标法》。
4. 《中华人民共和国建筑法》。
5. 《中华人民共和国合同法》。

一、招标概念

工程建设项目招标投标是国际上通用的，比较成熟、科学合理的工程承发包方式。为了加强对招投标的管理，我国于 2000 年 1 月 1 日颁布实施《中华人民共和国招标投标法》（内容见附录）。2003 年国家计委等七部委 30 号令发布了《工程建设项目施工招标投标办法》，自 2003 年 5 月 1 日施行（内容见附录）。

（一）建设工程招标

工程招标是指招标人用招标文件将委托的工作内容和要求告之有兴趣参与竞争的投标人，让他们按规定条件提出实施计划和价格，然后通过评审比较，选出信誉可靠、技术能力强、管理水平高、报价合理的可信赖的单位（勘察、设计、监理、施工、供货单位），以合同方式委托其完成。

（二）建筑工程施工招标

是指招标人（业主）将拟发包工程的内容、要求等对外公布，招引和邀请多家承包单位参与工程建设任务的竞争，并对其进行审查、评比选定的过程。

（三）工程招标的意义

（1）有利于降低建设工程成本

建设工程招标的本质特点是竞争，投标竞争主要是围绕价格、质量、工期、技术等关键因素进行。激烈竞争迫使承包商不断提高技术装备，加速采用新技术新工艺、新材料，努力降低施工成本。

（2）有利于合理确定建设工程价格

在建设工程招标中形成的价格，通常能较灵活地反映市场供应及价格变动状况，这样的建设工程价格是比较合理的，依据这种合理的价格，能切实做到"等价交换"。

（3）加强了设计单位的经济责任，有利于设计人员注意设计方案的经济可行性。在设计中不仅要考虑技术问题，而且还要考虑投资限制，所提供的图纸必须满足经济要求。

（4）有利于加强国际经济合作

招标投标作为世界经济技术合作和国际贸易普遍采用的重要方式，广泛应用于建设项目的可行性研究、勘察设计、物资采购、建筑工程、设备安装等各个方面。许多国家以立法形式规定建设工程项目的采购（包括相关物资的采购）必须采用招标形式进行。通过参与国际竞争提高企业综合素质，才能进入国际市场。

二、工程招标的分类及方式

（一）工程项目招标的类型

1. 按工程项目建设程序分类

工程项目建设过程可分为建设前期阶段、勘察设计阶段和实施阶段。按项目建设程序招标分为项目开发招标、勘察设计招标和施工招标三种类型。

（1）项目开发招标。是指业主为选择科学合理的投资开发建设方案；为进行项目可行性研究，通过招标竞争方式确定满意的咨询单位，中标人最终的工作成果为项目可行性研究报告。

（2）勘察设计招标。是指根据可行性研究报告，择优选择勘察设计单位的招标。勘察和设计是两种不同性质的工作，可由勘察单位和设计单位分别完成。勘察单位最终的工作是提出施工现场的地理位置、地形、地貌、地质、水文等勘察报告。设计单位根据业主对建筑产品的功能要求及勘察单位提出的勘察报告提供设计图纸和成本预算结果。施工图的设计可由设计单位承担，也可由总承包单位承担。

（3）工程施工招标。是指工程初步设计或施工图设计完成后，用招标方式选择施工单位的招标。施工单位最终向业主提供的是按设计文件规定的建筑产品。

2. 按工程承包的范围分类

（1）项目总承包的范围分类。即选择项目总承包人招标，包括两类，其一是工程项目实施阶段全过程招标；其二是工程项目建设全过程招标。前者是在设计任务书完成后，从项目的勘察、设计至交付使用进行一次性招标；后者是从项目的可行性研究到交付使用进行一次性招标，业主只需提供项目投资和使用要求及竣工、交付使用期限，其可行性研究、勘察设计、材料和设备的采购、施工安装、生产准备和试运行、交付使用，均由一个总承包商负责承包，即所谓"交钥匙工程"。

（2）专项工程承包招标。指在工程承包招标中，对其中某项比较复杂，或专业性强的施工和制作要求特殊的单项工程进行单独招标。例如：玻璃幕墙专项工程招标。

3. 按行业类别分类

按工程建设相关的业务的性质分类，可分为土木、勘察设计、材料和设备采购、安装工程、生产式技术转让、咨询服务等招标。

（二）建筑工程项目招标方式

建筑工程招标方式有两种：公开招标、邀请招标。

1. 公开招标

公开招标又称无限竞争招标，是指招标人以招标公告的方式邀请不特定的法人或者其他组织投标，并通过报纸、网络或其他媒体公开发布公告，有意的投标人接受资格审查、参加投标的招标方式。

招标人采用公开招标方式的，应当发布招标公告，依法必须公开招标的项目，应通过国家指定的报刊、信息网络或其他媒体发布招标公告。招标公告应载明的内容包括：工程名称、规模、工期、地点、资金来源、对投标人资格要求，招标文件获得的时间、地点、费用等重要信息。

（1）公开招标的特点：投标人的范围大、选择范围广，报价因竞争而相对较低、评标时间较长，评标成本较高。

（2）适用范围

1）国家重点项目。

2）地方重点项目。

3）国有资金投资项目。

4）国有资金占控股或主导地位的工程项目。

2. 邀请招标

邀请招标又称有限招标，不发布公告，业主根据自已的经验和所掌握的信息资料，向有承担该项目工程施工能力的三个以上的（含三个）承包商发出投标邀请书，收到邀请书（附录：投标邀请书）的单位才有资格参加投标。

（1）邀请招标方式的特点：目标集中，招标工作组织容易工作，工作量小。但参加投标的单位少，竞争差，可能会因对投标人的信息掌握不足失去发现最适合的承担该项目工程施工承包商的机会。

（2）适用范围。国家七部委2003年30号令《工程建设项目施工招标投标办法》指出，有下列情形之一，经审批可进行邀请招标：

1）项目技术复杂或有特殊要求，只有少数几家潜在的投标者；

2）受自然地域的限制；

3）涉及国家机密、安全抢险救灾工程项目；

4）公开招标费用与项目价值相比不值得；

5）法律、法规规定的不宜公开招标的项目。

国家七部委2003年30号令指出：审批的项目有下列情形之一的，由本办法第十一条规定的审批部门批准（详见附录），可以不进行施工招标：

①涉及国家安全、国家秘密或者抢险救灾而不适宜招标的；

②属于利用扶贫资金实行以工代赈需要使用农民工的；

③施工主要技术采用特定的专利或者专有技术的；

④施工企业自建自用的工程，且该施工企业资质等级符合工程要求的；

⑤在建工程追加的附属小型工程或者主体加层工程，原中标人仍具备承包能力的；

⑥法律、行政法规规定的其他情形。

三、招标程序

（一）建筑工程项招标的条件

国家七部委 2003 年 30 号令《工程建设项目施工招标投标办法》第八条对建设工程招标及建设项目招标条件作了明确规定，依法必须招标的工程建设项目，应当具备下列条件才能进行施工招标：

（1）招标人已经依法成立；

（2）初步设计及概算应当履行审批手续的，已经批准；

（3）招标范围、招标方式和招标组织形式等应当履行核准手续的，已经核准；

（4）有相应资金或资金来源已经落实；

（5）有招标所需的设计图纸及技术资料。

《招投标法》第十二条　招标人有权自行选择招标代理机构，委托其办理招标事宜。任何单位和个人不得以任何方式为招标人指定招标代理机构。招标人具有编制招标文件和组织评标能力的，可以自行办理招标事宜。任何单位和个人不得强制其委托招标代理机构办理招标事宜。依法必须进行招标的项目，招标人自行办理招标事宜的，应当向有关行政监督部门备案。

（二）建筑工程施工招标程序

施工招标程序一般分为三个阶段：准备阶段、招标阶段、决标成交阶段。具体工作内容见图 2-1。

1. 招标准备阶段

招标准备阶段是指从办理招标申请开始至发出公告或邀请函为止的时间段。主要工作有：

（1）申请批准招标：主要是业主向建设行政主管部门的招标管理机构提出招标申请。

（2）组建招标机构。

（3）选择招标方式：主要由业主确定分标段数量及合同类型及确定招标方式（招标方式的确定根据项目的性质、资金来源、工程规模来确定）。

（4）准备招标文件：此时业主可以发布公告或邀请。

（5）编制标底：由业主或有资质的造价咨询单位编制，且由有关部门进行标底的审核。

2. 招标阶段

从发布公告或邀请之日起至投标截止日时间段。主要工作内容包括：

（1）邀请承包商参加资格预审，业主刊登资格预审公告，编制预审文件/招标文件（如果是资格后审，则在招标文件中要说明资格审查的主要内容）、发售预审文件。

（2）资格预审：业主根据收到的预审文件分析资格预审资料、现场考察、经专家评审提出合同投标人名单，发出邀请书请合格投标人参加投标（资格后审则在开标后进行）。

（3）发售招标文件。

（4）投标人踏勘现场：可由招标人统一组织安排时间到现场踏勘，也可由投标人自行到现场踏勘，但一些项目的施工现场，如果投标人自行踏勘，事先应取得招标人的同意。

（5）标前答疑会：进行工程交底，解答投标人提出的疑问。参加会议的人员有业主、设计单位、投标人、监理单位。

会后向所有的投标人下发会议纪要，该部分作为招标文件的重要组成部分，也是编制投标文件的重要依据。

如果不组织标前答疑会，则投标人将就招标文件、图纸、现场等与投标有关的，业主必须解答的问题采用书面答疑申请的形式，提交给业主。业主对之的答复文件作为招标文件的组成部分，发放给所有的投标人，并且备案。

（6）接收投标人递送的投标文件：按招标文件中规定的投标文件提交的的截止时间接收投标文件。迟到的文件拒收，一个投标人就一个标段，投送多份文件的拒收。

3. 决标成交阶段

从开标之日起至与中标人签订合同为止的时间段。包括如下工作内容：

（1）开标

1）开标组织：一般由项目主管部门人员、招标人、监察部门、公证部门、法律顾问、拆标人、唱标人、监标人、记录人等组成。

2）开标程序

①由招标单位的人员介绍参加开标的各方到场人员（包括开标组织人员、投标方人员）和开标主持人。

②开标组织相关人员检查投标人的有效证书（法人身份、资格、授权委托书等）。

③开标人重申招标文件重点，宣布评标办法。

④投标单位法人代表或其指定代理人申明对投标文件的确认。

⑤由开标人当众示意投标文件的密封情况，只有按要求密封的投标文件，才被认为是形式上的合格（实质上是否合格，在评标的环节中才能确认），才能被当众拆封。

⑥工作人员当众拆封、宣读投标人名称、所投标段、投标报价、施工周期等有关内容。

⑦招标人指定专人将开标的整个过程记录在案，并存档备查。

⑧开标当众宣布标底（无标底的招标，标底的确定方法，应在评标标准和办

法中说明）。

准备阶段
- 招标备案 → 准备招标文件
- 编制标底 → 主管部门审核标底
- 编制标底 → 准备招标文件

招标阶段
- 发布招标通告邀请函
- 投标单位资格预审
- 发售招标文件
- 组织勘踏现场
- 工程交底并解答投标单位的疑问
- 接受投标单位递交的标书

决标成交阶段
- 开标 → 公布标底
- 评标　决标
- 签订合同

主管部门审核标底 → 公布标底

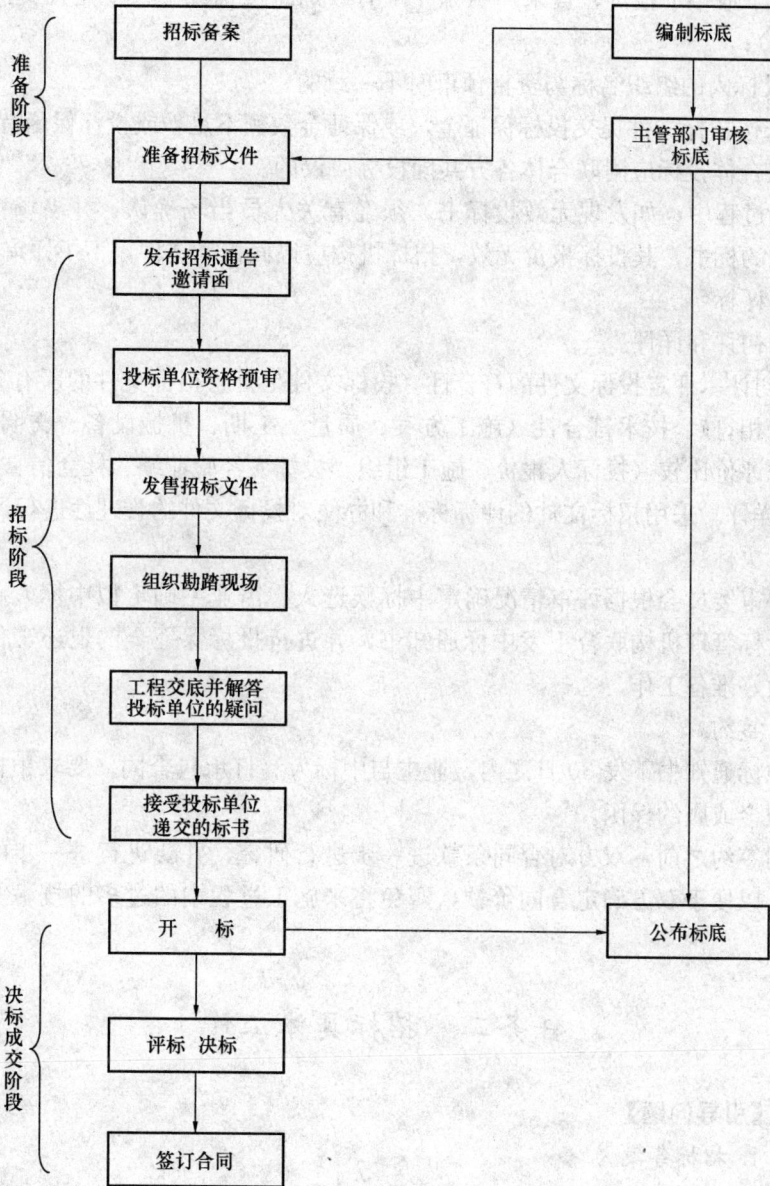

图 2-1　招标程序图表

3）不予受理的标书与废标的条件

①不予受理的标书

逾期送达的或未按指定地点的；未按招标文件密封的。

②废标条件

有下列情形之一的，由评委会初评后按废标处理：

a. 无单位盖章并无法人代表或法定代表人授权的代理人签字或盖章的；

b. 未按规定的格式填写，内容不全或关键字迹模糊、无法辨认的；

c. 投标人递交两份或多份内容不同的投标文件，或在一份文件中对同一招标项目有两个或多个报价，且未声明哪一个有效的（按招标文件规定提交的备选方案的除外）；

d. 投标人的组织名称与资格预审时不一致的；

e. 未按招标文件提交投标保证金，或保证金数额不足，或投标保函有瑕疵的；

f. 联合体投标应附联合体各方共同投标协议的。

开标过程中，如发现无效投标书，须经有关人员当场确认，并当场宣布。被宣布废标的标书，其投标报价无效，招标机构应退回投标文件，不予评审。

（2）评标

分为初评和详评。

1）初评。评定投标文件的符合性（投标文件是否与招标文件的所有条款、条件和规定相符）、技术符合性（施工方案、质量、工期、机械设备、文明施工等）以及综合评价比较（投标人报价、施工组织、投标人经验业绩、社会信誉）等。

2）详评。采用招标文件的评标标准和办法对投标文件的合理性进行评审。

（3）决标

由评审委员会根据评审情况确定中标候选人。由业主确定拟中标人。并由业主与招投标管理机构联合下发中标通知书，并进行投标保证金的退还工作，为合同签约做好准备工作。

（4）签约

在中标通知书下发 30 日之内，业主与中标人签订承包合同。要求中标人提交履约保证金或履约保函。

合同签约之前，双方对合同条款进一步进行研究，并要进行进一步的图纸会审交底，以便于双方确定合同价款，避免将来施工过程中的过多的技术及其他的签证。

任务二　招标具体工作

【引导问题】

1. 招标备案。

2. 编制招标有关文件。

3. 勘察现场。

【工作任务】

了解招标各阶段的具体的工作，能够编制招标有关的文件。

【学习参考资料】

1. 工程造价计价与控制资格考试培训教材. 中国计划出版社，2006.

2. 谷学良. 工程招标投标与合同. 黑龙江科学技术出版社，2006.

3. 《中华人民共和国建筑法》。

4. 《中华人民共和国合同法》。

一、招标备案

1. 备案的时间

招标人应在招标公告发布（或邀请书发出）前 5 日内，向工程所在地的县级以上地方人民政府建设和政府主管部门或其委托的工程招标监督管理机构备案，上述机构在收到备案材料 5 日内没有异议，招标人可办理招标事宜。

2. 招标备案需交的资料

（1）建设项目年度投资计划和工程项目报备案登记表；

（2）建设工程招标备案登记表；

（3）项目法人单位的法人资格证明书和授权委托书；

（4）招标公告或邀请书；

（5）招标机构有关工程技术、概预算、财务以及工程管理等方面专业技术人员名单，职称证书或执业资格证书及工作经历的证明文件。

二、编制招标有关文件

（一）招标公告或资格预审通告

招标通告或资格预审通告主要内容（表 2-1、表 2-2）：

（1）招标人的名称和地址；

（2）招标项目的内容、规模、资金来源；

（3）招标项目的实施地点和工期；

（4）获取资格预审文件或招标文件的时间；

（5）获取预审文件或招标文件的费用；

（6）对投标人的资质等级要求；

（7）其他要说明的问题。

（二）资格预审文件

对于要求资格预审的应编制预审文件，资格预审文件包括的内容，除上述的资格预审通告外，还包括如下的资格预审须知、资格预审表和资料、资格预审合格通知书等。

1. 资格预审须知的内容

（1）工程概况、工程名称、建设地点、结构类型、建设规模、发包方式、工程质量要求、计划开工日期和竣工日期、发包范围等。

（2）资金来源，说明筹资方式。

（3）资格和合格条件要求。为了证明投标单位符合规定要求投标合格条件和履约合同的能力，参加资格预审的投标单位应提供如下资料：

①有关确定法律地位原始文件的副本（包括营业执照、资质等级证书及非本国注册的施工企业经建设单位行政主管部门核准的资质文件）。

②在过去三年内完成的与本合同相似的工程的情况和现在履行的工程合同情况。

资格预审通告

表 2-1

1._____（建设单位名称）_____工程，建设地点在_____，结构类型为_____，建设规模为_____。招标申请已得到招标管理机构批准，现通过资格预审确定出合格的施工单位参加投标。

2.参加资格预审的施工单位其资质等级须是_____级以上施工企业，施工单位就具备以往类似经验，并证明在机械设备、人员和资金、技术等方面有能力执行上述工程，以便通过资格预审。

3.工程质量要求达到国家施工验收规范（优良、合格）标准。计划开工日期为_____年_____月_____日，计划竣工日期为_____年_____月_____日，工期_____天（日历日）。

4._____受建设单位的委托作为招标单位，现邀请合格的施工单位就下述工程内容的施工、竣工、保修进行密封投标，以得到必要的劳动力、材料、设备和服务。该工程的发包方式为（包工包料或包工不包料），工程招标范围：_____。

5.有意的施工单位可按下述地点向招标单位领取资格预审文件。资格预审文件的发放日期为_____年_____月_____日至_____年_____月_____日，每天_____时至_____时（公休日、节假日除外）。

6.施工单位所填写的资格预审文件须在_____年_____月_____日时前，按下述地点送达招标单位。

招标单位：（盖章）

法定代表人：（签字、盖章）

地　　址：
邮政编码：
联 系 人：
电　　话：
日　　期：_____年_____月_____日

③提供管理和执行本合同拟在施工现场和不在施工现场的管理人员和主要施工人员情况。

招 标 公 告　　　　　　　　　　　表2-2

> 1. _____（建设单位名称）的_____工程，建设地点在_____，结构类型为_____，建设规模为_____。招标报建和申请已得到建设管理部门批准，现通过公开招标选定承包单位。
>
> 2. 工程质量要求达到国家施工验收规范（优良、合格）标准。计划开工日期为_____年_____月_____日，工期_____天（日历天）。
>
> 3. _____受建设单位的委托作为招标单位，现邀请合格的投标单位进行密封投标，以得到必要的劳动力、材料、设备和服务、建设和完成工程。
>
> 4. 投标单位的施工资质等级须是_____级以上的施工企业，愿意参加投标的施工单位，可携带营业执照、施工资质等级证书向招标单位领取招标文件。同时交纳押金_____元。
>
> 5. 该工程的发包方式（包工包料或包工不包料），招标范围为_____。
>
> 6. 招标工程安排：
>
> （1）发放招标文件单位：
>
> （2）发放招标文件时间：_____年_____月_____日起至_____年_____月_____日，每天上午：_____下午：_____（公休日、节假日除外）。
>
> （3）投标地点及时间：
>
> （4）现场勘察时间：
>
> （5）投标预备会时间：
>
> （6）投标截止时间：_____年_____月_____日_____时；
>
> （7）开标时间：_____年_____月_____日_____时；
>
> （8）开标地点：
>
> 招标单位：（盖章）
>
>
>
> 法定代表人：（签字、盖章）
>
>
>
> 地　　址：
> 邮政编码：
> 联 系 人：　　　　　电话：　　　　　日期：_____年_____月_____日

④提供完成本合同拟采用的主要施工机械设备情况。

⑤提供完成本合同拟分包的项目及其分包单位的情况。

⑥提供财务状况情况，包括近三年经过审计的财务报表。

⑦有关目前和过去两年参与或涉及诉讼案的资料。

（4）如果参加资格预审的施工单位是一个由几个独立分支机构或专业单位组成的，其预审申请应具体说明各单位承担工程的哪个主要部分。所提供的资格预审资料仅涉及实际参加施工的分支机构或单位，评审时也仅考虑分支机构或单位的资质条件、经验、规模、设备和财务能力，以确定是否能通过资格预审。

（5）对联营体资格预审的要求：

①联营体的每一个成员提交同单独参加资格预审单位一样要求的全套文件。

②提交预审文件时应附上联营体协议，包括：

a. 指出联营体的主办人，该主办人应被授权代表所有联营体成员接受指令，并由主办人负责整个合同的全面实施。

b. 联营体递交的投标文件连同中标后签署的合同对联营体整体及每个成员均具有法律约束力。

c. 资格预审后，如果联营体组成和合格性发生变化，应该在投标截止日期之前征得招标单位的书面同意；若联营体变化，导致下列情况则不允许：

联营体成员中有事先未通过资格预审的单位（无论是单独还是作为联营体的成员的资格预审的合格者），使联营体的资格降到了资格预审文件中规定的标准以下。

d. 作为联营体的成员通过资格预审合格的，不能认为作为单独成员或其他联营体的成员的资格预审的合格者。

（6）在资格预审合格通过后改变分包人所承担的分包责任或改变承担分包责任的分包人之前，必须征得招标单位的书面同意，否则，资格预审合格无效。

（7）将资格预审文件按规定的正本副本份数和指定时间、地点送达招标单位。

（8）招标单位将资格预审结果以书面形式通知所有参加预审的施工单位，对资格预审合格的单位应以书面形式通知投标单位准备投标。

2. 资格预审表和资料

在资格预审文件中应规定统一表格让参加资格预审的单位填报和提交有关资料（如属联营体，主办人和各成员分别填报）。

（1）资格预审单位概况

1）企业简历；

2）人员和机械设备情况。

（2）财务状况

1）基本资料，包括固定和流动的资产总额和负债总额，近五年平均完成投资额。

2）近三年每年完成投资额和本年预计完成的投资额。

3）近三年经审计的财务报表（附财务报表）。

4）下一年度财务预测报告（附财务预测报告）（该部分有些招标文件中不要求提供,）。

5）可查到财务信息的开户银行的名称、地址，及申请单位的开户银行出具的招标单位可查证的授权书。

（3）拟投标人的主要管理人员情况。

（4）拟投入劳动力和施工机械设备情况。

1）劳力情况表，包括有职称的管理人员和无职称的其他管理人员和有职称的技术工人和无职称的普通工人。

2）机械设备情况表，包括名称、型号、数量、功率、制造国别和制造年份等。

（5）近三年来所承建的工程和在建工程情况一览表。包括建设单位、项目名称与建设地点、结构类型、建设规模、开竣工日期、合同价格、质量要求和达到的标准。

（6）目前和过去两年涉及的诉讼和仲裁情况。

（7）其他情况（各种奖励和处罚等）。

（8）联营体协议书和授权书（附联营体协议副本和各成员是法定代表签署的授权书）。

3. 资格预审合格通知书

在资格预审完成后除向所有参加资格预审单位发通知书外，对资格预审合格的单位还应发资格预审合格通知书，其格式如下（表2-3）：

资格预审合格通知书　　　　　　　表2-3

_____（建设单位名称）坐落在_____的_____工程，结构类型为_____，建设规模_____。经招标单位申请，招标管理机构批准同意，通过对参加资格预审单位以往经验和施工机械设备、人员、财务状况，以及技术能力等方面审查，确定以下名单中的施工单位资格预审合格，现就上述工程的施工、竣工和保修所需的劳动力、材料和服务的供应，按照《工程建设施工招标投标管理办法》的规定进行招标，择优选定承包单位，望收到通知书后于_____年_____月_____日前，到_____领取招标文件、图纸和有关技术资料。同时交纳押金_____元。

资审合格单位名称：

招标单位：（盖章）　　　　　　　　　　　　招标管理机构审核意见：（盖章）

法定代表人：（签字、盖章）

日期：_____年_____月_____日

日期：_____年_____月_____日

（三）招标文件

根据原建设部《建设施工招标文件范本》的有关规定，对于公开招标的招标文件，一般可分为四卷共十章，其内容的目录如下：

第一卷　投标须知、合同条件及合同格式

第一章　投标须知

第二章　施工合同通用条款

第三章　施工合同专用条款

第四章　合同格式

第二卷　技术规范

第五章　技术规范

第三卷　投标文件

第六章　投标书及投标书附录

第七章　工程量清单与报价表（或称"商务部分"）

第八章　辅助资料表（或称"技术部分"）

第九章　资格审查表

第四卷　图纸

第十章　图纸

对于邀请招标的招标文件的内容除去上述公开招标文件的第九章资格审查表以外，其余与公开招标文件完全相同。我国在施工项目招标文件的编制中除合同协议条款较少采用外，基本都按《建设工程施工招标文件范本》的规定进行编制。

招标文件格式及内容

1　投标须知

投标须知是招标文件中很重要的一部分内容，投标者在投标时必须仔细阅读和理解，按须知中的要求进行投标，其内容包括：总则、招标文件、投标报价说明、投标文件的编制、投标文件递交、开标、评标、授予合同八项内容。一般在投标须知前有一张"前附表"。"前附表"是将投标者须知中重要条款规定的内容用一个表格的形式列出来，以使投标者在整个投标过程中必须严格遵守和深入考虑。前附表的格式和内容如表 2-4 所示。

1.1　总则

在总则中要说明工程概况和资金的来源，资质与合格条件的要求及投标费用等问题。

（1）工程概况和资金来源通过前附表中第 1～3 项所述内容获得。

（2）资质合格的投标人一般应说明如下内容：

1）参加投标单位至少要求满足前附表第 4 项所规定的资质等级。

2）参加投标的单位必须具有独立法人资格和相应的施工资质，非本国注册的应按建设行政主管部门有关管理规定取得施工资质。

3）为说明投标单位符合投标合格的条件和履行合同的能力，在提供的投标文件中应提交下列资料：

①营业执照、资质等级证书及中国注册的施工企业建设行政主管部门核准的资质证件。

②投标单位在过去三年中已完成合同和正在履行的工程合同的情况。

③按规范格式提供项目经理简历及拟在施工现场和不在施工现场的管理和主要施工人员情况。

④按规定格式提供完成本合同拟采用的主要施工机械设备情况。

⑤按规定格式提供拟分包的工程项目及承担该分包工程项目的分包单位的情况。

⑥要求投标单位提供自身的财务状况包括近两年经过审计的财务报表，下一年度财务预测报告和投标单位授权其开户银行向招标单位提供其财务状况的授权书。

⑦要求投标单位提供目前和过去两年内参与或涉及的仲裁和诉讼的资料。

4）对于联营体投标，除要求联营体的每一成员提供上述①～⑦的资料外，还要求符合以下规定要求：

①投标文件及中标后签署的合同协议，对联营体的每一成员均具有法律的约

束力。

②应指定联营体中的某一成员为主办人，并由联营体各成员的法人代表签署一份授权书，证明其主办人的资格。

③联营体应随投标文件递交联营体各成员之间签订的"联营体协议书"的副本。

④"联营体协议书"应说明其主办人应被授权代表的所有成员承担责任和接受命令，并由主办人负责合同的全面实施，只有主办人可以支付费用等。

⑤在联营体成员签署的授权书和合同协议书中应说明为实施合同他们所承担的共同责任和各自的责任。

投标须知的前附表 表 2-4

项　号	内　容　规　定
1	工程名称： 建设地点： 结构类型： 承包方式： 要求工期：_____年_____月_____日开工 _____年_____月_____日开工 工期_____天（日历日） 招标范围：
2	合同名称：
3	资金来源：
4	投标单位资质等级：
5	投标有效期_____天（日历日）
6	投标保证金额：_____%或_____元
7	投标预备会： 　　时间：　　　地点：
8	投标文件份数 　　正本　　份　副本　　份
9	投标文件递交至：单位： 　　　　地址：
10	投标截止日期 　　时间：
11	开标时间 　　时间：　　　地点：
12	评标办法：

5）参加联营体的各成员不得再以自己的名义单独对该工程项目投标，也不得同时参加两个或两个以上的联营体投标。否则取消该联营体及其各成员的投标资格。

（3）投标费用

投标单位应承担投标期间的一切费用，不管是否中标，招标单位不承担投标单位的一切投标费用。

1.2　招标文件

（1）招标文件的组成

招标文件除了在投标须知写明的招标文件的内容外，还应说明对招标文件的解释，修改和补充内容也是招标文件的组成部分。投标单位应对组成招标文件的内容全面阅读。若投标文件实质上有不符合招标文件要求的投标，将有可能被拒绝。

（2）招标文件的解释

投标单位在得到招标文件后，若有问题需要澄清，应以书面形式向招标单位提出，招标单位应以通信的形式或招标预备会的形式予以解答，但不说明其问题的来源，答复将以书面形式送交所有的投标者。

（3）招标文件的修改

在投标截止日期前，招标单位可以补充通知形式修改招标文件。为使投标单位有时间考虑招标文件的修改，招标单位有权延长递交投标文件的截止日期。对投标文件的修改和延长投标截止日期应报招标管理部门的批准。

1.3　投标报价说明

投标报价说明应指出对投标报价、投标价格采用的方式和投标货币三个方面的要求。

（1）投标报价

1）除非合同另有规定，报价的工程量清单中所报的单价和合价，以及报价总表中的价格应包括人工、施工机械、材料、安装、维护、管理、保险、利润、税金，政策性文件规定、合同包含的所有风险和责任等各项费用。

2）不论是招标单位在招标文件中提出的工程量清单，还是招标单位要求投标单位按招标文件提供的图纸列出的工程量清单，其工程量清单中的每一项的单价和合价都应填写，未填写的将不能得到支付，并认为此项费用已包含在工程量清单的其他单价和合价中。

（2）投标价格采用的方式

投标价格采用价格固定和价格调整两种方式：

1）投标价格

①采用价格固定方式写明：投标单位所填写的单价和合价在合同实施期间不因市场变化因素而变化，在计算报价时可考虑一定的风险系数。

②采用价格调整方式的应写明：投标单位所填的价格，在合同实施期间不因市场变化因素而变动。

2）投标的货币。对于国内工程国内投标人的项目应写明：投标文件中的报价全部采用人民币表示。

1.4　投标文件的编制

投标文件的编制主要说明投标文件的语言、投标文件的组成、投标有效期、投标保证金、投标预备会、投标文件的份数和签署等内容。

（1）投标文件的语言

投标文件及投标单位与招标单位之间的来往通知，函件应采用中文。在少数民族聚居的地区也可使用该少数民族的语言文字。

（2）投标文件的组成

投标文件一般由下列内容组成：投标书、投标书附录、投标保证金、法定代表人的资格证明书、授权委托书、具有价格的工程量清单与报价表、辅助资料表、资格审查表（有资格预审的可不采用）按本须知规定提出的其他资料。

对投标文件中的以上内容通常都在招标文件中提供统一的格式，投标单位按招标文件的统一规定和要求进行填报。

（3）投标有效期

1）投标有效期一般是指从投标截止日起算至公布中标的一段时间。一般在投标须知的前附表中规定投标有效期的时间（例如有效期 28 天，那么投标文件在投标截止日期后的 28 天内有效）。

2）在原定投标有效期满之前，如因特殊情况，经招标管理机构同意后，招标单位可以向投标单位书面提出延长投标有效期的要求，此时，投标单位须以书面的形式予以答复，对于不同意延长投标有效期的，招标单位不能因此而没收其投标保证金。对于同意延长投标有效期的，不得要求在此期间修改其投标文件，而且应相应延长其投标保证金的有效期，对投标保证金的各种有关规定在延长期内同样有效。

（4）投标保证金

1）投标保证金是投标文件的一个组成部分，对未能按要求提供投标保证金的投标，招标单位将视为不响应投标而予以拒绝。

2）投标保证金可以是现金、支票、汇票和在中国注册的银行出具的银行保函，对于银行保函应按招标文件规定的格式填写，其有效期应不超过招标文件规定的投标有效期。

3）未中标的投标单位的投标保证金，招标单位应尽快将其退还，一般最迟不得超过投标有效期期满后的 14 天。

4）中标的投标单位的投标保证金，在按要求提交履约保证金并签署合同协议后，予以退还。

5）对于在投标有效期内撤回其投标文件或在中标后未能按规定提交履约保证金或签署协议者将没收其投标保证金。

（5）招标预备会

招标预备会目的是澄清解答投标单位提出的问题（包括组织投标单位考察和了解现场情况而提出的问题）。

1）勘察现场是招标单位邀请投标单位对工地现场和周围的环境进行考察，以使投标单位取得在编制投标文件和签署合同所需的第一手材料，同时招标单位有可能提供有关施工现场的材料和数据，招标单位对投标单位根据勘察现场期间所获取资料和数据做出的理解和推论及结论不负责任。

2）招标预备会的会议记录包括对投标单位提出问题答复的副本应迅速发送给

投标单位。对于投标单位提出要求答复的问题，要求在招标预备会前 7 天以书面形式送达招标单位，对于在招标预备会期间产生的招标文件的修改按本须知中招标文件修改的规定，以补充通知形式发出。

（6）投标文件的份数和签署

投标文件应明确标明"投标文件正本"和"投标文件副本"，其份数按前附表规定的份数提交，若投标文件的正本与副本有不一致时，以正本为准。投标文件均应使用不能擦去的墨水打印和书写，由投标单位法定代表人亲自签署并加盖法人公章和法定代表人印鉴。

全套投标文件应无涂改和行间插字，若有涂改和行间插字处，应由投标文件签字人签字并加盖印鉴。

1.5　投标文件的递交

（1）投标文件的密封与标志

1）投标单位应将投标文件的正本和副本分别密封在内层包封内，再密封在一个外层包封内，并在内包封上注明"投标文件正本"或"投标文件副本"。

2）外层和内层包封都应写明招标单位和地址，合同名称、投标编号并注明开标时间以前不得开封。在内层包封上还应写明投标单位的邮政编码、地址和名称，以便投标出现逾期送达时能原封退回。

3）如果在内层包封未按上述规定密封并加写标志，招标单位将不承担投标文件错放或提前开封的责任，由此造成的提前开封和投标文件将予以拒绝，并退回投标单位。

（2）投标截止日期

1）投标单位应按前附表规定的投标截止日期的时间之前递交投标文件。

2）招标单位因补充通知修改招标文件而酌情延长投标截止日期的，招标和投标单位在投标截止日期方面有全部权力、责任和义务，适用延长后新的投标截止期。

（3）投标文件的修改与撤回

投标单位在递交投标文件后，可以在规定的投标截止时间之前以书面形式向招标单位递交修改或撤回其投标文件的通知。在投标截止时间之后，则不能修改与撤回投标文件，否则，将没收投标保证金。

1.6　开标

招标单位应在前附表规定的开标时间和地点举行开标会议，投标单位的法人代表或授权的代表应签名报到，以证明出席开标会议。投标单位未派代表出席开标会议的视为自动弃权。

开标会议在招标管理机构监督下，由招标单位组织主持，对投标文件开封进行检查，确定投标文件内容是否完整和按顺序编制，是否提供了投标保证金，文件签署是否正确。按规定提交合格撤回通知的投标文件不予以开封。

投标文件有下列情况之一者将视为无效：①投标文件未按规定标识和密封的；②未经法定代表人签署或未盖投标单位公章或未盖法定代表人印鉴的；③未按规定格式填写，内容不全或字迹模糊、辨认不清的；④投标截止日期以后送达的。

招标单位在开标会议上当众宣布开标结果，包括有效投标名称、投标报价、主要材料用量、工期、投标保证金以及招标单位认为适当的其他内容。

1.7　评标

（1）评标内容的保密

1）公开开标后，直到宣布授予中标单位为止，凡属于评标机构对投标文件的审查、澄清、评比和比较的有关资料和授予合同的信息、工程标底情况都不应向投标单位和与该过程无关的人员泄露。

2）在评标和授予合同过程中，投标单位对评标机构的成员施加影响的任何行为，都将导致取消投标资格。

（2）资格审查

对于未进行资格预审的，评标时必须首先按招标文件的要求对投标文件中投标单位填报的资格审查表进行审查，只有资格审查合格的投标单位，其投标文件才能进行评比与比较。

（3）投标文件的澄清

为了有助于对投标文件的审查评比和比较，评标机构可以个别要求投标单位澄清其投标文件。有关澄清的要求与答复，均须以书面形式进行，在此不涉及投标报价的更改和投标的实质性内容。

（4）投标文件的符合性鉴定

1）在详细评标之前，评标机构将首先审定每份投标文件是否实质上响应了招标文件的要求。所谓实质响应招标文件的要求，应将与招标文件所规定的要求、条件、条款和规范相符，无显著差异或保留。所谓的显著差异或保留是指对工程的发包范围、质量标准及运用产生实质影响，或者对合同中规定的招标单位权力及投标单位的责任造成实质性限制，而且纠正这种差异或保留，将会对其他实质上响应要求的投标单位的竞争地位产生不公正的影响。

2）如果投标文件没有实质上响应招标文件的要求，其投标将被予以拒绝，并且不允许通过修正或撤销其不符合要求的差异或保留使其成为具有响应性的投标。

（5）错误的修正

1）评标机构将对确定为实质响应的投标文件进行校核，看其是否有计算和累加的错误，若发现计算错误，按以下修正：

①如果用数字表示的数额与用文字表示的数额不一致时，以文字数额为准。

②当单价与合同价不一致时，以单价为准，除非评估机构认为有明显的小数点错位，此时应以标出的合同价为准，并修改单价。

2）按上述修改错误的方法，调整投标书的投标报价须经投标单位同意后，调整后的报价才对投标单位起约束作用。如果投标单位不同意调整投标报价，则视投标单位拒绝投标，没收其投标保证金。

（6）投标文件的评价与比较

1）在评价与比较时应根据前附表评标方法一项规定的评标内容进行。

通常是对招标单位的投标报价、工期、质量标准、主要材料用量、施工方案或施工组织设计、优惠条件、社会信誉及以往业绩等进行综合评价。

2）投标价格采用价格调整的，在评标时不考虑执行合同期间价格变化和允许调整的规定。

1.8　授予合同

（1）中标通知书

经评标确定出中标单位后，在投标有效期截止前，招标单位将以书面的形式向中标单位发出"中标通知书"，说明中标单位按本合同实施、完成和维修本工程的中标报价（合同价格），以及工期、质量和有关签署合同协议书的日期和地点，同时声明该"中标通知书"为合同的组成部分。

（2）履约保证

中标单位应按规定提交履约保证，履约保证可由在中国注册银行出具的银行保函（保证数额为合同价的5％），也可由具有独立法人资格的经济实体企业出具履约担保书（保证数额为合同价的10％）。投标单位可以选其中一种，并使用招标文件中提供的履约保证格式。中标后不提供履约保证的投标单位将没收其投标保证金。

（3）合同协议书的签署

中标单位按"中标通知书"规定的时间和地点，由投标单位和招标单位的法定代表人按招标文件中提供的合同协议书签署合同。若对合同协议书有进一步的修改或补充，应以"合同协议书谈判附录"形式作为合同的组成部分。

（4）中标单位按文件规定提供履约保证后，招标单位及时将评标结果通知未中标的投标单位。

2　合同条件

施工合同文本由《协议书》、《通用条款》、《专用条款》三部分组成，可在招标文件中采用。

3　合同格式

合同格式包括以下内容，即合同协议书格式、银行履约保函格式、履约担保格式、预付款银行保函格式。为了便于投标和评标，在招标文件中都用统一的格式，可参考选用以下格式进行编写，见表2-5～表2-7。

4　技术规范

技术规范主要说明工程现场的自然条件，施工条件及本工程施工技术要求和采用的技术规范。

4.1　工程现场的自然条件

应说明工程所处的位置、现场环境、地形、地貌、地质与水文条件、地震烈度、气温、雨雪量、风向、风力等。

4.2　施工条件

应说明建设用地面积、建筑物占地面积、场地拆迁及平整情况；施工用水、用电、通信情况，现场地下埋设物及其有关勘探资料等。

4.3　施工技术要求

主要说明施工的工期、材料供应、技术质量标准有关规定，以及工程管理中对分包、各类工程报告（开工报告、测量报告、试验报告、材料检验报告、工程自检报告、工程进度报告、竣工报告、工程事故报告等）测量、试验、施工机械、工程记录、工程检验、施工安装、竣工资料的要求等。

4.4 技术规范

一般可采用国际国内公认的标准及施工图中规定的施工技术要求。

在招标文件中的技术规范必须由招标单位根据工程的实际要求，自行决定其具体的内容和格式，由招标文件的编写人员自己编写，没有标准化内容和格式可以套用。技术规范是检验工程质量的标准和质量管理的依据，招标单位对这部分文件编写应特别地重视。

5 投标书及投标书附录

投标书是由投标单位授权的代表签署的一份投标文件，投标书是对业主和承包商双方均具有约束力的合同的重要部分。与投标书跟随的有投标书附录、投标保证书和投标单位的法人代表资格证明书及授权委托书。投标书附录是对合同条件规定的重要要求的具体化，投标保证书可选择银行保函或担保公司、证券公司、保险公司提供担保书，其一般格式如下，见表2-8～表2-12。

6 工程量清单与报价表

6.1 工程量清单与报价表的用途

工程量清单与报价表有三个主要用途：一是为投标单位按统一的规格报价，填报表中各栏目价格，按价格的组成逐项汇总，按逐项的价格汇总成整个工程的投标报价；二是方便工程进度款的支付，每月结算时可按工程量清单和报价表的序号，以实施的项目单价或价格来计算应给承包商的款项；三是在工程变更或增加新的项目时，可选用或参照工程量清单与报价表单价来确定工程变更或新增项目的单价和合价。

银行履约保函格式 表2-5

建设单位名称：＿＿＿＿＿＿＿

鉴于＿＿＿＿＿＿＿（下称"承包单位"）已保证按＿＿＿＿＿＿＿（下称"建设单位"）＿＿＿＿＿＿＿工程合同施工、竣工和保修该工程（下称"合同"）。

鉴于你方在上述合同中要求承包单位向你方提供下述金额的银行开具的保函，作为承包单位履行本合同责任的保证金；

本银行同意为承包单位出具本保函；

本银行在此代表承包单位向你方承担支付人民币＿＿＿＿＿＿＿元的责任，承包单位在履行合同中，由于资金、技术、质量或非不可抗力等原因给造成经济损失时，在你方以书面提出要求上述金额内的任何付款时，本银行即予以支付，不挑剔、不争辩，也不要求你方出具证明或说明背景、理由。

本银行放弃你方应先向承包单位要求赔偿上述金额然后再向本银行提出要求的权力。

本银行进一步同意在你方和承包单位之间的合同条件、合同项下的工程或合同发生变化、补充或修改后，本银行承担保函的责任也不改变，有关上述变化、补充和修改也无须通知本银行。

本保函直至保修责任证书发出后28天内一直有效。

银行名称：（盖章）

银行法定代表人：（签字、盖章）

地　　址：

邮政编码：　　　　　　　　日期：＿＿＿＿＿年＿＿＿＿月＿＿＿＿日

履约担保格式表 表 2-6

根据本担保书，投标单位：_____（下称承包单位）作为委托人和担保单位_____（下称担保人）作为担保人共同向债权人（下称"建设单位"）承担支付人民币_____元的责任，承包单位和担保人均受本履约担保书的约束。

鉴于承包单位已于_____年_____月_____日向建设单位递交了工程的投标文件，愿为承包单位在中标后同建设单位签署的工程承包发包合同担保。下文中的合同包括合同中规定的合同协议书、合同文件、图纸、技术规范等。

本担保书的条件是：如果承包单位在履行了上述合同中，由于资金、技术、质量或非不可抗力等原因给建设单位造成经济损失时，当建设单位以书面提出要求得到上述金额内的任何付款时，担保人将迅速予以支付。

本担保人不承担大于本担保书限额的责任。

除了建设单位以外，任何人都无权对本担保书的责任提出履行要求。

本担保书直至保修责任证书发出后 28 天一直有效。

承包单位和担保人的法定代表人在此签字盖公章，以资证明。

担保单位：（盖章）

法定代表人：（签字、盖章） 日期：_____年_____月_____日

投标单位：（盖章）

法定代表人：（签字、盖章） 日期：_____年_____月_____日

预付款银行保函格式 表 2-7

建设单位名称：_____

根据你单位：_____工程合同条件（合同条款号）的规定_____（下称"承包单位"）应向你方提交预付款银行保函，金额为人民币_____元，以保证其他忠实地履行合同的上述条款。

我银行_____（银行名称）受承包单位委托，作为保证人和主要债务人，当你方以书面形式提出要求就无条件地、不可撤销地支付不超过上述保证金额的款额，也不要求你方先向承包单位提出此项要求，保证在承包单位没有履行上述合同条件的责任时，你方可以向承包单位收回全部或部分预付款。

我银行还同意：在你方和承包单位之间的合同条件、合同项下的工程或合同文件发生变化、补充或修改后，我行承担本保函的责任也不改变，有关上述变化、补充或修改也无须通知我银行。

本保函的有效期从预付支付日期起至你方向承包单位全部收回预付款的日期止。

银行名称：（盖章）

银行法定代表人：（签字、盖章）

地　　址： 日期：_____年_____月_____日

投 标 书 表 2-8

致：_____（招标人全称）

1. 根据已收到的招标编号为_____的_____工程的招标文件、遵照（工程建设施工招标投标管理办法）的规定，找单位经考察现场和研究上述工程招标文件的投标须知、合同条件、技术规范、图纸、工程量清单和其他有关文件后，我方愿以人民币大写：_____元，小写_____元的总价，按上述合同条件、技术规范、图纸、工程量清单的条件承包上述工程的施工、竣工及保修。

2. 一旦我方中标，我方保证在_____年_____月_____日开工，_____年_____月_____日竣工，即_____天（日历天）内竣工并移交整个工程。

3. 如果我方中标，我方将按照规定提交上述总价 5％的银行保函或上述总价 10％的具备独立法人资格的经济实体企业出具的履约担保书，作为履约保证金，共同地和分别地承担责任。

4. 我方同意所递交的投标文件在"投标须知"规定的投标有效期内有效，在此期间内我方的投标有可能中标，我方将受约束。

5. 除非另外达成协议并生效，你方的中标通知书和本投标书将构成我们双方的合同。

6. 我方金额为人民币_____元的投标保证金与投标书同时递交。

投标单位：（盖章）

单位地址：

法定代表人：（签字、盖章）

邮政编码：

电　话：

传　真：

开户银行名称：

银行账号：

开户银行地址：

电　话：

日期：　　　年　　　月　　　日

投 标 书 附 录 表 2-9

序号	项目内容	合同条款号	
1	履约保证金： 银行保函金额 履约担保书金额	 8.1 8.1	 合同价格_____%（5％） 合同价格的_____%（10％）
2	发出通知的时间	10.1	签订合同协议书_____天内
3	延长赔偿费金额	12.5	_____元/天
4	误期赔偿费限额	12.5	合同价格的_____%
5	提前工程奖	13.1	_____元/天
6	工期质量达到优良标准补偿金	15.1	_____元

续表

序号	项目内容	合同条款号	
7	工程质量未达到要求优良标准时的赔偿费	15.2	元
8	预付款金额	20.1	合同价格的_____%
9	保留金金额	22.2.5	每次付款额的_____%（10%）
10	保留金限额	22.2.5	合同价格的_____%
11	竣工时间	27.5	天（日历日）
12	保修期	29.5	天（日历日）

投标单位：（盖章）

法定代表人：（签字、盖章）

日期：_____年_____月_____日

投标保证金担保书　　　　　　　　　　表 2-10

根据本担保书（投标人名称）作为委托人（以下称"委托人"）和在中国注册的（担保公司、证券公司或保险公司）作为担保人（以下称担保人）共同向债权人（建设单位名称）（以下称建设单位）承担支付人民币_____元的责任。

鉴于委托人已于_____年_____月_____日就（合同名称）的建设向建设单位递交了投标书（以下称"投标"）。

本担保书的条件是：

1. 如果委托人在投标书规定的投标有效期撤回其授标；或

2. 如果委托人在收到建设单位的中标通知书后：

（1）不能或拒绝按投标须知的要求签署合同协议书；

（2）不能或拒绝按投标须知的规定提交履约保证金，则本担保有效，否则无效。

但本担保不承担支付下列金额的责任：

1. 大于本担保书规定的金额；或

2. 大于投标报价与建设单位接受报价之间的差额的金额。

担保人在此之间确认本担保书责任在投标有效期后或招标单位延期投标有效期这段时间后的 28 天内保持有效。延长投标有效期应通知担保人。

委托人代表（签字、盖公章）　　　　　　　　　担保人代表（签字、盖公章）

姓名：_____　　　　　　　　　　　　　　　姓名：_____

地址：_____　　　　　　　　　　　　　　　地址：_____

　　　　　　　　　　　　　　　　　　　　　　日期：___年___月___日

法定代表人资格证明书   表 2-11

单位名称：

地　　址：

姓　　名：　　　　性别：　　　　年龄：　　　　职务：

系_____的法定代表人。为施工、竣工和保修_____的工程，签署上述工程的投标文件、进行合同谈判、签署合同的处理与之有关的一切事务。

特此证明。

投标单位：（盖章）   上级主管部门：（盖章）

日期：_____年_____月_____日   日期：___年___月___日

授权委托书   表 2-12

本授权委托书声明：我_____（姓名）系_____（投标单位名称）的法定代表人，现授权委托_____（单位名称）的_____（姓名）为我公司代理人，以本公司的名义参加_____（招标单位）的_____工程的投标活动。代理人在开标、评标、合同谈判过程中所签署的一切文件和处理与之有关的一切事务，我均予以承认。代理人无转委权。特此委托。

代理人：　　　　性别：　　　　年龄：

单　位：　　　　部门：　　　　职务：

投标单位：（盖章）

法定代表人：（签字、盖章）

日期：_____年_____月_____日

6.2　工程量清单与报价表的分类

在工程量清单与报价表中，可分为两类，一类是按"单价"计价的项目，另一类是按"项"包干的项目。在编制工程量清单时要按工程的施工要求进行工作分解来立项，在立项时，注意将不同等级的工程区分开，将同性质但不属同一部位的工作分开，将情况不同可进行不同报价的工作分开。尽力做到使工程量清单中各项既满足工序进度控制要求，又能满足成本控制的要求，既便于报价，又便于工程进度款的结算和支付。

6.3　工程量清单与报价表的前言说明

在招标文件中，对工程量清单与报价表的前言中应作以下说明：

（1）工程量清单应与投标须知、合同条件、技术规范和图纸一起使用。

（2）工程量清单所列工程量系招标单位估算和临时作为投标单位共同报价的基础而用的，付款以实际完成的工程量为依据，由承包单位计量，监理工程师核准的实际完成工程量（该条适用于调价合同或单价合同）。

（3）工程量清单中所填入的单价和合价，对于综合单价应说明包括人工费、材料费、机械费、其他直接费、间接费、有关文件规定的调价、利润、税金以及现行取费中的有关费用、材料差价以及采用固定价格的工程所测算的风险等全部费用。对于工料单价应说明按照现行预算定额的工料机消耗及预算价格确定，作为直接费的基础，其他在直接费、间接费、有关文件规定的调价、利润、税金、材料差价、设备价、现场因素费用、施工技术措施费用以及采用固定价格的工程所测算的风险金等按现行计算方法计取，计入其他相应的报价表中。

（4）工程量清单不再重复或概括工程及材料的一般说明，在编制和填写工程量清单的每一项单价和合价时应考虑投标须知和合同文件有关条款。

（5）应根据建设单位选定的工程测量标准和计量方法进行测量和计算，所有工程量应为完工后测量的净值。

（6）所有报价应用人民币表示。

6.4　报价表格

在招标文件中一般列出投标报价的工程量清单和报价表有：

（1）报表汇总表。

（2）工程量清单报价表。

（3）设备清单及报价表。

（4）现场因素、施工技术措施及赶工措施费用报价表。

（5）材料清单及材料差价。

如果采用定额计价的方式，报价表如下：

定额计价与报价表格在招标文件中一般列出投标报价依据的定额标准。

（1）报价说明。

（2）报表汇总表（见附录1投标文件格式）。

（3）工程费用计算书。

（4）工程预算书。

（5）主要材料清单及材料差价。

（6）其他说明。

7　辅助资料表（或称技术部分）

辅助资料表是进一步了解投标单位对工程施工人员，机械和各项工作的安排情况，便于评标时进行比较，同时便于业主在工程实施过程中安排资金计划。在招标文件中统一拟订各类表格或提出具体要求让投标单位填写或说明。一般列出辅助资料表有：

（1）项目经理简历表。

（2）主要施工管理人员表。

（3）主要施工机械设备表。

（4）拟分包项目情况表。

（5）劳动力计划表。

（6）施工方案或施工组织设计：

1）工程完整施工方案，保证质量的措施；

2）施工机械进场计划；

3）工程材料进场计划；

4）施工现场平面布置及施工道路平面图；

5）冬、雨期施工措施；

6）地下管线及其他地上设施的加固措施；

7）保证安全生产，文明施工、降低环境污染和噪声的措施。

（7）计划开工、竣工日期和施工进度表

投标单位应提供初步的施工进度表，说明按招标文件要求的工期进行施工的各个关键日期，可采用横道图或网络图表示，说明计划开工日期和分部分项工程完工日期。施工进度计划与施工方案或组织设计相适应。

（8）临时设施布置及临时用地表

8 资格审查表

对于未经过资格预审的，在招标文件中应编制资格审查表，以便进行资格后审，在评标前，必须首先按资格审查表的要求进行资格审查，只有资格审查通过者，才有资格进入评标。

资格审查表的内容如下（表格内容见附录1投标文件范例）：

（1）投标单位企业概况；

（2）近三年来所承建工程情况一览表；

（3）在建施工情况一览表；

（4）目前剩余劳动力和机械设备情况表；

（5）财务状况；

（6）其他资料（各种奖罚）；

（7）联营体协议和授权书。包括固定资产、流动资产、长期负债、流动负债、近三年完成的投资、经审计的财务报表等。

9 图纸

图纸是招标文件的重要组成部分，是投标单位在拟订施工方案，确定施工方法，提出替代方案，确定工程量清单和计算投标报价不可缺少的资料。

图纸的详细程度取决于设计的深度与合同的类型。实际上，在工程实施中陆续补充和修改图纸，这些补充和修改的图纸必须经监理工程师签字后正式下达，才能作为施工和结算的依据。

对于水文地质和气象等资料也属图纸的一部分，建设单位与监理工程师应对这些资料的正确情况负责，而投标单位据此作出自己的分析判断，拟订施工方案和施工方法。

（四）招标控制价

在评标过程中，为了对投标报价进行评价，特别是采用在标底上下浮动一定范围内的投标报价为有效报价时，招标单位应编制工程标底。

标底是由招标单位或委托建设行政主管部门批准的具有编制标底资格和能力的中介代理机构，根据国家（或地方）公布的统一工程项目划分、统一的计量单位、统一的计算规则以及施工图纸、招标文件，并参照国家规定的技术标准、经济定额所编制的工程价格。

招标单位可以编制标底，也可以不编制标底。需要编制标底的工程，由招标单位或者由其委托具有相应能力的单位编制；不编制标底的，实行合理低价中标。

对于编制标底的工程，招标单位可以规定在标底上下浮动一定范围内的投标报价为有效，并在招标文件中写明。在开标时，如果仅有少于三家的投标报价符合规定的浮动范围，招标单位可以采用加权平均的方法修订规定，或者宣布实行合理低价中标，或者重新组织招标。

1. 标底编制的原则

（1）统一工程项目划分，统一计量单位，统一计算规则；

（2）以施工图纸、招标文件和国家规定的技术标准和工程造价定额为依据；

（3）力求与市场的实际变化吻合，有利于竞争和保证工程质量；

（4）标底价格一般应控制在批准的总概算（或修正概算）及投资包干的限额内；

（5）根据我国现行的工程造价计算方法，并考虑到向国际惯例靠拢，提倡优质优价；

（6）一个工程只能编制一个标底；

（7）标底必须经招标管理机构审定；

（8）标底审定后必须及时妥善封存、严格保密，不得泄漏。

2. 计价方法

标底价格由成本、利润、税金等组成，应考虑人工、材料、机械台班等价格变化因素，还应包括不可预见费、预算包干费、措施费（赶工措施费、施工技术措施费）现场因素费用、保险以及采用固定价格的工程风险金等。计价方法可选用我国现行规定的工料单价和综合单价两种方法计算。

3. 标底编制的基本依据

（1）招标商务条款；

（2）工程施工图纸、编制工程量清单的基础资料、编制标底所依据的施工方案、工程建设地点的现场地质、水文及地上情况的有关资料；

（3）编制标底前的施工图纸设计交底及施工方案交底。

4. 标底编制与审查程序

（1）确定标底计价内容及计算方法、编制总说明、施工方案或施工组织设计、编制（或审查确定）工程量清单、临时设施布置、临时用地表、材料设备清单、补充定额单价、钢筋铁件调整、预算包干、按工程类别的取费标准等。

（2）确定材料设备的市场价格。

（3）采用固定价格的工程，就测算施工周期内的人工、材料、设备、机械台班价格波动风险系数。

（4）确定施工方案或施工组织设计中计费内容。

（5）计算标底价格。

（6）标底送审。标底应在投标截止日期后，开标之前报招标管理机构审查，结构不太复杂的中小型工程在投标截止日期后7天内上报，结构复杂的大型工程在14天内上报。未经审查的标底一律无效。

（7）标底价格审定交底。

当采用工料单价计价方法时，其主要审定内容包括：

1）标底计价内容；

2）预算内容；

3）预算外费用。

当采用综合单价计价方法时，其主要审定内容包括：

1）标底计价内容；

2）工程单价组成分析；

3）设备市场供应价格、措施费（赶工措施费、施工技术措施费）现场因素费用等。

5. 招标控制价

招标控制价是招标人根据国家或各省、行业建设主管部门颁发的有关计价依据和办法，按设计施工图纸计算，对招标工程限定的最高工程造价。有的省、市、地区又将其称之为拦标价、预算控制价、最高报价。

（1）招标控制价的编制依据

1）招标文件；

2）现场调查文件；

3）定额文件；

4）技术文件；

5）参考文件；

（2）应考虑的因素

要充分考虑价格的动因素；

考虑社会施工企业的平均实力；

价格确定合理。

（3）编制招标控制价格的资格条件

招标控制价应由招标人编制，当招标人不具备编制条件时，应委托有资质的工程造价咨询部门编制。

（4）在有招标控制价的工程项目施工招标中，招标控制价作为招标文件的组成部分应在招标文件中公布。

三、勘察现场

根据招标程序，资格审查结束，或招标文件发售工作完成后进行下一个工作环节——现场勘察。

现场勘察有两种方式，其一为招标人统一组织勘察现场；其二是由投标人自行勘察现场。

招标单位组织投标单位进行勘察现场的目的在于了解工程场地和周围环境情况，招标单位应尽力向投标单位提供现场的信息资料和满足进行现场勘察的条件，为便于解答投标单位提出的问题，勘察现场一般安排在投标预备会之前。投标单位的问题应在预备会之前以书面形式向招标单位提出。

招标单位应向投标单位介绍有关施工现场如下的情况：

（1）是否达到招标文件规定的条件；

（2）地形、地貌；

（3）水文地质、土质、地下水位等情况；

（4）气候条件，包括气温、湿度、风力、降雨、降雪情况；

（5）现场的饮水、污水排放、生活用电、通信等；

（6）工程在施工现场中的位置；

（7）可提供的施工用地和临时设施等。

招标工作实训

一、编制招标文件

1. 环境的创建：招投标实训室。

2. 实训内容：编制招标文件。

3. 实训目标：能够按招投标法及相关管理条例编制《招标文件》，通过模拟实训培养实践技能。

4. 实训要求

（1）实训内容要求：要求文件的内容全面（投标须知、合同款、合同格式、技术规范及要求、投标文件及格式、工程量清单、资格审查资料、图纸）、系统。

（2）完成过程要求：要求每一个模拟公司的职员在完成实训内容过程中要有完整的工作日志。记录任务内容、角色分工、支持文件、通过本次实训所掌握的专业知识和实践技能。

5. 完成方式

（1）任务完成程序

1）模拟招标项目（以本学院的基本建设项目为例）法人成立，模拟咨询公司成立。

2）自行招标/委托招标小组成立。

小组成员：负责人、负责工程技术人员、负责编制预算人员、其他管理人员。

3）小组成员的角色分工

负责人：对招标事宜作出要求。如项目本次招标的范围、建设所涉及的主要材料是否招标，设备是否招标，或限定品质及价格。

技术人员：提出招标项目的技术要求。

预算人员：对招标项目编制招标标底（编制依据——范畴、分部分项、主材价格、费用计取、风险因素的考虑）。

（2）实施地点：招投标实训室。

（3）学生汇报自我总结：公司负责人作汇报。说明本公司完成任务情况，遇到的困难有哪些，采取何种方式解决，自我整合的知识点有几点。

（4）教师对实训知识点整合。

6. 教师对实训结果评价

（1）检查各"职员"的工作日志。

（2）听取各"公司"的汇报。

（3）根据"日志"、"汇报"的内容对各个"公司"、"职员"打分。

7. 按模拟项目的招标公告中规定的发售时间地点进行发售

1) 拟投标人携带有效证件（营业执照、资质证书、法人授权委托书、身份证）。

2) 记录拟投标人及招标文件发售的数量。

二、编制招标控制价（与工程造价内容相结合）

1. 环境的创建：招投标实训室。

2. 实训内容：招标控制价编制。

3. 实训目标：按照招标的内容、报价范围及招标文件的相关规定进行招标控制价的编制。

4. 实训要求

（1）实训内容要求：标底编制（编制依据——范畴、分部分项、主材价格、费用计取、风险因素的考虑）要准确，考虑因素要全面。

（2）完成过程要求：要求每一个模拟公司的职员在完成实训内容过程中要有完整的工作日志。记录任务内容、角色分工、支持文件、通过本次实训所掌握的专业知识和实践技能。

5. 完成方式

（1）任务完成程序。

1) 招标工作小组同实训。

2) 小组成员的角色分工。

负责人：对招标事宜作出要求。如项目本次招标的范围、建设所涉及的主要材料是否招标、设备是否招标或限定质量及价格。

技术人员：提出招标项目的技术要求。

预算人员：对招标项目编制招标控制价。

（2）实施地点：实训室。

（3）学生汇报自我总结：公司负责人作汇报。说明完成标底编制的过程、资源的利用，遇到的困难有哪些，采取何种方式解决，自我整合的知识点有几点。

（4）教师对实训知识点整合（定额计价/清单计价应注意的事项）。

6. 教师对实训结果评价

（1）检查各"职员"的工作日志；

（2）听取各"公司"的汇报；

（3）根据"日志"、"汇报"的内容对各个"公司"、"职员"打分。

三、标前答疑会

1. 环境的创建：合班教室。

2. 实训内容：模拟答疑会（项目为实训1招标项目）。

3. 实训目标：了解答疑会的形式及会议要解决的问题。会后下发答疑文件。掌握的实践技能：能够组织招标答疑会、以投标人身份参加答疑会，《答疑申请的编写》。

实训要求：

（1）实训内容要求：研究项目《招标文件》、施工图纸及其他方面与项目招标相关的事项，如果发现问题，将问题分类（对文件的疑问、对图纸的疑问、对现场条件的疑问）在答疑会中提出。

（2）完成过程要求：要求每一个模拟公司的职员在完成实训内容过程中要有完整的工作日志。记录任务内容、专业知识和实践技能。

4. 完成方式

（1）任务完成程序

1）招标人招标小组的人员、负责招标文件内容中的解答、现场问题的解答，模拟设计单位负责对技术问题的解答。

2）投标人针对现场、文件、图纸提出问题。

3）答疑文件的下发。

（2）实施地点：招投标实训室。

（3）学生汇报自我总结："招标人"汇报总结有关问题的答复及答疑文件是否全部下发至投标人，"投标人"公司负责人做汇报答疑问题的处理结果及对投标工作的指导。

（4）教师对实训知识点整合重点：答疑会要解决的问题，答疑文件是招标文件的组成部分。

5. 教师对实训结果评价

（1）检查各"职员"的工作日志。

（2）听取各"公司"的汇报。

（3）根据"日志"、"汇报"的内容对各个"公司"、"职员"打分。

复习思考题

1. 投标人是否必须参加资格审查？

2. 招标应具备哪些条件？

3. 招标准备阶段的具体工作有哪几个方面？

学习情境三　建筑工程投标

任务一　组织投标与投标决策

【引导问题】
1. 投标组织。
2. 投标程序。
3. 投标决策。

【工作任务】
了解投标工作程序及各程序环节所涉及的工作内容。并具备投标岗位工作能力。

【学习参考资料】
1. 工程造价计价与控制资格考试培训教材．中国计划出版社，2006．
2. GB 50500—2003/200 建设工程工程量清单计价规范．
3. 《黑龙江省建设工程预算定额》。
4. 《工程招标投标与合同》。

一、投标组织

（一）投标的概念
建筑工程投标，是指投标人愿意按照招标人规定的条件承包工程，编制工程估价单，施工方案等文件，向招标人投函，请求承包工程任务建设的活动。

（二）投标人及其条件
投标人是响应招标、参加投标竞争的法人或者其他组织。投标人应做到以下几点：

（1）投标人应具备承担招标项目的能力，国家有关规定或者招标文件对投标人资格条件有规定的，投标人应当具备规定的资格条件。

（2）投标人应当按照招标文件的要求编制投标文件，投标文件应当对招标文件提出的要求和条件作出实质性响应。

投标文件的内容应当包括拟派出的项目负责人与主要技术人员的简历、业绩和拟用于完成招标项目的机械设备等。

（3）投标人应当在招标文件所要求提交投标文件的截止时间前，将投标文件送达投标地点（招标人收到投标文件后，应当签收保存，不得开启。招标人对招标文件要求提交投标文件的截止时间后收到的投标文件，应当原样退还，不得开启）。

（4）投标人在招标文件要求提交投标文件的截止时间前，可以补充、修改或者撤回已提交的投标文件，并书面通知招标人。补充、修改的内容为投标文件的组成部分。

（5）投标人根据招标文件载明的项目实际情况，拟在中标后将中标项目的部分非主体、非关键性工作交由他人完成的，应当在投标文件中载明。

（6）两个以上法人或者其他组织可以组成一个联合体，以一个投标人的身份共同投标。

联合体各方均应当具备承担招标项目的相应能力，国家有关规定或者招标文件对投标人资格条件有规定的，联合体各方均应当具备规定的相应资格条件。由同一专业的单位组成的联合体，按照资质等级较低的单位确定资质等级。联合体各方应当签订共同投标协议，明确约定各方拟承担的工作和相应的责任，并将共同投标协议连同投标文件一并提交招标人。联合体中标的联合体各方应当共同与招标人签订合同，就中标项目向招标人承担连带责任，但是共同投标协议另有约定的除外（招标人不得强制投标人组成联合体共同投标，不得限制投标人之间的竞争）。

（7）投标人不得相互串通投标报价，不得排挤其他投标人的公平竞争，损害招标人或者他人的合法权益。

（8）投标人不得以低于合理预算成本的报价竞争，也不得以他人名义投标或者以其他方式弄虚作假，骗取中标。所谓合理预算成本，即按照国家有关成本核算的规定计算的成本。

（三）投标组织

进行工程投标，需要有专门的机构和人员对投标的全部活动过程加以组织和管理，实践证明，建立一个强有力的、内行的投标班子是投标获得成功的根本保证。

在工程承包招标投标竞争中，对于业主来说，招标就是择优。由于工程的性质和业主的评价标准的不同，择优可以有不同的侧重面，但一般包含如下四个主要方面：

（1）较低的价格；

（2）先进的技术；

（3）优良的质量；

（4）较短的工期。

业主通过招标，从众多的投标者中进行评选，既要从其突出的侧重面进行衡量，又要综合考虑上述四个方面的因素，最后确定中标者。

对于投标人来说，参加投标就面临一场竞争。不仅比报价的高低，而且比技术、经验、实力和信誉。特别是在当前国际承包市场上，越来越多的是技术密集型工程项目，势必要给投标人带来两方面的挑战。一方面是技术上的挑战，要求投标人具有先进的科学技术，能够完成高、新、尖、难工程；另一方面是管理上的挑战，要求投标人具有现代先进的组织管理水平。

为迎接技术和管理方面的挑战，在竞争中取胜，投标人的投标班子应该由如下四种类型的人才组成：一是经营管理类人才；二是技术专业类人才；三是商务金融类人才；四是其他工作人员。

（1）经营管理人才

所谓经营管理类人才，是指专门从事工程承包经营管理、制定和贯彻经营方针与规划，负责工作的全面筹划和安排具有决策水平的人才。为此，这类人才应具备以下基本条件：

①知识渊博、视野广阔。经营管理类人员必须在经营管理领域有所造诣，对其他相关学科也应有相当知识水平。只有这样，才能全面地、系统地观察和分析问题。

②具备一定的法律知识和实际工作经验。该类人员应了解我国，乃至国际上有关的法律和国际惯例，并对开展投标业务所应遵循的各项规章制度有充分的了解。同时，丰富的阅历和实际工作经验，可以使投标人员具有较强的预测能力和应变能力，对可能出现的各种问题进行预测并采取相应的措施。

③勇于开拓，具有较强的思维能力和社会活动能力。渊博的知识和丰富的经验，保证对各种问题进行综合、概括、分析，并作出正确的判断和决策。此外，该类人员还应具备较强的社会活动能力，积极参加有关的社会活动，扩大信息交流，不断地吸收投标业务工作所必需的新知识和情报。

④掌握一套科学的研究方法和手段，诸如科学的调查、统计、分析、预测的方法。

（2）专业技术人才

所谓专业技术人才，主要是指工程及施工中的各类技术人员，诸如建筑师、土木工程师、电气工程师、机械工程师等各类专业技术人员。他们应拥有本学科最新的专业知识，具备熟练的业务能力，以便在投标时能从本公司的实际技术水平出发，考虑各项专业实施方案。

（3）金融人才

所谓商务金融类人才，是指具有金融、贸易、税法、保险、采购、保函、索赔等专业知识的人才。财务人员要懂税收、保险、涉外财会、外汇管理和结算等方面的知识。

（4）其他工作人员

所谓其他工作人员是指在投标活动中，一些辅助性的工作的人员，能够提供市场的信息和其他相关信息。

以上是对投标班子三类人员个体素质的基本要求，保持投标班子成员的相对稳定，不断提高其素质和水平。如果是涉外工程，还要有相关的懂专业和合同管理的外语翻译人员。

二、投标程序

施工投标程序见图 3-1。

（1）了解招标信息，选择投标对象，建筑企业根据招标公告/预审通告分析招标条件，再根据自己的能力，选择投标工程。

（2）资格预审

资格预审能否通过是承包商投标过程中的第一关。投标人申报资格预审时应

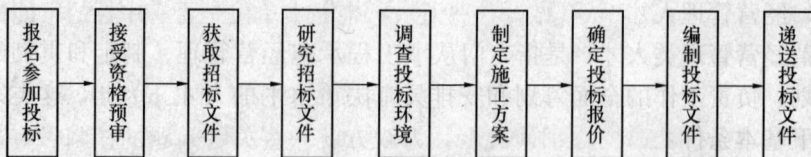

图3-1　施工投标的一般程序

注意的事项有以下三点：

1) 应注意平时对一般资格预审的有关资料的积累工作，并储存在计算机内，对某个项目填写资格预审调查表时，再将有关资料调出来，并加以补充。

2) 针对工程特点，填好重点部位，反映出公司的施工经验、施工水平和施工组织能力。

3) 注意收集信息，如果有合适的项目，及早动手做资格预审的申请准备。这样可以及早发现问题，发现本企业某个方面的缺陷（如资金、技术水平、经验年限等）不是本公司自已可以解决者，应考虑寻找适宜的伙伴，组成联营体来参加资格预审。做好递交资格预审表后的跟踪工作，以便及时发现问题，补充资料。

(3) 通过资格预审的拟投标人购买投标文件

(4) 研究招标文件。招标文件是编制投标文件的重要依据，因此应仔细研究招标文件。重点放在投标须知、合同条件、设计图纸、工程范围、工期、质量、工程量、报价范围，模糊不清、工程量有量差或项差以及其他把握不准之处做好记录，在答疑会上澄清。

(5) 调查与现场勘察。是投标前极其重要的工作。现场考察主要是对工地现场进行考察。投标者在投标报价前，考察现场的暂设情况、道路情况、水电源情况、水文、地质情况、现场是否具备开工条件。工程所在地的社会治安情况、材料的供应情况、当地劳动力的资源情况、构配件的加工生产能力等。

(6) 确定施工方案。施工方案要全面、措施具体、有可操作性。人、材、机的计划科学合理。根据工程项目的特点选择和确定施工方法，选择施工设备及合理安排施工设施，编制施工进度计划。

(7) 投标报价的确定

如果是定额计价，重点要考虑的因素是报价范围、工程量计算要准确，定额套项要准确、费用计取要有依据（尤其是在有地区津贴的地区施工），材料的价格及设备价格的确定要科学合理（招标文件中业主有否对主要材料限购、主要设备暂定价格情况），以及要考虑到风险因素，根据投标报价的策略进行报价的调整。

如果是清单计价，重点是工程量清单的核对，如果发现有量与项的差异，在答疑会上得到答复后再确定价格，清单计价还要考虑到企业自身的特点与优势。根据投标报价的策略进行报价的调整。

(8) 编制投标文件。按招标文件要求内容格式进行填写编制。注意文件全面性、系统性、符合性。并注意文件的装订美观。

(9) 递送投标文件。按招标文件要求的包封条件、时间、地点及携带的有效证明信、证件按时送达投标文件。

（10）参加开标会。认真做好各项记录，推断本单位是否有中标的可能性。

（11）等待评标及中标结果。

（12）中标人与招标人签订工程承包合同。在中标通知书下达后，中标人的工作重点应在对合同条款的仔细研究上，为双方就一些关键问题的谈判做好准备工作。如：现场条件不具备如何处理，预算外工程如何计价。

三、投标决策

所谓的投标决策包括三方面的内容：其一，针对项目是投标，或者是不投标；其二，倘若去投标，投什么性质的标；其三，投标中如何采用取长制短，以优胜劣的策略和技巧。投标决策的正确与否，关系到能否中标和中标后的效益，关系到企业发展前景，因此投标决策的意义非常重大。

（一）投标决策的种类

1. 风险标与保险标的决策

（1）风险标。是指工程难度大、风险大，且技术、设备资金上都有未解决的问题。但由于施工单位任务不饱满、或因为工程的利润丰厚、或为了开拓新的技术领域而决定投标。同时设法解决存在的问题，即为风险标。投标后，问题解决的好，可以获得较多的利润，也可以锻炼队伍。否则，企业名利双失，严重的可能会破产。因此，投风险标一定要慎重。

（2）保险标。是指可以预见的情况从技术、设备、资金等重大问题都有了解决对策之后再投标，称之为保险标。企业经济实力较弱，往往投保险标。目前大多数的企业愿意投保险标。

2. 盈利标、保本标、亏本标的决策

（1）盈利标。如果招标工程即是企业的强项，又是竞争对手的弱项，或招标人意向明确。或企业任务饱满，利润丰厚，这种情况下投标，称为盈利标。

（2）保本标。当企业无后继工程，或已出现部分停产，必须争取中标。但招标的工程项目对本企业无优势可言，竞争对手又是很强大的局面，此是宜投保本标，至多投薄利标。

（3）亏本标。亏本标是一种非常手段，通常是投标人寄希望于中标后的工程施工索赔来补偿亏本部分。但是索赔是一动态的过程，能否进行索赔，决定的因素很多。因此，企业最好避免投亏本标。

（二）影响投标决策的主观因素

投标或弃标，首先取决于企业的实力，实力主要表现在如下几方面：

1. 技术方面的实力

（1）要有精通本专业的工程师、建筑师、会计师和管理专家组成的组织机构；

（2）有工程设计、施工专业特长，能解决技术难度大和各类工程施工中技术难题的能力；

（3）有国内外与招标项目类似的工程施工经验；

（4）有一定技术实力的合作伙伴。如实力强的分包商、合营伙伴和代理人。

2. 经济方面实力

（1）具有垫付资金的能力。

（2）具有一定的固定资产和机具设备及其投入所需的资金。如工程必须的建筑机械设备、周转材料（模板、脚手架等）。

（3）具有支付各种担保的能力（如：投标保证金、履约保证金）。

（4）具有支付各种纳税和保险的能力。

（5）承担国际工程往往需要重金聘请有丰富经验或有较高地位的代理人，以及其他"佣金"，也需要承包商具有这方面的支付能力。

3. 管理方面的实力

承包商必须在控制成本上下功夫，向管理要效益。如缩短工期，进行定额管理，辅以奖罚办法，减少管理人，工人一专多能，节约材料，采用先进的施工方法不断提高技术水平，特别要有"重质量"和"重合同"的意识。

4. 信誉方面的实力

承包商要有良好的信誉，这是投标中标的一个重要的标准。承包商必须遵守法律和法规，认真履约，保证工程的施工安全、质量、工期。

（三）决定投标或弃标的客观因素

1. 业主和监理的情况

业主的合法地位、支付能力、履约能力；监理工程师处理问题的公正性、合理性等，也是投标决策的重要因素。

2. 竞争对手和竞争形势的分析

从总的竞争形势看，大型工程的承包公司技术水平高，善于管理大型复杂的工程，其适应性强，可以承包大型工程；中小工程由中小型工程公司或当地的工程公司承包可能性大，因为，中小型公司的优势在于熟悉当地的情况及劳动力的供应情况，管理人员相对较少，管理成本相对较少。

3. 法律、法规的情况

对于国内工程承包，自然适用本国的法律和法规。而且，其法则环境基本相同。因为，我国的法律、法规具有统一或基本统一的特点。如果是国际工程承包，则有一个法律适用问题。法律适用的原则有五条：

（1）强制适用工程所在地法的原则。

（2）意思自治原则。

（3）最密切联系原则。

（4）适用国际惯例原则。

（5）国际法效力优于国内法效力的原则。

其中，所谓"最密切联系的原则"是指与投标或合同有最密切联系的因素作为客观标志，并以此为依据。至于最密切联系因素，在国际上主要有投标或合同签订地法、合同履行地法、法人国籍所属国的法律、债务人住所地法律、标的物所在地法律、管理合同争议的法院或仲裁机构所在地的法律等。事实上，多数国家是以上述诸因素中的一种因素为主，结合其他因素进行综合判断的。

如很多国家规定，外国承包商或公司在本国承包工程，必须同当地的公司成立联营体才能承包该国的工程。因此，我们对合作伙伴需作必要的分析，具体来说是对合作者的信誉、资历、技术水平、资金、债权与债务等方面进行全面的分析，然后再决定投标还是弃标。

又如外汇管理制情况。外汇管理制关系到承包公司能否将在当地所获外汇收益转移回国的问题。目前，各国管制法规不一，有的规定：可以自由兑税、汇出，基本上无任何管制；有的规定，则有一定限制，必须履行一定的审批手续；有的规定，外国公司不能将全部利润汇出，而是在缴纳所得税后其剩余部分的50%可兑换成自由外汇汇出，其余50%只能在当地用作扩大再生产或再投资。这是在该类国家承包工程必须注意的"亏汇"问题。

4. 风险问题

在国内承包工程，其风险相对要小一些，而对于国际承包工程则风险要大得多。投标与否，要考虑的因素很多，需要投标人广泛、深入地调查研究，系统地积累资料，并作出全面的分析，才能使投标作出正确决策。

决定投标与否，更重要的是它的效益性。投标人应对工程承包的成本、利润进行预测分析，以供投标决策之用。

（四）投标技巧

投标技巧研究，其实是在保证工程质量与工期条件下，寻求一个好的报价技巧。投标人为了中标并获得期望的效益，在投标程序全过程几乎都要研究投标报价技巧。

如果以投标程序中的开标为界，可将投标的技巧分为两个阶段，即开标前的技巧研究和签订合同的技巧研究。

开标前的技巧研究：

1. 不平衡报价法

通常采用的不平衡报价法有以下几种：

（1）对能早期结账收回工程款的项目（如土方、基础等）的单价可报以较高价报价，以利于资金周转。对后期项目（如装饰、电气设备安装等）单价可适当降低。

（2）估计今后工程量可能增加的项目，其单价可提高，而工程量可能减少的项目，其单价可降低。

（3）图纸内容不明确或有错误，估计修改后工程量增加的，其单价可提高；而工程内容不明确的，其单价可降低。

（4）没有工程量只填报单价的项目（如疏浚工程中的开挖淤泥工作等），其单价宜高报，既不影响总的投标报价，又可多获利。

（5）对于暂定项目，其实施可能性大的项目，价格可定高价；估计工程不一定能实施的可定低价。

2. 零星用工（计日工）一般可稍高于工程单价表中的工资单价。

之所以这样做是因为零星用工不属于承包商有效合同总价的范围，发生时实报实销，也可多获利。

3. 多方案报价法

多方案报价法是利用工程说明书或合同条款不够明确之处，以争取达到修改工程说明书和合同为目的的一种报价方法。当工程说明书或合同条款有些不够明确之处时，往往使投标人承担较大风险。为了减少风险就必须扩大工程单价。增加"不可预见费"，但这样做又会因报价过高而增加被淘汰的可能性。多方案报价法就是为对付这种两难局面而出现的。其具体做法是在标书上报两个单价，一是按原工程说明书合同条款报一个价，二是加以注解："如工程说明书或合同条款可做如此改动时，则可降低多少费用"，使报价成为最低，以吸引业主修改说明书和合同条款。

但是，如果规定，政府工程合同的方案不容许改动，这个方法就不能使用。

开标后的技巧研究：

（1）降低投标价格

投标价格不是中标的唯一因素，但都是中标的关键性因素。在议标中，投标者适时提出降价要求是议标的主要手段。需要注意的是：其一，要摸清招标人的意图，在得到其希望降低价要求的暗示后，再提出降低的要求。因为，有些国家的政府关于招标的法规中规定，已投出的投标书不得改动任何文字。若有改动，投标即告无效。其二，降低投标价格要适当，不得损害投标人自己的利益。

降低投标价可从以下三方面入手，即降低投标利润、降低经营管理费和设定降价系数。

投标利润的确定，既要围绕争取最大未来收益这个目标而定立，又要考虑中标率和竞争人数因素的影响。通常，投标人准备两个价格，即准备了应付一般情况的适中价格，又同时准备了应付竞争特殊环境需要的替代价格，它是通过调整报价利润所得出的总报价。两价格中，后者可以低于前者，也可以高于前者。如果需要降低投标报价，即可采用低于适中价格，使利润减少以降低投标报价。

经营管理费，应该作为间接成本进行计算。为了竞争的需要也可以降低这部分费用。

降价系数，是指投标人在投标作价时，预先考虑一个未来可能降价的系数。如果开标后需要降价竞争，就可以参照这个系数进行降价；如果竞争局面对投标人有利，则不必降价。

（2）补充优惠条件

除中标的关键因素——价格外，在议标谈判的技巧中，还可以考虑其他许多重要因素，如缩短工期，提高工程质量，降低支付条件要求，提出新技术和新设计方案，以及提供补充物质和设备等，以此优惠条件争取得到招标人的赞许，争取中标。

任务二　投标文件的组编与递送

【引导问题】

1. 投标文件的组成。

2. 投标报价的形式及计价依据。

3. 投标报价应考虑的因素。

4. 投标文件编制与注意事项。

5. 投标文件的包封与递送。

【工作任务】

了解投标文件的组成，掌握文件各部分的编制方法，按招标文件的要求进行包封。

【学习参考资料】

1. 工程造价计价与控制资格考试培训教材. 中国计划出版社，2006.

2. GB 50500—2003/200 建设工程工程量清单计价规范.

3. 黑龙江省建设工程预算定额

4. 谷学良. 工程招标投标与合同. 黑龙江省科学技术出版社，2006.

一、投标文件的组成

（一）投标函部分

投标函部分主要由《法定代表人身份证明书》、《投标文件签署授权书》、《投标函》、《投标函附录》、《投标担保银行保函》（或投标保证金提交证明文件）、《招标文件要求投标人提供的其他资料》（详见招标文件之投标文件格式）组成。

（二）商务部分

商务部分主要由《投标报价说明》、《投标报价汇总表》、《工程预算书》（定额计价、清单计价的所有表格）、《投标报价需要的其他资料》组成。

（三）技术部分

技术部分主要由《项目部组织机构配备情况》（项目经理、技术负责人的主要工作简历、机构设置、职责分工等）、《施工组织设计》、《招标文件要求投标人提交的其他资料》。

（四）资格审查部分（限于资格后审）

资格审查部分主要由《资格审查申请书》、《附录》（企业一般情况、资格、已完工程及在建工程一览表、近三年的产值、经营状况表、类似工程经验、有无诉讼案例、企业综合业绩）。

二、投标文件的编制

投标文件是投标人根据招标人的要求及其拟定的文件格式填写的标函。它表明投标单位的具体的投标意见，关系到投标的成败和中标后的盈亏。正确编制投标文件要做到以下几点：

（1）必须根据招标的要求编制投标文件

首先，务必按照招标人要求的条件编制投标文件。因为参与某项工程的投标是以同意招标人所提条件为前提的，只有在重大方面都符合要求的投标书才能为业主方面接受。所谓重大方面符合要求的标书。一般是指符合招标文件条款条件和规格而无重大偏离或保留的标书，这里的"重大偏离或保留"是指在任何重大方面影响工程范围、质量或性能的情况；或者是与招标文件不一致，在重大方面限制了承包人的责任和业主的权利的情况。业主如果接受这种与招标文件所提条件有偏离或保留文件，就必然严重影响其他那些重大方面都符合招标人要求的投标人的竞争地位，产生不公平竞争。因此，业主方面必须拒绝在重大方面都不符合招标文件要求的标书，并且不允许再由投标人改正或撤回，使不符合要求的偏离和保留而变为符合要求。投标人在编制投标文件时，必须全面、准确地把握招标人具体要求，在重大方面与招标人所提条件一致，确保标书能为业主所接受，不成为"废标"。

第二，投标文件的内容必须完整。投标文件一般由投标人须知、合同条件、投标书及其附件、技术规范、工程量表及单价表、图纸及设计资料组成，投标人需要填写的内容，一般是：关于投标函的综合说明；报价单上的分项工程单价、每平方米建筑面积造价、工程总价等价格指标；工程费用支付及奖罚方法；中标后开工日期及全部工程竣工的日期；施工组织与工程进度安排；工程质量和安全措施；主要工程的施工方法和主要施工机械等。投标人在编制、报送投标文件时，文件的种类必须齐全，应填写的主要内容必须完整。这样才能保证投标文件的有效性。

第三，投标文件所使用的语言必须符合招标文件的规定。

第四，投标文件中各类文件的具体格式应满足招标文件的要求。

（2）必须正确确定投标文件中的投标报价水平

投标文件是以投标报价为核心的，编制、报送投标文件又是以在投标竞争中获胜中标、承包到某项工程的文件。并以最大限度地盈利为目标。所以投标竞争通常围绕"报价"进行。投标人要达到中标的目的，必须正确确定投标报价的水平。这就要求投标人一是必须坚持以"预期利润最大"（即在中标前提下可获最大利润）为原则把握报价总水平；二是要根据"早摊为上，适可而止"的原则控制项目早、中、后期施工的工程价格水平，以保证提出的投标报价有较强的竞争力。

（3）必须力争列入对投标人有利的施工索赔条款

施工索赔是指承包人通过合法途径和程序要求业主偿还他在项目施工中的费用及工期方面的损失。投标承包工程由于业主方面的原因、施工条件的变化、特殊风险的出现等都会导致工程承包人的费用及工期损失，承包人必须进行施工索赔才能保护及争取自身经济利益，完整地履行自己的义务。

施工索赔的重要依据是合同文件中有关索赔条款的规定。投标人在编制投标文件过程中必须力争公正地列入与索赔有关的合同条款，保证日后的施工索赔有据可依，自身的经济利益不受或少受影响。

三、投标文件的包封与递送

（一）投标文件的签署

投标文件编制完成后，按招标文件的要求进行有效地签署。

（二）投标文件的密封

招标文件对投标文件的密封和标识有严格要求，开标时拒收不符合包封要求的文件。投标文件在进行有效签署确认无异议后，按招标文件对内、外包封的要求进行密封，并在内、外包封上严格按招标文件进行标识。

（三）投标文件的递送

按招标文件指定的时间及地点，携带相关证件递送投标文件（有的招标要求同时提交保证金收据、投标报价信等）。

实训　编制投标文件

1. 环境的创建：招投标实训室。

2. 实训内容：投标文件的编制。

3. 实训目标：要求学生系统掌握投标文件的内容组成。投标文件编制的原则、投标文件编制注意事项。具备完成投标具体工作的能力，通过完成投标文件的编制，培养学生的认知能力、沟通能力、合作能力。

4. 实训要求

（1）实训内容要求：投标文件正本一本，副本 4 本。文件的内容最大限度的满足招标文件的要求，投标文件的内容应系统一致，数据填写准确，签章无遗漏。

（2）完成过程要求：以各模拟公司为单位，编制投标文件，每个成员完成本职岗位工作。

5. 完成方式

每个模拟公司按数量提供投标文件，提交一份电子版文件。

6. 学生汇报自我总结

各模拟公司负责人总结投标文件编制过程中的工作安排、完成过程、完成结果。叙述工作过程中遇到的问题及解决问题的途经和方式。

7. 教师对实训知识点整合

总结投标文件编制所依据的理论知识。

8. 教师对实训结果评价

与招标工作中的开标实训相结合。

根据"日志"、"汇报"及"工作成果——投标文件"，对每个模拟公司进行打分，根据实训过程中每个学生的表现，对每个学生实行打分。

复习思考题

1. 投标为什么要了解项目施工现场情况？

2. 联合体形式投标应注意哪些事项？

3. 施工组织设计对投标报价有哪些影响？

4. 编制投标文件应注意哪些事项？

学习情境四　开标、评标与中标

任务一　开　　标

【引导问题】

1. 开标方式。
2. 开标程序。
3. 无效投标文件。

【工作任务】

了解开标方式及程序，掌握无效投标的判别方法，具备组织开标会议的能力。

一、开标方式

（一）开标时间及地点

（1）开标应当在投标截止时间后，按照招标文件规定的时间和地点公开进行。已建立建设工程交易中心的地方，开标应当在建设工程交易中心举行。

（2）开标由招标单位主持，并邀请所有投标单位的法定代表人或者其代理人和评标委员会全体成员参加。建设行政主管部门及其工程招标投标监督管理机构依法实施监督。

（二）开标方式

1. 公开开标。邀请所有投标人参加开标仪式，其他愿意参加者不受限制，当众公开开标。

2. 有限开标。只邀请投标人和有关人员参加，其他无关人员不得参加，当众公开开标。

3. 秘密开标。开标只有负责招标的组织人员参加，不允许投标人参加，然后将开标的结果通知投标人，不公开报价，其目的不暴露投标人的准确报价数字。

二、开标程序

开标一般应按照下列程序进行：

（1）主持人宣布开标会议开始，介绍参加开标会议的单位、人员名单及工程项目的有关情况；

（2）请投标单位代表确认投标文件的密封性；

（3）宣布公正、唱标、记录人员名单和招标文件规定的评标原则、定标办法；

（4）宣读投标单位的名称、投标报价、工期、质量目标、主要材料用量、投标担保或保函以及投标文件的修改、撤回等情况，并做当场记录；

（5）与会的投标单位法定代表人或者其代理人在记录上签字，确认开标结果；

（6）宣布开标会议结束，进入评标阶段。

三、无效投标

投标文件有下列情形之一的，应当在开标时当场宣布无效。

（1）未加密封或者逾期送达的；

（2）无投标单位及其法定代表人或者其代理人印鉴的；

（3）关键内容不全、字迹辨认不清或者明显不符合招标文件要求的；

（4）未按招标文件格式填写；

（5）未提交保证金；

（6）联合体投标未有各方协议的。

无效投标文件，不得进入评标阶段。

任务二　评　　标

【引导问题】

1. 评标组织。

2. 评标标准和办法。

3. 评标程序。

【工作任务】

了解评标程序，掌握评标办法。

一、评标组织

（1）评标由评标委员会负责。评标委员会的负责人由招标单位的法定代表人或者其代理人担任。

评标委员会的成员由招标单位、上级主管部门和受聘的专家组成（如果委托招标代理或者工程监理的，应当有招标代理、工程监理单位的代表参加），并且为5人以上的单数，其中技术、经济等方面的专家不得少于2/3。

（2）省、自治区、直辖市和地级以上城市（包括地、州、盟）建设行政主管部门，应当在建设工程交易中心建立评标专家库。评标专家须由从事相关领域工作满8年，并具有高级职称或者具有同等专业水平的工程技术、经济管理人员担任，并实行动态管理。

评标专家库应当拥有相当数量符合条件的评标专家，并可以根据需要，按照不同的专业和工程分类设置专业评标专家库。

（3）招标单位根据工程性质、规模和评标的需要，可在开标前若干小时之内从评标专家库中随机抽取专家聘为评委。工程招标投标监督管理机构依法实施监督。专家评委与该工程的投标单位不得有隶属或者其他利益关系。专家评委在评标活动中有徇私舞弊、有失公平行为的，应当取消其评委资格。

二、评标的标准和办法

评标就是依据招标文件的规定和要求，对投标文件进行的审查、评审和比较。

1. 评标的依据

（1）招标文件；

（2）开标前会议纪要；

（3）评标定标的办法和细则；

（4）标底（招标控制价）；

（5）投标文件；

（6）其他资料。

2. 评标的标准

评标的标准，一般有价格标准和价格标准以外的标准（非价格标准），价格标准就是以货币额表示报价；就工程项目评标时，非价格标准主要有工期、方案、管理、质量保证措施、材料用量、施工人员和管理人员的素质、以往的经验、企业的综合业绩等。

3. 评标的办法

评标可以采用合理低标价法和综合评议法。具体评标方法由招标单位决定，并在招标文件中载明。对于大型或者技术复杂的工程，可以采用技术标、商务标两阶段评标法。

评标委员会可以要求投标单位对其投标文件中涵义不清的内容作必要的澄清或者说明，但其澄清或者说明不得更改投标文件的实质性内容。

任何单位和个人不得非法干预或者影响评标的过程和结果。

（1）经评审的最低投标价法

经评审的最低投标价法是指能够满足招标文件的实质要求，并经评审的投标价要最低（但低于成本的除外），按照投标价格最低确定中标人。该方法适用于招标人对工程技术性能没有特殊要求，承包人采用通用技术施工即可达到性能标准的招标项目。

（2）综合评分法

是指将评审的内容分类后，分别赋予不同的权重，评委依据评分标准对各类内容细分的小项进行相应的打分，最后计算的累计分值反映投标人的综合水平，得分最高的投标书为最优，这种方法由于涉及评分的面广，每一项都需要评委的打分，可以全面衡量投标人实施投标工程的综合能力。

1）得分最高者为中标候选人

$$N = A_1 \times J + A_2 \times S + A_3 \times X$$

式中　　N——评标意得分；

　　　　J——施工组织设计（技术标）评审得分；

　　　　S——投标报价（商务部标）评审得分，以最低报价（但低于成本的除外）得满分，其余报价按比例折减计算得分；

　　　　X——投标人的质量、综合实力、工期得分；

A_1、A_2、A_3——分别为各项指示所占的权重。

2）得分最低者为中标候选人

$$N' = A_1 \times J' + A_2 \times S' + A_3 \times X'$$

式中　　N'——评标总得分；

J'——施工组织设计（技术标）评审得分排序，从高至低排序，$J' = 1$，2，3……；

S'——投标报价（商务部标）评审得分排序按报价从低至高排序（但低于成本的除外），$S' = 1$，2，3……；

X'——投标人的质量、综合实力、工期得分排序，按得分从高至低排序；

A_1、A_2、A_3——分别为各项指示所占的权重 $X' = 1$，2，3……。

建议一般 A_1 取 20%～70%，A_2 取 70%～30%，A_3 取 0～20%，且 $A_1 + A_2 + A_3 = 100\%$

三、评标程序

1. 初步评审

评标委员会应按照招标文件规定的评标标准和办法对投标文件进行系统的评审和比较，招标文件中没有规定的办法不得作为评标依据。

（1）评标委员会可以书面形式要求对其投标文件中的含义不正确、对同类题材表述不一致的或有明显文字和计算错误的内容作必要的澄清、说明或纠正。澄清、说明或纠正应以书面方式进行，并不得超出投标文件范围或者改变投标文件的实质性的内容。

（2）在评审过程中评委会发现投标人以其他投标人名义投标，串通投标、以行贿手段谋取中标或者以其他弄虚作假方式投标的，该投标人的投标应作废标处理。

（3）评标委员会应当审查每一投标文件是否对招标文件提出的所有的实质性要求和条件作出响应。未能在实质上作出响应的投标，应作为废标。

（4）评委会应根据招标文件，审查并逐项列出投标文件的全部偏差。

下列偏差属于重大偏差：

1）没有按照招标文件要求提供担保或者所提供担保有瑕疵；

2）投标文件没有投标人或授权代表签字和加盖公章；

3）投标文件载明的招标项目完成期限超过招标文件规定的期限；

4）明显不符合技术规范、技术标准的要求；

5）投标文件附有招标人不能接受的条件的；

6）不符合招标文件规定的其他实质要求。

投标文件有上述情形之一，为未能对投标文件作出实质性响应，作废标处理。招标文件对重大偏差另有规定的，从其规定。

（5）评标委员会根据否决不合格投标或者界定为废标后，因有效投标不足三个，使得投标明显缺乏竞争的，评委会可以否决全部投标。投标少于三个或者所有投标被否决的，招标人应当依法重新招标。

2. 详细评审

评标委员会根据所确定的评标办法，对投标文件的各部分的合理性进行评审比较。

3. 评标报告

评标报告是评标委员会评标结束后提交给招标人的重要文件。在评标报告中评标委员会不仅要推荐中标候选人，而且要说明这种推荐的理由。评标报告作为招标人决标的重要依据，一般包括下列内容：

（1）基本情况和数据表；

（2）评标委员会成员名单；

（3）开标记录；

（4）符合要求的投标一览表；

（5）废标情况说明；

（6）评标标准或评标方法或评标因素一览表；

（7）经评审的价格或者评分比较一览表；

（8）经评审的投标人排序；

（9）推荐候选人名单与签订合同前要处理的事宜；

（10）澄清、说明、补正事项纪要。

评标报告须经评标委员会全体成员签字确认。

4. 评标的具体工作

（1）投标文件的符合性鉴定

符合性鉴定是指投标文件应与招标文件所有条款、条件规定相符合，无显著差异或者保留。一般包括下列内容：

1）投标文件的有效性

①投标人以联合体形式投标的所有成员中是否已通过资历审查，获得投标资格。

②投标文件是否提交了承包人法人资格证明及投标负责人的授权委托书；如果是联合体，是否提交了合格的联合体协议书及投标负责人的授权委托书。

③投标保证金的格式、内容、金额、有效期、开具的单位是否符合招标文件的要求。

④投标文件是否按规定有效地签署。

2）投标文件的完整性

投标文件是否包括招标文件规定应递交的全部文件，如标价的工程量清单、报价汇总表、施工进度计划、施工方案、施工人员和机械设备的配备等，以及应该提供的必要的支持性文件和资料。

3）与招标文件的一致性

凡是招标文件中要求投标人填写的空白栏目是否全部填写，作出明确回答，如投标书及其附录是否完全按要求填写。

对招标文件的任何条款、数据或说明是否有任何改动、保留和附加条件。

5. 评标有关事宜

（1）投标人对投标文件的澄清

对文字或纯属计算错误评委会应允许投标人补正，澄清的要求和投标人的答复均应采取书面形式，投标人的答复必须经法人代表人或其授权代理签字，作业投标文件的组成部分。

投标人的澄清或说明不得有下列行为：

1）超出投标文件范围。

2）改变或谋求、提议改变投标文件实质性内容。

（2）禁止招标人与投标人进行实质性内容的谈判。

（3）评标结束后，评标委员会应当编制评标报告。评标报告应包括下列主要内容：

1）招标情况，包括工程概况、招标范围和招标的主要过程；

2）开标情况，包括开标的时间、地点、参加开标会议的单位和人员，以及唱标等情况；

3）评标情况，包括评标委员会的组成人员名单，评标的方法、内容和依据，对各投标文件的分析论证及评审意见；

4）对投标单位的评标结果排序，并提出中标候选人的推荐名单。

评标报告须经评标委员会全体成员签字确认。

任务三 决 标

【引导问题】

1. 评标中标期限。

2. 中标条件。

3. 中标通知书。

4. 中标无效。

【工作任务】

了解评标中标期限、中标通知书内容，掌握中标条件以及中标无效。

一、评标中标期限

（一）中标

中标亦称之为决标、定标。是招标人根据评委会的评标报告，在推荐中标候选人（一般1～3人）中最后确定中标人；也可以由招标人直接授权委托评标委员会直接确定中标人。

（二）评标中标有效期

评标中标有效期亦称投标有效期，是指从投标截止之日起到公布中标之日为止的一段时间。有效期长短可根据工程的大小，繁简而定，按国际惯例，一般为90～120天。我国在施工招标管理办法中规定为30天，特殊情况可适当延长。

二、中标条件

《招标投标法》规定："中标人的投标应符合下列条件之一：（一）能够最大限度地满足招标文件中规定的各项综合评价标准；（二）能够满足招标文件实质性要

求，并且经评审的投标价格最低；但是中标价格低于成本的除外。"

应当依据评标委员会的评标报告，并从其推荐的中标候选人名单中确定中标单位，也可以授权评标委员会直接定标。

实行合理低标价法评标的，在满足招标文件各项要求的前提下，投标报价最低的投标单位应当为中标单位，但评标委员会可以要求其对保证工程质量、降低工程成本拟采用的技术措施作出说明，并据此提出评价意见，供招标单位定标时参考；实行综合评议法，得票最多或者得分最高的投标单位应当为中标单位。

招标单位未按照推荐的中标候选人排序确定中标单位的，应当在其招标投标情况的书面报表中说明理由。

三、中标通知书

委员会提交评标报告后，招标单位应当在招标文件规定的时间内完成定标。定标后，招标单位须向中标单位发出《中标通知书》。《中标通知书》的实质内容应当与中标单位投标文件的内容相一致。

《中标通知书》的格式如表 4-1 所示。

《中标通知书》发出之日起 30 日内，招标单位应当与中标单位签订合同，合同价应当与中标价相一致；合同的其他主要条款，应当与招标文件及《中标通知书》相一致。

中标后，除不可抗力外，中标单位拒绝与招标单位签订合同的，招标单位可以不退还其投标保证金，并可以要求赔偿相应的损失；招标单位拒绝与中标单位签订合同的，应当双倍返还其投标保证金，并赔偿相应的损失。

中标单位与招标单位签订合同时，应当按照招标文件的要求，向招标单位提供履约保证。履约保证可以采用银行履约保函（一般为合同价的 5%～10%），或者其他担保方式（一般为合同价的 10%～20%）。招标单位应当向中标单位提供工程款支付担保。

中 标 通 知 书   表 4-1

_____（建设单位名称）的_____（建设地点）_____工程，结构类型为_____，建设规模_____，经_____年_____月_____日公开开标后，经评标小组评定并报管理机构核准，确定_____为中标单位，中标标价人民币_____元，中标工期自_____年_____月_____日开工，_____年_____月_____日竣工，工期_____天（日历日），工程质量达到国家施工验收规范（优良、合格）标准。

中标单位收到中标通知书后，在_____年_____月_____日_____时前到_____（地点）与建设单位签订合同。

建设单位：（盖章）
法定代表人：（签字、盖章）   日期：_____年_____月_____日

招标单位：（盖章）
法定代表人：（签字、盖章）   日期：_____年_____月_____日

招标管理机构：（盖章）
审核人：（签字、盖章）   审核日期：_____年_____月_____日

四、中标无效

《招标投标法》规定中标无效主要有以下五种情况：

（1）招标代理机构违返本法规定，泄露了当保密的与招标活动有关的情况和资料，或者与招标人、投标人串通损害国家利益、社会公共利益或者他人合法权益的行为，影响中标结果的，中标无效。

（2）招标人向他人透露已获得招标文件的潜在的投标人的名称、数量或者可能影响公平竞争的有关招标的其他情况，或泄露标底的行为影响中标结果，中标无效。

（3）投标人相互串通，投标人与招标人串通的，投标人向招标人或评委行贿谋取中标，中标无效。

（4）投标人以其他人名义投标或者弄虚作假，骗取中标的，中标无效。

（5）依法必须招标的项目，招标人违返本法规定，与投标人就投标价格、投标方案等实质性内容进行谈判的行为，影响中标结果的，中标无效。

五、招标代理

（1）招标单位可以委托具有相应资质条件的招标代理单位代理其招标业务。招标代理单位受招标单位的委托，按照委托代理合同，依法组织招标活动，并按照合同约定取得酬金。

（2）招标代理单位在开展招标代理业务时，应当维护招标单位的合法权益，对于提供的招标文件、评标报告等的科学性、准确性负责，并不得向外泄露可能影响公开、公平竞争的有关情况。

（3）招标代理单位不得接受同一招标工程的投标代理和投标咨询业务，也不得转让招标代理业务。招标代理单位与行政机关和其他国家机关以及被代理工程的投标单位不得有隶属关系或者其他利益关系。

实训一 开 标

1. 环境的创建：招投标实训室。
2. 实训内容：开标仪式。
3. 实训目标：按照招标文件的开标形式，进行模拟开标仪式。
4. 实训要求

（1）实训内容要求：开标小组的成立、开标程序、开标形式的模拟。掌握开标工作的具体的工作方法及注意事项。

（2）完成过程要求：

招标人的要求：小组成员要齐全，成员职责要明确。

投标人的要求：每个公司派代表参加，投标文件的包封及递送要符合招标文件的要求，会上做好记录工作。

5. 完成方式

任务完成程序：

（1）招标人/招标委托代理人组成开标小组，工作程序见附录招标投标程序。

（2）小组成员的角色分工。

（3）组织开标。

（4）实施地点：合班教室。

（5）学生汇报自我总结：

招标人汇报：开标的会议及评标结果（说明评标过程中发现投标文件出现的问题，有无重大偏差或细微偏差）汇报公司工作的安排及全员的工作质量，投标文件编制的依据方法、资源的利用，遇到的困难有哪些，采取何种方式解决，自我整合的知识点有几点。

投标人公司负责人做汇报：本公司排名情况，汇报公司工作的安排及全员的工作质量，投标文件编制的依据方法、资源的利用，遇到的困难有哪些，采取何种方式解决，自我整合的知识点有几点。

（6）教师对知识点整合：开标过程招标方与投标方应做的工作及主要应用的理论知识。

6. 教师对实训结果评价

（1）检查各"职员"的工作日志。

（2）听取各"公司"的汇报。

（3）根据"日志"、"汇报"的内容对各个"公司"、"职员"打分。

实训二 评 标

1. 环境的创建：招投标实训室。

2. 实训内容：评标。

3. 实训目标：系统掌握招标与投标的相关法律知识及专业理论知识，具备相关岗位工作能力。

4. 实训要求

（1）实训内容要求：开标后，抽取评委人员，5人以上单数，业主所占比例为1/3，其余为专家。

（2）完成过程要求

招标人的要求：评标小组成立，成员要明确责任和纪律。

（3）实施地点：招投标实训室。

5. 完成方式

任务完成程序：

（1）评委根据评标标准、评标办法及开标记录对投标文件进行评审，评标过程要做记录。

（2）初评、详评。

（3）出具评标报告。

（4）业主根据评标报告确定中标人。

（5）公示。

（6）学生汇报自我总结：

评标人总结，评标过程中，哪些投标文件存在重大偏差、细微偏差；评标过程中就投标文件所存在的问题，投标人进行了补充说明、更正或答辩。

（7）教师对知识点整合：开标过程招标方与投标方应做的工作及主要应用的理论知识。

6. 教师对实训结果评价

根据"日志"、"汇报"的内容对各个"公司"、"职员"打分。

复习思考题

1. 资格审查主要是对拟投标人哪些方面的审查？
2. 编制招标文件应注意哪些事项？
3. 什么情况下投标无效？
4. 评标过程中招标人与投标人谈判的内容有无限制？

附：

招投标相互关系图表

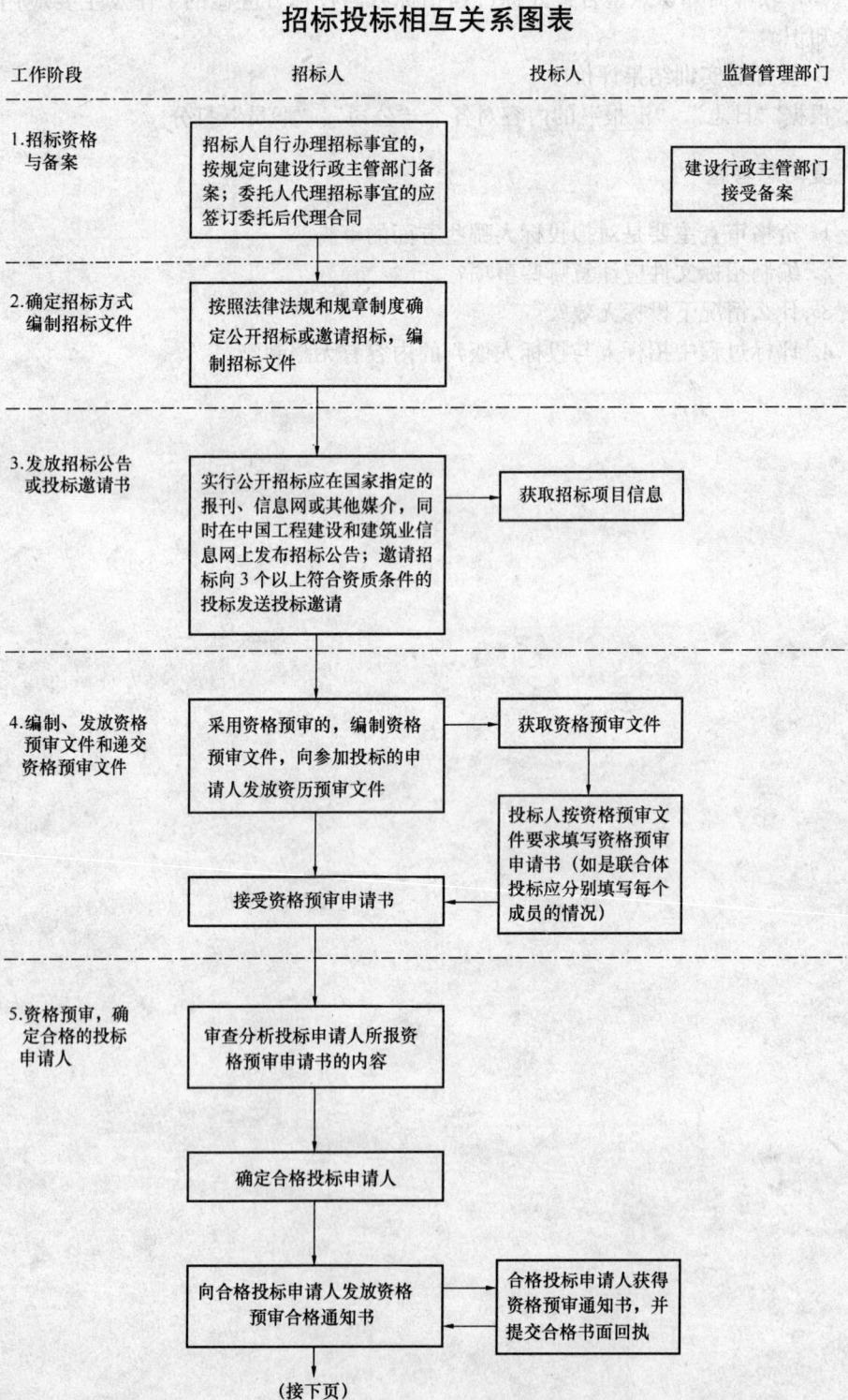

招标投标相互关系图表

工作阶段	招标人	投标人	监督管理部门
1.招标资格与备案	招标人自行办理招标事宜的，按规定向建设行政主管部门备案；委托人代理招标事宜的应签订委托后代理合同		建设行政主管部门接受备案
2.确定招标方式编制招标文件	按照法律法规和规章制度确定公开招标或邀请招标，编制招标文件		
3.发放招标公告或投标邀请书	实行公开招标应在国家指定的报刊、信息网或其他媒介，同时在中国工程建设和建筑业信息网上发布招标公告；邀请招标向3个以上符合资质条件的投标发送投标邀请	获取招标项目信息	
4.编制、发放资格预审文件和递交资格预审文件	采用资格预审的，编制资格预审文件，向参加投标的申请人发放资历预审文件 / 接受资格预审申请书	获取资格预审文件 / 投标人按资格预审文件要求填写资格预审申请书（如是联合体投标应分别填写每个成员的情况）	
5.资格预审，确定合格的投标申请人	审查分析投标申请人所报资格预审申请书的内容 / 确定合格投标申请人 / 向合格投标申请人发放资格预审合格通知书	合格投标申请人获得资格预审通知书，并提交合格书面回执	

（接下页）

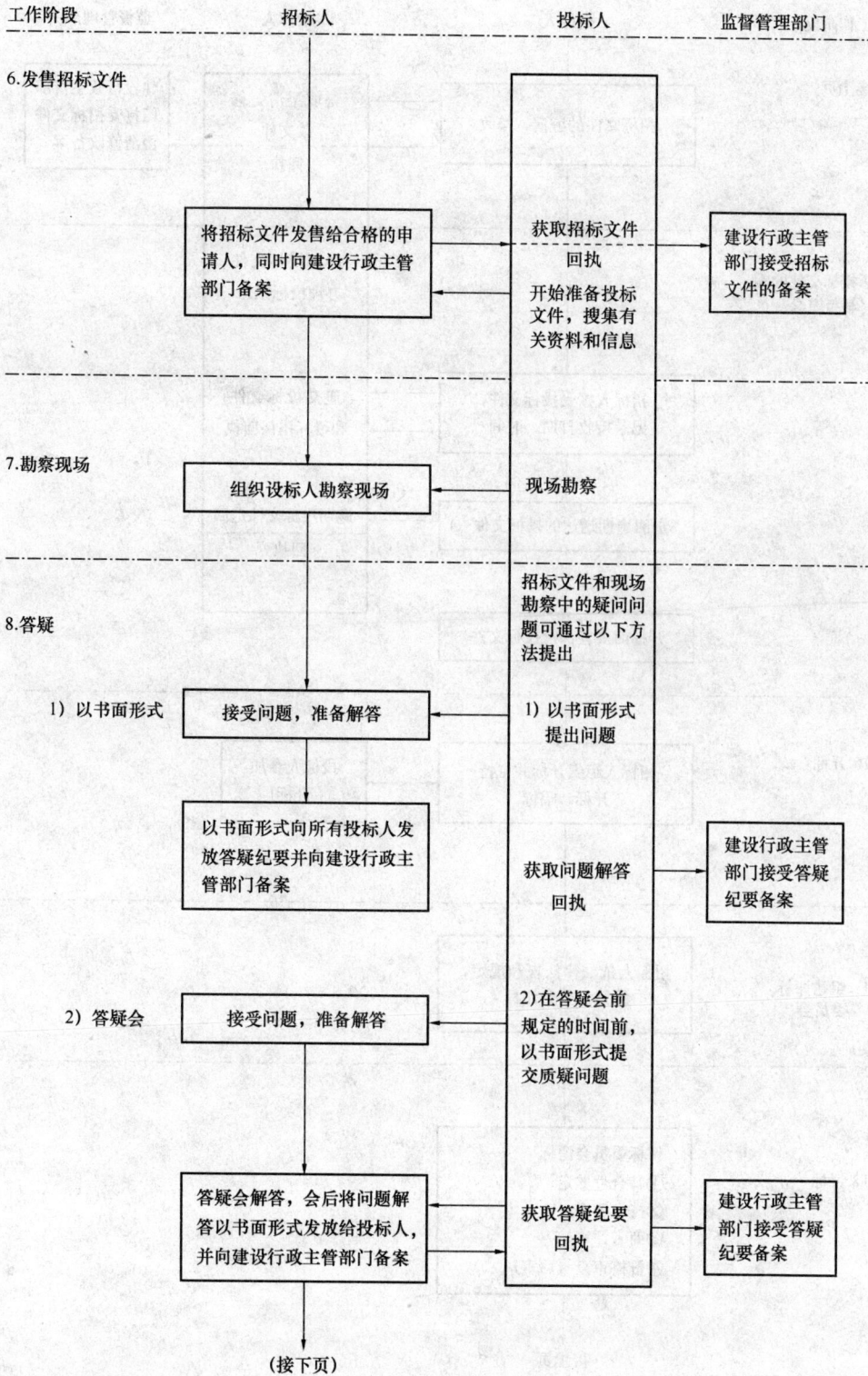

工作阶段	招标人	投标人	监督管理部门

6.发售招标文件

将招标文件发售给合格的申请人，同时向建设行政主管部门备案 → 获取招标文件回执

开始准备投标文件，搜集有关资料和信息

建设行政主管部门接受招标文件的备案

7.勘察现场

组织设标人勘察现场 ← 现场勘察

8.答疑

招标文件和现场勘察中的疑问问题可通过以下方法提出

1）以书面形式

接受问题，准备解答 ← 1）以书面形式提出问题

以书面形式向所有投标人发放答疑纪要并向建设行政主管部门备案 → 获取问题解答回执 → 建设行政主管部门接受答疑纪要备案

2）答疑会

接受问题，准备解答 ← 2）在答疑会前规定的时间前，以书面形式提交质疑问题

答疑会解答，会后将问题解答以书面形式发放给投标人，并向建设行政主管部门备案 → 获取答疑纪要回执 → 建设行政主管部门接受答疑纪要备案

（接下页）

111

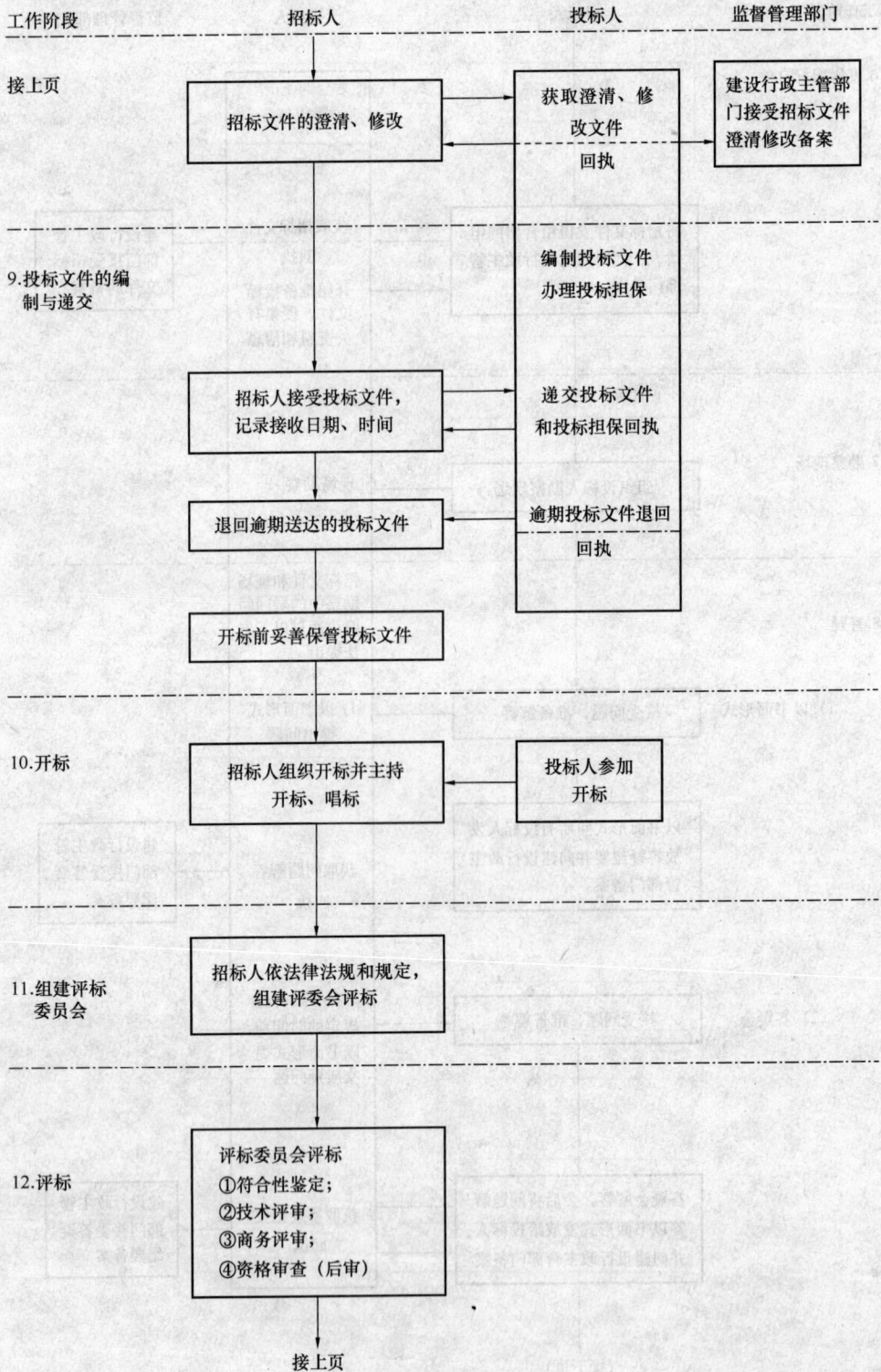

工作阶段	招标人	投标人	监督管理部门
接上页	招标文件的澄清、修改	获取澄清、修改文件 回执	建设行政主管部门接受招标文件澄清修改备案
9. 投标文件的编制与递交		编制投标文件 办理投标担保	
	招标人接受投标文件,记录接收日期、时间	递交投标文件和投标担保回执	
	退回逾期送达的投标文件	逾期投标文件退回回执	
	开标前妥善保管投标文件		
10. 开标	招标人组织开标并主持开标、唱标	投标人参加开标	
11. 组建评标委员会	招标人依法律法规和规定,组建评委会评标		
12. 评标	评标委员会评标 ①符合性鉴定; ②技术评审; ③商务评审; ④资格审查(后审)		

接上页

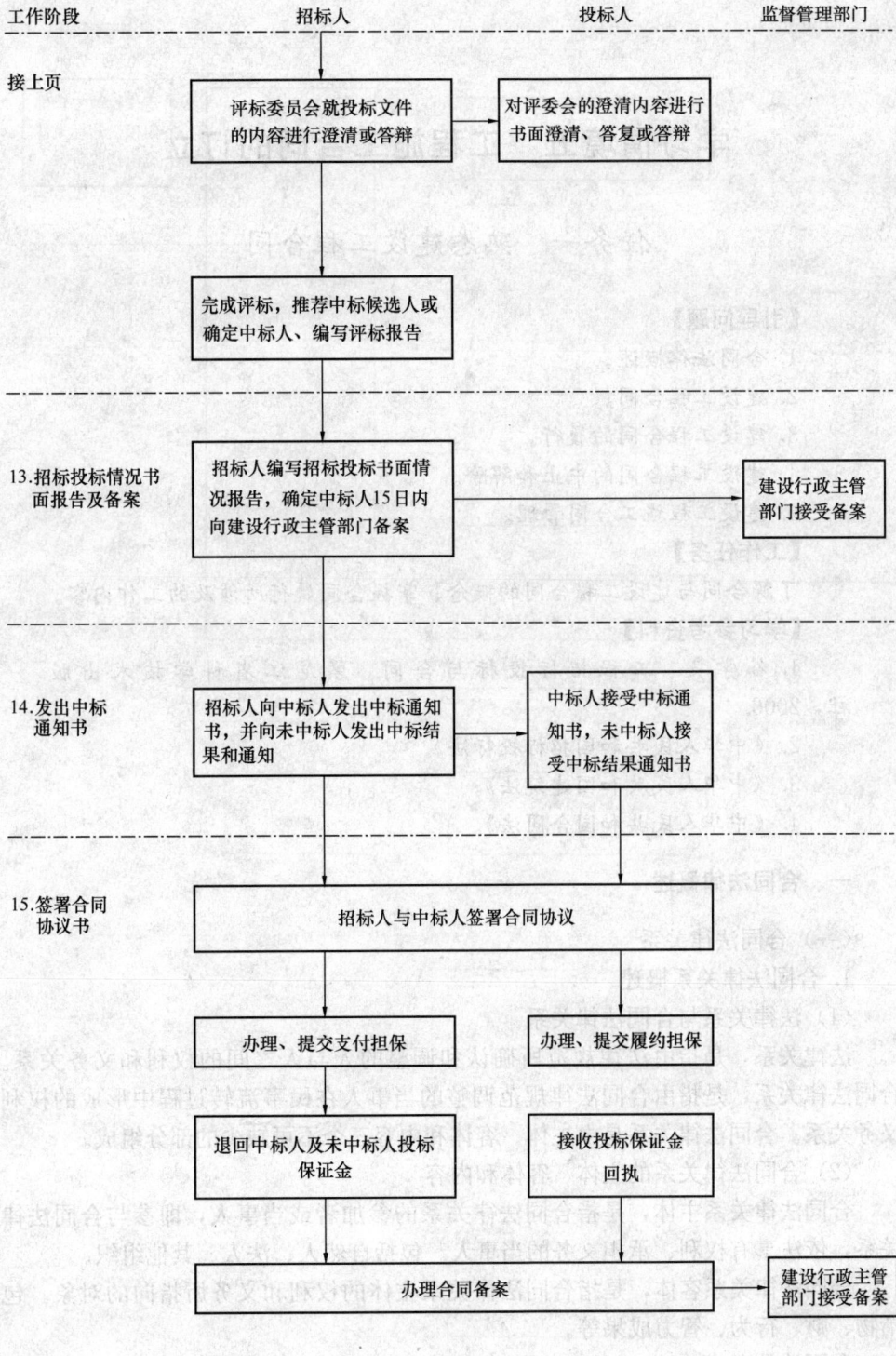

工作阶段	招标人	投标人	监督管理部门

接上页

评标委员会就投标文件的内容进行澄清或答辩 → 对评委会的澄清内容进行书面澄清、答复或答辩

完成评标，推荐中标候选人或确定中标人、编写评标报告

13. 招标投标情况书面报告及备案

招标人编写招标投标书面情况报告，确定中标人15日内向建设行政主管部门备案 → 建设行政主管部门接受备案

14. 发出中标通知书

招标人向中标人发出中标通知书，并向未中标人发出中标结果和通知 → 中标人接受中标通知书，未中标人接受中标结果通知书

15. 签署合同协议书

招标人与中标人签署合同协议

办理、提交支付担保　　　办理、提交履约担保

退回中标人及未中标人投标保证金　　　接收投标保证金回执

办理合同备案 → 建设行政主管部门接受备案

学习情境五　工程施工合同的订立

任务一　熟悉建设工程合同

【引导问题】

1. 合同法律概述。

2. 建设工程合同。

3. 建设工程合同的履行。

4. 建设工程合同的中止和解除。

5. 建设工程施工合同管理。

【工作任务】

了解合同与建设工程合同的概念、掌握合同履行所涉及的工作内容。

【学习参考资料】

1. 谷学良. 工程招标投标与合同. 黑龙江省科学技术出版社, 2006.

2. 《中华人民共和国招标投标法》。

3. 《中华人民共和国建筑法》。

4. 《中华人民共和国合同法》。

一、合同法律概述

（一）合同法律关系

1. 合同法律关系概述

（1）法律关系与合同法律关系

法律关系，是指由法律规范所确认和调整的人与人之间的权利和义务关系。合同法律关系，是指由合同法律规范调整的当事人在民事流转过程中形成的权利义务关系。合同法律关系是由主体、客体和内容三个不可缺少的部分组成。

（2）合同法律关系的主体、客体和内容

合同法律关系主体，是指合同法律关系的参加者或当事人，即参与合同法律关系，依法享有权利、承担义务的当事人。包括自然人、法人、其他组织。

合同法律关系客体，是指合同法律关系主体的权利和义务所指向的对象。包括物、财、行为、智力成果等。

合同法律关系内容，是指合同条款所规范的合同法律关系主体的权利和义务。

2. 合同法律事实

合同法律事实，是指能够引起合同法律关系产生、变更或消灭的客观现象。

这种客观现象多种多样，既可发生在人类社会，也可发生在自然界，但主要包括行为和事件两大类。

（二）代理制度

1. 代理及其法律特征

代理，是指代理人在代理权限内，以被代理人的名义向第三人作出意思表示，所产生的权利义务由被代理人享有和承担的法律行为。代理具有明确的法律特征。

（1）代理是代理人代替被代理人所为的民事法律行为。

代理是一种民事法律行为，许多被代理人的民事法律行为都可以由代理人的行为来实现，比如代订合同等。

（2）代理人必须在代理权限范围内实施代理行为。

无论代理权的产生是基于何种法律事实，代理人都不得擅自减少或扩大代理权限，代理人超越代理权限的行为不属于代理行为，被代理人对此不承担责任。

（3）代理人以被代理人的名义实施代理行为。

（4）代理人在被代理人的授权范围内独立地表示自己的意志。

（5）被代理人对代理行为承担民事责任。

2. 代理的种类

代理有委托代理、法定代理和指定代理三种形式。

委托代理。是指根据被代理人的委托授权而产生的代理。如公民委托律师代理诉讼。即属于委托代理。委托代理可采用口头形式委托，也可采用书面形式委托，如果法律明确规定必须采用书面形式委托的，必须采用书面形式，如代签合同的行为，就必须采用书面形式。

法定代理。是基于法律的直接规定而产生的代理。如父母代理未成年人进行民事活动，就属于法定代理。法定代理是为了保护无行为能力的人或限制行为能力的人的合法权益而设立的一种代理形式，适用范围比较窄。

指定代理。是指根据主管机关或人民法院的指定而产生的代理。这种代理也主要是为无行为能力的人和限制行为能力的人而设立的。

3. 无权代理

无权代理，是指行为人没有代理权而以他人名义进行民事、经济活动。无权代理主要有以下种表现形式：

（1）无合法授权的"代理"行为；

（2）超越代理权限的"代理"行为；

（3）代理权终止后的"代理"行为。

对于无权代理行为，被代理人不承担法律责任。《民事通则》规定，无权代理行为只有经过被代理人的追认，被代理人才能承担民事责任。未经追认的行为，由行为人承担民事责任，但本人知道他人以自己的名义实施民事行为而未表示否认的视为同意。

4. 代理制度中的民事责任

代理关系是一种民事法律关系，必然涉及民事责任，我国《民法通则》中对代理制度中的民事责任做了专门的规定：

（1）委托书授权不明的，被代理人应当向第三人承担民事责任，代理人负连带责任；

（2）没有代理权、超越代理权或者代理权终止的行为，如果经被代理人追认，由行为人承担民事责任；

（3）第三人知道行为人没有代理权、超越代理权或者代理权已终止，还与行为人实施民事行为，给他人造成损害的，由第三人和行为人负连带责任；

（4）代理人不履行职责而给被代理人造成损害的，代理人应当承担民事责任；

（5）代理人和第三人串通，损害被代理人利益的，由代理人和第三人负连带责任；

（6）代理人知道被委托代理的事项违法仍然进行代理活动的，或者被代理人知道代理人的代理行为违法不表示反对的，由被代理人和代理人负连带责任。

（三）担保制度

1. 担保及其目的

担保，是指合同的当事人双方为了使合同能够得到切实履行，根据法律、行政法规规定，经双方协商一致而采取的一种具有法律效力的保护措施。担保的目的在于促使当事人履行合同，从而在更大程度上使权利人的权益得以实现。

2. 担保的方式

我国《担保法》规定的担保方式有五种，即保证、抵押、质押、留置和定金。

保证，是指保证人和债权人约定，当债务人不履行债务时，保证人按照约定履行债务或承担责任的行为。

抵押，是指债务人或第三人在不转移对抵押财产的占有情况下，将该财产作为债权的担保。当债务人不履行债务时，债权人有权依法将该财产折价或以拍卖、变卖该财产的价款优先受偿。

质押，是指债务人或第三人将其动产或权利移交债权人占有，用以担保债权的履行，当债务人不能履行债务时，债权人依法有权就该动产或权利优先得到清偿的担保。采用质押这种担保方式时，出质人与质权人应以书面形式订立质押合同。质押分为动产质押和权利质押两种。

留置，是指债权人按照合同的约定占有债务人的动产，债务人不按照合同约定的期限履行债务的，债权人有权依法留置该财产，以该财产折价或以拍卖、变卖该财产的价款优先受偿。留置担保的范围包括主债权及利息、违约金、损害赔偿金、留置物保管费用和实物留置权的费用。

定金，是指合同当事人一方为了证明合同成立及担保合同的履行在合同中约定应给付对方一定数额的货币。合同履行后，定金可收回或抵作价款。给付定金的一方不履行合同的，无权要求返还定金；收受定金的一方不履行合同的，应双倍返还定金。

（四）保险制度

保险，是指投保人根据合同的约定，向保险人支付保险费，保险人对于合同约定可能发生的事故因其发生所造成的财产损失承担赔偿保险金责任，或者当被保险人死亡、伤残、疾病或者达到合同约定的年龄、期限时承担给付保险金责任的商业保险行为。工程险保险包括建筑工程一切险和安装工程一切险。

建筑工程一切险简称建工险，是对施工期间工程本身、施工机具或工具设备因自然灾害或意外事故所遭受的损失予以赔偿，并对因施工而对工地及邻近地区的第三者造成的物质损失或人员伤亡承担赔偿责任的一种工程保险。建筑工程一切险承保各类民用、工业和公共事业建筑工程项目，包括道路、水坝、桥梁、港口等。

安装工程一切险简称安工险，属于技术险种，目的在于为各种机器的安装及钢结构工程的实施提供尽可能全面的专业保险，适用于安装各种工厂用的机器、设备、储油罐、钢结构、起重机以及包含各种机械工程因素的各种建造工程。

二、建设工程合同

（一）建设工程合同的概念

1. 概念

我国《合同法》规定，建设工程合同是承包人进行工程建设，发包人支付价款的合同。进行工程建设的行为包括勘察、设计、施工，建设工程实行监理的，发包人也应当与监理人订立委托监理合同。

建设工程合同是一种诺成合同，合同订立生效后双方应当严格履行。同时，建设工程合同也是一种双务、有偿合同，当事人双方在合同中都有各自的权利和义务，在享有权利的同时必须履行义务。

2. 建设工程合同的种类

建设工程合同可从不同的角度进行分类：

（1）按承发包的范围和数量分类。按承发包的范围和数量，可以将建设工程合同分为建设工程总承包合同、建设工程承包合同、分包合同。

（2）按完成承包的内容分类。按完成承包的内容来划分，建设工程合同可以分为建设工程勘察合同、建设工程设计合同和建设工程施工合同三类。

（3）按计价方式分类。业主与承包商所签订的合同，按支付方式不同，可以划分为总价合同、单价合同和成本加酬金合同三大类型。

1）总价合同。总价合同又分为：

①固定总价合同。②可调整总价合同。③固定工程量总价合同。

2）单价合同。是指承包商按工程量报价单内分项工程内容填报单价，以实际完成工程量乘以所报单价计算结算款的合同。

3）成本加酬金合同。成本加酬金合同，是将工程项目的实际投资划分为直接成本费和承包商完成工作后应得酬金两部分。实施过程中发生的直接成本费由业主实报实销，另按合同约定的方式付给承包商相应的报酬。

（二）建设工程合同的订立

1. 订立施工合同的条件

（1）初步设计已经批准。

（2）工程项目已经列入年度建设计划。

（3）有能够满足施工需要的设计文件和有关技术资料。

（4）建设资金和主要建筑材料设备来源已经落实。

（5）招投标工程中标通知书已经下达。

2. 承包人签订施工合同应注意的问题

（1）符合企业的经营战略。

（2）积极合理地争取自己的正当权益。

（3）双方达成的一致意见要形成书面文件。

（4）认真审查合同和进行风险分析。

（5）尽可能采用标准的合同范本。

（6）加强沟通和了解。

3. 建设施工合同的内容

订立施工合同通常按所选定的合同示范文本或双方约定的合同条件协商签订以下主要内容：合同的法律基础；合同语言；合同文本的范围；双方当事人的权利及义务（包括工程师的权力及工作内容）；合同价格；工期与进度控制；质量检查、验收和工程保修；工程变更；风险；双方的违约责任和合同的终止；索赔和争议的解决等（具体参见本章有关合同示范文本的内容）。

三、建设施工合同的履行

工程施工过程就是施工合同的实施过程，要使合同顺利实施，合同双方必须共同完成各自的合同责任，确保工程圆满完成。

（一）发包人（工程师）的施工合同的履行

发包人和监理工程师在合同履行中，应当严格按照施工合同的规定，履行应尽的义务。施工合同内规定应由发包人负责的工作，都是合同履行的基础，是为承包人开工、施工创造的先决条件，发包人必须严格履行。

发包人及工程师也应在进度管理方面、质量管理方面、费用管理方面、施工合同档案管理方面、工程变更及索赔管理方面实现自己的权利，履行自己的职责，对承包人的施工活动进行监督、检查。

（二）承包人的施工合同履行

合同签订后，承包人的首要任务是拟订项目管理小组，合同管理人员在施工合同履行过程中的主要管理工作为：

（1）建立合同实施的保证体系，以保证合同实施过程中的一切日常事务性工作有秩序地进行，使工程项目的全部合同事件处于控制中，保证合同目标的实现。

（2）监督承包人的工程小组和分包商按合同实施，并做好各分包合同的协调和管理工作。承包人应以积极合作的态度完成自己的合同责任，努力做好自我监督。同时，也应督促发包人、工程师完成他们的合同责任，以保证工程顺利进行。

（3）对合同实施情况进行跟踪；收集合同实施的信息，收集各种工程资料，并作出相应的信息处理；将合同实施情况与合同分析资料进行对比分析，找出其中的偏差；对合同履行情况作出诊断，向项目经理及时通报合同实施情况及问题，提出合同实施方面的意见、建议，甚至警告。

（4）进行合同变更管理。这里主要包括参与变更谈判，对合同变更进行事务性的处理；落实变更措施；修改变更相关的资料；检查变更措施的落实情况。

（5）日常的索赔管理。在工程实施过程中，承包人与业主、总（分）包商、材料供应商、银行之间都可能有索赔，合同管理人员承担着主要的索赔任务，负责日常的索赔处理事务。

四、合同中止与解除

施工合同签订后，对合同双方都有约束力，任何一方如违反合同规定都应承担经济责任，以此促进双方较好的履行合同。但是实际工作中，由于国家政策的变化，不可抗力以及承发包双方之外的原因导致工程停建或缓建的情况时有发生，必然造成合同中止。另外，由于在合同履行中，承发包双方在工作合作中不协调、不配合甚至矛盾激化，使合同履行不能再维持下去的情况，或发包人严重违约，承包人行使合同解除权，或承包人严重违约，发包人行使合同解除权等，都会产生合同的解除。

由于合同的中止或解除是在施工合同还没有履行完毕时发生的，必然导致承发包双方经济损失，因此，发生索赔是难免的。但引起合同中止与解除的原因不同，索赔方的要求及解决过程也不大一样，具体在建设工程索赔中讨论。

任务二　建设工程施工合同的管理

【引导问题】

1. 国家机关对合同的管理。

2. 业主监理对合同的管理。

3. 承包商对合同的管理。

【工作任务】

了解建设工程合同管理的内容，掌握合同履行所涉及的工作内容。

【学习参考资料】

1.《中华人民共和国招标投标法》。

2.《中华人民共和国建筑法》。

3.《中华人民共和国合同法》。

一、国家有关机关对施工合同的管理

国家有关机关对施工合同的管理，是指国家有关机关依据相关法律、法规、规章制度，采取法律的、行政的手段，对施工合同关系进行组织、指导、协调及监督，保护合同当事人的合法权益，处理合同纠纷，防止和制裁违法行为，保证合同贯彻实施等一系列活动。它履行施工合同的宏观管理，具体包括工商行政管理机关、建设行政主管部门、金融机构对施工合同的管理。

建设工程合同体系见图 5-1。

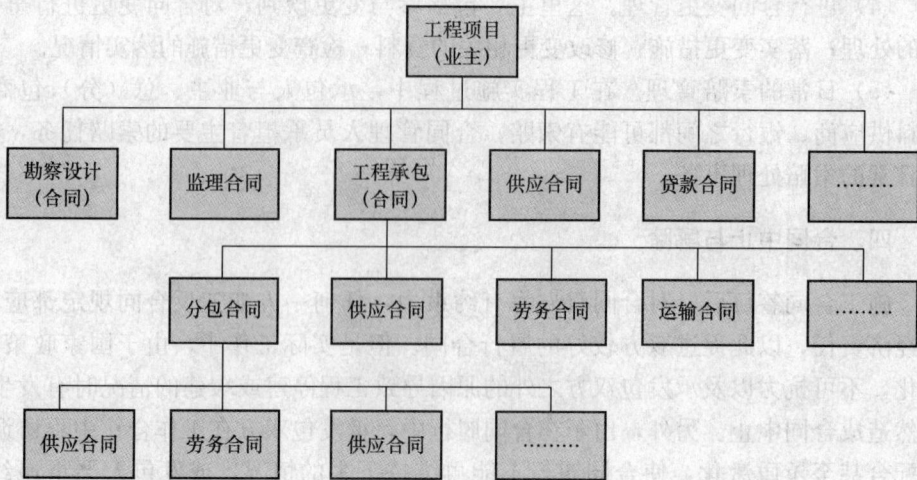

图 5-1　建设工程合同体系图

二、合同当事人及工程师对施工合同的管理

（一）施工合同管理的任务

1. 发包人施工合同管理的任务

发包人施工合同管理的主要任务，是按合同规定履行合同义务，行使合同权力，防止由于自身违约引起承包人索赔。

2. 工程师施工合同管理的任务

工程师施工合同管理的主要任务，是履行合同职责，行使合同权力，做好工程进度、质量及工程价款的管理工作。包括：

1）进度管理；

2）质量管理；

3）工程价款管理。

（二）不可抗力、保险和担保的管理

1. 不可抗力

不可抗力事件发生后，承包人应立即通知工程师，并在力所能及的条件下迅速采取措施，尽量减少损失，发包人应协助承包人采取措施。因不可抗力事件导致的费用及延误的工期由双方按以下方法分别承担：

1）工程本身的损害、因工程损害导致第三方人员伤亡和财产损失以及运至施工场地用于施工的材料和待安装的设备的损害，由发包人承担；

2）发包人、承包人人员伤亡由其所在单位负责，并承担相应的费用；

3）承包人机械设备损坏及停工损失，由承包人承担；

4）停工期间，承包人应工程师要求留在施工场地的必要的管理人员及保卫人员的费用由发包人承担；

5）工程所需清理、修复费用，由发包人承担；

6）延误的工期相应顺延。

2. 保险

虽然我国对工程保险没有强制性的规定，但随着建设项目法人责任制的推行，以前存在着事实上由国家承担不可抗力风险的情况将会有很大的改变。工程项目参加保险的情况会越来越多。

进行工程保险，施工合同双方当事人的保险义务分担如下：

1）工程开工前，发包人应当为建设工程和施工场地内自有人员及第三方人员生命财产办理保险，支付保险费用；

2）运至施工场地内用于工程的材料和待安装设备，由发包人办理保险，并支付保险费用；

3）承包人必须为从事危险作业的职工办理意外伤害保险，并为施工场地内自有人员生命财产和施工机械设备办理保险，支付保险费用。

发包人可以将有关保险事项委托承包人办理，但费用由发包人承担。

保险事故发生时，承发包双方有责任尽力采取必要的措施，防止或者减少损失。

3. 担保

在施工合同中，一般都是由信誉较好的第三方（如银行）出具保函的方式担保施工合同当事人履行合同。从担保理论上说，这种保函实际上是一份保证书，是一种保证担保。这种担保是以第三方的信誉和经济实力为基础的，对于担保义务人而言，可以免于向对方交纳一笔资金或者提供抵押、质押财产。

（三）工程分包管理

工程分包，是指合同约定和发包人认可，分包人从承包人承包的工程中承包部分工程的行为。承包人按照有关规定对承包的工程进行分包是允许的。

承包人按专用条款的约定分包所承包的部分工程，并与分包人签订分包合同。非经发包人同意，承包人不得将承包工程的任何部分分包。

发包人与分包人之间不存在直接的合同关系。分包人应对承包人负责，承包人对发包人负责。

工程分包不能解除承包人任何责任和义务。承包人应在分包场地派驻相应监督管理人员，保证施工合同的履行。分包人的任何违约行为、安全事故或疏忽导致工程损害或给发包人造成其他损失，承包人承担连带责任。

分包工程价款由承包人与分包人结算，发包人未经承包人同意不得以任何名义向分包人支付各种工程款项。

（四）禁止工程转包

工程转包，是指不行使承包人的管理职能，不承担技术经济责任，将所承包的工程倒手转包给他人承包的行为。工程转包，违反我国有关法律和法规的规定，应坚决予以禁止。下列行为均属转包：

（1）承包人将其承包的工程全部包给其他施工单位，从中提取回扣的行为；

（2）承包人将工程的主要部分或结构技术要求相同的群体工程中半数以上的单位工程包给其他施工单位的行为；

（3）分包单位将承包的工程再次分包给其他施工单位的行为。

（五）建设工程合同管理的主要内容

建设工程合同管理的目的是项目法人通过自身在工程项目合同的订立和履行过程中所进行的计划、组织、指挥、监督和协调等工作，促使项目内部各部门、各环节相互衔接、密切配合、验收合格的工程项目。建设工程合同管理的过程是一个动态过程，是工程项目合同管理机构和管理人员为实现预期的管理目标，运用管理职能和管理方法对工程合同的订立和履行行为进行管理活动的过程。

全过程包括：合同文件的管理、合同订立前的管理、合同履行中的管理和合同发生纠纷时的管理。

1. 合同文件的管理

1）发包人和监理单位对合同文件的管理

发包人和监理单位应做好合同文件的管理工作。在合同履行过程中，对合同文件，包括有关的协议、补充合同、备忘录、函件、电报、电传等都应做好系统分类，认真管理，工程项目全部竣工后，应将全部文件系统整理，建档保存，建设单位应向建设行政主管部门或者其他有关部门移交建设项目档案。

2）承包人对合同文件的管理

承包人应做好施工合同文件的管理。不但应做好施工合同的归档工作，还应以此指导生产，安排计划，工程的竣工验收与结算，使其发挥重要的作用。

2. 合同订立前的管理（见招标程序的相关内容）

3. 合同订立中的管理

合同订立阶段，意味着当事人双方经过工程招标投标活动，充分酝酿，协商一致，从而建立起建设工程合同法律关系。订立合同是一种法律行为，双方应当认真、严肃拟订合同条款，做到合同合法、公平、有效。

4. 合同履行中的管理

合同依法订立后，当事人应认真做好履行过程中的组织和管理工作，严格按照合同条款，享有权利和义务。

这阶段合同管理人员（无论是业主方还是承包方）的主要工作有以下几方面内容：建立合同实施的保证体系；对合同实施情况进行跟踪并进行诊断分析；进行合同变更管理等。

5. 合同发生纠纷时的管理

在合同履行中，当事人之间有可能发生纠纷，当争议纠纷出现时，有关双方首先应从整体、全局利益的目标出发，做好有关的合同管理工作。

复习思考题

1. 合同担保的方式有哪几种？
2. 如何进行施工索赔？
3. 合同的管理工作有哪些？

任务三　研究建设工程施工合同

【引导问题】

1. 建设工程施工合同示范文本包括的内容。

2. 合同的填写。

【工作任务】

了解合同与建设工程合同的概念、掌握合同履行所涉及的工作内容。

【学习参考资料】

1.《中华人民共和国招标投标法》。

2.《中华人民共和国建筑法》。

3.《中华人民共和国合同法》。

建设工程施工合同系列文本应用

《建设工程施工合同》（HF-2007-0201）由《协议书》、《通用条款》、《专用条款》及三个附件（承包人承揽工程一览表、发包人供应材料设备一览表、工程质量保修书）组成。

第一部分　协　议　书

《协议书》是发包人与承包人就合同内容协商达成一致意见后，向对方承诺履行合同而签署的正式协议。《协议书》包括工程概况、承包范围、工期、质量标准、合同价款等合同主要内容，并约定了合同生效的方式及合同订立的地点。

将《协议书》单独作为文本的一个部分，主要有以下四个方面的目的：一是确认双方达成一致意见的合同主要内容，使合同主要内容清楚明了；二是确认合同文件的组成部分，有利于合同双方正确理解并全面履行合同；三是确认合同主体双方并签字盖章，约定合同生效；四是合同双方郑重承诺履行自己的义务，有助于增强履约意识。

发包人（全称）：

承包人（全称）：

依照《中华人民共和国合同法》、《中华人民共和国建筑法》及其他有关法律、法规、规章，遵循平等、自愿、公平和诚实信用的原则，双方就本建设工程施工事项协商一致，订立本合同。

作为发包人和承包人的单位名称或个人姓名，应完整准确，不应简称，应该按照营业执照上的名称填写。

一、工程概况

工程名称：

工程地点：

工程内容：

投资计划或工程立项批准文号：

资金来源：

工程名称：应填写工程全称。工程地点：应填写详细地点（××市××县××街××号）。工程内容：指反映工程状况的一些指标内容，主要包括工程的建设规模、结构特征等，对于房屋建筑工程应填写建筑面积、结构类型、层数等，对于道路、隧道、桥梁、机场、堤坝等其他土木建筑工程应填写反映设计生产能力或工程效益的指标，如长度、跨度、容量等，群体工程应填写附件一（承包人承揽工程项目一览表）。资金来源：指获得工程建设资金的方式或渠道，如政府财政拨款、银行贷款、单位自筹以及外商投资、国外金融机构贷款、赠款等。

二、工程承包范围

承包范围：指承包人承包的工作范围和内容，应根据招标文件或施工图纸确定的承包范围填写，如可以填写土建工程，或者填写土建、线路、管道、设备安装及装饰装修工程。也可以更具体一些，填写是否包括供暖卫生与燃气、电气、通风与空调、电梯、通信、消防等专业工程的安装以及室外线路、管道、道路、围墙、绿化等工程。

三、合同工期

开工日期：　　　　　年　　　　　月　　　　　日；

竣工日期：　　　　　年　　　　　月　　　　　日；

合同工期总日历天数　　　　　天。

开工日期：双方约定可以填写绝对日期，也就是具体的日期，应填写完整的年、月、日；也可以约定填写相对日期，也就是相对某一特定事件的日期，如双方可以约定开工日期为签订合同后的第 20 天，也可以约定开工日期为收到发包人发出的开工指令的日期，群体工程以第一个开工的工程为准。竣工日期：同开工日期一样，既可以填写绝对日期，也可以填写相对日期，绝对日期应填写完整的年月日，相对日期应在相对开工日期后加上合同工期总天数，群体工程以最后竣工的工程为准。合同工期应填写总日历天数，如 365 天，不应写为 12 个月或 1 年。

四、质量标准

工程质量标准必须达到国家规定的工程质量验收评定标准，双方也可以约定参加某项工程质量评比（如：龙江杯、鲁班奖等），在专用条款中约定具体的评比项目、因此而增加的费用或奖惩办法。

五、合同价款

金额（大写）：　　　　　　　　　　　　元（人民币）

¥　　　　　　　　　　　　元

合同价款应填写双方确定的合同金额，对于招标工程，合同价款即是中标价；对于非招标工程，合同价款由双方在工程量清单报价书或预算书的基础上协商确定。双方也可以约定用外币表示合同价款。

六、组成合同的文件

组成本合同的文件及优先解释顺序与本合同第二部分《通用条款》第 2.(1)款的规定一致。

七、本协议书中有关词语含义与本合同第二部分《通用条款》中分别赋予它们的定义相同。《专用条款》中没有具体约定的事项，均按《通用条款》执行。

八、承包人向发包人承诺按照合同约定进行施工、竣工并在质量保修期内承担工程质量保修责任，履行本合同所约定的全部义务。

九、发包人向承包人承诺按照合同约定的期限和方式支付合同价款及其他应当支付的款项，履行本合同所约定的全部义务。

诚实信用是签订和履行合同的基本原则。双方在此向对方承诺履行合同规定的各项义务。在市场经济条件下，重合同、守信用是企业生存发展的根本，有利于树立企业信誉、提高企业的市场竞争能力。

十、合同生效

合同订立地点：

本合同双方约定后生效，并报建设行政主管部门备案。

《合同法》和《建筑法》都规定施工合同必须采用书面形式，《合同法》第 45 条规定，双方可以约定合同生效的条件。《黑龙江省建筑市场管理条例》第 39 条规定："建筑工程合同签订之日起 5 日内，建设单位应当将合同文本报送工程所在地建设行政主管部门备案，备案的建筑工程合同作为确定双方当事人权利义务的最终依据。"如果双方不约定合同生效条件，可填写为："本合同双方约定（双方签字盖章）后生效，并报建设行政主管部门备案。"如果双方约定合同经公证后生效，可填写为："本合同双方约定（双方签字盖章，经公证部门公证）后生效，并报建设行政主管部门备案。"合同订立地点应填写双方签宇盖章时所在的城市及区（县）。

発包人：　　　　　　　　　　　承包人：

住　　所：　　　　　　　　　　住　　所：

法定代表人：　　　　　　　　　法定代表人：

委托代理人：　　　　　　　　　委托代理人：

电　　话：　　　　　　　　　　电　　话：

传　　真：　　　　　　　　　　传　　真：

开户银行：　　　　　　　　　　开户银行：

账　　号：　　　　　　　　　　账　　号：

邮政编码：　　　　　　　　　　邮政编码：

电子邮箱：　　　　　　　　　　电子邮箱：

建设行政主管部门备案意见

备案机关（章）

经办人　　年　　月　　日

第二部分　通　用　条　款

一、总则

第一章包括 12 条共 66 款，分别是关于合同中部分关键词语定义、合同文件组成、合同使用的语言文字和适用法律、标准、规范、图纸、通信联络、文物和地下障碍物、事故处理、专利权和特殊工艺、联合体、保障以及关于财产的约定。

1. 词语定义

《合同法》第 125 条规定："当事人对合同条款的理解有争议的，应当按照合同所使用的词句、合同约有关条款、合同的目的、交易习惯以及诚实信用原则，确定该条款的真实意思。"为减少对合同条款理解的争议，这里对 37 个关键词语给出了定义。除非合同双方在专用条款中另有约定，这些词语在合同中的定义是相同的，即本条赋予的定义。如果需要，合同双方可对除此之外的其他词语给出定义，在专用条款中约定。

下列词语除专用条款另有约定外，应具有本条所赋予的定义：

（1）合同：指发包人与承包人之间为实施、完成并保修工程所订立的合同。合同由通用条款第 2.1 款所列的文件组成。

（2）通用条款：指根据法律、法规、规章、相关文件规定及建设工程施工的需要订立，通用于建设工程施工的条款。如果双方在专用条款中没有具体约定，均按通用条款执行。

《通用条款》是根据《合同法》、《建筑法》等法律、法规制定的，同时，也考虑了工程施工中的惯例以及施工合同在签订、履行和管理中的通常做法，具有较强的普遍性和通用性，是通用于各类建设工程施工的基础性合同条款。建设工程虽然具有单件性，不同的工程在施工方案以及工期、价款等方面各不相同，但在工程施工中所依据的法律、法规是统一的，发包人与承包人的权利和义务是基本一致的，对于违约、索赔和争议的处理原则也是相同的。因此，可以把建设工程施工中这些共性的内容固定下来，形成合同的《通用条款》发包人和承包人结合具体工程，经协商一致，可对《通用条款》进行补充或修改，在《专用条款》中约定。如果《专用条款》没有对《通用条款》的某一条款作出修改，则执行《通用条款》，否则按修改后的《专用条款》执行。在工程招标中《通用条款》是作为招标文件的一部分提供给投标人。无论是否执行《通用条款》都应作为合同的一个组成部分予以保留，不应只把《协议书》和《专用条款》作为全部合同内容。

（3）专用条款：指发包人与承包人根据法律、法规、规章及相关文件规定，结合具体工程实际，经协商达成一致意见的条款，是对通用条款的具体化、补充或修改。

《专用条款》是专用于具体工程的条款。每项工程都有具体的内容，都有不同的特点，《专用条款》正是针对不同工程的内容和特点，对应《通用条款》的内容，对不明确的条款作出的具体约定，对不适用的条款作出修改，对缺少的内容作出补充，使合同条款更具有可操作性，便于理解和履行。这些约定、补充和修改不能违反法律、法规及有关规定，《专用条款》和《通用条款》不是各自独立的两部分，它们是互为说明、互为补充，与《协议书》共同构成合同文本的内容。

（4）发包人：指在协议书中约定，具有工程发包主体资格和支付工程价款能力的当事人以及取得该当事人资格的合法继承人。

发包人（发包单位、建设单位、业主、项目法人、甲方等）：1）关于工程发包主体资格：按照《合同法》规定，具有相应民事权利能力和民事行为能力的自然人、法人和其他组织可以成为合同的主体：自然人包括公民、外国人和无国籍人，法人包括企业法人、机关、事业单位和社会团体法人，其他组织指不具备法人资格的组织。《建筑法》对承发包的主体资格未作限定，因此，具备工程发包主体资格的可以是国家机关、事业单位、企业法人和社会团体，也可以是依法登记的个人合伙、个体经营户以及其他具民事行为能力的自然人，或者不具备法人资格的其他组织，《招标投标法》第9条规定："招标人应当进行招标的项目相应资金或者资金来源已经落实，并应当在招标文件中如实载明。"这就要求发包人有支付工程价款能力。《招标法》第12条规定："招标人具有编制招标文件能力和组织评标能力的，可以自行办理招标事宜。"如果招标人不具有编制招标文件能力和组织评标能力，就应当委托招标代理机构办理招标事宜。因此发包人进行工程发包应当具备以下三个基本条件：①具有相应的民事权利能力和民事行为能力；②实行招标发包的应具有编制招标文件和组织评标能力或委托招标代理机构办理招标事宜；③有进行招标项目相应资金或资金来源已落实。2）关于支付工程价款能力：《建筑法》规定"发包单位应按照合同约定，及时拨付工程款项"。发包人支付工程款是法律规定的义务，不按照合同支付工程款，就要承担相应的法律责任。3）关于合法继承人：《合同法》第90条"当事人订立合同后合并的，由合并后的法人或其他组织行使合同权利，履行合同义务。当事人订立合同后分立的，除债权人债务人另有约定的以外，由分立的法人或其他组织对合同权利和义务享有连带债权承担连带债务"。因此发包人的合法继承人，是指发包人的合并、分立的单位，包括兼并发包人的单位以及购买发包人合同和接受发包人出让的单位和个人。4）只要承包人同意，发包人可以将合同的权利和义务转让给第三人。

（5）发包人代表：指发包人指定的履行本合同的代表，其具体人选和职权在专用条款中约定。

（6）承包人：指在协议书中约定，被发包人接受的具有工程施工承包主体资格的当事人以及取得该当事人资格的合法继承人。

承包人（承包单位、施工企业、施工人、乙方）：承包人的主体资格除满足《合同法》的要求外，还要满足《建筑法》的要求，《建筑法》第26条规定："承包建筑工程的单位应当持有依法取得的资质证书，并在其资质等级许可的业务范围内承揽工程，"现行的《建筑业企业资质管理规定》对企业资质等级有明确规定，不同等级的企业有不同的承包范围，不得越级承包，企业的资质等级标准和承包工程范围由国务院建设行政主管部门统一制定、发布，施工合同的承包人必须具有企业法人资格，同时持有工商行政管理机关核发的法人营业执照和建设行政主管部门颁发的资质证书，在核准的资质等级许可范围内承揽工程。《建筑法》还规定承包人不得以任何形式用其他建筑施工企业的名义承揽工程，也不得以任何形式允许其他单位或个人使用本企业的资质证书和营业执照，以本企业的名义承揽工程。对于不同资质等级的单位联合共同承包的，应当按照资质等级低的单位的业务许可范围承揽工程，承包人合并、分立或者被其他企业兼并以及其他形式的合法继承人，应当重新核定资质等级，并继续履行合同。由于以上原因导致合同无法履行的，发包人有权解除合同。《建筑法》规定承包人不得将其承包的全部建筑工程转包给他人，因此，无论发包人是否同意，承包人不得将合同的全部权利义务转让给第三人。需要将部分工程分包的，应征得发包人的同意。

（7）承包人代表：指承包人在专用条款中指定的负责施工管理和合同履行的代表。

承包人代表即以前的项目经理，应该具备国家规定的资格（根据不同的工程规模，应具有相应级别的项目经理资格或建造师资格）。

（8）设计单位：指发包人委托的负责本工程设计并取得相应工程设计资质等级证书的当事人以及取得该当事人资格的合法继承人。

设计单位受发包人委托负责工程设计，提交设计文件，按设计合同的要求履行义务，并遵守国家关于工程设计的有关规定，按照原建设部令第 60 号《建设工程勘察和设计单位资质管理规定》的规定，工程设计单位承揽设计任务，必须取得工程设计资质证书，在资质等级许可的范围内承担设计业务。

（9）监理单位：指发包人委托的负责本工程监理并取得相应工程监理资质等级证书的当事人以及取得该当事人资格的合法继承人。

监理单位受发包人委托负责工程监理，按监理合同要求履行义务，并遵守国家关于工程监理的有关规定，监理单位承接监理业务，应当取得相应的工程监理资质等级证书，在资质等级许可的范围内承接监理业务。

（10）监理工程师：指发包人委托的负责本工程监理的单位委派的监理工程师，其具体人选和职权在专用条款中约定。

（11）造价咨询单位：指发包人委托的负责本工程造价咨询且具有相应工程造价咨询资质的当事人，以及取得该当事人资格的合法继承人。

造价咨询单位受发包人委托负责工程的计量与计价，按委托合同要求履行义务，并遵守国家关于造价咨询约有关规定。造价单位承接造价咨询业务，应当取得相应的工程造价咨询资质证书，在资质等级许可的范围内承接工程造价咨询业务。

（12）造价工程师（或造价员）：指发包人委托的负责本工程造价咨询的单位委派的造价工程师（或造价员），或者发包人委托的负责工程监理的单位委派的造价工程师（或造价员），或者发包人自己委派的造价工程师（或造价员）。

目前在我国，并不强制要求发包人必须聘请造价咨询单位，因此，本合同所说的造价工程师（或造价员）并不一定是咨询单位委派的，也可以是发包人委派的，也可以是发包人委托监理单位委派的。

（13）工程造价管理部门：指国务院有关部门、县级以上人民政府建设行政主管部门或其委托的工程造价管理机构。

《通用条款》第 23 条"合同价款及调整中涉及工程造价管理部门"。合同价款的调整因素包括"工程造价管理部门公布的价格调整"。因此，工程造价管理部门公布的价格调整是合同价款调整的依据，有必要明确工程造价管理部门的定义。按照国务院办公厅印发的《建设部职能配置、内设机构和人员编制规定》，建设部负责"组织制定和发布全国统一定额和部管行业标准、经济定额的国家标准；组织制定建设项目可行性研究经济评价方法、经济参数、建设标准、建设工期定额、建设用地指标和工程造价管理制度；监督指导各类工程建设标准定额的实施"。按照法律规定或国务院有关部门的职能分工，具有工程造价管理职能的国务院有关部门、县级以上人民政府建设行政主管部门或其委托的工程造价管理机构公布的价格调整，可作为合同价款的调整依据。

（14）县级以上建设行政主管部门：指各省（自治区、直辖市）建设厅、各地、市、县建设局（建委）。

（15）工程：指发包人、承包人在协议书中约定的承包范围内的工程。

特指发包人、承包人约定的具体工程，有具体的名称、地点和内容，是承包人承揽范围以内的工程，不包括协议书以外的其他工程和临时工程。

（16）合同价款：指发包人、承包人在协议书中约定，发包人用以支付承包人按照合同约定完成承包范围内全部工程并承担质量保修责任的款项。

合同价款是发包人和承包人按有关规定确定在合同中约定的工程造价，对于招标工程，合同价款与中标价一致，对于非招标工程，双方在施工图预算或工程量清单报价的基础上协商确定合同价款。合同价款不是全部工程价格，除合同价款外，工程价格还包括追加合同价款和由发包人支付的其他费用。合同价款应当按规定合理确定，发包人为了获得更多的利益往往任意压低合同价款，这种做法是不可取的，过低的合同价款必然影响工程的质量，并可能导致质量事故，最终损害发包人的利益。

（17）追加（或减少）合同价款：指在合同履行中发生需要增加（或减少）合同价款的情况，经发包人确认后按计算合同价款的方法增加（或减少）合同价款。

合同履行中常会发生需要增加（或减少）合同价款的情况，这些情况主要包括：一是由于发包人原因增加（或减少）的合同价款，如增加工程项目、扩大工程量、改变材料、因发包人原因导致的返工、停工等；二是由于非发包人原因增加（或减少）的合同价款，如法律、法规或国家政策变化以及不可抗力导致合同价款的增加（或减少）。发生上述情况，双方应本着实事求是的原则进行洽商，由承包人按计算合同价款的方法计算增加（或减少）的价款，经发包人确认后，与合同价款一同结算。

（18）费用：指不包含在合同价款之内的应当由发包人或承包人承担的经济支出。

在合同履行中，有些经济支出未包含在合同价款之内，而应由发包人或承包人承担。如施工临时占地费，办理施工噪声及环境保护所需费用，规范的费用等，应由发包人承担；而由于承包人的原因导致的经济支出，如返工的费用以及承包人办理自身手续所需费用，应由承包人承担。

（19）工程量清单：指表现拟建工程的分部分项工程项目、措施项目、其他项目名称和相应数量的明细清单。

（20）综合单价：指完成工程量清单中一个规定计量单位项目所需的人工费、材料费、机械使用费、管理费和利润，并考虑风险因素。

（21）计价依据：指工程估算指标、概算定额（概算指标）、预算定额、费用定额、工期定额、补充定额、建设工程工程量清单计价规范、消耗量定额、施工机械台班费用定额、施工机械台班费用编制规则、概算定额单位估价表、预算定额单位估价表、人工单价、材料和设备价格以及有关工程造价调整规定等。

（22）工期：指发包人、承包人在协议书中约定，按总日历天数（包括法定节假日）计算的承包天数。

工期指合同工期，是发包人和承包人根据有关规定，结合具体工程在协议书中约定的从工程开工到工程竣工所需的时间。工期是总日历天数，包括双休日和法定节假日。合同工期并不等于合同履行期，后者是从合同生效到合同权利义务终止的时间，包括开工前准备阶段和竣工结算时间及保修期。确定的工期是否合理也会影响工程质量的好坏，盲目压工期、赶进度，会导致严重的质量问题。

（23）开工日期：指发包人、承包人在协议书中约定，承包人开始施工的绝对或相对的日期。

（24）竣工日期：指发包人、承包人在协议书中约定，承包人完成承包范围内工程的绝对或相对的日期。

（25）分包人：指被发包人接受且具有相应资格，并与承包人签订了分包合同，分包一部分工程的当事人，以及取得该当事人资格的合法继承人。

（26）分包工程：指工程中由分包人实施的非主体结构的专业工程。

（27）单项工程：指具有独立的设计文件，竣工后可以独立发挥生产能力或工程效益的工程。组成工程的单项工程名称、内容和范围等应在专用条款中明确。

（28）工程内容：指反映工程状况的一些指标内容，主要包括工程的建设规模、结构特征等，如建筑面积、结构类型、层数、长度、跨度、容量、生产能力等。

（29）图纸：指由发包人提供或承包人提供并经发包人批准，满足承包人施工需要的所有图纸（包括配套说明和有关资料）。

图纸是施工的依据，工程施工必须依照图纸进行。通常情况下，图纸由发包人提供，一切涉及图纸的问题，都由发包人负责。有时，承包人也具备工程设计能力，发包人可委托承包人负责部分设计，在此情况下，承包人提供的图纸应经发包人批准。图纸应能满足施工需要，包括所有的勘察、设计文件以及施工所必需的基础资料。

（30）施工场地：指由发包人提供的用于工程施工的场所以及发包人在图纸中具体指定的供施工使用的任何其他场所。

施工场地指满足施工使用所必需的场所，包括堆放材料、材料加工、施工作业、通道以及承包人办公生活用的场地。施工场地应由发包人提供，为保证施工正常进行，双方应在图纸中指定或在《专用条款》中详细约定施工场地的范围及不同场地在施工中的用途。涉及施工场地租用或征地的手续，发包人应负责办理。

（31）施工机械：指承包人临时带入现场用于工程施工的仪器、机械、运输工具和其他物品，但不包括用于或安装在工程中的材料设备。

（32）书面形式：指合同书、信件和数据电文（包括电报、电传、传真、电子数据交换和电子邮件）等可以有形地表现所载内容的形式。

按照《合同法》规定，建设工程合同应当采用书面形式。书面形式合同由于对当事人之间约定的权利和义务都有明确的文字记载，能够提示当事人适时地正确履行合同义务，当发生合同纠纷时，也便于分清责任，正确及时地解决纠纷。建设工程合同一般合同标的额大，合同内容复杂，履行期较长，所以要求采用书面形式。合同的书面形式有多种，最通常的是当事人双方对合同有关内容进行协商订立并签字（或同时盖章）的合同文本，也称合同书。

（33）违约责任：指合同一方不履行合同义务或履行合同义务不符合约定所应承担的责任。

违约责任是合同当事人违反合同约定所应承担的责任。按照《合同法》第107条规定："当事人一方，不履行合同义务或履行合同义务不符合约定的，应当承担继续履行、采取补救措施或者赔偿损失等违约责任。"依法成立的合同，对当事人具有法律约束力，当事人应当按照合同的约定履行自己的义务、如果不履行义务或者不按约定履行义务，不管主观上是否有过错，除不可抗力可以免责外，都要承担违约责任。承担违约责任的方式包括继续履行、采取补救措施、赔偿损失或约定违约金、定金等。违约责任既具有补偿性又具有惩罚性。

（34）索赔：指在合同履行过程中，对于并非自己的过错，而是应由对方承担责任的情况造成的实际损失，向对方提出经济补偿和（或）工期顺延的要求。

工程索赔制度是国际承包工程的惯例。我国《民法通则》和《合同法》都有因合同当事人一方履行合同义务不符合约定的，应当赔偿损失的规定。索赔是当事人在合同实施过程中，根据法律、法规及合同等规定，对于并非由于自己的过错，而是属于应由合同对方承担责任的情况造成，且实际发生了损失，向对方提出给予补偿的要求。补偿包括经济补偿和时间补偿（即顺延工期）。索赔事件的发生，可以是一定行为造成，也可以由不可抗力引起；可以是合同当事人一方引起，也可以是任何第三方行为引起。索赔的性质属于补偿行为，而不是惩罚。索赔的损失结果与被索赔人的行为并不一定存在法律上的因果关系。索赔是合同当事人的权利，双方均可问对方索赔。提出索赔时，要有正当的索赔理由，且有索赔事件发生时的有效证据，按照本合同通用条款第63条规定的程序进行索赔。特别要注意通用条款第63条规定的时间和程序，严格按此规定进行索赔。索赔是合同双方之间经常发生的管理业务，是双方合作的方式，而不是对立的表现。索赔有利于促进双方加强合同管理，严格履行合同。

（35）不可抗力：指不能预见、不能避免并不能克服的客观情况。

不可抗力是指当事人订立合同时不可预见，它的发生不可避免，人力对其不可克服的自然灾害、战争等客观情况。按照《合同法》第117条的规定，因不可抗力不能履行合同的，根据不可抗力的影响，可以部分或全部免除责任，但法律另有规定的除外。因此，要对不可抗力的范围作出约定。不可抗力事件包括某些自然现象，例如，地震、雪崩、洪灾、火山爆发、飓风等；也包括一些社会现象，例如，政府禁令、战争、动乱等。由于法律没有明确列举出不可抗力的范围，本合同通用条款给出了一些不可抗力的范围，但需要双方在专用条款中具体约定。

（36）小时或天：本合同中规定按小时计算时间的，从事件有效开始时计算（不扣除休息时间）；规定按天计算时间的，开始当天不计入，从次日开始计算。时限的最后一天是休息日或者其他法定节假日的，以节假日次日为时限的最后一天，但竣工日期除外。时限的最后一天的截止时间为当日 24 时。

（37）第三者：除发包人、承包人双方（含双方雇员及代表其工作的人员）以外的任何其他人或组织。

2. 合同文件及解释顺序

（1）下列组成本合同的文件是一个合同整体，彼此应能相互解释，互为说明。除专用条款另有约定外，组成本合同的文件及优先解释顺序如下：

1）本合同协议书；

2）履行本合同的相关补充协议、会议纪要、工程变更、签证等文件；

3）本合同专用条款；

4）中标通知书；

5）投标书（包括工程量清单报价书或预算书）及其附件；

6）本合同通用条款；

7）标准、规范及有关技术文件；

8）图纸；

9）工程量清单；

10）专用条款约定的其他文件。

组成合同的文件很多，除了《协议书》、《通用条款》、《专用条款汇三个附录（承包人承揽工程项目一览表、发包人供应材料设备一览表、工程质量保修书）之外，为实现工程建设的目的，双方达成一致意见的协议或有关文件都应是合同文件的组成部分。对于招标工程，承包人的投标书及附件是承包人对发包人招标文件的承诺，发包人授予承包人的中标通知书是承包人签订合同的依据，都应是合同文件的一部分。除此之外，工程施工所需的图纸、标准、规范及有关技术文件，工程计价所需的工程量清单、工程报价单或预算书、招标文件，双方在工程实施过程中的洽商记录、会议纪要以及工程变更的协议、文件等，也是合同的组成部分。《通用条款》在此列出了组成合同的主要文件，合同双方可以在此基础上进行补充，当合同文件内容不一致时，双方按此款约定的顺序进行解释，也可以在《专用条款》中对合同文件的解释顺序进行调整。

（2）当合同文件内容含糊不清或不相一致时，在不影响工程正常进行的情况下，由发包人、承包人协商解决。双方也可以提请负责监理的工程师作出解释。双方协商不成或不同意负责监理的工程师的解释时，按《通用条款》第 67 条关于争议的约定处理。

3. 语言文字和适用法律、标准及规范

（1）语言文字

本合同文件使用汉语言文字书写、解释和说明，如专用条款约定使用两种以上（含两种）语言文字时，汉语应为解释和说明本合同的标准语言文字。

在少数民族地区，双方可以约定使用少数民族语言文字书写、解释和说明本合同。

汉语是我国的通用语言，本合同约定使用汉语文字书写、解释和说明，对于涉外施工合同，双方可以约定使用外语。按照我国《宪法》规定，各民族都有使用和发展自己语言文字的自由。因此，在少数民族地区，双方可以约定使用少数民族语言文字书写、解释和说明。不同文字的合同文本应具有同等的效力，但为避免不同文字的合同文本因翻译或理解不同而产生争议，本合同约定，汉语为解释和说明合同的标准语言文字，当产生不一致时，以汉语合同文本为准。

（2）适用法律、法规和规章

履行合同期间，双方均应遵守国家现行的法律、法规、规章及有关文件。

本合同文件除适用中国的法律和行政法规外，中国作为缔约国签订的国际协定或准则，也适用于本合同文件。涉外合同的当事人可以选择处理合同争议所适用的法律，但法律另有规定的除外。需要特别指明适用的法律、行政法规的，双方在专用条款中约定。法律、行政法规没有作出规定的，合同双方在签订、履行合同时，应当遵守地方法规和部门规章的规定。

（3）适用工程建设标准

发包人提供工程建设标准或双方在专用条款中约定适用国家工程建设标准；没有国家工程建设标准，但有行业工程建设标准的，约定适用行业工程建设标准的名称；没有国家和行业工程建设标准的，约定适用黑龙江省地方工程建设标准的名称。

国内没有相应工程建设标准的，由发包人按专用条款约定的时间向承包人提出施工技术要求，承包人按约定的时间和要求提出施工工艺，经发包人认可后执行。发包人要求使用国外工程建设标准的，应负责提供中文译本，有异议时，以中文译本为准。

本条所发生的购买、翻译工程建设标准或制定施工工艺的费用，由发包人承担。

按照《标准化法》的规定，对于有关建设工程的设计、施工方法和安全的技术要求，应当制定标准；对需要在全国范围内统一的技术要求，应当制定国家标准。对没有国家标准而又需要在全国某个行业范围内统一的技术要求，可以制定行业标准。国家标准和行业标准分为强制性标准和推荐性标准。保障人体健康和人身、财产安全的标准和法律、行政法规规定强制执行的标准是强制性标准。强制性标准必须执行。对于保证工程质量和安全的强制性国家标准和行业标准，必须执行。没有国家标准和行业标准的，可以执行地方标准。国家鼓励制定严于国家标准或者行业标准的企业标准，在企业内部适用。技术规范通常以标准的形式制定、发布。需要明示的标准、规范，双方在专用条款中约定。

4. 图纸

（1）发包人应根据工程需要向承包人提供图纸，并按专用条款约定的日期和套数（不少于6套）及时向承包人提供图纸。承包人需要增加图纸套数的，发包人应代为复制，复制费用由承包人承担。发包人对工程有保密要求的，应在专用条款中提出保密要求，保密措施费用由发包人承担，承包人在约定保密期限内履行保密义务。

（2）承包人未经发包人同意，不得将本工程图纸转给第三人。工程质量保修期满后，除承包人存档需要的图纸外，应将全部图纸退还给发包人。

（3）承包人应在施工现场保留一套完整图纸，供承包人代表、监理工程师及有关人员进行工程检查时使用。

5. 通信联络

（1）本合同中无论何处所涉及各方之间的申请、批准、确认、同意、决定、核实、通知、任命、指令或表示同意、否定的通信（包括派人面谈、邮寄、电子传输等），均应采用书面形式，且只有在对方收到后生效。

（2）合同中无论何处所涉及各方之间的通信都不应无理扣压或拖延。发包人、承包人应在专用条款中约定各方通信地址和收件人，并按约定发送通信。收件人应在通信回执上签署姓名和时间。一方拒绝签收另一方通信，另一方以特快专递、挂号信等专用条款约定的通信方式将通信送至通信地址的，视为送达。

双方应该按照诚实信用的原则，做好通信工作，及时沟通信息，以方便合同的顺利履行。

6. 工程分包

（1）承包人可以依法分包工程。承包人分包工程应取得发包人的同意，但下列情况除外：

1）施工劳务作业分包；

2）按照合同约定的标准购买材料设备；

3）合同专用条款中约定的分包工程。

（2）承包人分包工程应与分包人签订分包合同，并按规定将分包合同送工程所在地建设行政主管部门备案，将备案的分包合同分别送发包人代表和监理工程师。分包人不得转包或再行分包（劳务作业除外）。

（3）工程分包不能免除承包人任何责任与义务。承包人应在分包场地派驻相应管理人员，保证本合同的履行。分包人的任何违约行为或疏忽导致工程损害或给发包人造成其他损失，承包人应承担连带责任。

（4）分包工程价款由承包人与分包人结算，除合同另有规定或取得承包人同意外，发包人不得以任何形式向分包人支付各种工程价款。

如果发包人有要求时，承包人应提供已向分包人支付其应得的任何款项的证明材料，否则，发包人有权直接向分包人支付承包人未支付的应得款项。

（5）无论何种原因，当本合同终止时，承包人与分包人签订的分包合同随即终止，承包人应向分包人支付其应得的所有款项。

按照原建设部令第124号《房屋建筑和市政基础设施工程施工分包管理办法》的规定，承包人按照合同的约定或经发包人同意，可以将除主体结构以外的专业工程进行分包，并与分包人签订分包合同。承包人应及时向分包人交付工程价款。

为防止承包人拖欠分包人工程款，进而使分包人拖欠货款或工人工资，本条特别规定，承包人有义务向发包人提供其向分包人支付工程款的证明，否则，发包人有权直接向分包人支付工程款。

7. 文物和地下障碍物

（1）在施工中发现古墓、古建筑遗址等文物及化石或其他有考古、地质研究等价值的物品时，承包人应立即保护好现场并于4小时内以书面形式通知监理工程师和发包人代表，监理工程师应于收到书面通知后24小时内报告当地文物管理部门，发包人、承包人按文物管理部门的要求采取妥善保护措施。发包人承担由此发生的费用、顺延延误的工期。

如发现后隐瞒不报或报告不及时，致使上述文物遭受破坏，责任者要依法承担相应责任。

（2）本合同专用条款中已明确指出的地下障碍物，应视为承包人在报价时已预见到其对施工的影响，并已在合同价款中予以考虑。

本合同未明确指出的地下障碍物，在施工中受到影响时，承包人应于8小时内以书面形式通知监理工程师和发包人代表，同时提出处置方案，监理工程师收到处置方案后24小时内予以认可或提出修正方案，并发出施工指令，承包人应按监理工程师指令进行施工。发包人承担由此发生的费用，并支付承包人合理利润，顺延延误的工期。

8. 事故处理

（1）发生重大伤亡及其他安全事故，承包人应按有关规定立即上报有关部门并通知监理工程师和发包人代表，同时按政府有关部门要求处理，由事故责任方承担发生的费用。

（2）发包人、承包人对事故责任有争议时，应按政府有关部门的认定处理。

9. 专利权和特殊工艺

（1）发包人要求使用专利技术或特殊工艺，应负责办理相应的申报手续，承担申报、试验、使用等费用；承包人提出使用专利技术或特殊工艺，应取得监理工程师认可，承包人负责办理申报手续并承担有关费用。

（2）擅自使用专利技术侵犯他人专利权的，责任者依法承担相应责任。

（3）发包人、承包人各自对属于自己的设计图纸及其他文件保留版权和知识产权。双方签订本合同后，视为分别授权对方为实施工程而复制、使用、传送上述图纸和文件。但未经对方同意，另一方不得将其另作他用或转给第三方。

10. 联合体

（1）如果承包人是联合体经营，则联合体各方应在工程开工前签订联合体施工协议书，作为本合同的附件。该联合体的成员都应在合同履行期间对发包人负有共同的和各自的责任。

（2）联合体应有一个被授权的、对联合体成员单位有约束力的主办单位，并由该主办单位指派专职代表负责，有关文件应由该专职代表签署。未经发包人事先书面同意，联合体的组成与结构不得随意变动。

11. 保障

（1）合同一方应负责和保障另一方不负责因其自身的行为或疏忽所引起的一切损害、损失和索赔。但受保障的一方应积极采取合理措施减少可能发生的损失或损害。因受保障的一方未采取合理措施而导致损失扩大，则损失扩大部分由自己承担。

（2）承包人应保障发包人不负担因承包人移动或使用施工场地外的施工机械和临时设施所造成的损害而引起的索赔。

12. 财产

（1）合同工程所需的材料设备和承包人的施工机械一经运至现场，均应视为专门用于实施工程。没有经监理工程师同意并取得发包人批准，承包人不得将它们移出现场，但用于运送材料设备、施工机械和雇员的运输工具除外。

（2）如果发包人依据第 68.3 款规定的情形解除合同，则现场的所有材料设备（周转性材料除外）和工程，均应认为是发包人的财产，而且发包人有权留下承包人的任何施工机械、周转性材料，直到工程完工为止。

（3）如果承包人依据第 68.4 款规定的情形解除合同，则承包人有权要求发包人支付已完工程价款，并赔偿因而造成的损失。发包人应为承包人撤出现场提供便利和协助，如发包人未付完相关款项，承包人有权留置施工现场，直到发包人付完款项为止。

二、合同主体

第二章包括 9 条共 47 款，分别是发包人、承包人、现场管理人员的任命和更换、发包人代表、监理工程师、造价工程师（造价员）、承包人代表和技术负责人、指定分包人、承包人劳务。

1. 发包人

（1）发包人应按合同约定完成下列工作：

1）办理土地征用、拆迁工作、平整施工场地、施工合同备案等工作，使施工场地具备施工条件，在开工后继续负责解决以上事项遗留问题；

2）将施工所需水、电、通信线路从施工场地外部接至专用条款约定地点，保证施工期间的需要；

3）开通施工场地与城乡公共道路的通道，满足施工运输的需要；

4）向承包人提供施工场地的工程地质勘察资料，以及施工现场及毗邻区域内供水、排水、供电、供气、供热、通信、广播电视等地下管线资料，气象和水文观测资料，相邻建筑物和构筑物、地下工程等有关资料，并对资料的真实性、准确性负责；

5）办理施工许可证及其他施工所需证件、批准文件和临时用地、停水、停电、中断道路交通、爆破作业等的申请批准手续（承包人自身施工资质的证件除外）；

6）确定水准点与坐标控制点，组织现场交验并以书面形式移交给承包人；

7）组织承包人和设计单位进行图纸会审和设计交底；

8）协调处理施工场地周围地下管线和邻近建筑物、构筑物（包括文物保护建筑）、古树名木等的保护工作；

9）双方在专用条款内约定的发包人应做的其他工作。

发包人可以将其中部分工作委托承包人办理，具体委托内容由双方在专用条款中约定。

上述工作所需要的费用，除合同价款中已包括的以外，均由发包人承担。

发包人的工作是施工合同的重要内容，合同双方应当按照有关规定，根据工程的具体情况，在专用条款中详细约定发包人应当承担的工作及费用。

（2）发包人应按合同约定的期限和方式向承包人支付工程价款及其他应支付的款项。

及时支付各种应付款项是发包人的最主要义务，必要的资金是工程顺利进行的重要保障，如果发包人不能及时支付工程款，致使承包人资金紧张，将严重影响工程进度及质量，造成工程延期，甚至无法进行。

（3）发包人应按专用条款约定的日期和份数向承包人提供标准与规范、技术要求等有关资料。如承包人需要增加有关资料数量，发包人可代为复制，复制费用由承包人承担。

（4）发包人应按专用条款约定的时间提供施工场地。如果未注明时间，发包人应在能使承包人可以按进度计划顺利开工的时间内给予承包人进入和使用施工场地的权利。但发包人保留其工作人员、雇员和相关执法人员进入和使用施工场地的权利。

（5）发包人供应材料设备的，发包人应按附件二"发包人供应材料设备一览表"的要求及时向承包人提供材料设备。

（6）发包人未能正确完成本合同约定的全部义务，导致拖延了工期和（或）增加了费用，其增加的费用由发包人承担，工期相应顺延；给承包人造成损失的，发包人应予以赔偿。

（7）发包人不得将工程的任何部分及附属设施（如：上水、下水、化粪池、各种管道、道路、围墙、绿化等工程）直接发包给第三方。

按照《建筑法》及原建设部令第 124 号《房屋建筑和市政基础设施工程施工分包管理办法》的规定，发包人不得直接将工程的任何部分直接分包，任何专业工程进行分包，都必须由承包人与分包人签订分包合同。

2. 承包人

（1）承包人应按合同约定完成以下工作：

1）按合同规定和监理工程师的指令实施、完成并保修工程；

2）按合同规定和监理工程师的要求提交工程进度计划和进度报告；

3）承担施工场地安全保卫工作，提供和维修非夜间施工使用的照明、围栏设施及要求的标志；

4）按专用条款约定的数量和要求，向发包人提供施工场地办公和生活的房屋及设施，发包人承担由此发生的费用；

5）遵守政府有关部门对施工场地交通、施工噪声、环境保护、文明施工、安全生产等的管理规定，办理有关手续，并以书面形式通知发包人；

　　6）已竣工工程未交付发包人之前，承包人负责已完工程的保护工作，保护期间发生损坏，承包人应予以修复并承担费用；发包人要求采取特殊措施保护的，由发包人承担相应费用；

　　7）做好施工场地地下管线和邻近建筑物、构筑物（包括文物保护建筑）、古树名木的保护工作；

　　8）遵守政府部门有关环境卫生的管理规定，保证施工场地的清洁和交工前施工现场的清理，并承担因自身责任造成的损失和罚款；

　　9）双方在专用条款内约定的承包人应做的其他工作。

　　承包人的工作是施工合同的重要内容，合同双方应当按照有关规定，根据工程的具体情况，在专用条款中详细约定承包人应当承担的工作及费用。

　　（2）承包人不按合同约定或监理工程师依据合同发出的指令组织施工，且在监理工程师书面要求改正后的 7 天内仍未采取补救措施的，则发包人可自行或者指派第三方进行补救，因此发生的费用和损失由承包人承担。

　　（3）承包人对所有现场作业和施工方法的完备性、稳定性和安全性负责，并应向监理工程师提交为实施工程拟采取的施工组织设计和工作安排。如果承包人对施工组织设计和工作安排做出重大改动，应事先征得监理工程师同意。

　　（4）施工期间，承包人应在施工现场保留一份合同、一套完整图纸、适用的标准与规范、变更资料等，供监理工程师、发包人及有关人员进行工程检查、检验时使用。

　　（5）在承包人设计资质的允许范围内，如果合同约定由承包人设计，或为了配合施工，经发包人批准并由监理工程师指令承包人完成设计，则承包人应按专用条款约定的时间将设计图纸提交监理工程师审批。即使监理工程师批准，承包人仍应对其设计的图纸负责。

　　（6）承包人应按合同规定或监理工程师的指令，为下列人员从事其工作提供必要的配合和协助：

　　1）发包人的工作人员；

　　2）发包人的雇员；

　　3）监督管理机构的执法人员。

　　如果承包人由于提供配合和协助而增加了承包人的工作或支出，包括使用承包人的设备、临时工程或通行道路等，发包人应承担由此增加的费用；构成工程变更的，按合同第 57 条的规定调整合同价款。

　　（7）增加的费用由承包人承担，工期不予顺延；给发包人造成损失的，承包人应予以赔偿。

　　3. 现场管理人员任命和更换

　　（1）发包人应任命代表发包人工作的现场管理人员，包括发包人代表、监理工程师、造价工程师（造价员）等。

　　发包人如需更换任何管理人员，应至少提前 7 天以书面形式通知承包人。在未将有关文件送交承包人之前，该项更换无效。后任管理人员应继续行使合同规定的发包人现场管理人员的职权和履行相应的义务。

（2）承包人应任命代表承包人工作的承包人代表，该代表的人选由承包人依法提出，经发包人同意，在专用条款中写明；建设行政主管部门有规定的，应遵守其规定。招标工程的承包人代表，应为投标文件所载明的人选。

承包人代表如需更换，应取得发包人的同意并遵守建设行政主管部门的规定，否则更换无效。承包人更换承包人代表的，应至少提前 7 天以书面形式通知发包人，发包人应在收到通知后 7 天内予以答复，否则视为同意。后任承包人代表应继续行使合同约定的承包人代表的职权并履行相应的义务。

（3）除合同约定或依法应由监理工程师履行的职权外，监理工程师可将其职权以书面形式授予其任命的监理工程师代表，亦可将其授权撤回。任何此类任命和撤回，均应至少提前 7 天以书面形式通知承包人。未将有关文件送交承包人之前，任何此类任命和撤回均为无效。

（4）除合同约定或依法应由承包人代表履行的职权外，承包人代表可将其职权以书面形式授予其临时任命的一名合适人选，亦可将其授权撤回。任何此类任命和撤回，均应至少提前 7 天以书面形式通知发包人和监理工程师。未将有关文件送交发包人和监理工程师之前，任何此类任命和撤回均为无效。

4. 发包人代表

（1）发包人代表的具体人选应在专用条款中约定，并授予其代表发包人履行合同规定职责所需的一切权力。除专用条款另有约定或经承包人同意外，发包人不应对发包人代表的权力另有限制。

（2）发包人代表应代表发包人履行合同规定的职责、行使合同明文规定或必然隐含的权力，对发包人负责。发包人代表在发包人授予职权范围内的工作，发包人应予认可。

5. 监理工程师

（1）监理单位和监理工程师的具体人选以及监理内容和监理权限应在专用条款中约定。

（2）监理工程师行使合同明文规定或必然隐含的职权，代表发包人负责监督和检查工程的质量、进度，试验和检验承包人使用的与合同工程有关的材料、设备和工艺，及时向承包人提供工作所需的指令、批准和通知等。监理工程师无权免除合同任何一方在合同履行期间应负的任何责任和义务。

（3）除属于第 67 条规定的争议外，监理工程师在职权范围内的工作，发包人应予认可，但下列事项应事先取得发包人的专项批准：

1）根据第 6.1 款规定同意承包人分包工程；

2）根据第 12.1 款规定批准承包人将材料设备、施工机械移出施工场地；

3）根据第 14.5 款规定批准承包人的设计；

4）根据第 27 条规定批准承包人的施工组织设计和工程进度计划；

5）根据第 31.2 款规定发出加快进度的变更指令；

6）根据第 41.5 款规定使用替换材料；

7）根据第 53 条规定发出使用预留金的工作指令；

8）根据第 54 条规定发出使用零星工作项目费的工作指令；

9）根据第 56 条规定指令或批准工程变更；

10）专用条款约定需要发包人批准的其他事项。

（4）监理工程师应按合同约定时间及时向承包人提供工作所需的指令、批准和通知等。

监理工程师提供的指令、批准和通知等，均应采用书面形式。如有必要，监理工程师也可发出口头指令，但应在 48 小时内给予书面确认。对监理工程师的口头指令，承包人应予执行。如果承包人在监理工程师发出的口头指令 48 小时后未收到书面确认，则应在接到口头指令后 7 天内提出书面确认要求。监理工程师应在承包人提出书面确认要求后 48 小时内给予答复，逾期不予答复的，视为承包人的书面要求已被确认。

（5）如果承包人认为监理工程师的指令不合理，应在收到指令后 24 小时内向监理工程师提出书面报告，监理工程师应在收到承包人报告后 24 小时内做出修改指令或继续执行原指令的决定，并书面通知承包人。逾期不作出决定的，承包人可不执行监理工程师的指令。

（6）监理工程师可按第 15.3 款规定授权给其任命的监理工程师代表，亦可将其授权撤回。监理工程师代表行使监理工程师授予的职权，对监理工程师负责。监理工程师代表在监理工程师授予职权范围内的工作，监理工程师应予认可，但监理工程师保留因监理工程师代表未曾对任何工作、材料设备错误加以反对的失误而否定该工作、材料设备，并发出纠正指令的权力。未按第 15.3 款规定，任何此类任命和撤回均为无效。

（7）监理工程师（含其代表）未能正确完成本合同约定的全部义务，或工作出现失误，导致拖延了工期和（或）增加了费用，其增加的费用由发包人承担，工期相应顺延；给承包人造成损失的，发包人应予以赔偿。

6. 造价工程师（或造价员）

（1）造价咨询单位和造价工程师（或造价员）的具体人选以及权限应在专用条款中约定。

（2）造价工程师（或造价员）行使合同明文规定或必然隐含的职权，代表发包人负责工程计量和计价、工程款的调整和核实、工程款的支付、结算价款的调整和复核，及时向承包人提供合同价款的核实、调整和通知等指令。

（3）除属于第 67 条规定的争议外，造价工程师（或造价员）在职权范围内的工作，发包人应予认可，但下列事项应事先取得发包人的专项批准：

1）根据第 53 条规定使用预留金；

2）根据第 54 条规定使用零星工作项目费；

3）根据第 57.1 款规定调整合同价款；

4）专用条款约定需要发包人批准的其他事项。

（4）造价工程师（或造价员）应按合同约定时间及时向承包人提供合同价款的核实、调整和通知等指令。

造价工程师（或造价员）提供的指令，均应采用书面形式。如有必要，造价工程师也可发出口头指令，但应在 48 小时内给予书面确认。对造价工程师的口头指令，承包人应予执行。如果承包人在造价工程师发出的口头指令48小时后未收到书面确认，则应在接到口头指令后7天内提出书面确认要求。造价工程师应在承包人提出书面确认要求后48小时内给予答复，逾期不予答复的，视为承包人的书面要求已被确认。

（5）如果承包人认为造价工程师（或造价员）的指令不合理，应在收到指令后24小时内向造价工程师提出书面报告，造价工程师应在收到承包人报告后24小时内做出修改指令或继续执行原指令的决定，并书面通知承包人。逾期不作出决定的，承包人可不执行造价工程师的指令。

（6）造价工程师未能正确完成本合同约定的全部义务，或工作出现失误，导致拖延了工期和（或）增加了费用，其增加的费用由发包人承担，工期相应顺延；给承包人造成损失的，发包人应予以赔偿。

7. 承包人代表和技术负责人

（1）承包人代表的具体人选应按照第15.2款的规定在专用条款中约定，并授予其代表承包人履行合同规定职责所需的一切权力；承包人任命的工程技术负责人应在专用条款中约定。

（2）承包人代表应代表承包人履行合同规定的职责，行使合同明文规定或必然隐含的权力，对承包人负责。承包人代表在承包人授予职权范围内的工作，承包人应予认可。

（3）如果承包人代表在合同履行期间确需暂离现场，则应在监理工程师同意下，可按第15.4款规定授权其临时任命的一名合适人选，亦可将其授权撤回。临时任命人行使承包人代表授予的职权，对承包人代表负责。临时任命人在承包人代表授予职权范围内的工作，承包人代表应予认可。未按第15.4款规定，任何此类任命和撤回均为无效。

（4）承包人代表按经发包人认可的施工组织设计和监理工程师发出的指令组织施工。在情况紧急且无法与监理工程师取得联系时，承包人代表应立即采取保证人员生命和工程、财产安全的有效措施，并在采取措施后48小时内向监理工程师送交书面报告，抄送发包人。属于发包人或第三方责任的，其发生的费用由发包人承担，工期相应顺延；属于承包人责任的，其发生的费用由承包人承担，工期不予顺延。

8. 指定分包人

（1）指定分包人是指根据专用条款的约定，发包人依法事先指定的实施、完成任何工程的分包人。

（2）发包人指定分包人应当取得承包人的同意，指定分包人是承包人的分包人，指定分包人应与承包人签订分包合同。

（3）由于指定分包人责任造成的工程质量缺陷，由指定分包人和发包人承担过错责任。

（4）指定分包人应向承包人缴纳管理费，根据工程的实际情况，管理费的具体数额在分包合同中约定。

9. 承包人劳务

（1）承包人应雇佣投标文件中确定的人员，不得从发包人或为发包人服务的人员中招聘雇员。

（2）承包人应完善雇佣员工劳务手续，并与其订立劳动合同，办理各种社会保险，为其缴纳相应的保险费用，明确双方的权利和义务，雇佣期间，承包人应做好下列工作：

1）负责为雇员提供和保持必要的食宿及各种生活设施，采取合理的卫生和安全防护措施，保护雇员的健康和安全；

2）保证雇员的合法权利和人身安全；

3）充分考虑和尊重法定节假日，尊重宗教信仰和风俗习惯；

4）雇员和发包人现场人员应佩戴工作证（或标牌、胸卡等）上岗，工作证（或标牌、胸卡等）应由承包人、发包人共同签发。

（3）承包人如需在法定节假日施工，应经监理工程师批准；如需在夜间施工，除应经监理工程师批准外，还应经有关部门批准，如无特殊原因，只要不影响工程质量、施工安全、周围环境，监理工程师应予同意。但为抢救生命或保护财产，或为工程安全、质量而不可避免的作业，则不必事先经监理工程师的批准。

（4）承包人应按时足额向雇员支付劳务工资，并不低于当地最低工资标准，因承包人拖欠其雇员工资而造成群体性示威、游行等一切责任，由承包人承担；对发包人造成损失或导致工期延误的，应赔偿发包人的损失，工期不予顺延。因发包人拖欠承包人工程款而引起承包人拖欠其雇员工资的一切责任，由发包人承担。

（5）承包人雇员应是在行业或职业内具有相应资格、技能和经验的人员。对有下列行为的任何承包人雇员，监理工程师和发包人可要求承包人撤换：

1）经常行为不当，或工作漫不经心；

2）无能力履行义务或玩忽职守；

3）不遵守合同的约定；

4）有损安全、健康和环境保护的行为。

（6）承包人应自始至终采取各种合理的预防措施，防止雇员内部发生任何无序、非法和打斗等不良行为。以确保现场安定和保护现场及邻近人员的生命、财产安全。

（7）如果监理工程师提出要求，承包人应按要求向监理工程师提交一份详细的统计表，该表内容包括承包人在施工场地的各类职员和各个工种、各等级的雇员人数等。

三、担保、保险与风险

第三章包括5条共22款，分别是工程担保、发包人风险、承包人风险、不可抗力、保险。

1. 工程担保

（1）为正确履行本合同，发包人应在招标文件中或在签订合同前明确履约担保的有关要求，承包人应在签订本合同时按要求向发包人提供履约担保。履约担保采用银行保函的形式，履约担保发生的费用由承包人承担。

（2）履约担保的有效期，是从提供履约担保之日起至工程竣工验收合格之日止。发包人应在担保有效期满后的 14 天内将此担保退还给承包人。

（3）发包人在对履约担保提出索赔要求之前，应书面通知承包人，说明导致此项索赔的原因，并及时向担保人提出索赔文件。担保人根据担保合同的约定在担保范围内承担担保责任，并无须征得承包人的同意。

（4）承包人按第 22.1 款的要求提交了履约担保，发包人应在签订本合同时向承包人提交与履约担保等值的支付担保。支付担保采用银行保函的形式，支付保函发生的费用由发包人承担。

（5）支付担保的有效期，是从提供支付担保之日起至发包人根据本合同约定支付完除质量保证金以外的全部款项之日止。承包人应在担保有效期满后的 14 天内将此担保退还给发包人。

（6）承包人在对支付担保提出索赔要求之前，应书面通知发包人和造价工程师（或造价员），说明导致此项索赔的原因，并及时向担保人提出索赔文件，担保人根据担保合同的约定在担保范围内向承包人支付索赔款额，并无须征得发包人的同意。

（7）发包人、承包人均应确保工程担保有效期符合工期合理顺延的要求。若合同一方未能保证延长担保有效期，另一方可向其索赔担保的全部金额。

（8）发包人、承包人在专用条款中约定担保内容、方式和责任等事项，并签订担保合同，作为本合同附件。

2. 发包人风险

发包人应承担本合同中规定应由发包人承担的风险。

自开工之日起至颁发工程竣工验收证书之日止，发包人风险为：

（1）由于工程本身或施工而不可避免造成的财产（除工程本身、材料设备和施工机械外）损失或损坏；

（2）由于发包人工作人员及其相关人员（除承包人外）疏忽或违规造成的人员伤亡、财产损失或损坏；

（3）由于发包人提前使用或占用工程或其部分造成的损坏或损坏；

（4）由于发包人提供或发包人负责的设计造成的对工程、材料设备和施工机械的损失或损害。

3. 承包人风险

承包人应承担本合同中规定应由承包人承担的风险。

自开工之日起直到颁发工程竣工验收证书之日止，承包人风险为：除第 23 条和第 25 条以外的人员伤亡以及财产（包括工程、材料设备和施工机械，但不限于此）的损失或损坏。

4. 不可抗力

（1）不可抗力包括因战争、敌对行动（无论是否宣战）、入侵、外敌行为、军事政变、恐怖主义、动乱、空中飞行物坠落或其他非发包人、承包人责任或原因造成的罢工、停工、爆炸、火灾，当地卫生部门的规定，以及专用条款约定的风、雨、雪、洪、震等自然灾害。

(2) 不可抗力事件发生后，承包人应立即通知发包人和监理工程师，并在力所能及的条件下迅速采取措施，尽力减少损失，发包人应协助承包人采取措施。监理工程师认为应当暂停施工的，承包人应暂停施工。不可抗力事件结束后48小时内，承包人向监理工程师通报受害情况和损失情况，并预计清理和修复的费用，抄送造价工程师。不可抗力事件持续发生，承包人应每隔7天向监理工程师和造价工程师（或造价员）报告一次受害情况。不可抗力事件结束后14天内，承包人应分别按第30条规定索赔工期、按第63条规定索赔费用。

(3) 因不可抗力事件导致费用增加和工期顺延，由双方按以下规定分别处理：

1) 工程本身的损害、因工程损害导致第三方人员伤亡和财产损失以及运至施工场地用于施工的材料和待安装在工程上的设备的损害，由发包人承担；

2) 发包人、承包人施工场地内的人员伤亡由其所在单位负责，并承担相应费用；

3) 承包人带入现场的施工机械和用于本工程的周转材料损坏及停工损失，由承包人承担；发包人提供的施工机械、设备损坏，由发包人承担；

4) 停工期间，承包人按监理工程师要求留在施工场地的必要的管理人员及保卫人员的费用，由发包人承担；

5) 工程所需的清理、修复费用，由发包人承担；

6) 延误的工期相应顺延。

(4) 因合同一方迟延履行合同后发生不可抗力的，不能免除迟延履行方的相应责任。

5. 保险

(1) 发包人应为下列事项办理保险，并支付保险费：

1) 工程开工前，为工程办理保险；

2) 工程开工前，为施工场地内从事危险作业的自有人员办理意外伤害保险；

3) 为第三方生命财产办理保险；

4) 为运至施工场地内用于工程的材料和待安装设备办理保险。

保险期从办理保险之日起至工程竣工验收合格之日止。发包人可以将其中部分事项委托承包人办理。

(2) 承包人应为下列事项办理保险：

1) 工程开工前，为施工场地内从事危险作业的自有人员办理意外伤害保险；

2) 为施工场地内的自有施工机械、设备办理保险。

但发包人支付本款第（1）项保险费，承包人支付本款第（2）项保险费。

保险期从开工之日起至工程竣工验收合格之日止。

(3) 合同一方应按本合同要求向另一方提供有效的投保保险单和保险证明。如果发包人未投保，承包人可代为办理，保险费由发包人承担；如果承包人未投保，发包人可代为办理，并从支付或将要支付给承包人的款项中扣回代办费。

(4) 发包人、承包人应遵守本合同保险条款的规定，如果任何一方未遵守，责任一方应赔偿另一方由此引起的损失。

（5）当工程发生保险事故时，被保险人应及时通知保险公司，并提供有关资料。发包人、承包人有责任采取合理有效措施防止或减少损失，并应相互协助做好向保险公司的报告和索赔工作。

（6）当工程施工的性质、规模或计划发生变更时，被保险人应及时通知保险公司并在合同履行期间按本合同保险条款的规定保证足够的保险额，因而造成的费用由责任人承担。

（7）从保险公司收到的因工程本身损失或损坏的保险赔偿金，应专项用于修复合同工程中的这些损失或损坏，或作为对未能修复工程中这些损失或损坏的补偿。

（8）具体投保内容和相关责任，发包人、承包人应在专用条款中约定。

四、工期

第四章包括 7 条共 23 款，分别是进度计划和报告、开工、暂停施工和复工、工期延误、加快进度、竣工日期、误期赔偿。

1. 进度计划和报告

（1）承包人应在签订本合同后的 7 天内，向发包人和监理工程师提交施工组织设计和工程进度计划。发包人和监理工程师应在收到该设计和计划后的 7 天内予以确认或提出修改意见，逾期不确认也不提出书面意见的，视为同意。工程进度计划，应对工程的全部施工作业提出总体上的施工方法、施工安排、作业顺序和时间表。合同约定有多个单项工程的，承包人还应编制各单项工程进度计划。

（2）承包人应按经监理工程师确认并取得发包人批准的进度计划组织施工，接受监理工程师对工程进度的监督和检查。

（3）除专用条款另有约定外，承包人应编制月施工进度报告并每季对进度计划修订一次，并在每月或季结束后的 7 天内一式 2 份提交给监理工程师。月施工进度报告的内容至少应包括：

1）施工、安装、试验以及承包人工作等进展情况的图表和说明；

2）材料、设备、货物的采购和制造商名称、地点以及进入现场情况；

3）索赔情况和安全统计；

4）实际进度与计划进度的对比，以及为消除延误正在或准备采取的措施。

（4）如果监理工程师指出承包人的实际进度和经确认的进度计划不符时，承包人应按监理工程师的要求提出改进措施，经监理工程师确认后执行。因承包人原因导致实际进度与计划进度不符，承包人无权就改进措施要求支付任何附加的费用。工程进度计划即使经监理工程师确认，也不能免除承包人根据合同约定应负的任何责任和义务。

施工组织设计是用科学管理方法全面组织施工的技术经济文件。主要包括以下内容：①分部分项工程的完整施工方案；②施工机械的进场计划；③工程材料的进场计划；④施工现场平面布置图及施工道路平面图；⑤保证质量的措施；⑥地下管线及其他地上地下设施的加固措施；⑦冬、雨期施工措施；⑧保证安全生产、文明施工、减少扰民、降低环境污染和噪声的措施。工程进度计划是以分部工程作为施工项目划分对象，反映各分部工程的施工时间及分部工程之间互相配合、搭接关系的进度计划。工程进度计划应当与施工组织设计相适应。施工组织设计和工程进度计划也是投标文件的重要组成部分，投标单位应当提出合理、切实可行的施工组织设计，才能在竞标中获胜。在施工过程中，承包人必须按照施工组织设计和工程进度计划组织施工，在客观情况发生变化时，可以修改施工组织设计和工程进度计划。发包人在不妨碍承包人正常作业的情况下，可以随时对作业进度、质量进行检查。

2. 开工

（1）工程开工必须具备法律、法规、规章及有关文件规定的开工条件，并已经领取了施工许可证。

（2）承包人应当按照协议书约定的开工日期开工。承包人不能按时开工，应当不迟于协议书约定的开工日期前 7 天，以书面形式向监理工程师提出延期开工的理由和要求。监理工程师应当在接到延期开工申请后的 48 小时内以书面形式答复承包人。监理工程师在接到延期开工申请后 48 小时内不答复，视为同意承包人要求，工期相应顺延。

监理工程师不同意延期要求或承包人未在规定时间内提出延期开工要求，工期不予顺延，造成损失的由承包人承担。

（3）因发包人原因不能按照协议书约定的开工日期开工，监理工程师应至少提前 7 天以书面形式通知承包人推迟开工，给承包人造成损失的，由发包人承担，工期相应顺延。

由于建设工程涉及的面广，往往有一些预想不到的因素，影响按约定的日期开工，需要在合同内设置延期开工条款。在遇到因发包人或承包人原因需推迟开工日期，双方应按合同约定的程序，通知对方。还要约定是否顺延工期，以及因一方推迟开工日期，给对方造成损失的赔偿责任。

3. 暂停施工和复工

（1）监理工程师认为确有必要暂停施工时，应向承包人发出暂停施工指令，并在 48 小时内提出处理意见。承包人应按监理工程师的指令停止施工，并妥善保护已完工程。承包人实施监理工程师的处理意见后，可向监理工程师提交复工报审表要求复工；监理工程师应当在收到复工报审表后的 48 小时内予以答复。如果监理工程师未在规定时间内提出处理意见或未予答复的，承包人可自行复工，监理工程师应予认可。

（2）如果因非承包人原因造成暂停施工持续 70 天以上，承包人可向监理工程师发出书面通知，要求自收到该通知后 14 天内准许复工。如果在上述期限内监理工程师未予准许，则承包人可以作如下选择：

1）如果此项停工仅影响工程的一部分时，则根据第 56.2 款规定及时提出工程变更，取消该部分工程，并书面通知发包人，抄送监理工程师和造价工程师（或造价员）；

2）如果此项停工影响整个工程时，则根据第 68.4 款规定解除合同。

（3）因发包人原因造成暂停施工的，由发包人承担发生的费用，工期相应顺延，并赔偿承包人因此造成的损失。但下列情形造成暂停施工的，发包人不予补偿：

1）承包人某种失误或违约造成，或应由承包人负责的必要暂停施工；

2）承包人为工程的施工调整部署，或为工程安全而采取必要的技术措施所需要的暂停施工；

3）因现场气候条件（除不可抗力停工外）导致的必要暂停施工。

因不可抗力因素造成暂停施工的，按照第 25 条规定处理。

因承包人原因造成暂停施工的，由承包人承担发生的费用，工期不予顺延。

（4）如果发包人未按合同约定支付工程进度款，经催告后在 28 天内仍未支付的，承包人可以暂停施工，直至收到包括第 59·2 款规定的应付利息在内的所欠全部款项。由此造成的暂停施工，视为是因发包人原因造成的。

（5）暂停施工结束后，承包人和监理工程师应对受暂停施工影响的工程、材料设备进行检查。承包人负责修复在暂停期间发生的任何变质、缺陷或损坏，因此而发生的费用和造成的损失按第 29.3 款规定处理。

在工程施工过程中经常因设计变更、质量事故、安全事故、材料供应不及时等因素需要暂停施工。此条明确了发包人和承包人对暂停施工的责任和停工、复工的时间约束，以及损失赔偿和工期顺延等内容。

4. 工期延误

（1）合同履行期间，因下列原因造成工期延误的，承包人有权要求工期相应顺延：

1）发包人未能按专用条款的约定提供图纸及开工条件；

2）发包人未能按约定日期支付工程预付款、进度款；

3）发包人代表或施工现场发包人雇用的其他人的人为因素；

4）监理工程师未按合同约定及时提供所需指令、批准等；

5）工程变更；

6）工程量增加；

7）一周内非承包人因停水、停电、停气造成停工累计超过 8 小时；

8）不可抗力；

9）发包人风险事件；

10）非承包人失误、违约，以及监理工程师同意工期顺延的其他情况。

顺延工期的天数，由承包人提出，经监理工程师核实后与发包人、承包人协商确定；协商不能一致的，由监理工程师暂定，通知承包人并抄送发包人。

（2）当第 30.1 款所述情况首次发生后，承包人应在 14 天内向监理工程师发出要求延期的通知，并抄送发包人。承包人应在发出通知后的 7 天内向监理工程师提交延期要求的详细情况，以备监理工程师查核。

（3）如果延期的事件持续发生时，承包人应按第 30.2 款规定的 14 天之内发出要求延期的通知，然后每隔 7 天向监理工程师提交事件发生的详细资料，并在该事件终结后的 14 天内提交最终详细资料。

（4）如果承包人未能在第 30.2 款和第 30.3 款（发生时）规定的时间内发出

要求延期的通知和提交（最终）详细资料，则视为该事件不影响施工进度或承包人放弃索赔工期的权利，监理工程师可拒绝作出任何延期的决定。

5．加快进度

（1）在承包人无任何理由取得顺延工期的情况下，如果监理工程师认为工程或其任何部分的进度过慢，与进度计划不符或不能按期竣工，则监理工程师应书面通知承包人加快进度。承包人应按第 27.4 款规定采取必要措施，加快工程进度。如果承包人在接到监理工程师通知后的 14 天内，未能采取加快工程进度的措施，致使实际工程进度进一步滞后；或承包人虽然采取了一些措施，仍无法按期竣工的，监理工程师应立即报告发包人，并抄送承包人。发包人可按第 68.3 款的规定解除合同，也可将合同工程中的一部分工作交由第三方完成。承包人既应承担由此增加的一切费用，也不能免除其根据合同约定应负的任何责任和义务。

（2）如果发包人希望承包人在计划竣工日期之前完成工程，应事先征得承包人同意。如果承包人同意，那么发包人可要求承包人提交为加快进度而编制的建议书。承包人应在 7 天内作出书面回应，该建议书的内容至少应包括：

1）加快进度拟采取的措施；

2）加快进度后的进度计划，以及与原计划的对比；

3）加快进度所需的合同价款增加额。该增加额按第 57、73 条规定计算。

发包人应在接到建议书后的 7 天内予以答复。如果发包人接受了该建议书，则监理工程师应以书面形式发出变更指令，相应调整工期，并由造价工程师（或造价员）核实和调整合同价款。

6．竣工日期

（1）承包人必须按照协议书约定的竣工日期或监理工程师同意顺延的工期竣工。

（2）因承包人原因不能按照协议书约定的竣工日期或监理工程师同意顺延的工期竣工的，承包人承担相应责任。

（3）实际竣工日期按下列情况分别确定：

1）工程经竣工验收合格的，以承包人提请发包人进行竣工验收的日期为实际竣工日期；

2）工程竣工验收不合格的，承包人应按要求修改后再次提请发包人验收，以承包人再次提请发包人进行竣工验收的日期为实际竣工日期。

3）承包人已经提交竣工验收报告，发包人在收到承包人送交的竣工验收报告后 28 天内未能组织验收，或验收后 14 天内不提出修改意见的，以承包人提请发包人进行竣工验收日期为实际竣工日期；

4）工程未经竣工验收，发包人擅自使用的，以转移占有工程之日为实际竣工日期。

7．误期赔偿

（1）如果承包人未能按照协议书约定的竣工日期或监理工程师同意顺延的工期竣工，承包人应按第 55.2 款规定向发包人支付误期赔偿费，但误期赔偿费的支付不能免除承包人根据合同约定应负的任何责任和义务。

（2）误期（实际延误竣工天数）按第32.3款规定的实际竣工日期减去协议书约定的竣工日期或监理工程师同意顺延的日期，即按照下述公式计算：

实际延误竣工天数＝实际竣工日期-协议书约定的竣工日期或监理工程师同意顺延的日期。

上述各相关日期，依据本合同相关条款确定。

五、质量和安全

第五章包括16条共63款，分别是质量管理、质量目标、工程照管、安全生产和文明施工、放线、钻孔与勘探性开挖、发包人供应材料设备、承包人采购材料设备、材料设备的检验、检查和返工、隐蔽工程和中间验收、重新检验和额外检验、工程试车、竣工资料、竣工验收、质量保修。

1. 质量管理

（1）发包人在领取施工许可证或者开工报告之前，应当按照有关规定办理工程质量监督手续。

（2）发包人不得以任何理由，要求承包人在施工作业中违反法律、法规和建筑工程质量与安全标准，降低工程质量。

（3）承包人应对工程施工质量负责，并按照工程的设计图纸、标准与规范和有关技术要求施工，不得偷工减料。

2. 质量目标

（1）工程质量必须达到国家规定的工程质量验收评定标准。双方约定参加某项工程质量评比的（如：龙江杯、鲁班奖等），应当在专用条款中约定具体的评比项目、因此而增加的费用或奖惩办法。

（2）发包人、承包人对工程质量有争议的，按第67.4款规定调解或认定，或者由双方共同选定的工程质量检测机构鉴定，所需的费用及因此造成的损失，由责任方承担。双方均有责任的，由双方根据其责任划分分别承担。

（3）承包人对工程的质量向发包人负责，其职责包括但不限于下列内容：

1）编制施工技术方案，确定施工技术措施；

2）提供和组织足够的工程技术人员，检查和控制工程施工质量；

3）控制施工所用的材料设备，使其符合标准与规范、设计要求及合同约定的标准；

4）组织并参加所有工程的验收工作，包括隐蔽验收、中间验收；参加竣工验收，组织分包人参加工程验收；

5）承担质量保修期的工程保修责任；

6）承担的其他工程质量责任。

（4）承包人应建立和保持完善的质量保证体系。在工程实施前，监理工程师有权要求承包人提交质量保证体系实施程序和贯彻质量要求的文件。承包人遵守质量保证体系，也不能免除承包人根据合同约定应负的任何责任和义务。

3. 工程照管

（1）从开工之日起，承包人应全面负责照管工程及运至现场将用于和安装在工程中的材料设备，直到发包人颁发工程竣工验收证书之日止，此后，工程的照管即转由发包人负责。

如果在整个工程竣工验收证书颁发前，发包人已就其中任何单项工程颁发了竣工验收证书，则从竣工验收证书颁发之日起承包人无须对该单项工程负责照管，而转由发包人负责。但是，承包人应继续负责照管尚未完成的工程和将用于或安装在工程中的材料设备，直至发包人颁发工程竣工验收证书之日止。

（2）承包人在负责工程照管期间，如因自身原因造成工程或其任何部分，以及材料设备或临时工程的损坏，承包人应自费弥补上述损坏，保证工程质量在各方面都符合合同约定的标准。

4. 安全生产和文明施工

（1）发包人应遵守安全生产和文明施工的规定，在领取施工许可证或者开工报告之前，按照有关规定办理工程安全监督手续，并按第61条规定支付安全生产措施费。

（2）发包人应对其在施工现场人员进行安全生产、文明施工教育，并对他们的安全负责。在工程实施、完成及保修期间，发包人不得有下列行为：

1）要求承包人违反安全生产、文明施工规定进行施工；

2）对承包人提出不符合建设工程安全生产法律、法规、规章、强制性标准及有关规定的要求；

3）明示或暗示承包人购买、租赁、使用不符合安全施工要求的安全防护用具、机械设备、施工机具及配件、消防设施和器材。

发包人违反上述规定或由于发包人原因导致安全事故的，由发包人承担相应责任和费用，顺延延误的工期。

（3）承包人应建立健全安全生产和文明施工制度，完善安全生产和文明施工条件，严格按照安全生产和文明施工的规定组织施工，采取必要的安全防护措施，消除事故隐患，自觉接受和配合依法实施的监督检查。在工程实施、完成及保修期间，承包人应做好下列工作：

1）在施工现场入口处、施工起重机械、临时用电设施、脚手架、出入通道口、楼梯口、电梯井口、孔洞口、桥梁口、隧道口、基坑边沿、爆破物及有害危险气体和液体存放处等危险部位，设置明显的安全警示标志；

2）保持现场道路畅通、排水及排水设施畅通，实施必要的工地地面硬化处理和设置必要的绿化带；

3）妥善存放和处理材料设备和施工机械，水泥和其他易飞扬细颗粒建筑材料应密闭存放或采取覆盖等措施，易燃易爆和有毒有害物品应分类存放；

4）现场设置消防通道、消防水源，配置消防设施和灭火器材，合理布置安全通道和安全设施，保证现场安全，建立消防安全责任制度；

5）现场设置密闭式垃圾站，施工垃圾、生活垃圾应分类存放，施工垃圾必须采用相应的容器或管道运输及时从现场清除并运走；

6）为了公众安全和方便或为了保护工程，按照监理工程师的指令或政府的要求提供并保持必要的照明、防护、围栏、警告信号和看守；

7）政府有关部门关于安全生产、文明施工规定的其他工作。

承包人对工程的安全施工负责，并应及时、如实报告生产安全事故。承包人违反上述规定或由于承包人原因造成的安全事故，由承包人承担相应责任和费用，工期不予顺延。

（4）监理工程师应当审查施工组织设计中的安全技术措施或者专项施工方案是否符合建设行政主管部门的有关规定。监理工程师发现承包人未遵守安全生产和文明施工规定或施工现场存在安全事故隐患的，应以书面形式通知承包人整改；情况严重的，应要求承包人暂停施工，并及时报告发包人。承包人在收到监理工程师发出书面通知后的 48 小时内仍未整改的，监理工程师可在报经发包人批准后指派第三方采取措施。该款项经造价工程师（或造价员）核实后，由发包人从应付或将付给承包人的款项中扣除。

（5）承包人在动力设备、输电线路、地下管道、密封防震车间、易燃易爆地段、毗邻建（构）筑物或临街交通要道附近、放射毒害性环境中施工以及实施爆破作业、使用毒害性腐蚀性物品施工时，应事先向监理工程师提出安全防护措施，经监理工程师认可后实施。除合同价款中已经列有此类工作的支付项目外，安全防护措施费由发包人承担。

（6）承包人应保证施工场地的清洁达到环境卫生部门的管理要求，为现场所有人员提供并维护有效的和清洁的生活设施，并在颁发工程竣工验收证书后的 14 天内，清理现场，运走全部施工机械、剩余材料和垃圾，保持施工场地和工程的清洁整齐。否则，发包人可自行或指派第三方出售或处理留下的物品，所得金额在扣除因此发生的各种支出之后，余额退还给承包人。

5. 放线

（1）监理工程师应在协议书约定的开工日期前，向承包人提供原始基准点、基准线、基准高程等书面资料，并对承包人的施工定线或放样进行检查验收。

（2）承包人应根据监理工程师书面确定的原始基准点、基准线、基准高程对工程进行准确的放样，并对工程各部分的位置、标高、尺寸或定线的正确性负责。

（3）如果工程任何部分的位置、标高、尺寸或定线超过合同规定的误差，承包人应自费纠正，直到监理工程师认为符合合同约定为止。如果这些误差是由于监理工程师书面提供的数据不正确所致，则视为变更；监理工程师应及时发出纠正指令，顺延延误的工期，并由造价工程师（或造价员）根据第 57 条规定确定合同价款的增加额。

（4）监理工程师对工程位置、标高、尺寸、定线的检查，不能免除承包人对工作准确性应负的任何责任和义务。承包人应有效地保护一切基准点、基准线和其他有关的标志，直到工程竣工验收合格为止。

6. 钻孔与勘察性开挖

在工程施工期间，如果需要承包人进行钻孔或勘探性开挖（含疏浚工作在内）工作，除合同价款中已列有此类项目外，此项工作应由监理工程师发出专项指令，并按第 56 条规定处理。

7. 发包人供应材料设备

（1）发包人供应材料设备的，双方应当约定"发包人供应材料设备一览表"，作为本合同的附件（附件二）。一览表包括发包人供应材料设备的品种、规格、型号、数量、单价、质量标准、提供的时间和地点。

（2）发包人应按一览表的约定提供材料设备，并向承包人提供产品合格证明，对其质量负责。发包人应在所供应材料设备到货前24小时，以书面形式通知承包人和监理工程师，由承包人与发包人在监理工程师的见证下共同清点，并按承包人的合理要求堆放。

（3）由发包人供应的材料设备，承包人派人参加清点后由承包人妥善保管，保管费由发包人承担，因承包人保管不善或承包人原因导致的丢失或损害由承包人负责赔偿。除合同价款中已列有此类工作的支付项目外，造价工程师（或造价员）应与发包人、承包人协商确定保管费，并增加到合同价款中；协商不能达成一致的，由造价工程师（或造价员）暂定，通知承包人并抄报发包人。

（4）发包人供应的材料设备与一览表不符时，发包人应按照下列规定承担相应责任：

1）材料设备的单价与一览表不符，由发包人承担所有价差；

2）材料设备的品种、规格、型号、质量标准与一览表不符，承包人可以拒绝接受保管，由发包人运出施工场地并重新采购；

3）材料设备的品种、规格、型号、质量标准与一览表不符，经发包人同意，承包人可代为调剂替换，由发包人承担相应费用；

4）到货地点与一览表不符，由发包人负责运至一览表指定地点；

5）供应数量少于一览表约定的数量时，由发包人补齐；多于一览表约定数量时，发包人负责将多出部分运出施工场地；

6）到货时间早于一览表约定时间，由发包人承担因此发生的保管费；到货时间迟于一览表约定的供应时间，发包人赔偿因此造成的承包人损失，造成工期延误的，工期相应顺延。

（5）发包人供应的材料设备使用前，由承包人负责检验或试验，不合格的不得使用，按工程师要求的时间运出施工场地，重新采购符合要求的产品，承担由此发生的费用，工期不予顺延。

8. 承包人采购材料设备

（1）承包人负责采购材料设备的，应按照标准与规范、设计要求和其他技术要求采购，并提供产品合格证，对材料设备质量负责。

（2）承包人采购设备与设计要求、标准与规范不符时，承包人应按监理工程师要求的时间运出现场，重新采购符合要求的产品，承担由此发生的费用，工期不予顺延。

（3）监理工程师发现承包人使用不符合标准与规范、设计要求的材料设备时，应要求承包人负责修复、拆除或重新采购，由承包人承担发生的费用，工期不予顺延。

（4）如果承包人不执行监理工程师依据第41.2款和第41.3款规定发出的指令，则发包人可自行或指派第三方执行该指令，因此而发生的费用由承包人承担。

该笔款项经造价工程师（或造价员）核实后，由发包人从支付或到期应付给承包人的工程款中扣除。

（5）承包人需要使用替换材料的，应向监理工程师提出申请，经监理工程师认可并取得发包人批准后才能使用，由此引起合同价款的增减由造价工程师（或造价员）与发包人、承包人协商确定；协商不能达成一致的，由造价工程师（或造价员）暂定，通知承包人并抄报发包人。

（6）承包人采购的材料设备在使用前，由承包人负责检验或试验，不合格的不得使用。

9. 材料设备的检验

（1）监理工程师及其委派的代表可进入施工场地、材料设备的制造、加工或制配的所有车间和场所进行检验。承包人应为他们进入上述场所提供便利和协助。

（2）标准与规范或合同要求进行见证取样检测的材料设备，承包人应在见证取样前24小时通知监理工程师参加，并在监理工程师的见证下负责：

1）材料设备的见证取样；

2）送至有资质的检测机构检测。

标准与规范或合同没要求进行见证取样检测的材料设备，承包人应与监理工程师协商确定合同约定的材料设备的检验时间和地点，并按时到场参加检验。如果监理工程师或其委派的代表不能按时到场参加检验，监理工程师应至少提前24小时发出延期检验指令并书面说明理由，延期不得超过48小时。如果监理工程师或其委派的代表未发出延期检验指令也未能按时到场检验，承包人可自行检验，并认为该检验是在监理工程师在场的情况下完成的。检验完成后，承包人应立即向监理工程师提交检验数据的有效证据，监理工程师应认可检验结果。

（3）材料设备检验合格的，可在工程中使用。材料设备检验不合格的，不能在工程中使用，并及时清出施工场地。

（4）发包人供应的材料设备，检验费由发包人承担；承包人采购的材料设备，检验费包含在合同价款中。

（5）如监理工程师认为需要，可要求对材料设备进行再次检验。发包人供应的材料设备，再次检验费由发包人承担，顺延延误的工期。承包人采购的材料设备，再次检验结果表明该材料设备不符合标准与规范、设计要求的，检验费由承包人承担，工期不予顺延；再次检验结果表明该材料设备符合标准与规范、设计要求的，检验费由发包人承担，顺延延误的工期。

10. 检查和返工

（1）承包人应按照标准与规范、设计要求以及监理工程师依据合同发出的指令施工，确保工程质量，随时接受监理工程师的检查检验，并为监理工程师的检查检验提供便利和协助。

（2）发现工程质量达不到国家规定的标准，承包人应拆除和重新施工，直到符合标准为止。因承包人原因达不到国家规定的标准的，由承包人承担拆除和重新施工的费用，工期不予顺延；因发包人原因达不到国家规定的标准的，由发包人承担拆除和重新施工的费用及相应的损失，顺延延误的工期。

（3）监理工程师的检查检验，不应影响施工的正常进行。如影响施工正常进行时，承包人应向监理工程师或发包人发出纠正通知，监理工程师应及时纠正其行为，否则承包人有权提出索赔和得到补偿。

11. 隐蔽工程和中间验收

（1）没有监理工程师的批准，任何工程均不得覆盖或隐蔽。工程具备隐蔽条件或达到专用条款约定的中间验收部位，承包人进行自检，并在隐蔽或中间验收前48小时向监理工程师提出隐蔽工程或中间验收申请，通知监理工程师验收，通知的内容包括隐蔽或中间验收的内容、验收的时间和地点。承包人应准备验收记录，并提供必要的资料和协助。

（2）如果监理工程师不能按时参加验收，应至少提前24小时发出延期验收指令并书面说明理由，延期不得超过48小时。如果监理工程师或其委派的代表未发出延期验收指令也未能到场验收，承包人可自行验收，并认为该验收是在监理工程师在场的情况下完成的。验收完成后，承包人应立即向监理工程师提交验收数据的有效证据，监理工程师应认可验收记录。

（3）经验收工程质量符合标准与规范、设计要求的，监理工程师应在验收记录上签字，承包人可进行隐蔽或继续施工。验收合格24小时后，监理工程师不在验收记录上签字，视为监理工程师已认可验收记录。验收不合格，由承包人按监理工程师的指令修改后重新验收，并承担因此而造成的发包人损失，工期不予顺延。

（4）当监理工程师有指令时，承包人应对隐蔽工程进行拍摄或照相，保证监理工程师能充分检查和测量覆盖或隐蔽的工程。

12. 重新检验和额外检验

（1）当监理工程师要求对已经隐蔽的工程重新检验时，承包人应按要求进行剥露或开孔，并在检验后重新覆盖或修复。如检验合格，则发包人承担因此而发生的全部费用，赔偿承包人损失，工期相应顺延。如检验不合格，则承包人应按监理工程师的指令重新施工，承担因此而发生的全部费用，工期不予顺延。

（2）当监理工程师指示承包人进行相关规范或标准以及合同中没有规定的检（试）验，以核实工程某一部分或某种材料设备是否有缺陷时，承包人应按要求进行检（试）验或修复。如果该检（试）验表明确有缺陷存在，则检（试）验和试样的费用，发包人供应材料设备的，由发包人承担；承包人采购材料设备的，由承包人承担。如果该检（试）验表明没有缺陷，则由发包人承担检（试）验和试样的费用。

13. 工程试车

（1）按合同约定需要试车的，试车的内容应与承包人承包的安装范围相一致。

（2）设备安装工程具备单机无负荷试车条件时，承包人应组织试车，并在试车前48小时以书面形式通知监理工程师。通知包括试车内容、时间和地点。承包人应自行准备试车记录，发包人应为承包人试车提供便利和协助。

监理工程师不能按时参加试车，应至少在开始试车前24小时发出延期试车指令并以书面说明理由，延期不能超过48小时。监理工程师未发出延期试车指令也未能按时参加试车，承包人可自行试车，并视为试车是在监理工程师在场的情况下完成的。试车完成后，承包人应立即向监理工程师提交试车数据的有效证据，监理工程师应认可试车记录。

（3）单机试车合格，监理工程师应在试车记录上签字，承包人可继续施工或申请办理竣工验收手续。单机试车合格 24 小时后，监理工程师不在试车记录上签字的，视为监理工程师已认可试车记录。

（4）设备安装工程具备联动无负荷试车条件时，发包人组织试车，并在试车前 48 小时以书面形式通知承包人。通知包括试车内容、时间、地点和对承包人的要求，承包人应按要求做好准备工作。试车合格，发包人和承包人应在试车记录上签字。

（5）试车费用，除非已含在合同价款内，否则，由发包人承担。试车达不到验收要求的，按下列规定处理：

1）由于设计原因试车达不到验收要求，发包人应要求设计单位修改设计，承包人按修改后的设计重新安装。发包人承担修改设计、拆除及重新安装的全部费用，工期相应顺延。

2）由于设备制造质量原因试车达不到验收要求，由该责任方负责重新购置或修理，承包人负责拆除和重新安装。设备由承包人采购的，由承包人承担修理或重新采购、拆除及重新安装的费用，工期不予顺延；设备由发包人供应的，发包人承担上述各项费用，并列入合同价款，工期相应顺延。

3）由于承包人施工原因试车达不到验收要求，承包人按监理工程师要求重新安装和试车，并承担拆除、重新安装和重新试车的费用，工期不予顺延。

（6）投料试车应在工程竣工验收后由发包人负责。如果发包人要求在工程竣工验收前进行或需要承包人配合时，应事先取得承包人同意，并另行签订补充协议。

多数建筑工程都有与之相配套的设备安装工程，不论是民用建筑工程的锅炉、变配电、供暖通风系统、制冷设备、电梯等，还是工业建筑的生产、工艺设备等，根据不同的设备安装，国家均制定了相应的验收规范，在规范内规定了单机试车、无负荷联动试车和投料试车（带负荷联动试车）。

14. 竣工资料

（1）工程具备竣工验收条件，承包人应按规定的工程竣工验收技术资料格式和要求，向发包人提交完整的竣工资料及竣工报告，发包人、承包人应按第 48 条规定进行验收。提交上述资料的费用已包含在合同价款中。

（2）如果承包人不按规定提交竣工资料或提交的资料不符合要求，则认为工程尚未达到竣工条件。

15. 竣工验收

（1）发包人收到承包人提交的竣工报告后，承包人应在竣工报告中提请发包人自验收之日期起 28 天内组织验收，并在验收后 14 天内予以认可或提出修改意见。验收不合格，承包人应按要求修改后再次提请发包人验收，并承担因自身原因造成修改的费用，工期不予顺延。

（2）发包人收到承包人提交的竣工报告后，承包人在竣工报告中提请发包人自验收之日期起 28 天内不组织验收，或验收后 14 天内不提出修改意见，视为竣工报告已被认可。

（3）发包人收到承包人提交的竣工报告后，承包人在竣工报告中提请发包人自验收之日期起 28 天内不组织验收，从第 29 天起承担工程照管和一切意外责任。

（4）竣工报告被认可，则表明已完成工程，并视为通过竣工验收，发包人应向承包人颁发工程竣工验收证书。

（5）中间交工工程的范围及其计划竣工时间，发包人、承包人应在专用条款中约定，其验收程序按第 48.1～第 48.4 款规定办理。

（6）工程未经竣工验收或竣工验收未通过的，发包人不得使用。发包人强行使用的，视为工程质量合格，由此发生的质量问题及其他问题，由发包人承担责任。

（7）工程竣工验收时发生工程质量争议，由双方同意的工程质量检测机构鉴定，工程质量符合国家规定标准的，由发包人承担所需费用，工期相应顺延；工程质量不符合国家规定标准的，承包人应按要求修改后再次提请发包人验收，并承担修改的费用，工期不予顺延。

16. 质量保修

（1）承包人应在质量保修期内对交付发包人使用的工程承担质量保修责任，并在签订本合同的同时，与发包人签订《工程质量保修书》作为本合同的附件（附件三）。

（2）质量保修期从竣工验收合格之日起计算，保修期由发包人、承包人根据国家有关规定在附件三中约定。在质量保修期内，发包人发现质量缺陷的，应及时通知承包人修正，承包人应在收到通知后的 7 天内派人修正；发生紧急抢修事故的，承包人应在接到通知后立即到达事故现场抢修。

（3）如果承包人未能在规定时间内修正某项质量缺陷，则发包人可自行或指派第三方修正缺陷，因此产生的费用由承包人承担。

（4）承包人修正属于质量缺陷以外的费用，由责任方承担。

六、工程造价

第六章包括 17 条共 63 款，分别是合同价款的确定方式、合同价款的调整、工程计量和计价、预留金、零星工作项目费、提前竣工奖与误期赔偿费、工程变更、工程变更价款的确定、法律、法规、国家有关政策及物价变化、支付事项、预付款、安全生产措施费、进度款、费用索赔、竣工结算、质量保证金、其他。

1. 合同价款的确定方式

（1）招标工程的合同价款由发包人、承包人依据中标通知书中的中标价格在本合同协议书中约定，非招标工程的合同价款由发包人、承包人依据工程量清单报价书或预算书在本合同中、议书中约定。

（2）合同价款在协议书中约定后，任何一方不得擅自改变。下列三种确定合同价款的方式，双方可在专用条款中约定采用其中一种：

1）采用固定单价方式确定合同价款。执行《建设工程工程量清单计价规范》和黑龙江省关于工程量清单计约有关规定。

2）采用固定总价方式确定合同价款。执行现行黑龙江省预算定额、费用定额及有关计价规定，或者执行《建设工程工程量清单计价规范》和黑龙江省关于工程量清单计价的有关规定（按照《黑龙江省实施建设工程价款结算暂行办法及细则》的规定，工期较短、技术不复杂、风险不大且合同总价在 200 万元以内的工程，可以采用此方式）。

3）采用可调价格方式确定合同价款。执行现行黑龙江省预算定额、相应的费用定额及有关计价规定。

按照《黑龙江省建筑市场管理条例》和《黑龙江省建设工程造价计价管理办法》的规定，黑龙江省目前工程造价采用两种计价方式，即工程量清单计价和预算定额计价。除了按照《建设工程工程量清单计价规范》规定必须采用工程量清单计价的工程以外，可以选择其中一种计价方式。合同双方在确定合同价款时，应充分考虑市场环境和生产要素价格对合同价的影响。

按照原建设部 107 号令《建筑工程施工发包与承包计价管理办法》规定，合同价款还可以采用成本加酬金的方式来确定，如果双方协商一致，可以在《专用条款》中约定采用成本加酬金的方式来确定合同价款，双方可以选择以下一种方式约定合同价款：①按工程成本实报实销另加一笔酬金，酬金的确定，可采用一个绝对值的方法，也可以采用按占实际成本的百分比的方法计算。②预算成本加酬金，即计算出一个预算成本，酬金按占预算成本的百分比计算。③最高限额成本加固定酬金，如实际成本超过最高限额时，双方在合同中约定超出最高限额部分如何分担。

2. 合同价款的调整

（1）采用第 50.2（1）款方式确定合同价款的，合同价款的调整因素包括：

1）工程量的偏差；

2）工程变更；

3）法律、法规、国家有关政策及物价的变化；

4）费用索赔事件或发包人负责的其他情况；

5）工程造价管理机构发布的造价调整；

6）一周内非承包人原因停水、停电、停气造成的停工累计超过 8 小时；

7）专用条款约定的其他调整因素。

本款（1）、（2）、（3）调整因素应分别按第 56、57、58、72、73 条的规定调整合同价款。

（2）采用第 50.2（2）款方式确定合同价款的，双方在专用条款中约定合同价款包含的风险范围和风险费用的计算方法，在约定的风险范围内合同价款不再调整，风险范围以外的合同价款调整方法，双方应当在专用条款中约定。包括以下调整因素：

1）工程变更；

2）法律、法规、国家有关政策及物价的变化；

3）费用索赔事件或发包人负责的其他情况；

4）一周内因非承包人原因停水、停电、停气造成的停工累计超过 8 小时；

5）专用条款约定的其他调整因素。

本款 1）、2）调整因素应分别按第 56、57、58 条的规定调整合同价款。

（3）采用第 50.2（3）款方式确定合同价款的，双方在专用条款中约定合同价款的调整方法、材料价差的调整方法、各项费率的具体标准等。合同价款的调整因素包括：

1）工程变更；

2）法律、法规和国家有关政策变化；

3）费用索赔事件或发包人负责的其他情况；

4）工程造价管理机构发布的造价调整；

5）一周内非承包人原因停水、停电、停气造成的停工累计超过 8 小时；

6）专用条款约定的其他调整因素。

本款 1）、2）调整因素应分别按第 56、57、58.2 条的规定调整合同价款。

如果施工过程中不发生第 56 条规定的工程变更，投标书或预算书中的工程量不予调整。

3. 工程计量和计价

（1）工程的计量和计价由造价工程师（或造价员）负责。造价工程师（或造价员）应按照合同约定，依据国家标准《建设工程工程量清单计价规范》、黑龙江省消耗量定额、黑龙江省预算定额（估价表）、黑龙江省建筑安装工程费用定额和黑龙江省有关计价规定进行工程计量和计价。

（2）承包人应按第 62.1 款规定向造价工程师（或造价员）提交已完工程款额报告。造价工程师（或造价员）应在收到报告后的 7 天内核实工程量，并将核实结果通知承包人、抄报发包人，作为工程计价和工程款支付的依据。

（3）当造价工程师（或造价员）进行现场计量时，应在计量前 24 小时通知承包人，承包人应为计量提供便利条件并派人参加。承包人收到通知后不派人参加计量的，视为认可计量结果，造价工程师（或造价员）不按约定时间通知承包人，致使承包人未能派人参加计量的，计量结果无效。

（4）造价工程师（或造价员）收到承包人按第 62.1 款规定提交的已完工程款额报告后 7 天内，未进行计量或未向承包人通知计量结果的，从第 8 天起，承包人报告中开列的工程量即视为被确认，作为工程计价和工程款支付的依据。

（5）如果承包人认为造价工程师（或造价员）的计量结果有误，应在收到计量结果通知后的 7 天内向造价工程师（或造价员）提出书面意见，并附上其认为正确的计量结果和详细的计算过程等资料。造价工程师（或造价员）收到书面意见后，应立即会同承包人对计量结果进行复核，确定计量结果，同时通知承包人、抄报发包人。承包人对复核计量结果仍有异议或发包人对计量结果有异议的，按照第 67 条规定处理。

（6）对承包人超出设计图纸范围和因承包人原因造成返工的工程量，造价工程师不予计量。

4. 预留金

（1）预留金是用于实施工程的任一增加部分，或用于提供货物、材料设备或服务，或用于意外事件的一笔款项。

（2）经发包人批准后，监理工程师应就承包人实施第 53.1 款规定的工作发出指令。造价工程师（或造价员）就此项指令提出所需价款，经发包人确认后支付。

（3）造价工程师有要求时，承包人应提供使用预留金的所有报价单、发票、账单或收据。

5. 零星工作项目费

（1）承包人投标文件（或预算书）中的零星工作项目单价用于少量额外工作计价。经发包人批准后，监理工程师应就使用零星工作项目费的工作发出书面指令。造价工程师（或造价员）按实际数量和承包人投标文件（或预算书）中的零星工作项目单价的乘积计。

（2）所有按零星工作项目方式支付的工作，承包人应按零星工作项目表格做好记录。当此工作持续进行时，承包人应每天将记录完毕的零星工作项目表一式两份送交给监理工程师，监理工程师在收到承包人提交记录的 2 天内予以确认，并将其中一份返还给承包人，作为工程计价和工程款支付的依据。逾期未确认或未提出修改意见的，视为监理工程师已认可记录。

（3）零星工作项目费与工程进度款同期支付。每个支付期末，承包人应按第 62.1 款规定向发包人提交本期间所有零星工作项目记录汇总表，以说明本期间自己认为有权获得的零星工作项目费。

6. 提前竣工奖与误期赔偿费

（1）发包人、承包人可在专用条款中约定提前竣工奖，明确每日历天应奖额度。约定提前竣工奖的，如果承包人的实际竣工日期早于协议书约定的竣工日期或监理工程师同意顺延的竣工日期，承包人有权向发包人提出并得到提前竣工奖。除专用条款另有约定外，提前竣工奖的最高限额为合同价款的 5%。提前竣工奖列入竣工结算文件中，与竣工结算款一并支付。

（2）发包人、承包人应在专用条款中约定误期赔偿费，明确每日历天应赔付额度。如果承包人的实际竣工日期迟于协议书约定的竣工日期或监理工程师同意顺延的竣工日期，发包人有权向承包人索取专用条款中约定的误期赔偿费。除专用条款另有约定外，误期赔偿费的最高限额为合同价款的 5%。发包人可从应支付或到期应支付给承包人的款项中扣除误期赔偿费。

如果在工程竣工之前，发包人已对合同工程内的某单项工程签发了竣工验收证书，且竣工验收证书中表明的竣工日期并未延误，而是工程的其他部分产生了工期延误，则误期赔偿费应按已签发竣工验收证书的工程价值占合同价款的比例予以减少。

7. 工程变更

（1）没有监理工程师指令并取得发包人批准，承包人应按合同约定施工，不得进行任何变更。工程量的偏差不属于工程变更，该项工程量增减不需要任何指令。

（2）合同履行期间，发包人可对工程或其任何部分的形式、质量或数量作出变更。为此，监理工程师应至少提前 14 天以书面形式向承包人发出变更指令，提供变更的相应图纸及其说明等资料。承包人应按照监理工程师发出的变更指令和要求，及时进行工程变更。变更项目包括：

1）本合同中任何工程数量的改变（不含工程量的偏差）；

2）任何工作的删减，但不包括取消拟由发包人或其他承包人实施的工程；

3）任何工作内容的性质、质量或其他特征的改变；

4）工程任何部分的标高、基线、位置和（或）尺寸的改变；

5）工程完工所必需的任何附加工作的实施；

6）工程的施工次序和时间安排的改变；

（3）合同履行期间，承包人可以提出工程变更建议。变更建议应以书面形式向监理工程师提出，同时抄送发包人，详细说明变更的原因、变更方案及合同价款的增减情况。

发包人采纳承包人的建议给发包人带来的利益，由发包人、承包人另行约定分享比例。

（4）如果发包人要求承包人提交一份工程变更建议书，则承包人应在 7 天内做出书面回应，该建议书的内容至少应包括：

1）对所涉及工作的说明，以及实施的进度计划；

2）对原进度计划做出的必要修改；

3）因变更所需调整的金额。

发包人应在接到建议书后的 7 天内予以答复。在等待答复期间，承包人不得延误任何工作。

（5）工程变更不应使合同作废或无效。工程变更导致合同价款的增减，按第 57 条规定确定，工期相应调整。但是，如果变更是由于下列原因导致或引起的，则承包人无权要求任何额外或附加的费用，工期不予顺延：

1）为了便于组织施工需采取的技术措施的变更或临时工程的变更；

2）为了施工安全、避免干扰等原因需采取的技术措施的变更或临时工程的变更；

3）因承包人的违约、过错或承包人负责的其他情况导致的变更。

8. 工程变更价款的确定

（1）承包人应在工程变更确定后的 14 天内向造价工程师（或造价员）提出工程变更价款报告；如承包人未在工程变更确定后的 14 天内提出工程变更价款报告，则造价工程师（或造价员）可以在报经发包人批准后，根据掌握的实际资料决定是否调整合同价款以及调整的金额，变更合同价款按下列方法进行：

1）合同中已有适用于变更工程的价格，按合同已有的价格变更合同价款；

2）合同中只有类似于变更工程的价格，可以参照类似价格变更合同价款；

3）合同中没有适用或类似于变更工程的价格，由承包人提出适当的变更价格，经造价工程师（或造价员）核实，并经发包人确认后执行；

（2）造价工程师（或造价员）在收到工程变更价款报告之日起14天内对其核实，并予以确认或提出修改意见、造价工程师（或造价员）在收到工程变更价款报告之日起14天内未确认也未提出修改意见的，视为工程变更价款报告已被确认；造价工程师（或造价员）提出修改意见的，双方应在承包人收到修改意见后的14天内进行协商确定；协商不能达成一致的，由造价工程师（或造价员）暂定工程变更价款，通知承包人并抄报发包人、工程变更价款被确认或被暂定后列入合同价款，与工程进度款同期支付。

（3）如果因为非承包人原因删减了合同中的某项原定工作或工程，致使承包人发生的费用或（和）预期收益不能被包括在其他已支付或应支付的项目中，也未包含在任何替代的工作或工程中，则承包人有权按照本条规定提出和得到补偿。

9. 法律、法规、国家有关政策及物价的变化

（1）合同履行期间，当工程造价管理机构发布的人工、材料、设备价格或机械台班价格涨落超过合同工程基准期（招标工程为递交投标文件截止日期前28天；非招标工程为订立合同前28天。下同）价格10%或者专用条款中约定的幅度时，发包人、承包人不利一方应在事件发生的14天内通知另一方，并按专用条款中约定的调整方法调整合同价款。否则，除征得有利一方同意外，合同价款不作调整。

（2）如果在合同工程基准期以后，国家或省颁布的法律、法规出现修改或变更，且因执行上述法律、法规致使承包人在履行合同期间的费用发生了第58.1款规定以外的增减，则应调整合同价款。调整的合同价款由承包人依据实际变化情况提出，经造价工程师（或造价员）核实，并经发包人确认后调整合同价款。

10. 支付事项

（1）发包人应按下列规定向承包人支付工程款及其他各种款项：

1）预付款按第60条的规定支付；

2）安全生产措施费按第61条规定支付；

3）进度款按第62条的规定支付；

4）竣工结算款按第64条的规定支付；

5）质量保证金按第65条的规定支付。

（2）如果发包人支付延迟，则承包人有权按专用条款约定的利率计算和得到利息，计息时间从应支付之日算起直到该笔延迟款额支付之日止；专用条款没有约定利率的，按照中国人民银行发布的同期同类贷款利率计算。

（3）如果造价工程师（或造价员）有要求，承包人应向造价工程师提供其对雇员劳务工资、分包人已完工程和供应商已提供材料设备的支付凭证。如果承包人未能提供上述凭证，视为承包人未向雇员、分包人、供应商支付。

（4）如果承包人不按雇员劳动合同和政府有关规定支付雇员劳务工资或不按分包合同支付分包人工程款或不按购销合同支付材料设备供应商货款的，可认为承包人违约。若在造价工程师（或造价员）书面通知改正之后的7天内，承包人仍未采取措施补救的，发包人可在不损害承包人其他权利的前提下，实施下列

工作：

1）立即停止向承包人支付应付的款项；

2）在合同履行相应时期的工程价款范围内，直接向雇员、分包人和材料设备供应商支付承包人应付的款项。

发包人在实施上述工作后的 14 天内应以书面形式通知承包人，抄送造价工程师（造价员）。下期支付时，应扣除已由发包人直接支付的款项，因上述工作发生的费用由承包人承担；给发包人造成损失的，承包人应赔偿损失。

（5）除非经承包人同意，否则，本条规定的各种款项的支付必须以法定货币形式支付，不得以实物或有价证券抵付。

11. 预付款

（1）发包人应在合同约定的开工之日前 7 天内预付工程款，双方在专用条款中约定预付工程款的金额（扣除安全生产措施费）和支付办法。重大工程项目可按年度施工进度或投资计划逐年预付。

（2）发包人没有按时支付预付款的，承包人可在付款期满后向发包人提出付款要求，发包人在收到付款要求后的 7 天内仍未按要求支付的，承包人可在提出付款要求后的第 8 天起暂停施工，因此造成的损失由发包人承担，工期相应顺延。

（3）发包人不应向承包人收取预付款的利息。预付款应依据专用条款约定的抵扣方式，从应支付给承包人的款项中扣回。

原建设部 107 号令《建筑工程施工发包与承包计价管理办法》第 14 条规定：建筑工程的发承包双方应当根据建设行政主管部门的规定，结合工程款、建设工期和包工包料情况在合同中约定预付工程款的具体事宜。按照《黑龙江省建筑市场管理条例》第 40 条的规定：发包单位应当在施工合同约定的开工之日起 15 日内，向承包单位支付不少于合同约定的工程造价 25％的预付工程款。发包人预付工程款是先履行行为，而承包人收到预付款后，才履行施工义务，是后履行行为，因此，根据《合同法》第 67 条"当事人互负债务，有先后履行顺序，先履行一方未履行的，后履行一方有权拒绝其履行要求"的规定，因发包人不按合同约定先履行预付工程款义务，发包人也就无权要求承包人履行施工义务。

12. 安全生产措施费

（1）发包人、承包人应按黑龙江省建设行政主管部门的规定，在专用条款中明确安全生产措施费的内容、范围和金额，并按第 37 条规定做好安全生产和文明施工工作。专用条款没有约定的，安全生产措施费的内容、范围和金额应以黑龙江省现行有关规定为准。

（2）发包人、承包人应按黑龙江省建设行政主管部门的规定在专用条款中明确安全生产措施费的预付金额、预付时间、支付办法和抵扣方式。合同工期在一年以内的，预付安全生产措施费不得低于该费用总额的 50％，合同工期在一年以上的（包括一年），预付安全生产措施费不得低于该费用总额的 30％，其余部分在该预付款扣完之日起与工程进度款同期支付。工程结算时，安全生产措施费按黑龙江省建设行政主管部门的规定计取。

（3）安全生产措施费专款专用，设立专项资金账户，承包人应在财务账目中单独列项备查，不得挪作他用，否则造价工程师（或造价员）有权责令限期改正；逾期未改正的，可以责令其暂停施工，因此造成的损失由承包人承担，延误的工期不予顺延。

13. 进度款

（1）发包人、承包人应在专用条款中明确进度款的支付期的时限。专用条款没有约定的，支付期间按月为单位。承包人应在每个支付期间结束后的 7 天内向造价工程师（或造价员）发出由承包人代表签署的已完工程款额报告，详细说明此支付期间自己认为有权获得的款额，包括分包人、指定分包人已完工程的价款，并抄送发包人和监理工程师各一份。

已完工程款额报告应包括已完工程的工程量和工程价款、已经支付的工程价款、本期间完成的工程量和工程价款、其他应在本期结算的工程价款、按合同约定应在本期扣除的工程价款、本期间应支付的工程价款。

（2）造价工程师（或造价员）在收到上述资料后，应按第 52 条的规定进行计量，并报送发包人确认。发包人应在造价工程师（或造价员）报送计量结果后 3 天内予以确认，并向承包人支付进度款。

（3）如果造价工程师未在第 62.2 款规定的期限内进行计量，则视为承包人的已完工程款额报告已被认可，承包人可向发包人发出要求付款的通知。发包人应在收到通知后的 7 天内，按承包人已完工程款额报告中的金额支付进度款。

（4）发包人未按第 62.2 款和第 62.3 款规定支付进度款的，承包人有权根据第 59.2 款规定获得延迟支付的利息，并可由发包人提出付款要求。发包人在收到付款要求后的 7 天内仍未按要求支付的，承包人可在提出付款要求后的第 8 天起暂停施工，因此造成的损失由发包人承担，工期相应顺延。

（5）造价工程师（或造价员）有权在支付进度款时修正以前各期支付中的错误。如果工程或其任何部分没有达到质量要求，造价工程师有权在任何一期支付进度款时扣除该项价款。

工程进度款的支付时间与支付（结算）方式有紧密关系。工程进度款支付方式有以下几种：①按月结算。即实行旬末预支或月中预支，月终按工程师确认的当月完成约有效工程量进行结算，竣工后办埋竣工结算。②分段结算。即双方约定按单项工程或单位工程形象进度，划分不同阶段进行结算，每阶段完工后进行结算。③竣工后一次结算。建设项目较少，工期较短的工程，可以实行在施工过程中分几次预支，竣工后结算的方法。④双方约定的其他结算方式。

双方可以根据具体工程的建设规模、工期长短、合同价款多少，具体选择其中一种方式。目前，大多数工程都采用按月支付进度款。

14. 费用索赔

（1）如果承包人根据合同约定提出任何费用或损失的索赔时，应在该索赔事件首次发生的 14 天内向造价工程师（或造价员）发出索赔意向书，并抄送发包人。

（2）在索赔事件发生时，承包人应保存当时的记录，作为申请索赔的凭证。

造价工程师（或造价员）在接到索赔意向书时，无需认可是否属于发包人责任，应先审查记录并可指示承包人进一步做好补充记录。承包人应配合造价工程师（或造价员）审查其记录，在造价工程师（或造价员）提出要求时，应当向造价工程师（或造价员）提供记录的复印件。

（3）在发出索赔意向书后的 14 天内，承包人应向造价工程师（或造价员）提交索赔报告和有关资料。如果索赔事件持续进行时，承包人应每隔 7 天向造价工程师（或造价员）发出索赔意向书，在索赔事件终了后的 14 天内，提交最终索赔报告和有关资料。

（4）如果承包人提出的索赔未能遵守第 63.1～第 63.3 款，则承包人无权获得索赔或只限于获得由造价工程师按提供记录予以核实的那部分款额。

（5）造价工程师（或造价员）在收到承包人提供的索赔报告和有关资料后的 28 天内予以核实或要求承包人进一步补充索赔理由和证据，并与发包人和承包人协商确定，承包人有权获得的全部或部分的索赔款额；协商不能达成一致的，由造价工程师（或造价员）暂定，通知承包人并抄报发包人。如果造价工程师（或造价员）在规定期限内未予答复也未对承包人做出进一步要求，视为该项索赔已经认可。

（6）承包人未能按合同约定履行各项义务或发生错误，给发包人造成损失，发包人可按本条规定的时限和要求向承包人提出索赔。

（7）造价工程师（或造价员）应将根据第 63.5 款和第 63.6 款规定确定或暂定的结果通知承包人并抄报发包人。索赔款额列入合同价款，与工程进度款或竣工结算款同期支付或扣回。

15. 竣工结算

（1）发包人、承包人应按财政部、原建设部颁发的《建设工程价款结算暂行办法》规定的程序和时限办理竣工结算。在办理竣工结算期间，按第 59 条规定的支付不停止。

（2）承包人应在提交竣工报告的同时向造价工程师（或造价员）递交由承包人签署的竣工结算报告，并附上完整的结算资料，同时抄送发包人和监理工程师各一份。

在未取得延期的情况下，承包人未按本款规定的时间递交竣工结算报告的，造价工程师（或造价员）可根据自己掌握的情况编制竣工结算文件，在报经发包人批准后作为竣工结算和支付的依据，承包人应予以认可。

要求承包人在提交竣工验收报告的同时递交竣工结算报告，是财政部、原建设部文件财建（2004）369 号《建设工程价款结算暂行办法》第 14 条（三）款的规定。目的在于竣工后双方要及时办理工程结算，减少拖欠工程款。第 21 条规定"工程竣工后，发、承包双方应及时办清工程竣工结算，否则，工程不得交付使用，有关部门不予办理权属登记"。

（3）造价工程师（或造价员）在收到承包人按第 64.2 款规定递交的报告和资料后，应按照第 64.1 款规定的时限进行核实，并向承包人提出核实意见（包括进一步补充资料和修改结算文件），同时抄报发包人。承包人在收到核实意见后的 14

天内按造价工程师（或造价员）提出的合理要求补充资料，修改竣工结算报告，并再次递交竣工结算报告和结算资料。

造价工程师（或造价员）在收到报告和资料后未按照第 63.1 款规定的时限进行核实的，视为造价工程师（或造价员）对承包人递交的竣工结算报告和结算资料已核实无误。

（4）造价工程师应在收到承包人按第 64.3 款规定再次递交的报告和资料后，应按照第 64.1 款规定的时限进行复核，并将复核结果通知承包人、抄报发包人。

1）经复核无误的，除属于第 67 条规定的争议外，发包人应在 7 天内予以认可并在竣工结算报告上签字确认，竣工结算报告生效。

2）经复核认为有误的：无误部分按本款第（1）点规定办理不完全竣工结算；有误部分由造价工程师（或造价员）与发包人、承包人协商解决，或按照第 67 条规定处理。

（5）发包人应在竣工结算报告生效后的 14 天内向承包人支付竣工结算价款。承包人收到竣工结算价款后 14 天内将竣工工程交付发包人。

（6）发包人未按第 64.5 款规定支付竣工结算价款的，承包人有权依据第 59.2 款规定取得延迟支付的利息，并可催告发包人支付结算价款。竣工结算报告生效后 28 天内仍未支付的，承包人可与发包人协商将该工程折价，也可直接向人民法院申请将该工程依法拍卖，承包人就该工程折价或拍卖价款优先受偿。

根据最高人民法院法释［2002］16 号《最高人民法院关于建设工程价款优先受偿权问题的批复》规定，建设工程承包人行使优先权的期限为 6 个月，自建设工程竣工之日或合同约定的竣工之日起计算。

（7）承包人未按 64.2 款规定向发包人提交竣工结算报告及完整的结算资料，拖延工程竣工结算的，发包人要求交付工程，承包人应当交付；发包人不要求交付工程，承包人承担照管工程责任。

（8）因工程性质或政府管理等方面的需要，发包人对工程竣工结算有特殊要求的，应在专用条款中约定。

16. 质量保证金

（1）质量保证金是用于承包人对工程质量的担保。承包人未按约定及有关法律法规的规定履行质量保修义务的，发包人有权从质量保证金中扣留用于质量返修的各项支出。

（2）除专用条款中另有约定外，质量保证金为合同价款的 5，发包人将按该比例从每次应支付给承包人的工程款中扣留。

（3）工程竣工验收合格满二年后的 28 天内，发包人应将剩余的质量保证金和利息返还给承包人。剩余质量保证金的返还，并不能解除承包人按合同约定应负的质量保修责任。

17. 其他

本合同中对有关工程造价、支付事项、竣工结算、保修、索赔、工程变更、计价依据等事项没有约定或约定不明确的，按照《黑龙江省建设工程造价计价管理办法》、《黑龙江省实施〈建设工程价款结算暂行办法〉细则》、黑龙江省工程造价计价依据等有关规定执行。

七、合同争议、解除与终止

第七章包括 4 条共 20 款，分别是合同争议、合同解除、合同解除的支付、合同终止。

1. 合同争议

（1）本合同履行期间，合同双方应在收到监理工程师或造价工程师（或造价员）依据合同约定做出暂定结果之后的 14 天内，对暂定结果予以确认或提出意见。

合同双方对暂定结果认可的，应以书面形式予以确认，暂定结果成为最终决定，对合同双方都有约束力；合同双方或一方不同意暂定结果的，应以书面形式向监理工程师或造价工程师（或造价员）提出，说明自己认为正确的结果，同时抄送另一方，此时该暂定结果成为争议。除非本合同已解除，在暂定结果实质不影响双方履约的前提下，双方应尽量实施该结果，直到其被改变为止。

合同双方在收到监理工程师或造价工程师（或造价员）的暂定结果之后的 14 天内，未对暂定结果予以确认也未提出意见的，视为合同双方已认可暂定结果。

（2）争议发生后的 14 天内，合同双方可进一步进行协商。协商达成一致的，双方应签订书面协议，并将结果抄送监理工程师或造价工程师（或造价员）；协商仍不能达成一致的，按第 67.3～第 67.5 款规定进行调解或认定、仲裁或诉讼。

（3）合同双方没有按第 67.2 款规定进一步协商的，或虽然协商但未在规定期限内达成一致的，合同双方或一方应在争议发生后的 28 天内，将争议提交有关主管部门调解或认定，或直接按第 67.5 款规定提请仲裁或诉讼。

合同双方或一方逾期既未将争议提交有关主管部门调解或认定，也未提请仲裁或诉讼的，视为合同双方已认可暂定结果，暂定结果成为最终决定，对合同双方都有约束力。

（4）有关主管部门在收到争议调解或认定请求后，可组织调查、勘察、计量等工作，合同双方应为其开展工作提供便利和协助。有关主管部门应就争议做出书面调解或认定结果，并通知合同双方。

（5）合同双方协商不成或对有关主管部门做出的书面调解或认定结果不认可，可按专用条款约定的下列一种方式解决争议：

1）向约定的仲裁委员会申请仲裁；

2）向有管辖权的人民法院提起诉讼。

《合同法》第 128 条规定：当事人可以通过和解或者调解解决合同争议。当事人不愿和解、调解或者和解调解不成的，可以根据仲裁协议向仲裁机构申请仲裁。涉外合同的当事人可以根据仲裁协议向中国仲裁机构或者其他仲裁机构申请仲裁。当事人没有订立仲裁协议或者仲裁协议无效的，可以向人民法院起诉。当事人应当履行发生法律效力的判决、仲裁裁决、调解书；拒不履行的，对方可以请求人民法院执行。

本条第三、四款约定，发生争议后合同双方或一方可向有关主管部门申请调解，也可直接申请仲裁或诉讼。

（6）争议期间，除出现下列情况，双方都应继续履行合同，保持施工连续，保护好已完工程：

1）双方协议停止施工；

2）一方违约导致合同确已无法履行而停止施工；

3）调解时双方同意停止施工；

4）仲裁机构或法院认为需要停止施工。

2. 合同解除

（1）发包人、承包人协商一致，可以解除合同。

（2）因不可抗力致使合同无法继续履行，发包人、承包人可以解除合同。

（3）承包人有下列情形之一者，发包人可以解除合同：

1）承包人未能在规定的开工期限内开工，经监理工程师催告后的 28 天内仍未开工的；

2）进度计划未表明有停工而且监理工程师也未授权停工，但承包人停止施工时间持续达 28 天或累计停止施工时间达 42 天的；

3）承包人破产或清偿的，但为机构重组或联合的目的除外；

4）承包人拖延完工而可偿付的误期赔偿费已达专用条款约定最高限额的；

5）承包人明确表示不履行合同规定的主要义务的；

6）承包人未遵守合同约定或监理工程师的指令，经监理工程师书面指出后仍未按要求改正的；

7）承包人在投标过程中或履行合同期间参与欺诈行为的；

8）承包人转包工程、违法分包或未经许可擅自分包工程的；

9）承包人严重违反合同的其他违约行为。

在上述情况下，发包人可自行或指派第三方实施、完成合同工程或其任何部分，并可使用根据第 12.2 款留下的承包人施工机械、周转性材料和临时工程，直至工程完工为止。

（4）发包人有下列情形之一者，承包人可以解除合同：

1）非承包人原因不能在规定期限内开工，经承包人催告后的 28 天内仍无法开工的；

2）非承包人原因造成暂停施工持续了 84 天以上或累计停工时间超过了 140 天的；

3）发包人破产或清偿的，为机构重组或联合的目的除外；

4）发包人未按合同约定向承包人支付工程款，经承包人催告后的 28 天内仍未支付的；

5）发包人未履行合同约定的义务，致使承包人无法继续施工的；

6）发包人提供的设计图纸存在缺陷或供应的材料设备不符合强制性标准，致使承包人无法施工，经承包人催告后 28 天内仍未修正或更换的；

7）发包人严重违反合同的其他违约行为。

（5）合同一方根据第 68.2～第 68.4 款规定要求解除合同的，应以书面形式向另一方发出解除合同的通知，对方收到通知时合同即告解除。对解除合同有争议的，应按第 67 条规定处理。

（6）合同一旦解除，承包人应立即停止施工，保证现场安全，尽快撤离现场，并将所有与本合同有关的施工文件、设计文件移交给监理工程师。发包人应为承包人的撤离提供便利和协助。

3. 合同解除的支付

（1）根据第 68.1 款规定解除合同的，按达成的协议办理结算和支付工程价款。

（2）根据第 68.2 款规定解除合同的，发包人应向承包人支付合同解除之日前已完成的尚未支付的工程款。此外，发包人还应支付下列款项：

1）已实施或部分实施的措施项目费应付款额；

2）承包人为工程合理订购且已交付的材料设备款额，发包人一经支付此项款额，该材料设备即成为发包人的财产；

3）承包人为完成合同工程而预期开支的任何合理款额，且该项款额未包括在本款其他各项支付之内；

4）根据第 25.3 款规定的任何工作应得到的款额；

5）根据第 68.6 款规定承包人撤离现场所需的合理款额，包括雇员遣送费和临时工程的拆除、施工机械运离现场的款额。

发包人、承包人按第 64 条规定办理，但扣除合同解除之日前发包人应向承包人收回的任何款额、如果应扣除的款额超过了应向承包人支付的款额，则承包人应在合同解除后的 56 天内将其差额退还给发包人。

（3）根据第 68.3 款规定解除合同的，发包人暂停向承包人支付任何款额，造价工程师（或造价员）应在合同解除后的 28 天内核实合同解除时承包人已完成的全部工程价款以及已运至现场的材料设备的价款，并扣除误期赔偿费（如有）和发包人已支付给承包人的各项款额，同时将结果通知承包人并抄报发包人。发包人、承包人应在收到核实结果后的 28 天内予以确认或提出意见，并按第 64.4 款第（1）点、第（2）点规定办理。如果应扣除的款额超过了应向承包人支付的款额，则承包人应在合同解除后的 56 天内将其差额退还给发包人。

（4）根据第 68.4 款规定解除合同的，发包人除应按第 69.2 款规定向承包人支付各项款额外，还应支付给承包人由于合同解除而引起的或涉及的对承包人的损失或损害的款额，该笔款额由承包人提出，造价工程师（或造价员）核实后与发包人、承包人协商确定，并在确定后的 14 天内支付给承包人。协商不能达成一致的，按照第 67 条规定处理。

4. 合同终止

（1）合同解除后，除双方享有第 67～第 69 条规定的权利外，本合同即告终止，但不损害因一方在此以前的任何违约而使另一方应享有的权利，也不影响双方在合同中约定的结算和清理条款的效力。

（2）除第 49 条和第 65 条规定的工程质量保修外，发包人、承包人履行完合同全部义务，发包人向承包人支付竣工结算价款完毕，承包人向发包人交付竣工工程后，本合同即告终止。

（3）本合同的权利义务终止后，发包人、承包人仍应当遵循诚实信用原则，履行通知、协助、保密等义务。

八、采用工程量清单计价的工程应特别遵循的约定

第八章包括 3 条共 6 款，分别是工程量、工程量的偏差、工程变更造成措施项目变化，措施项目费的确定。

1. 工程量

（1）工程量清单中开列的工程量应包括由承包人完成施工、安装等工作内容，其任何遗漏或错误既不能使合同无效，也不能免除承包人按照图纸、标准与规范实施合同工程的任何责任。对于依据图纸、标准与规范应在工程量清单中计量但未计量的工作，应根据第 57 条规定确定合同价款的增加额。

（2）工程量清单中开列的工程量是根据工程设计图纸提供的预计工程量，不能作为承包人履行合同义务中应予完成合同工程的实际和准确工程量。

发包人应按承包人实际完成的工程量及其在工程量清单项目中填报的综合单价的乘积向承包人支付工程价款。

采用工程量清单计价，发包人承担量的风险，承包人承担价的风险，工程价款应按实际完成的工程量乘以承包人填报的综合单价来计算。

2. 工程量的偏差

（1）工程量的偏差是指承包人按招标工程招标时（非招标工程合同签订时）的图纸（含经发包人批准由承包人提供的图纸和履行本合同的相关大样图等）实施、完成工程的实际工程量与工程量清单开列的工程量之间的偏差。

（2）对于任一分部分项工程的清单项目，如果因本条规定工程量的偏差和第 56 条规定工程变更等原因导致最终完成的工程量与工程量清单中开列的工程量相差 15％以上，则超过 15％幅度以外的，其增加部分的工程量或减少后剩余部分的工程量的综合单价，除专用条款另有约定外，由承包人按第 64.2 款规定在递交竣工结算文件时向发包人提出调整后的清单项目综合单价，按以下规定调整分部分项工程清单项目结算价：

1）当 $Q_1 > 1.15Q_0$ 时，$C = 1.15Q_0 \times P_0 + (Q_1 - 1.15Q_0) \times P_1$；

2）当 $Q_1 < 0.85Q_0$ 时，$C = Q_1 \times P_1$；

式中　C——调整后的分部分项工程清单项目结算价；

Q_1——最终完成的工程量；

Q_0——工程量清单中开列的工程量；

P_1——调整后的清单项目综合单价；

P_0——承包人在报价文件中填报的综合单价。

以上调整由造价工程师（或造价员）按照第 64.3 款规定在核实竣工结算时予以核实，并经发包人确认后计入竣工结算。

（3）如果工程量的偏差使分部分项工程项目费的变化超过了 15％，则分部分项工程项目费超过 15％部分的措施项目费应予调整。除专用条款另有约定外，由

承包人按第 64.2 款规定在递交竣工结算文件时向发包人提出，并按以下规定调整措施项目费：

1) 当 $S_1 > 1.15 S_0$ 时，$M_1 = M_0 \times (S_1 / S_0 - 0.15)$

2) 当 $S_1 < 0.85 S_0$ 时，$M_1 = M_0 \times (0.15 + S_1 / S_0)$

式中　S_1——最终完成的分部分项工程项目费；

　　　S_0——承包人报价文件中填报的分部分项工程项目费；

　　　M_1——调整后的结算措施项目费；

　　　M_0——承包人在报价文件中填报的措施项目费。

以上调整由造价工程师（或造价员）按照第 64.3 款规定在核实竣工结算时予以核实，并经发包人确认后计入竣工结算。

3. 工程变更造成措施项目变化，措施项目费的确定

当工程变更将造成措施项目发生变化时，承包人有权提出调整措施项目费。承包人提出调整措施项目费的，应事先将拟实施的方案提交监理工程师确认，并详细说明与原方案措施项目的变化情况。拟实施的方案经监理工程师认可，并报发包人批准后执行。

工程变更部分的措施项目费，由承包人按实际发生的措施项目，依据变更工程资料、计量规则和计价办法、工程造价管理机构发布的参考价格，按第 64.2 款规定在递交竣工结算文件时向发包人提出调整价款，由造价工程师（或造价员）按照第 64.3 款规定在核实竣工结算时予以核实，并经发包人确认后计入竣工结算。

如果承包人未按本条规定事先将拟实施的方案提交给监理工程师，则认为工程变更不引起措施项目费的调整或承包人放弃调整措施项目费的权利。

九、其他

第九章包括 3 条共 10 款，分别是税费缴纳、保密要求、合同份数。

1. 税费缴纳

（1）发包人、承包人及其分包人应按照国家现行税法和有关部门现行规定缴纳合同工程需缴的一切税费。

（2）合同任何一方没交或少交合同工程需缴税费的，由违法方承担一切责任；给另一方造成损失的，应赔偿其损失。

2. 保密要求

（1）合同双方应在合同规定期限内提供保密信息。自对方收到保密信息之日起，双方应履行保密义务；除双方另有约定外，保密义务不因合同完成而终止。

（2）合同双方仅允许因执行本合同而使用另一方提供的保密信息。任何一方不得将另一方相关的或属于另一方所有的保密信息提供给第三方。任何一方不得超出允许范围从另一方复制、摘录和转移任何保密信息。任何保密信息的公布，均应事先征得提供方的书面同意。

（3）双方应以保护自身秘密的谨慎态度采取有效措施保护另一方的保密信息，避免保密信息被不当公开或使用。任何一方若发现有第三方盗用或滥用另一方保

密信息时，应及时通知另一方。

（4）如果法律法规或政府执法、监督管理等有要求，合同任何一方应积极配合和支持，并提供需要的保密信息。需提供另一方保密信息的，应立即通知另一方，以便另一方及时履行义务。若另一方未能及时作出回应的，除依法应提供另一方信息外，应尽最大努力维护另一方合法权益。

（5）保密信息包括但不限于双方确认的信息，以及与材料设备产品、价格、工程设计、图纸、技术、工艺和财务等相关信息。但不包括下述信息：

1）提供前已由双方所持有的；

2）已公开发表或非对方原因向公众公开的；

3）已由各相关方书面同意其公开的；

4）对方从对保密信息不承担保密义务的第三方合法获得的。

3. 合同份数

（1）除专用条款另有约定外，发包人应按第 76.2 款、第 76.3 款规定的份数免费为承包人提供合同文本。

（2）本合同正本两份，由发包人、承包人分别保存一份。

（3）本合同副本份数，由双方根据需要在专用条款中约定。正本与副本具有同等效力。

第三部分 专 用 条 款

《专用条款》是供双方结合具体工程情况，经双方充分协商一致约定的条款。由于建设工程的单件性，每个具体工程都有一些特殊情况，发包人和承包人除使用《通用条款》外，还要根据具体工程的特殊情况，进行充分协商，取得一致意见后，在《专用条款》中约定。对于招标工程，一般需要在选定承包人后，双方再详细谈判约定。在谈判时，主要依据以下内容：（1）法律、法规；（2）《通用条款》；（3）发包人和承包人的工作情况和施工场地情况；（4）投标文件和中标通知书。另外，要注意以下事项：（1）贯彻双方主体地位平等的原则；（2）诚实信用原则；（3）执行法律、法规的全面性，一是严格执行国家制定的有关建设工程施工阶段的各项法律和行政法规，二是执行地方法规和部门规章，三是注意法律、法规的变化情况；（4）严密、具体、逻辑性强，用词准确。

一、总则

1. 合同文件及解释顺序

组成合同的其他文件：双方可以在此增加组成合同的文件和（或）调整解释顺序。

2. 语言文字和适用法律、标准及规范

（1）适用法律和法规

需要明示的法律、法规、规章及有关文件：

（2）适用标准、规范

约定适用的标准、规范的名称；

发包人提供标准、规范、技术要求的时间。

鉴于有关工程建设的国家标准、行业标准、规范比较多，另外还有地方制定的标准、规范。为改变以前签订施工合同时，"必须遵照国家颁发的施工验收规范和质量检验标准"的含糊不具体的写法，避免在执行标准、规范上产生的纠纷，本款应把合同内工程项目执行的具体标准、规范名称和编号写明。如承包人要求发包人提供标准、规范，应在编号后写明，并注明提供的时间、份数和费用由谁承担。发包人提出超过标准、规范的要求，征得承包人同意后，可以作为验收和施工的要求写入本款，并明确规定所发生费用的承担。

3. 图纸

发包人向承包人提供图纸日期和套数；

发包人对图纸的保密要求；

双方应在此约定发包人提供的图纸份数及提供时间，以免产生纠纷。

4. 通信联络

各方通信地址、收件人及其他送达方式：

各方通信地址及收件人：

发包人

通信地址：　　　　　　收件人：　　　　　　邮编

承包人

通信地址：　　　　　　收件人：　　　　　　邮编

监理单位

通信地址：　　　　　　收件人：　　　　　　邮编

造价咨询单位

通信地址：　　　　　　收件人：　　　　　　邮编

5.（略）

6. 工程分包

指定分包

7. 文物和地下障碍物

发包人指出的地下障碍物

8.（略）

9.（略）

10.（略）

11.（略）

12. 财产

12.1 关于施工机械的约定

二、合同主体

1. 发包人

（1）发包人完成下列工作的约定

1）办理土地征用、拆迁工作、平整工作场地、施工合同备案等工作，使施工场地具备施工条件的时间；

2）施工所需水、电、通信线路接通的时间及地点；

3）开通施工现场与城乡公共道路间的通道的约定；

4）办理有关所需证件的约定；

5）组织现场交验的时间；

6）组织图纸会审和设计交底的约定；

7）发包人应做的其他工作及其约定。

①应写明使场地具备开工条件的各项工作的名称、内容、要求和完成的时间。如土地征用的面积、批准的手续；房屋的搬迁和坟地的迁移应写明搬迁和迁移的数量，搬迁后的拆除、迁移后的回填及清理；各种障碍，应写明名称、数量、清除的距离等具体内容。要写明施工场地的面积和应达到的平整程度等要求。写明撤离和迁移的当事人事后提出异议或要求赔偿、开工后发现有本条约定的障碍尚未清除等情况时应由谁处埋，费用如何承担。②应写明水、电、通信等管线应接至的地点，接通的时间和要求。如上、下水管应在何时接至何处，每天应保证供应的数量、水质标准，不能全天供应的要写明供应的时间；供电线路应在何时接至何处，供电的电压，是否需要安装变压器及变压器的规格、数量，不能保证连续供应的，应写明供应的日期和时间；通信线路是否需要设置总机，承包人需要的分机数量，都应写明供应日期。③应写明发包人负责开通的道路的起止地点、开通的时间、路面的标准和要求、维护工作的责任，不能保证全天通行的，要写明通行的时间。④应写明发包人提供的工程地质和地下管网线路等资料的时间和要求，如水文资料的年代、地质资料的深度等。⑤应写明发包人办理的各种证件、批件和其他需要批准的事项及完成的时间。⑥应写明发包人提供水准点和坐标控制点的时间和要求。⑦应写明发包人组织图纸会审的时间，如不能确定准确时间，可以写明相对时间，如开工前多少天。⑧应写明对施工场地周围需要保护的建筑物、古树名木和地下管线的名称和保护措施及费用的金额。

委托给承包人负责的部分工作有：双方协议将本条发包人工作部分委托承包人完成时，应写明对《通用条款》的修改内容、发包人应支付费用的金额或计算方法。

本款还要约定发包人不按约定完成以上工作，造成延误，承担对承包人赔偿经济损失和顺延工期的具体责任和计算方法。

（2）支付期及支付方式的约定

1）工程价款支付期限

①按合同支付的有关规定

②其他特殊说明。

2）工程价款支付方式

①按协议书所注明的账号银行转账；

②支票支付；

③其他方式：

2. 承包人

（1）承包人有关工作的约定

1）～3）略。

4）向发包人提供施工现场办公和生活的房屋设施的时间和要求费用承担：

5）～8）略。

9）承包人应做的其他工作及要求。

发包人对照明、警卫、看守等工作有特殊要求的，应在本款写明，并约定费用的承担。应写明承包人向发包人代表提供的现场办公及生活用房的间数、面积、规格要求，各种设施的名称、数量、规格型号及提供时间和要求，发生费用的金额及由谁承担；应写明地方政府、有关部门和发包人对本款内容的具体要求及费用的承担；应写明工程完成后发包人要求由承包人采取特殊措施保护的单位工程或部位的要求，所需费用及由谁承担；应写明施工场地周围需要保护的建筑物、古树名木和地下管线的名称和保护的具体要求；应写明对施工现场布置、机械材料的放置、施工垃圾处理等场容卫生的具体要求，交工前对建筑物的清洁和施工现场清理的要求。

本款还要约定承包人不能按合同要求完成有关工作应赔偿发包人损失的范围和计算方法。

（2）承包人负责的设计的约定

1）合同规定由承包人负责的设计；

2）承包人提供设计的时间；

3）费用承担：

发包人如委托承包人完成工程施工图及配套设计，应在本款写明设计的名称、内容、要求、完成时间和设计费用计算方法。

3. 发包人代表

发包人代表及其权力的限制

（1）发包人任命的发包人代表是（　　　　　　　　　），联络通信地址如下：

通信地址：　　　　　　　　　　　　　邮政编码：

联系电话：　　　　　　　　　　　　　传真号码：

（2）发包人对发包人代表权力做如下限制：

4. 监理工程师

负责工程的监理单位及任命的监理工程师

（1）监理单位：

法定代表人：

（2）任命（　　　　　　　　）为监理工程师，其联络通信地址如下：

通信地址：　　　　　　　　　　　　　邮政编码：

联系电话：　　　　　　　　　　　　　传真号码：

需要发包人批准的其他事项：

5. 造价工程师（或造价员）

负责工程的造价咨询单位及任命的造价工程师（或造价员）：

（1）造价咨询单位

法定代表人：

（2）任命（　　　　　　　　　　　　）为造价工程师（或造价员），其联络通信地址如下：

通信地址：　　　　　　　　　　　　邮政编码：

联系电话：　　　　　　　　　　　　传真号码：

6. 指定分包人

事先指定的分包人及有关规定。

三、担保、保险与风险

1. 工程担保

（1）承包人向发包人提供履约担保的约定：

1）履约担保的金额：（　　　　　　　　）

2）提供履约担保的时间：

①签订本合同时；

②其他时间，具体为：

3）出具履约担保的银行：

（2）发包人向承包人提供支付担保的约定

1）支付担保的金额：（　　　　　　　　）

2）提供支付担保的时间：

①签订本合同时；

②其他时间，具体为：

3）出具支付担保的银行：

（3）担保内容、方式和责任等事项的约定：

保险和担保都是转移风险的一种方式。担保应该是双向的，即承包人向发包人提供担保，按合同约定履行自己的各项义务，同时，发包人向承包人提供担保，按合同约定支付工程价款及合同约定的其他义务。

2. 不可抗力

关于不可抗力的约定：

（1）（　　　　　　）级以上的地震；

（2）（　　　　　　）级以上的持续（　　　　　　）天的大风；

（3）（　　　　　　）mm以上持续（　　　　　　）天的大雨；

（4）（　　　　　　）年以上未发生过，持续（　　　　　　）天的高温天气；

（5）（　　　　　　）年以上未发生过，持续（　　　　　　）天的严寒天气；

（6）（　　　　　　）年以上未发生过的洪水。

（7）其他：

发包人和承包人可根据当地的地理气候情况和工程的要求，对造成工期延误和工程破坏的不可抗力自然灾害做出约定。对于以上几种情况，应以造成灾害和影响施工为准。

3. 保险

（1）发包人委托承包人办理的保险事项有：

1）通用条款第26.1款的第（1）项；

2）通用条款第 26.1 款的第（2）项；

3）通用条款第 26.1 款的第（3）项。

（2）对保险事项的其他约定：

四、工期

对承包人编制进度报告和修订进度计划的时间要求：

实行招标投标的建设工程，施工组织设计和初步的工程进度计划都包括在投标文件内，不能等到订立合同时才提出。《专用条款》设置这一款关于提交施工组织设计和工程进度计划的时间，一般是指承包人对投标内施工组织设计进行修改（如果有）和详细的工程进度计划。因此，本款内应写明承包人向工程师提交施工组织设计（修改稿）和工程进度计划的时间。直接发包的工程，应在本款内约定承包人提供施工组织设计（或施工方案）和进度计划的时间。

五、质量和安全

1. 质量目标

（1）评比项目；

（2）增加的费用或奖惩办法；

（3）双方共同选定的工程质量检测机构。

2. 发包人供应材料设备

（1）约定发包人是否供应材料设备

1）发包人不供应材料设备，本条不适用。

2）发包人供应材料设备，约定"发包人供应材料设备一览表"作为本合同的附件。

（2）发包人供应材料设备的结算方式：

3. 隐蔽工程和中间验收

中间验收部位包括：

4. 工程试车

约定是否试车：

（1）不需要试车，本条不适用。

（2）需要试车，试车的内容及具体要求如下：

5. 竣工验收

中间交工工程的验收：

（1）合同工程无中间交工工程，本款不适用。

（2）合同工程有中间交工工程，各中间交工工程的范围、计划竣工时间如下：

六、工程造价

1. 合同价款的确定方式

（1）第 50.2 款第（1）项；

（2）第 50.2 款第（2）项；

（3）第 50.2 款第（3）项；

（4）其他方式：

2. 合同价款的调整

（1）合同价款的调整因素包括：

1）工程量的偏差；

2）工程变更；

3）法律、法规、国家有关政策及物价的变化；

4）费用索赔事件或发包人负责的其他情况；

5）工程造价管理机构发布的造价调整；

6）一周内因非承包人原因停水、停电、停气造成的停工累计超过 8 小时；

7）其他调整因素：

①合同价款包含的风险范围。

②风险费用的计算：

a. 风险系数。

b. 风险金额。

③风险范围以外合同价款的调整：

a. 工程变更；

b. 法律、法规和国家有关政策及物价的变化；

c. 费用索赔事件或发包人负责的其他情况；

d. 一周内因非承包人原因停水、停电、停气造成的停工累计超过 8 小时；

e. 其他调整因素：

采用固定总价合同，一定要约定风险范围或约定不包含的风险，同时约定清楚风险费用的计算方法或具体金额以及风险范围以外的合同价款调整方法。

（1）材料价差的调整方法：

（2）合同价款的调整因素包括：

1）工程变更；

2）法律、法规和国家有关政策及变化；

3）费用索赔事件或发包人负责的其他情况；

4）工程造价管理机构发布的造价调整；

5）一周内因非承包人原因停水、停电、停气造成的停工累计超过 8 小时；

6）其他调整因素：

（3）各项费率的具体标准：双方在此应详细约定各种取费费率，不同的专业工程费率不同，一定要约定清楚，空格不够，可在补充条款中填写。

3. 预留金

本合同预留金：（　　　）万元。

4. 提前竣工奖与误期赔偿费

（1）提前竣工奖的约定

1）不设提前竣工奖，本款不适用。

2）设提前竣工奖，每日历天应奖额度为（　　　）元，提前竣工奖的最高限额是（　　　）元。

（2）误期赔偿费的约定

1）每日历天应赔付额度（　　　）元，

2）误期赔偿费最高限额（　　　）元。

5. 法律、法规、国家有关政策及物价的变化

物价变化引起合同价款的调整

（1）合同价款不因物价涨落而调整，本款不适用。

（2）物价涨落超过通用条款规定的幅度，应调整合同价款，调整方法约定如下：

6. 支付事项

约定利率

（1）按照中国人民银行发布的同期同类贷款利率；

（2）约定为：（　　　）。

7. 预付款

（1）关于预付款的约定：

预付款的金额为（　　　）元或合同价款的（　　　），支付办法（　　　）。

（2）预付款抵扣办法：

1）预付款按照期中应支付款项的（　　　）（百分比）扣回，直到扣完为止。

2）其他抵扣方式：

8. 安全生产措施费

（1）安全生产措施费的内容、范围和金额的约定

1）安全生产措施费的内容及范围：

①按通用条款的规定，以黑龙江省现行有关安全文明施工的规定为准。

②发包人的其他要求：

2）安全生产措施费的总额（　　　）万元。

（2）安全生产措施费预付、支付办法：

1）通用条款第61·2款的规定；

2）其他。

（3）安全生产措施费的抵扣方式：

9. 进度款

支付期间：

（1）以月为单位；

（2）以季度为单位；

（3）以形象进度为准，具体为：

10. 竣工结算

（1）结算的程序和时限：

1）按通用条款第 64.2～第 64.7 款的规定办理；

2）不按通用条款第 64.2～第 64.7 款的规定。办理结算程序和时限为：

如果不按通用条款的规定办理，双方可以在此约定结算的程序和时限，但不能违反国家及黑龙江省关于竣工结算的有关规定。

（2）发包人对工程竣工结算的特殊要求：

11. 质量保证金

（1）质量保证金的金额及扣留

1）质量保证金的金额：

①按通用条款的规定，为合同价款的 5%。

②约定为：

2）质量保证金的扣留：

①按照通用条款的规定，从每次应支付给承包人的工程款（包括进度款和结算款）中扣留，扣留的比例为 5%。

②其他扣留方式：

（2）质量保证金的利率：

七、合同争议与合同终止

选择有管辖权的人民法院，在这里约定。

双方同意选择下列一种方式解决争议：

（1）向　　　　　　　　　　申请仲裁；

（2）向有管辖权的人民法院提起诉讼。

仲裁和诉讼只能选其一，如果选择诉讼，应当按照《民事诉讼法》的规定，选择有管辖权的人民法院，在这里约定

八、采用工程量清单计价的工程应特别遵循的原则

（1）工程量的偏差，导致分部分项工程的清单项目的综合单价调整的方法

1）按通用条款本款的规定进行调整；

2）按以下约定进行调整：

（2）工程量的偏差，导致措施项目费调整的方法：

1）按通用条款本款的规定进行调整；

2）按以下约定进行调整：

九、其他

1. 保密要求

（1）信息保密提供的时间；

（2）合同份数；

（3）合同文本的提供：

1）按通用条款本款的规定，由发包人提供。

2）不按通用条款本款的规定，具体提供方式如下

（4）合同副本（　　）份，其中发包人（　　）份，承包人（　　）份。

2. 补充条款

（1）对《通用条款》哪条、哪款需要细化、补充或修改；

（2）除《通用条款》以外需要补充的新条款；

（3）《专用条款》中空格不够，写不下的内容。

承包人承揽工程项目一览表　　　　　　　　　　　附件一

单位工程名称	建设规模	建筑面积（m²）	结　构	层　数	跨度（m）	设备安装内容	工程造价（元）	开工日期	竣工日期

发包人供应材料设备一览表　　　　　　　　　　　附件二

序号	材料设备名称	规格型号	单位	数量	单价	质量等级	供应时间	运达地点	备注

工程质量保修书　　　　　　　　　　附件三

发包人（全称）：

承包人（全称）：

发包人、承包人根据《中华人民共和国建筑法》、《建设工程质量管理条例》和《房屋建筑工程质量保修办法》经协商一致，对＿＿＿＿＿＿＿＿＿＿＿（工程名称）签订工程质量保修书。

一、工程质量保修书的内容

承包人在质量保修期内，按照有关法律、法规、规章规定和双方约定，承担本工程质量保修责任。

质量保修范围包括：地基基础工程、主体结构工程，屋面防水工程、有防水要求的卫生间、房间和外墙面的防渗漏，供热与供冷系统，电气管线、给水排水管道、设备安装，装修工程，市政道路、桥涵、隧道、给水、排水、燃气与集中供热、路灯、园林绿化以及双方约定的其他项目。

二、质量保修期

双方根据《建设工程质量管理条例》及有关规定，约定本工程的质量保修期如下：

1. 地基基础工程和主体结构工程为设计文件规定的该工程合理使用年限；

2. 屋面防水工程、有防水要求的卫生间、房间和外墙面的防渗（　　　）年；

3. 装修工程为（　　　）年；

4. 电气管线、给水排水管道、设备安装工程为（　　　）年；

5. 供热与供冷系统为（　　　）个供暖期、供冷期；

6. 小区内的给水排水设施、道路等配套工程为：

7. 其他工程保修期限约定如下：

质量保修期自工程竣工验收合格之日起计算。

这里的保修年限，前5项应按照原建设部令第80号《房屋建筑工程质量保修办法》的规定填写，第6项由合同双方协商确定。

三、质量保修责任

1. 属于保修范围、内容的项目，承包人应当在接到保修通知之日起 7 天内派人保修。承包人不在约定期限内派人保修的，发包人可以委托他人修理。

2. 发生紧急抢修事故的，承包人在接到事故通知后，应当立即到达事故现场抢修。

3. 对于涉及结构安全的质量问题，应当按照《房屋建筑工程质量保修办法》的规定，立即向当地建设行政主管部门报告，采取安全防范措施；由原设计单位或者具有相应资质等级的设计单位提出保修方案，承包人实施保修。

4. 质量保修完成后，由发包人组织验收。

四、保修费用

保修费用由造成质量缺陷的责任方负责。

五、质量保修金

质量保修金的使用、约定和支付与本合同第二部分《通用条款》第 65 条赋予的规定一致。

六、其他

双方约定的其他工程质量保修事项：

本工程质量保修书，由施工合同发包人、承包人双方共同签署，作为施工合同附件，其有效期限至保修期满。

合同谈判与签约实训

1. 环境的创建：招投标实训室。
2. 实训内容：招标公告/资格预审通告。
3. 实训目标：掌握合同内容，从承包人的角度，来评审合同。
实训要求：
（1）实训内容要求：合同条款的填写，专用条款中尚未明确的问题的提出，其他约定条款对该问题的约定。
（2）完成过程要求：
招标人的要求：对合同条款的深入理解，合同条款约定明确，以避免合同履行过程中的索赔发生。
投标人要求：以合同中的发包内容、合同中的材料及设备的认质认价、变更的处理、现场情况对工程进度的影响，能否提供暂设条件，预付款的额度及支付的时间和条件，合同的结算方式。
4. 完成方式
（1）业主与承包商对双方理解不一致的条款进行协商。
（2）小组成员的角色分工。

业主从降低工程投资角度理解合同条款，并通过谈判了解承包商的经营情况及管理能力。

承包商则针对有歧义的条款，将来一旦有争议很难分清责任的部分，所以要求业主进行澄清，避免将来损失。

5. 学生汇报自我总结

招标人汇报：合同洽谈中，承包商对哪些问题，如何达成一致，通过实训掌握了哪些技能。

承包商：总结合同谈判的技巧有哪些？如果存在有争议的问题仍未解决，对合同履行有什么样的的影响。

6. 教师对实训知识点整合

合同的主要条款、合同谈判的目的、技巧、要解决的重点问题。

7. 教师对实训结果评价

(1) 检查各"职员"的工作日志。

(2) 听取各"公司"的汇报。

(3) 根据"日志"、"汇报"的内容对每个"公司"、"职员"打分。

任务四　了解国际工程合同

【引导问题】

1. FIDIC 合同条件。

2. 其他通用工程合同。

【工作任务】

了解"FIDIC"词义及 FIDIC 合同条件的特点，掌握 FIDIC 施工合同条件。

【学习参考资料】

杨志中. 建设工程招标投与合同管理. 机械工业出版社，2008.

【主要学习内容】

国际工程合同简介。

一、FIDIC 合同条件

(一)"FIDIC"词义解释

在国际工程中普遍采用的标准文本是 FIDIC 合同条件。FIDIC 合同条件是在长期的国际工程实践中形成并逐渐发展和成熟起来的国际工程惯例。它是国际工程中通用的、规范化的、典型的合同文件。任何要进入国际承包市场，参与国际投标竞争的承包商和监理工程师，以及面向国际招标的工程的业主，都必须精通和掌握 FIDIC 合同条件。

"FIDIC"是国际咨询工程师联合会的法文缩写。在 1999 年以来，该联合会制定和颁布了在国际工程中广泛使用的《土木工程施工合同条件》、《电气和机械工程施工合同条件》、《业主和咨询工程师协议书国际通用规则》、《设计—建造与交钥匙工程合同条件》、《工程施工分包合同条件》。人们便将这些合同条件称为FIDIC 合同条件或 FIDIC 条件。在上述几个文件中,《土木工程施工合同条件》最有名,是唯一在世界范围内发行并推广的施工合同条件。

FIDIC 条件的标准文本由英语写成。它不仅适用于国际工程,对它稍加修改即可适用于国内工程。由于它对国际承包工程中被广泛承认和采用,所以,"FID-IC"一词也被各种语言接受,并赋予统一的、特指的意义。

(二) FIDIC 合同条件的历史演变

FIDIC 条件经历了漫长的发展过程。FIDIC 合同条件第一版由国际咨询工程师联合会于 1957 年颁布。由于当时国际承包工程迅速发展,需要一个统一的、标准的国际工程施工合同条件。FIDIC 合同第一版是以英国土木工程施工合同条件(ICE)的格式为蓝本,所以它反映出来的传统、法律制度和语言表达都具有英国特色。1963 年,FIDIC 第二版问世。它没有改变第一版所包含的条件,仅对通用条款做了一些具体变动,同时在第一版的基础上增加了疏浚和填筑工程的合同条件作为第三部分。1977 年,FIDIC 合同条件再次做了修改,同时配套出版了一本解释性文件,即《土木工程施工合同条件注释》。

由于国际承包工程的迅速发展和 FIDIC 条件越来越广泛地使用,人们对它的完备性要求和适用性要求越来越高,要求它更能反映国际工程实践,更具有代表性和普遍性,FIDIC 执行委员会要求它所属的土木工程合同委员会(CECC)对FIDIC 条件第三版做重新修改。直到 1987 年才颁发了 FIDIC 第四版,并于 1989年出版了《土木工程施工合同条件应用指南》。该应用指南不仅包括对 FIDIC 第四版合同条件每一条款的应用解释和说明,而且介绍了按国际惯例进行招标投标、直到授予合同的程序和各方面的主要工作,介绍了招标文件、投标文件的主要内容,FIDIC 条件中业主、监理工程师和承包商的主要责权利关系。这使得 FIDIC条件的使用更加方便。

1999 年 FIDIC 又对这些合同条件做了重大修改,颁布了如下 4 个新的合同条件文本:

(1) 施工合同条件(红皮书)。推荐用于由雇主设计的、或由其代表——工程师设计的房屋建筑或工程。在这种合同形式下,承包商一般都按照雇主提供的设计施工。但工程中的某些土木、机械、电力或建造工程也可能由承包商设计。

(2) 永久设备和设计——建造合同条件(黄皮书)。推荐用于电力和/或机械设备的提供,以及房屋建筑或工程的设计和实施。在这种合同形式下,一般都是由承包商按照雇主的要求设计和提供设备(可能包括由土木、机械、电力和/或建造工程的任何组合形式)。

(3) EPC/交钥匙项目合同条件(银皮书)。适用于在交钥匙的基础上进行的工厂或其他类似设施的加工或能源设备的提供或基础设施项目和其他类型的开发项目的实施,这种合同条件所适用的项目包括:

1) 对最终价格和施工时间的确定性要求较高。

2) 承包商完全负责项目的设计的施工,雇主基本不参与工作。

（4）合同的简短格式（绿书皮）。推荐用于价值相对较低的建筑或工程。根据工程的类型和具体条件的不同，此格式也适用于价值较高的工程，特别是较简单的、或重复性的、或工期短的工程。在这种合同形式下，一般都是由承包商按照雇主或其代表——工程师提供的设计实施工程，但对于部分或完全由承包商设计的土木、机械、电力和/或建造工程的合同也同样适用。

（三）FIDIC 合同条件的特点

FIDIC 合同条件经过 30 多年的使用和几次修改，已逐渐形成了一个非常科学的、严密的体系。它具有如下特点：

（1）科学地反映了国际工程的一些普遍做法，反映了最新的工程管理方法，如有些永久性工程由承包商负责设计，对时间的定义反映国际工程惯例。它的各项规定以及在应用指南中介绍的国际招标投标程序和方法已十分严密和科学。

（2）条款齐全，内容完整，对工程施工中可能遇到的各种情况都做了描述和规定。对一些问题的处理方法都规定得非常具体和详细，如保函的出具和批准、风险的分配、工程计量程序、工程进度款支付程序、完工结算和最终结算程序、索赔程序、争执解决程序等。

（3）它所确定的工作程序更有条理，更加清楚、详细和实用；语言更加现代化，更容易理解。

（4）适用范围广。FIDIC 作为国际工程惯例，具有普遍的适用性。它不仅适用于国际工程，稍加修改后即可适用于国内工程。许多国家以 FIDIC 作为蓝本，做一些修改后经政府颁布作为本国的土木工程施工合同条件，使它更能反映本国的工程特点、习惯和法律。在许多工程中，业主即使不使用标准的合同条件，自己按需要起草合同文本，但在起草过程中通常都以 FIDIC 作为参照本。

（5）强化了监理的作用。合同条件明确规定了工程师的权力和职责，赋予工程师在工程管理方面的充分权力。工程师是独立的、公正的第三方，工程师受雇主聘用，负责合同管理和工程监督。承包商应严格遵守和执行工程师的指令，简化了工程项目管理中一些不必要的环节，为工程项目的顺利实施创造了条件。

（6）公正性、合理性。比较科学地公正地反映合同双方的经济责权利关系。

（四）FIDIC 施工合同条件简介

该合同条件的第一部分是工程项目普遍适用的通用条件，内容包括：一般规定；雇主；工程师；承包商；指定分包商；职员和劳工；永久设备、材料和工艺；开工、延误和暂停；竣工检验；雇工的接收；缺陷责任；测量和估价；变更和调整；合同价格和支付；雇主提出终止；承包商提出暂停和终止；风险和责任；保险；不可抗力；索赔、争端和仲裁。第二部分专用条件用以说明与具体工程项目有关的特殊规定。FIDIC 编制的标准化合同文本，除了通用条件和专用条件以外，还提供了标准化的投标书（及附录）和协议书的格式文件。

该合同为雇主与承包商之间签订的施工合同，适用于大型复杂工程，通过竞争性招标确定承包商，属于单价合同，工程必须实行以工程师为核心的管理模式。合同应指定一种或几种语言，如果使用一种以上语言编写，则还应指明，以哪种语言为合同的"主导语言"。当不同语言的合同文本的解释出现不一致时，应以

"主导语言"的合同文本的解释为准。

合同文件包括的几个文件之间应能互相解释，当它们之间出现矛盾和不一致时，应由工程师对此做出解释或校正。通常，合同文件解释和执行的优先次序为：①合同协议书；②中标函；③投标书；④FIDIC 条件第二部分，即专用条件；⑤FIDIC 条件第一部分，即通用条件；⑥规范；⑦图纸；⑧资料表以及其他构成合同一部分的文件。如果在合同文件中发现任何含混或矛盾之处，工程师应发布任何必要的澄清或指示。

（1）FIDIC 合同条件中的各方。FIDIC 合同条件中涉及的各方包括雇主（业主）、工程师和承包商。

1）雇主（业主）。指在投标函附录中指定为雇主的当事人或此当事人的合法继承人。雇主（业主）作为合同当事人在合同履行过程中享有大量权利并承担相应义务。

①给予承包商进入现场的权利。雇主应在投标函附录中规定的时间（或各时间段）内给予承包商进入和占用现场所有部分的权利。此类进入和占用权可不为承包商独享。

②许可、执照或批准。雇主应根据承包商的请求，为以下事宜向承包商提供合理的协助，以帮助承包商：获得与合同有关的但不易取得工程所在国的法律的副本；申请法律所要求的许可、执照或批准。

③雇主的人员。雇主有责任保证现场的雇主的人员和雇主的其他承包商：为承包商的各项工作提供合作；按承包商要求采取必要的安全措施及环境保护措施。

④雇主的资金安排。雇主应在接到承包商的请求后 28 后提供合理的证据，表明他已作出了资金安排，能够按照合同的规定支付合同价款。如果雇主欲对其资金安排做任何实质性变更，雇主应向承包商发出通知并提供详细资料。

⑤雇主的索赔。如果按照任何合同条件或其他与合同有关的条款，雇主认为他有权获得任何支付和（或）缺陷通知期的延长，则雇主或工程师应向承包商发出通知并说明细节。雇主意识到某事件或情况可能导致索赔时应尽快地发出通知。涉及任何缺陷通知期延期的通知应在相关缺陷通知期到期前发出。

2）工程师。指雇主为合同履行的目的指定作为工程师工作并在投标函附录中指明的人员。工程师与雇主签订咨询服务委托协议，根据施工合同的规定，对工程的质量、进度、费用进行控制和监督，以保证工程项目的建设能满足合同要求。

①工程师的职责和权力。工程师应履行合同中赋予他的职责。工程师应当包括具有恰当资格的工程师以及有能力履行上述职责的其他专业人员。工程师可行使合同中明确规定的或必然隐含的应属于他的权力。如果要求工程师在行使其规定权力之前需获得雇主的批准，则需要在合同专用条件中注明。但是，如果为合同之目的。工程师行使了某种应当经雇主批准但尚未批准的权力时，应当认为他已从雇主处得到批准。除非合同条件中另有说明，否则，当工程师履行或行使合同明确规定或必然隐含的权力时，均认为工程师代表雇主工作；工程师无权解除任何一方依照合同具有的任何职责、义务或责任；工程师的任何批准、审查、证书、同意、审核、检查、指示、通知、建议、请求、检验或类似行为（包括未表

示不同意），不能解除承包商依照合同应具有的任何责任，包括对其错误、漏项、误差以及未能遵守合同的责任。

②工程师的授权。工程师可以随时将他的职责和权力委托给助理，并可随时撤回此类委托或授权。这些助理包括现场工程师和被任命的对设备、材料进行检查和检验的独立检查人员。这些委托、授权或撤回应以书面形式进行，合同双方接到副本后生效。助理只能够在其被授权范围内对承包商发布指示。由助理按照授权作出的任何批准、审查、证书、同意、审核、检查、指示、通知、建议、请求、检验或类似行为，与工程师做出的具有同等的效力。但是，助理未对某一事项提出否定意见并不构成批准，也不影响工程师拒绝该工作、永久设备或材料的权利；如果承包商对助理的任何决定或指示提出质疑，承包商可将此情况提交工程师，工程师应尽快对此类决定或指示加以确认、否定或更改。

③工程师的指示。工程师可以在任何时间按照合同的规定向承包商发出指示和实施工程和修补缺陷需要的附加的或修改的图纸，承包商必须遵守这些指示，承包商只能从工程师以及按规定授权的助理处接受指示。如果某一指示构成变更，则按变更和调整的规定实施。工程师发布指示应以书面形式进行。如果工程师或授权助理发出的是口头指示，承包商应在发出指示后的 2 个工作日内，向工程师发出书面确认；如果工程师在接到确认后 2 个工作日内未发出书面拒绝或回复指示，则此确认工程师或授权助理的口头指示为书面指令。

④工程师的替换。如果雇主准备替换工程师，则必须在替换日期前 42 天向承包商发出通知说明拟替换的工程师的姓名、地址及相关经历。如果承包商对替换人选向雇主发出了拒绝通知，并附具体的证明资料，则雇主不能撤换工程师。

⑤工程师的决定。当合同条件要求工程师按照合同对某一事项作出商定或决定时，工程师应与合同双方协商并尽力达成一致。如果未能达成一致，工程师就按照合同规定，在适当考虑到所有有关情况后作出公正的决定。工程师应将每一项协议或决定向合同的各方发出通知以及具体的证明资料。如果合同当事人一方对决定持有异议，则按合同的争端解决方式处理。

3）承包商。指在雇主（业主）收到的投标函指明为承包商的当事人及其合法继承人。承包商是合同的当事人，负责工程的施工。

①承包商的一般义务。承包工程商应按照合同的规定以及工程师的指示，在合同规定的范围内对工程进行设计、施工和竣工，并修补其任何缺陷。承包商应为工程的设计、施工、竣工以及修补缺陷提供所需的临时性或永久性的永久设备、合同中注明的承包商的文件、所有承包商的人员、货物、消耗品以及其他物品或服务。承包商应对所有现场作业和施工方法的完备性、稳定性和安全性负责。在工程师的要求下，承包商应提交为实施工程拟采用的方法以及所作安排的详细说明。在事先未通知工程师的情况下，不得对此类安排和方法进行重大修改。

②承包商提供履约保证。承包商应在收到中标函后 28 天内向雇主提交履约保证，并向工程师提交一份副本，保证的金额和货币种类应与投标函附录中的规定一致。在承包商完成工程和竣工并修补任何缺陷之前，承包商应保证履约保证将持续有效。雇主应在收到履约证书副本后 21 天内将履约保证退还给承包商。

下列情况下雇主可以按照履约保证提出索赔：在原提供的履约保证有效期满前 28 天还未能解除合同义务，承包商应延长履约保证的有效期而未延长的；按照业主索赔或仲裁的决定，承包商应向雇主支付在 42 天内仍未支付的索赔款额；在接到雇主要求修补缺陷的通知后 42 天内未派人修补的；由于承包商的严重违约，雇主终止合同的。

③承包商的代表。承包商应任命承包商的代表，并授予他在按照合同代表承包商工作时所必需的一切权力。承包商的代表的任命应征得工程师同意。没有工程师的事先同意，承包商不得撤销对承包商的代表的任命或以其进行更换。承包商的代表应以其全部时间协助承包商履行合同。如果承包商的代表在工程实施过程中暂离现场，则在工程师的事先同意下可以任命一名合适的替代人员。

④关于分包。承包商不得将整个工程分包出去。承包商对分包商的行为或违约负全部责任。承包商除在选择材料供应商或向合同中已注明的分包商进行分包时无需征得同意外，其他拟雇用的分包商须得到工程师的事先同意。如果分包商的义务超过了缺陷通知期限，并且工程师在缺陷通知期期满之前已指示承包商将此分包合同的利益转让给雇主，则承包商应按指示行事，承包商在转让生效以后对分包商实施的工程对雇主不负责任。

⑤合作。承包商应按照合同的规定或工程师的指示，为雇主的人员、雇主雇用的任何其他承包商、其他合法公共机构的人员从事其工作提供一切必要的条件。如果指示使承包商增加了不可预见费用，则按变更规定处理。

⑥放线。承包商应根据合同中规定的或工程师通知的原始基准点、基准线和参照标高对工程进行放线。承包商应对工程各部分的正确定位负责，并且矫正工程的位置、标高或尺寸或基准线中出现的任何差错。雇主应对给定的或通知的参照项目正确性负责，但承包商在使用这些参照项目前应付出合理的努力，去证实其准确性。

⑦安全措施。承包商应该遵守所有适用的安全规章；负责在现场的所有人员的安全；努力清理现场和工程不必要的障碍物，以避免对人员造成伤害；在工程竣工和移交前，提供工程的围栏、照明、防护及看守；因工程实施，为公众和邻近地区的土地所有人和占有者提供便利和保护，提供任何需要的临时工程（包括道路、人行道、防护及围栏）。

⑧质量保证。承包商应按合同的要求建立一套质量保证体系，以保证符合合同要求。工程师有权审查质量保证体系的任何方面。在每一设计和施工阶段开始之前，承包商均应将所有的程序的细节和执行文件提交工程师、供其参考。遵守经工程师审查的质量保证体系不应解除承包商依据合同具有的任何职责、义务和责任。

4）指定分包商

①指定分包商的含义。指定分包商是由雇主（工程师）指定、选定，完成某项特定工作内容并与承包商签订分包合同的特殊分包商。合同通用条件规定，雇主有权将部分工程项目的施工任务或涉及材料、设备、服务等的工作内容发包给指定承包商实施。合同内规定有指定承包商，大多因雇主在划分合同标段时，考

虑到某部分的施工工作内容有较强的专业技术要求，一般承包单位不具备相应的能力，但如果签订一个单独的合同又限于现场的施工条件和合同管理的复杂性，工程师无法进行合理的协调。为避免各独立承包商之间的干扰，将这一部分工作发包给指定分包商实施，由承包商与指定分包商签订分包合同，因此指定承包商和一般承包商在合同管理关系方面处于同等地位，对其施工过程中的监督、协调工作纳入承包商的管理之中。指定分包商工作内容可能包括部分工程施工、设计，工程货物、材料、设备的供应，提供技术服务等。

②对指定分包商的付款。对指定分包商的付款从暂列金额中开支，承包商应向指定分包商支付依据分包合同应支付的款额。承包商在每个月月末报送工程进度款支付报表时，工程师可以要求承包商提供按以前的支付证书已向指定分包商付款的证明。如果承包商无任何合法理由扣押了指定分包商上个月的应得工程款，雇主有权按工程师出具的证明从本月应得款内扣除这笔金额直接付给指定分包商。

(2) 有关进度控制的条款

1) 工程的开工。除非合同中另有约定，工程应在承包商接到中标后的42天内开工，工程师应至少在开工日期前7天向承包商发出通知。承包商在接到通知后28天内应向工程师提交一份详细的进度计划，除非工程师在接到进度计划后21天内通知承包商该计划不符合合同规定，否则承包商应按照此进度计划履行义务。

2) 工程师对施工进度的监督。当工程师发展实际进度与进度计划或承包商的义务不符时，随时有权要求承包商提交一份改进的施工进度计划，并再次提交工程师认定后执行，新进度计划代替原来的计划。

3) 暂停施工。工程师有权根据工程进展的实际情况、随时指示承包商暂停进行部分或全部工程。施工的中断肯定会影响承包商按计划组织的施工过程，但并非所有由工程师发布的工程暂停令都可以作为承包商索赔的合理依据，而要根据指令发布的原因划分合同责任。在下列情况下，工程暂停令不作为索赔依据：①在合同中有规定；②因承包商的违约行为或应由其承担的风险事件影响的必要停工；③由于现场不利气候条件而导致的必要停工；④为了使工程和合理施工以及为了整体工程或部分工程安全所必要的停工。

如果出现非承包人原因引起的工程暂停已持续84天以上，承包商可要求工程师同意继续施工。若在接到上述请求后28天内工程师未给予许可，则承包商可以通知工程师将暂停影响到的工程视为合同中规定的删减工段，不再承担施工义务。如果此类暂停影响到整个工程，承包商可根据合同规定发出通知，提出终止合同。

暂停期间，承包商应保护、保管以及保障该部分或全部工程免遭任何损蚀、损失或损害。在接到复工指示后，承包商应和工程师一起检查受到暂停影响的工程，并应修复在暂停期间发生在工程、永久设备或材料中的任何损蚀、缺陷或损失。

4) 追赶施工进度。如果任何时候工程实际施工进度过于缓慢以致无法按竣工时间完工或者施工进度已经落后于现行进度计划，工程师有权下达赶工指示。承包商应按照规定提交一份修改的进度计划以及加快施工并在竣工时间内完工拟采取的相应措施。承包商如果没有合理理由滞后工程进度，则不但要负责自己采取赶工措施的全部费用和风险，还包括雇主产生的附加费用。

5）竣工验收。承包商完成工程并准备好竣工报告所需要的资料，应提前21天将某一确定日期通知工程师，说明在该日期后将准备好进行竣工检验。工程师应指示在该日期后14天内的某日或数日内进行。如果由于雇主负责的原因妨碍承包商进行竣工检验已达14天以上，则应认为雇主已在本应完成竣工检验之日接收了工程。如果承包商无故延误竣工检验，工程师可通知承包商要求他在收到该通知后21天内进行此类检验。若承包商未能在21天的期限内进行竣工检验，雇主的人员可着手进行，其风险和费用均由承包商承担。

如果工程或某区段未能通过竣工检验，承包商应立即对缺陷修复改正，按相同条款或条件，重复进行此类未通过的检验以及对任何相关工作的竣工检验。当工程或某区段未能通过重复竣工检验时，工程师应有权：①指示再进行一次重复竣工检验；②如果由于该工程缺陷致使雇主基本上无法享用该工程或区段所带来的全部利益，可以拒收整个工程或区段（视情况而定），在此情况下，雇主要求承包商的赔偿；③颁发一份接收证书（如果雇主同意），折价接受部分工程，合同价格应按可以适当弥补由于工程缺陷而给雇主造成的价值减少数额予以扣减。

6）颁发工程接收证书。承包商在工程通过竣工检验达到了合同规定的基本竣工条件后，承包商可在他认为工程准备移交前14天内，向工程师发出申请颁发接收证书的通知。如果工程按合同约定分为不同区段，不同区段有不同的竣工日期，则承包商应同样按要求为每一区段申请颁发接收证书。在雇主的决定下，工程师可以为部分永久工程颁发接收证书。

工程师在收到承包商的申请后28天内，如果认为已满足竣工条件，应向承包商颁发接收证书；如果认为未满足竣工条件，则驳回申请，提出理由并说明承包商尚需完成的工作。若在28天期限内工程师既未颁发接收证书也未驳回承包商申请，而当工程或区段（视情况而定）基本符合合同要求时，应视为在上述期限内的最后一天已经颁发了接收证书。

在工程师颁发工程的接收证书前，雇主不得使用工程的任何部分（合同规定或双方协议的临时措施除外）。但是，如果在接收证书颁发前雇主确实使用了工程的任何部分，则：①该被使用的部分自被使用之日，应视为已被雇主接收；②承包商应从使用之日起停止对该部分的照管责任，责任应转给雇主；③当承包商要求时，工程师应为该部分颁发接收证书。工程师为该部分工程颁发接收证书后，如果竣工检验尚未完成，承包商应在缺陷通知期期满前尽快进行竣工检验。

7）缺陷通知期。缺陷通知期就是国内施工合同文本所指的工程保修期，自工程接收证书中写明的竣工日期开始，至工程师颁发履约证书为止的日历天数。设置缺陷通知期的目的是检验已竣工的工程在运行条件下施工质量是否达到合同规定的要求。在缺陷通知期内，承包商的义务主要表现在两个方面：一是按工程师颁发接收证书时的要求完成承包范围内的全部工作；二是对工程运行过程中发现的任何缺陷，按工程师的要求进行修善工作，以便缺陷通知期期满时将符合合同要求的工程进行最终移交。如果在一定程度上工程在接收后由于缺陷或损害而不能按照预定的目的进行使用，则雇主有权要求延长工程或区段的缺陷通知期。但缺陷通知期的延长不得超过 2 年。

缺陷通知期内工程圆满地通过运行考验，工程师应在最后一个缺陷通知期期满后 28 天内颁发履约证书，或在承包商已提供了全部承包商文件并完成和检验了所有工程，包括修补了所有缺陷的日期之后尽快颁发，并向雇主提交一份履约证书的副本。只有在工程师向承包商颁发了履约证书，说明承包商已依据合同履行其义务的日期之后，承包商的义务的履行才被认为已完成。但是此时合同尚未终止，剩余的双方合同义务只限于财务和管理方面的内容。雇主应在收到履约证书副本后 21 天内将履约保证退还给承包商。

（3）合同价款与支付

1）工程预付款。预付款是雇主为帮助承包商解决施工前期工作时的资金短缺，从未来的工程款中提前支付的一笔款项。预付款总额、分期预付的次数与时间（一次以上时），以及适用的货币与比例一般在投标函附录中列明。承包商需要首先向雇主提交银行出具的预付款保函并通知工程师，雇主应向承包商支付合同约定的预付款。首次分期预付款额，应在中标函颁发之日起 42 天内支付，或在雇主收到预付款保函之日起 21 天内支付，二者中取较晚者。

在预付款完全还清之前，承包商应保证银行预付款保函一直有效，但保函金额可随承包商偿还预付款的数额逐步降低。如果该银行保函的条款中规定了截止日期，并且在此截止日期前 28 天预付款还未完成偿还，则承包商应该相应的延长银行保函的期限，直到预付款完全偿还。

预付款应在工程进度款中按百分比扣减的方式偿还。自承包商获得工程进度款累计总额（不包括预付款及保留金的扣减与偿还）达到合同总价（减去暂定金额）的 10％的那个月开始，按照预付款的货币的种类及其比例，分期从工程进度款（不包括预付款及保留金的扣减与偿还）中扣除 25％，直至还清全部预付款。

2）工程进度款的支付程序：

①承包商提供报表。承包商应按工程师批准的格式在每个月末之后向工程师提交一式六份报表，提交各证明文件，提交当月进度情况的详细报告。内容包括本月已完成的合格工程的应付款要求和对应付款的确认。

②工程师计量。工程量清单或其他报表中列出的任何工程量仅为估算的工程量，不得将其视为承包商实施的工程的实际或正确的工程量，不能作为支付依据。每次支付工程进度款之前，均需通过测量来核实实际完成的工程量。当工程师要求对工程的任何部分进行测量时，应通知承包商的代表，承包商的代表应派人参加并提供相关资料。如果承包商未派人参加，则视为工程师进行的测量结果已被接受。承包人应参加计量结果审查并在记录文件上签字认可。如果承包商不同意计量结果，承包商应书面通知工程师并说明记录中被认为不准确的各个方面。在接到通知后，工程师应进行复查，予以确认或予以修改。如果承包商在被要求对记录进行审查后 14 天内向工程师发出通知，则视为已经接受。

③费率和价格。对每一项工作，其费率或价格为合同中此项工作规定的费率或价格；如果合同中没有该项，则采用类似工作的费率或价格。只有在下列情况下才可以调整工作的费率或价格：此项工作实际测量的工程量比工程量表或其他

报表中规定的工程量的变动大于 10%；工程量的变更与对该项工作规定的具体费率的乘积超过了合同总价的 0.01%；由此工程量的变更直接造成该项工作每单位工程量费用的变动超过 1%；该项工作不是合同中规定的"固定费率项目"。

④工程师签证。工程师在收到承包商的报表和证明文件后 28 天内，应向雇主签发工程进度款支付证书，列出他认为应支付承包商的金额，并提交详细证明资料。工程师可以不签发证书或扣减承包商报表中部分金额的情况包括：合同内约定有工程师签证的最小金额时，本月应签发的净金额小于签证的最小金额，工程师不出具月进度款的支付证书，本月工程款结转下月，超过签证最小金额后一起支付；承包商所提供的物品或已完成的工作不符合合同要求，则可扣发修正或重置的费用，直至修正或重置工作完成后再支付；承包商未能按照合同规定进行工作或履行义务，并且工程师已经通知承包商，则可扣留该工作或义务的价值，直至该工作或义务被履行为止。

工程进度款支付证书属于临时支付文件，工程师可在任何支付证书中对任何以前的证书给予恰当的改正或修正。承包商也有权提出更改和修正，经工程师复核同意后，将增加或扣除的金额纳入本次签证中。

⑤雇主的支付。雇主应在接到工程师签发的工程进度款支付证书后，及时向承包商支付工程进度款。时间不超过工程师收到报表及证明文件后的 56 天。如果雇主延误支付，承包商有权就应付工程款数额按投标书附录规定的利率加收延误期的利息。在规定的支付时间期满后 42 天内，承包商仍没有收到应付工程款，承包商有权终止合同。

3）竣工结算。在收到工程的接收证书后 84 天内，承包商应向工程师提交按其批准的格式编制的竣工报表一式六份，并附相应证明文件。工程师接到报表后，应对照竣工图进行工程量核算，对其他支付要求进行审查，根据检查结果签发竣工结算支付证书。该项工作同样应在工程师收到承包商的报表和证明文件后 28 天内完成。雇主根据工程师签发的支付证书予以支付。

4）保留金。保留金是按合同约定从承包商应得工程款中相应扣减得一笔金额保留在雇主手中，作为约束承包商行为的措施之一。当承包商由于一般违约行为使雇主受到损失时，可从保留金中直接扣除损害赔偿费。

①保留金的约定和扣除。在投标函附录中，应标明每次扣留保留金的百分比和保留金限额。一般来说，每次月进度款支付时扣留的百分比不超过当月进度款的 5%～10%，累计扣留的最高限额不超过合同总价的 2.5%～5%。从首次支付工程进度款开始，保留金按投标函附录中标明的保留金百分率乘以该月承包商完成的合格工程应得款加上由于立法和费用变化应增加和减扣的款一的总额计算得出，逐月减扣保留金额达到投标函附录中规定的保留金限额为止。

②保留金的返还。保留金分两次返还；当工程师已经颁发了整个工程的接收证书时，工程师应开具证书将保留金的前一半支付给承包商。在缺陷通知期期满时，工程师应立即开具证书将保留金尚未支付的部分支付给承包商。如果颁发的接收证书只是限于一个区段或工程的一部分，则按相应百分比予以支付。

5）暂列金额。暂列金额实际上是雇主方的一笔备用金额，虽计入合同价格内，但其使用却由工程师控制。在施工过程中，工程师有权根据工程进度的实际需要，用于施工或提供物资、设备以及技术服务等方面的开支，也可以用于其他意外用途。他有权全部使用、部分使用，也可以完全不用。工程师可以发布指示，要求承包商完成暂列金额项内的工作，也可以要求指定分包商或其他人完成。只有当承包商按工程师指示完成暂列金额项内的工作时才能得到支付。

6）最终结算。在颁发履约证书 56 天内，承包商应向工程师提交按其批准的格式编制的最终报表草案一式六份，并附证明文件，详细说明根据合同所完成的的所有工作价值以及承包商认为根据合同或其他规定应进一步支付给他的任何款项。

工程师审核后与承包商协商，对最终报表草案进行适当的补充和修改，形成最终报表。承包商在提交最终报表时，应提交一份书面结清单，确认最终报表的支付总额为合同最终结算额。在收到最终报表及书面结清单后 28 天内，工程师应向雇主发出一份最终支付证书，雇主收到该支付证书之日起 56 天内向承包商支付。

（4）争端的解决。在工程承包中，经常发生各种争端，争端的解决有各种方式，如协商、调解、仲裁、诉讼等。在 FIDIC 施工合同条件下，争端裁决委员会（DAB）的裁决成为解决争端的重要方式。

1）争端裁决委员会的裁决：

①争端裁决委员会的组成。合同双方应在投标函附录规定的日期内，共同任命一争端裁决委员会。如果合同双方对 DAB 的组成没有其他的协议，DAB 应由三人组成。合同每方应提名一位成员，由对方批准。第三位成员由合同双方与这两名成员协商确定，并作为主席。如果合同中包含了 DAB 意向性成员的名单，则成员应从该名单中选择。DAB 成员的报酬应由合同双方在协商上述任命条件时共同商定。每一方应负责支付此类酬金的一半。

②争端裁决委员会的裁决。如果在合同双方之间产生因为合同或实施过程或与相关的任何争端，包括对工程师的任何证书的签发、决定、指示、意见或估价的任何争端，任一方都可以将此类争端以书面形式提交争端裁决委员会裁定，并将副本送交另一方面和工程师。合同双方应交争端裁决委员会进行裁决，双方提供所需附加资料和其他条件。争端裁决委员会收到上述争端事宜于提交后 84 天内，或在争端裁决委员会建议并由双方批准的时间内做出合理裁决。该决定对双方都有约束力，合同双方应立即执行争端裁决委员会作出的每项决定。如果合同双方中任一方对争端裁决委员会的裁决不满意，则他可在收到该决定的通知后 28 天内将其不满通知对方，并说明理由，准备提请仲裁。如果争端裁决委员会未能在 84 天（或其他批准的时间）内作出裁决，那么合同双方中的任一方均有权在上述期满后 28 天之内向对方发出不满通知，并要求仲裁。任何一方若未发出表求不满通知，均无权就该争端要求开始仲裁，任一方在收到争端裁决委员会的决定的 28 天内将未满事宜通知对方，则该决定应被视为最终决定并对合同双方均具有约束力。

2）争端的仲裁。除非通过友好解决，否则如果争端裁决委员会有关争端的决定未能成为最终决定并具有约束力，此类争端就应由国际仲裁进行最终裁决。

二、国际其他通用工程合同

（一）JCT 合同

英国皇家建筑师学会（RIBA）1902 年编制出版的《建筑合同标准格式》（香港译为"建筑标准合约"）是世界上第一部房屋工程标准合同，在英国联邦地区有很大影响。该合同 JCT 由 8 个机构组成，包括皇家建筑师学会、皇家特许测量师学会、咨询协会、物业主联盟、专业承包商协会等。

JCT 合同实行建筑师和测量师清单"双监理"。例如，建筑师审批工期索赔，测量师审批经济索赔。JCT 合同有带工程量清单、不带工程量清单、带近似工程清单、承包商设计、总包、分包、管理承包等版本，最新版本为 2005 年的 JCT05。

（二）ICE 合同、NEC 合同和 ECC 合同

ICE 合同是同英国土木工程师学会和土木工程承包商联合会颁布的。它主要在英国和其他英联邦国家的土木工程中使用。该文本历史悠久，特别适用于大型的复杂的工程，ICE 合同只设工程师而不设测量师，参与编制有英国土木承包商协会（CECA）和英国咨询工程师协会（ACE）。

ICE 还编制了《新工程合同》（NEC）。NEC 主张从对立转向合作以实现合同目标，不设工程师但增加了争端裁定制度，引入里程碑付款方式，开创了以简洁语言撰写标准工程合同的先例。这些做法在国际上有很大影响。1991 年 NEC 发行试用版，1993 年发行 NEC1，1995 年发行 NEC2，2005 年发行的 NEC3 合同家族达 23 种。NEC 是组装式合同，有 6 个主选项 A～F，次选项有 20 多个，例如 X12——合作伙伴关系，X20——关键路径指标（各方合作缩短工期 10%、节约水电 20%、减少工伤 50%，如此等等）。

ECC 工程合同，由英国土木工程师学会颁布。它是一个形式、内容和结构都很新颖的工程合同。它由核心条款、主要选项条款和次要选项条款、成本组成表及组成简表等组成，可适用于固定总价合同、单价合同、成本加酬金合同，目标合同和管理合同。

（三）美国 AIA 系列合同条件

AIA 是美国建筑师学会（American Institute of Architects）的简称。该学会作为建筑师的专业社团已经有近 140 年的历史，成员总数达 56000 名，遍布美国及全世界，AIA 出版的系列合同文件在美国建筑业界及国标工程承包界，特别在美洲地区具有较高的权威性，应用广泛。

AIA 系列合同文件为 A、B、C、D、G 等系列，其中 A 系列是用于业主与承包商的标准合同文件，不仅包括合同条件，还包括承包资格申报表和保证标准格式，B 系列主要用于业主与建筑师之间的标准合同文件，其中包括专门用于建筑设计、室内装修工程等特定情况的标准合同文件，C 系列主要用于建筑师企业咨询机构之间的标准合同文件，D 系列是建筑师行业内部使用的文件，G 系列主要用于建筑师企业及项目管理中使用的文件。

　　AIA 合同文件主要用于私营的房屋建筑工程，并专门编制用于小型项目的合同条件。其计价方式主要有固定总价、成本补偿及最高限价限定价格法。AIA 系列合同文件的核心是"通用条件"（A201）。采用不同的工程项目管理模式及不同的计价方式时，只需选用不同的"协议书格式"与"通用条件"即可。如 AIA 与 A201 一同使用，构成完整的法律性文件，适用于大部分以固定总价方式支付的工程项目。再如 AIA 文件 A111 和 A201 一同使用，构成完整的法律性文件，适用于大部分以成本补偿方式支付的工程项目。

　　AIA 文件 A201 作为施工合同实质内容，规定了业主、承包商之间的权利、义务及建筑师的职责和权限，该文件通常与其他 AIA 文件共同使用，因此被称为"基本文件"。1987 年版的 AIA 文件 A201《施工合同通用条件》共计 14 条 68 款，分别是一般条款、发包人、承包人、合同的管理、分包商、发包人或独立承包人负责的施工、工程变更、期限、付款与完工、人员与财产的保护、保险与保函、剥露工程及其返修、混合条款、合同终止或停止。

　　复习思考题：

　　1. 合同谈判的主要内容？
　　2. 合同双方当事人的权利义务有哪些？

学习情境六 施 工 索 赔

任务一 了 解 索 赔 起 因

【引导问题】

1. 施工索赔（含索赔作用）。
2. 索赔分类。
3. 索赔起因。
4. 索赔费用分析。
5. 索赔处理。

【工作任务】

了解索赔的起因，掌握索赔报告的内容。

【学习参考资料】

谷学良. 工程招标投标与合同. 黑龙江省科学技术出版社，2006.

《中华人民共和国招标投标法》。

《中华人民共和国建筑法》。

《中华人民共和国合同法》。

一、建设工程索赔

（一）施工索赔

1. 施工索赔概念

施工索赔，是指施工合同当事人在合同实施过程中，根据法律、合同规定及惯例，对并非由于自己的过错，而是由于应由合同对方承担责任的情况造成的实际损失向对方提出给予时间或费用补偿的要求。对施工合同双方来说，施工索赔是维护双方合法利益的权利，承包人可以向发包人提出索赔，发包人也可以向承包人提出索赔。本节主要介绍前一种索赔。

2. 施工索赔作用

（1）保证施工合同的实施；

（2）落实和调整施工合同双方经济责任关系；

（3）维护施工合同当事人正当权益；

（4）促使工程造价更加合理。

（二）施工索赔的分类

1. 按索赔事件所处合同状态分类

（1）正常施工索赔

正常施工索赔，是指在正常履行合同中发生的各种违约、变更、不可预见因素、加速施工、政策变化等情况引起的索赔。正常施工索赔是最常见的索赔形式。

（2）工程停、续建索赔

工程停、续建索赔，是指已经履行合同的工程因不可抗力、政府法令、资金或其他原因必须中途停止施工所引起的索赔。

（3）解除合同索赔

解除合同索赔，是指因合同中的一方严重违约，致使合同无法正常履行的情况下，合同的另一方行使解除合同的权利所产生的索赔。

2．索赔依据的范围分类

（1）合同内索赔

合同内索赔，是指索赔所涉及的内容可以在履行的合同中找到条款依据，并可根据合同条款或协议中预先规定的责任和义务划分责任，按违约规定和索赔费用、工期的计算办法提出的索赔。一般情况下，合同内索赔的处理解决相对容易。

（2）合同外索赔

合同外索赔与合同内索赔依据恰恰相反，即索赔所涉及的内容难于在合同条款及有关协议中找到依据，但可能来自民法、经济法或政府有关部门颁布的有关法规所赋予的权利。

（3）道义索赔

道义索赔，是指承包人无论在合同内或合同外都找不到进行索赔的依据，没有提出索赔的条件和理由，但他在合同履行中诚实可信，为工程的质量、进度及与发包人配合上尽了最大的努力，但由于工程实施过程中估计失误，确实造成了很大的亏损，恳请发包人给予救助，这时，发包人为了使自己的工程获得良好的进展，出于同情和信任合作的承包人而慷慨予以费用补偿。发包人支付的这种道义救助，能够获得承包人更理想的合作，最终发包人并无损失。因为承包人这种并非管理不善和质量事故造成的亏损过大，往往是在投标时估价不足造成的。换言之，若承包人充分地估计了实际情况，在合同价中也应含有这部分费用。

3．按索赔的目的分类

（1）工期索赔

工期索赔，是指由于非承包人责任的原因而导致施工进程延误，承包人要求批准延展合同工期的索赔。工期索赔形式上是对权利的要求，以避免在原定合同竣工日不能完工时，被发包人追究拖期违约责任。一旦获得批准合同工期延展后，承包人不仅免除了承担拖期违约赔偿费的严重风险，而且可能提前工期从而得到奖励。因此，工期索赔最终仍反映在经济收益上。

（2）费用索赔

费用索赔，是指当施工的客观条件改变导致承包人增加开支，承包人要求对超出计划成本的附加开支给予补偿，以挽回不应由他承担的经济损失的索赔。费用索赔的目的是要求经济补偿。

4．按索赔的处理方式分类

（1）单项索赔

单项索赔，是指某一事件发生对承包人造成工期延长或额外费用支出时，承包人即可对这一事件的实际损失在合同规定的索赔有效期内提出的索赔。因此，单项索赔是对发生的事件而言，单项索赔可能是涉及内容比较简单、分析比较容易、处理起来比较快捷的事件，也可能是涉及内容比较复杂、索赔数额比较大、处理起来比较麻烦的事件。

（2）综合索赔

综合索赔又称一揽子索赔，是指承包人在工程竣工结算前，将施工过程中未得到解决的或承包人对发包人答复不满意的单项索赔集中起来，综合提出一次索赔，双方进行谈判协商。综合索赔一般都是单项索赔中遗留下来的意见分歧较大的难题，责任的划分、费用的计算等都各持己见，不能立即解决。

二、施工索赔的起因

施工索赔的起因见图 6-1。

1. 发包人或工程师违约

（1）发包人没有按合同规定的时间和要求提供施工场地、创造施工条件（场地不具备施工条件、未保证用水用电的需要、场区道路不畅、未提供地质情况及有无地下管网情况、未办理或未完全办理各种许可证、未交付水准点、未及时进行图纸会审、未做好周边建筑物的保护、拖延合同责任）造成的违约；

图 6-1 施工索赔的主要原因

（2）发包人没有按施工合同规定的条件提供应供应的材料、设备造成违约；

（3）发包人没有能力或没有在规定的时间内支付工程款造成违约；

（4）工程师委派人员未提前通知施工单位；

（5）工程师对承包人在施工过程中提出的有关问题久拖不定造成违约；

（6）工程师工作失误，对承包人进行不正确纠正、苛刻检查等造成违约；

（7）工程师对施工单位的施工组织进行不合理的干预。

2. 合同变更与合同缺陷

（1）合同变更

合同变更，是指施工合同履行过程中，对合同范围内的内容进行的修改或补充。合同变更的实质是对必须变更的内容进行新的要约和承诺。

1）工程设计变更。工程设计变更一般存在两种情况，即完善性设计变更和修改性设计变更。所谓完善性设计变更，是指在实施原设计的施工中不进行技术上的改动将无法进行施工的变更。通常表现为对设计遗漏、图纸互相矛盾、局部内容缺陷方面的修改和补充。完善性设计变更，通过承发包双方协商一致后即可办理变更记录。所谓修改性设计变更，是指并非设计原因而对原设计工程内容进行的设计修改。此类设计变更的原因主要来自发包人的要求和社会条件的变化。

2）施工方法变更。施工方法变更，是指在执行经工程师批准的施工组织设计时，因实际情况发生变化需要对某些具体的施工方法进行修改。这种对施工方法的修改必须报工程师批准方可执行。

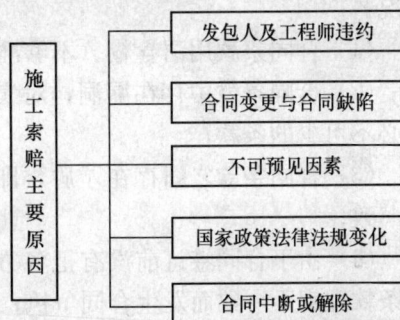

施工方法变更，必然会对预定的施工方案、材料设备、人力及机械调配产生影响，会使施工成本加大，其他费用增加，从而引起承包人索赔。

3）工程师指令。如果工程师指令施工单位加速施工，改换某些材料，采取某项措施进行某项工作或暂停施工等，则带有较大成分的人为合同变更，承包商可以抓住这一合同变更机会，提出索赔要求。

（2）合同缺陷

合同缺陷，是指承发包当事人所签订的施工合同进入实施阶段才发现的，合同本身存在的，已很难再作修改或补充的问题。

大量的工程合同管理经验证明，施工合同在实施过程中，常发现有如下的情况：

（1）合同条款用语含糊、不够准确，难以分清双方的责任和权益；

（2）合同条款中存在漏洞，对实际可能发生的情况未做预料和规定，缺少某些必不可少的条款；

（3）合同条款之间存在矛盾，即在不同的条款中，对同一问题的规定或要求不一致；

（4）由于合同签订前没有把各方对合同条款的理解进行沟通，导致双方对某些条款理解不一致而发生合同争执；

（5）对合同一方要求过于苛刻、约束不平衡，甚至发现某些条款是一种圈套，某些条款中隐含着较大风险。

无论合同缺陷表现为哪一种情况，其最终结果可能是以下两种情况：

其一：双方当事人，对有缺陷的合同条款重新解释定义，协商划分双方责任和权益；

其二：双方各自按照自已的理解，把不利责任推给对方，发生激烈合同争议后，提交仲裁机构解决。

总之，合同缺陷的解决往往是与施工索赔及解决合同争议联系在一起的。

3. 不可预见因素

（1）不可预见性障碍

不可预见性障碍，是指承包人在开工前，根据发包人所提供的工程地质勘察报告及现场资料，并经过现场调查，都无法发现的地下自然或人工障碍。如古井、墓坑、断层、溶洞及其他人工构筑物类障碍等。

（2）其他第三方原因

其他第三方原因，是指与工程有关的其他第三方所发生的问题对工程施工的影响。其表现的情况是复杂多样的，往往难于划分类型。如下述情况：

1）正在按合同供应材料的单位因故被停止营业，使正需要的材料供应中断；

2）因铁路部门的原因，正常物资运输造成压站，使工程设备迟于安装日期到场，或不能配套到场；

3）进场设备运输必经桥梁因故断塌，使绕道运费大增。

诸如上述及类似问题的发生，客观上给承包人造成施工停顿、等候、多支出费用等情况。

　　如果上述情况中的材料供应合同、设备订货合同及设备运输路线是发包人与第三方签订或约定的，承包人可以向发包人提出索赔。

　　4. 国家政策、法规的变化

　　国家政策、法规的变化，通常是指直接影响到工程造价的某些国家政策、法规的变化。常见的国家政策、法规的变更有：

　　（1）由工程造价管理部门发布的建筑工程材料预算价格调整；

　　（2）建筑材料的市场价与概预算定额文件价差的有关处理规定；

　　（3）国家调整关于建设银行贷款利率的规定；

　　（4）国家有关部门关于工程中停止使用某种设备、某种材料的通知；

　　（5）国家有关部门在工程中推广某些设备、施工技术的规定；

　　（6）国家对某种设备、建筑材料限制进口、提高关税的规定等。

　　上述有关政策、法规对建筑工程的造价必然产生影响，承包人可依据这些政策、法规的规定向发包人提出补偿要求。假如这些政策、法规的执行会减少工程费用，受益的无疑应该是发包人。

　　5. 合同中止与解除

　　由于种种原因引起的合同的中止与解除必然会引起双方损失，也就会引起索赔。

任务二　索赔的处理

【引导问题】

　　1. 索赔费用分析。

　　2. 施工索赔的处理。

【工作任务】

　　掌握索赔计算。能够合理处理索赔事件。

一、施工索赔中的费用分析

　　施工索赔费用，是承包人根据施工合同条款的有关规定，向发包人索取的承包人应该得到的合同价款以外的费用。按照索赔起因及其费用构成特点可分为工程量增加费、工期延误损失费、加速施工费、发包人或工程师违约的损失费、中止及解除合同损失费、国家政策、法规变化影响的费用等。

　　（1）工程量增加费

　　工程量增加费，是指由于某些因素的影响，施工中实际发生的工程量超过了原合同或图纸规定的工程量而发生的施工索赔费用。工程施工中，引起工程量增加的常见情况往往与设计变更、工程师指令、不可预见性障碍等有关。

　　（2）工期延误损失费

　　工期延误损失费，是指由于非承包人的原因所导致的施工延误事件给承包人造成实际损失而发生的施工索赔费用。它与工程量增加费是完全不同的情况，其费用构成是下列几种情况的组合：

1）工人停工损失费或需暂调其他工程时的调离现场及再次调回费。

2）施工机械闲置费。当承包人使用租赁机械时是指机械租赁费；当承包人使用自有机械时是指机械闲置费或暂调其他工程时的调离及二次进场费。

3）材料损失费。包括易损耗材料因工期延误而加大的损耗；水泥因延误造成过期失效；材料调运其他工地的运输及装卸费等。

4）材料价格调整。受市场价格变化的影响，因工期延误迫使承包人的材料采购推迟，当延误前后材料明显涨价时，承包人不得不付出比计划进度情况下更多的费用。

5）异常恶劣气候条件、特殊社会条件造成已完工程损坏或质量达不到合格标准时的处置费、重新施工费等。

（3）加速施工费

加速施工费，是指由于非承包人的原因导致工期延误，承包人根据工程师的指令加速施工，从而比正常进度状态下完成同等数量的工程量施工成本提高而发生的施工索赔费用。通常情况下，加速施工费由以下几种情况构成：

1）实行比定额标准工资高的工资制度，如多发奖金、加班费等。

2）配备比正常进度人力资源多的劳动力，如为加速施工多雇用工人；多安排技术熟练工；由一班制改为两班甚至三班制；为增加的工人多购置工具、用具，增加服务人员、增建临时设施等。

3）施工机械设备的配置增加，周转性材料大量增多。如增加混凝土搅拌机，增加垂直提升设备；由于施工进度快，现浇钢筋混凝土结构的支撑和模板将减少周转次数，增加投入量。

4）采用先进价高的施工方法。如现浇钢筋混凝土工程中，使用商品混凝土；高空作业使用泵送混凝土机械等。

5）材料供应不能满足加速施工要求时，发生工人待工或高价采购材料。

6）加速施工中的各工种交叉干扰加大了施工成本等。

上述加速施工费用的产生，因不同的工程情况千差万别，甚至会有加速效果不明显，而加速施工费用却大幅度增加的情况。

（4）发包人或工程师违约损失费

发包人或工程师违约损失费，是指在施工合同履行过程中，由于发包人或工程师违背合同规定，给承包人造成实际损失而发生的施工索赔费用。发包人或工程师违约损失费在工程实践中经常发生，但其费用构成却较为复杂，应根据具体情况具体分析。

1）发包人延迟付款。

2）发包人或工程师工作失误。发包人或工程师在行使合同所赋予的权力时，由于业务能力、工作经验等原因，往往发生不正确纠正工程问题，提出不能实现的工程要求，进行了不自觉的苛刻检查等，无意但确实对承包人的正常施工造成了干扰，这类工作失误无疑会给承包人造成某些损失。如承包人进行了不必要的返工；不必要的多次暂停；干扰造成生产效率明显减低；增加不必要的工序和工器具；更新某种材料或施工设备等。

3）发包人对已完工程修改。承包人按照发包人提供的施工图纸进行施工后，发包人对已完成部位又提出修改要求，这在工程装修阶段是时常发生的，这种修改一般都会因此而增加施工费用。

（5）中止与解除合同损失费

中止与解除合同损失费，是指由于施工合同的中止与解除给合同当事人造成实际损失而发生的施工索赔费用。合同的中止与解除，不影响当事人要求赔偿的权利，原施工合同中的条款对合同中止与解除后当事人之间有关结算、未尽义务、争议等仍有效。所以，承发包双方在合同中止与解除后，都可以对所产生的损失向对方提出索赔要求。

按照《建设工程施工合同（示范文本）》通用条款的规定，合同解除后，承包人应妥善做好已完工程和已购材料、设备的保护和移交工作，按发包人要求将自有机械设备和人员撤出施工场地。发包人应为承包人撤出提供必要条件，支付以上发生的费用，并按合同约定支付已完工程价款。已经订货的材料、设备由订货方负责退货或解除订货合同，不能退还的货款和因退货、解除订货合同发生的费用，由发包人承担，因未及时退货造成的损失由责任方承担。除此之外，有过错的一方应当赔偿因合同解除给对方造成的损失。

（6）国家政策、法规变化影响的费用

国家在建设管理方面的政策、法规变化，或新政策、法规颁布实施后，对工程施工活动往往会产生费用影响，施工费用会发生相应的变化，对于这方面的影响，承发包双方必须无条件的执行，建设工程费用必须进行调整，而施工索赔正是在国家政策、法规变化情况下调整相关费用的常用方法。

二、施工索赔的处理

1. 施工索赔程序

《建设工程施工合同（示范文本）》通用条款第 36.2 款规定，发包人未能按合同约定履行自己的各项义务或发生错误以及应由发包人承担责任的其他情况，造成工期延误和（或）承包人不能及时得到合同价款及承包人的其他经济损失，承包人可按下列程序以书面形式向发包人索赔：

（1）索赔事件发生后 28 天内，向工程师发出索赔意向通知；

（2）发出索赔意向通知后 28 天内，向工程师提出延长工期和（或）补偿经济损失的索赔报告及有关资料；

（3）工程师在收到承包人送交的索赔报告和有关资料后，于 28 天内给予答复，或要求承包人进一步补充索赔理由和证据；

（4）工程师在收到承包人送交的索赔报告和有关资料后 28 天内未予答复或未对承包人做进一步要求，视为该项索赔已经认可；

（5）当该索赔事件持续进行时，承包人应当阶段性向工程师发出索赔意向，在索赔事件终了后 28 天内，向工程师送交索赔的有关资料和最终索赔报告，索赔答复程序与（3）、（4）规定相同。

2. 施工索赔意向通知及索赔报告

（1）索赔意向通知

索赔意向通知没有统一的要求，一般可考虑下述内容：

1）索赔事件发生的时间、地点或工程部位；

2）索赔事件发生的双方当事人或其他有关人员；

3）索赔事件发生的原因及性质，应特别说明并非承包人的责任；

4）承包人对索赔事件发生后的态度，特别应说明承包人为控制事件的发展、减少损失所采取的行动；

5）写明事件的发生将会使承包人产生额外经济支出或其他不利影响；

6）提出索赔意向，注明合同条款依据。

（2）索赔报告

索赔报告，是承包人提交的要求发包人给予一定经济赔偿和（或）延长工期的重要文件。索赔报告在索赔处理的整个过程中起着重要的作用。索赔报告通常包括以下五个方面的主要内容：

1）标题；

2）索赔事件叙述；

3）索赔理由及依据；

4）索赔值的计算及索赔要求；

5）索赔证据资料。

编写索赔报告时应特别注意以下几点：

1）索赔报告的标题应能准确地概括索赔的中心内容；

2）索赔事件的叙述要准确，不应有主观随意性，应写明事件发生的时间、工程部位、发生的原因、影响的范围、持续的时间以及承包人所采取的措施等；

3）对于索赔理由及依据，要明确指出依据合同某条某款，某某会议纪要，以证明己方有合理合法的索赔资格；

4）索赔要求准确，计算依据、计算方法、计算过程要合理正确；

5）证据资料应详实、充分，能够有力地支持或证明索赔理由、索赔事件的影响、索赔值的计算；

6）索赔报告用词要明确，不能出现"大概"、"大约"、"可能"等模棱两可的词语。

复习思考题：

1. 索赔的方式有哪些？

2. 索赔证据包括哪几个方面？

3. 在工程施工过程中为什么会经常发生索赔？

学习情境七　建筑工程施工组织

任务一　熟悉建筑工程施工组织

【引导问题】

1. 建筑产品及施工特点。

2. 建筑施工组织研究的对象和任务。

3. 施工组织设计的分类。

4. 施工组织设计的任务与作用。

5. 施工组织设计的编制与执行。

【工作任务】

了解建筑产品及施工的特点、建筑施工组织研究的对象和任务，掌握施工组织设计的分类、施工准备工作的内容。

【学习参考资料】

1. 危道军. 工程项目管理. 武汉理工大学出版社，2005.

2. 国家颁发的各种施工组织的法律法规文件。

3. 有关施工组织的各类书刊。

一、建筑产品及施工特点

（一）建筑产品的特点

1. 建筑产品的固定性

建筑产品都是在选定的地点上建造和使用的，与选定地点的土地不可分割，从建造开始直至拆除一般均不能移动。所以，建筑产品的建造和使用地点在空间上是固定的。

2. 建筑产品的多样性

建筑产品不但要满足各种使用功能的要求，而且还要体现出各地区的民族风格、物质文明和精神文明，同时也受到各地区的自然条件等诸因素的限制，使建筑产品在建设规模、结构类型、构造形式、基础设计和装饰风格等诸方面变化纷繁，各不相同。即使是同一类型的建筑产品，也会因所在地点、环境条件等的不同而彼此有所区别。

3. 建筑产品体形庞大

无论是复杂的建筑产品，还是简单的建筑产品，为了满足其使用功能的需要，都需要使用大量的物质资源，占据广阔的平面与空间。

4. 建筑产品的综合性

建筑产品是一个完整的实物体系，它不仅综合了土建工程的艺术风格、建筑功能、结构构造、装饰做法等多方面的技术成就，而且也综合了工艺设备、供暖通风、供水供电、通信网络、安全监控、卫生设备等各类设施的当代水平，从而使建筑产品变得更加错综复杂。

（二）建筑施工的特点

1. 建筑产品生产的流动性

建筑产品的固定性决定了建筑产品生产的流动性。一般工业生产的生产地点、生产者和生产设备是固定的，产品是在生产线上流动的。而建筑产品的生产则相反，产品是固定的，参与施工的人员、机具设备等不仅要随着建筑产品的建造地点的变更而流动，而且还要随着建筑产品施工部位的改变而不断地在空间流动。这就要求事先必须有一个周密的项目管理规划（或施工组织设计），使流动的人员、机具、材料等互相协调配合，使建筑施工能有条不紊、连续、均衡地进行。

2. 建筑产品生产的单件性

建筑产品地点的固定性和类型的多样性，决定了建筑产品生产的单件性。一般的工业生产，是在一定时期里按一定的工艺流程批量生产某一种产品。而建筑产品一般是按照建设单位的要求和规划，根据其使用功能、建设地点进行单独设计和施工。即使是选用标准设计、通用构件或配件，由于建筑产品所在地区的自然、技术、经济条件的不同，也使建筑产品的结构或构造、建筑材料、施工组织和施工方法等要因地制宜加以修改，从而使各建筑产品生产具有单件性。

3. 建筑产品生产周期长

建筑产品体形庞大的特点决定了建筑产品生产周期长。建筑产品在施工过程中要投入大量的人力、物力和财力，还要受到生产技术、工艺流程和活动空间的限制，使其生产周期少则几个月，多则几年，几十年。

4. 建筑产品生产的地区性

建筑产品的固定性决定了同一使用功能的建筑产品，因其建造地点的不同，必然受到建设地区的自然、技术、经济和社会条件的约束，使其结构、构造、艺术形式、室内设施、材料、施工方案等方面均各异。因此建筑产品的生产具有地区性。

5. 建筑产品生产的露天作业多

建筑产品生产地点的固定性和体形庞大的特点，决定了建筑产品生产露天作业多。建筑产品不能像其他工业产品一样在车间内生产，除少量构件生产及部分装饰工程、设备安装工程外，大部分土建施工过程都是在室外完成的，受气候因素影响，工人劳动条件差。

6. 建筑产品生产的高空作业多

建筑产品体形庞大的特点，决定了建筑产品生产高空作业多。特别是随着我国国民经济的不断发展和建筑技术的日益进步，高层和超高层建筑不断涌现，使得建筑产品生产高空作业多的特点越来越明显，同时也增加了作业环境的不安全因素。

7. 建筑产品生产手工作业多、工人劳动强度大

目前，我国建筑施工企业的技术装备机械化程度还比较低，工人手工操作量大，致使工人的劳动强度大、劳动条件差。

8. 建筑产品生产组织协作的综合复杂性

建筑产品生产是一个时间长、工作量大、资源消耗多、涉及面广的过程。它涉及力学、材料、建筑、结构、施工、水电和设备等不同专业；涉及企业内部各部门和人员；涉及企业外部建设、设计、监理单位以及消防、环境保护、材料供应、水电供应、科研试验等社会各部门和领域，需要各部门和单位之间的协作配合，从而使建筑产品生产的组织协作综合复杂。

二、建筑施工组织研究的对象和任务

随着社会经济的发展和建筑技术的进步，现代建筑产品的施工生产已成为一项多人员、多工种、多专业、多设备、高技术、现代化的综合而复杂的系统工程。要做到提高工程质量、缩短施工工期、降低工程成本、实现安全文明施工，就必须应用科学方法进行施工管理，统筹施工全过程。

建筑施工组织就是针对建筑工程施工的复杂性，研究工程建设的统筹安排与系统管理的客观规律，制定建筑工程施工最合理的组织与管理方法的一门科学。它是推进企业技术进步，加强现代化施工管理的核心。

一个建筑物或构筑物的施工是一项特殊生产活动，尤其现代化的建筑物和构筑物无论是规模上还是功能上都在不断发展，它们有的高耸入云，有的跨度大，有的深入地下、水下，有的体形庞大，有的管线纵横，这就给施工带来许多更为复杂和困难的问题。解决施工中的各种问题，通常都有若干个可行的施工方案供施工人员选择。但是，不同的方案，其经济效果一般也是各不相同的。如何根据拟建工程的性质和规模、施工季节和环境、工期的长短、工人的素质和数量、机械装备程度、材料供应情况、构件生产方式、运输条件等各种技术经济条件，从经济和技术统一的全局出发，从许多可行的方案中选定最优的方案，这是施工人员在开始施工之前必须解决的问题。

施工组织的任务是：在党和政府有关建筑施工的方针政策指导下，从施工的全局出发，根据具体的条件，以最优的方式解决上述施工组织的问题，对施工的各项活动做出全面的、科学的规划和部署，使人力、物力、财力、技术资源得以充分利用，达到优质、低耗、高速地完成施工任务。

三、施工组织设计概论

按照现行《建设工程项目管理规范》（GB/T 50326—2001）规定，在投标之前，由施工企业管理层编制项目管理规划大纲，作为投标依据、满足招标文件要求及签订合同要求的文件。在工程开工之前，由项目经理主持编制项目管理实施规划，作为指导施工项目实施阶段管理的文件。项目管理实施规划使项目管理规划大纲更具体化和深化。

施工组织设计是我国长期工程建设实践中形成的一项惯例制度，目前仍继续

贯彻执行。施工组织设计是施工规划，而非施工项目管理规划，故要代替后者时必须根据项目管理的需要，增加相关内容，使之成为项目管理的指导文件。

（一）施工组织设计的分类

1. 按设计阶段的不同分类

施工组织设计的编制一般同勘察设计阶段相配合。

（1）设计按两个阶段进行时

施工组织设计分为施工组织总设计（扩大初步施工组织设计）和单位工程施工组织设计两种。

（2）设计按三个阶段进行时

施工组织设计分为施工组织设计大纲（初步施工组织条件设计）、施工组织总设计和单位工程施工组织设计三种。

2. 按编制对象范围的不同分类

（1）施工组织总设计

施工组织总设计是以一个建筑群或一个施工项目为编制对象，用以指导整个建筑群或施工项目施工全过程的各项施工活动的技术、经济和组织的综合性文件。

（2）单位工程施工组织设计

单位工程施工组织设计是以一个单位工程（一个建筑物或构筑物、一个交工系统）为对象，用以指导其施工全过程的各项施工活动的技术、经济和组织的综合性文件。

（3）分部分项工程施工组织设计

分部分项工程施工组织设计是以分部分项工程为编制对象，用以具体指导其施工全过程的各项施工活动的技术、经济和组织的综合性文件。

（4）专项施工组织设计

专项施工组织设计是以某一专项技术（如重要的安全技术、质量技术或高新技术）为编制对象，用以指导施工的综合性文件。

（二）施工组织设计的任务与作用

1. 施工组织设计的任务

施工组织设计是用来指导拟建工程施工全过程中各项活动的技术、经济和组织的综合性文件。

施工组织设计的任务是：在党和国家的建设方针、政策指导下，从施工的全局出发，根据拟建工程的各种具体条件，拟订工程施工方案，安排施工进度，进行现场布置；把设计和施工、技术和经济、企业的全局活动和工程的施工组织，把施工中各单位、各部门、各工种、各阶段以及各项目之间的关系等更好地协调起来；使施工建立在科学、合理的基础之上，从而做到人尽其力、物尽其用，优质、安全、低耗、高效地完成工程施工任务，取得最好的经济效益和社会效益。

2. 施工组织设计的作用

施工组织设计是施工准备工作的重要组成部分，又是做好施工准备工作的主要依据和重要保证。

施工组织设计是对拟建工程施工全过程实行科学管理的重要手段，是编制施工预算和施工计划的主要依据，是建筑企业合理组织施工和加强项目管理的重要措施。

施工组织设计是检查工程施工进度、质量、成本三大目标的依据，是建设单位与施工单位之间履行合同、处理关系的主要依据。

（三）施工组织设计的编制与执行

1. 施工组织设计的编制

（1）当拟建工程中标后，施工单位必须编制建设工程施工组织设计。建设工程实行总包和分包的，由总包单位负责编制施工组织设计或者分阶段施工组织设计。分包单位在总包单位的总体部署下，负责编制分包工程的施工组织设计。施工组织设计应根据合同工期及有关的规定进行编制，并且要广泛征求各协作施工单位的意见。

（2）对结构复杂、施工难度大以及采用新工艺和新技术的工程项目，要进行专业性的研究，必要时组织专门会议，邀请有经验的专业工程技术人员参加，集中群众智慧，为施工组织设计的编制和实施打下坚定的群众基础。

（3）在施工组织设计编制过程中，要充分发挥各职能部门的作用，吸收他们参加编制和审定；充分利用施工企业的技术素质和管理素质，统筹安排、扬长避短，发挥施工企业的优势，合理地进行工序交叉配合的程序设计。

（4）当比较完整的施工组织设计方案提出之后，要组织参加编制的人员及单位进行讨论，逐项逐条地研究，修改后确定，最终形成正式文件，送主管部门审批。

2. 施工组织设计的执行

施工组织设计的编制，只是为实施拟建工程项目的生产过程提供了一个可行的方案。这个方案的经济效果如何，必须通过实践去验证。施工组织设计贯彻的实质，就是把一个静态平衡方案，放到不断变化的施工过程中，考核其效果和检查其优劣的过程，以达到预定的目标。所以施工组织设计贯彻的情况如何，其意义是深远的，为了保证施工组织设计的顺利实施，应做好以下几个方面的工作：

（1）传达施工组织设计的内容和要求，做好施工组织设计的交底工作；

（2）制定有关贯彻施工组织设计的规章制度；

（3）推行项目经理责任制和项目成本核算制；

（4）统筹安排，综合平衡；

（5）切实做好施工准备工作。

（四）组织项目施工的基本原则

根据我国建筑业几十年来积累的经验和教训，在编制施工组织设计和组织项目施工时，应遵守以下原则：

1. 认真贯彻执行党和国家对工程建设的各项方针和政策，严格执行现行的建设程序。

2. 遵循建筑施工工艺及其技术规律，坚持合理的施工程序和施工顺序，在保证工程质量的前提下，加快建设速度，缩短工程工期。

3. 采用流水施工方法和网络计划等先进技术，组织有节奏、连续和均衡的施工，科学地安排施工进度计划，保证人力、物力充分发挥作用。

4. 统筹安排，保证重点，合理地安排冬期、雨期施工项目，提高施工的连续性和均衡性。

5. 认真贯彻建筑工业化方针，不断提高施工机械化水平，贯彻工厂预制和现场预制相结合的方针，扩大预制范围，提高预制装配程度，改善劳动条件，减轻劳动强度，提高劳动生产率。

6. 采用国内外先进施工技术，科学地确定施工方案，贯彻执行施工技术规范、操作规程，提高工程质量，确保安全施工，缩短施工工期，降低工程成本。

7. 精心规划施工平面图，节约用地，尽量减少临时设施，合理储存物资，充分利用当地资源，减少物资运输量。

8. 做好现场文明施工和环境保护工作。

四、施工准备工作

施工准备工作就是指工程施工前所做的一切工作。它不仅在开工前要做，开工后也要做，它是有组织、有计划、有步骤分阶段地贯穿于整个工程建设的始终。

（一）施工准备工作的意义

"运筹于帷幄之中，决胜于千里之外"这是人们对战略准备与战术决胜的科学概括。建筑施工也不例外，由于建筑产品（工程）的固定性、复杂性；消耗资源巨大，种类繁多；工艺复杂、专业要求高；所处环境复杂等等因素的影响，使得施工准备的好坏直接影响建筑产品生产全过程。实践证明：凡是重视施工准备工作，积极为拟建工程创造一切施工条件的，其施工就会顺利地进行，凡是不重视施工准备工作的，就会给工程施工带来麻烦、损失，甚至灾难，其后果不堪设想。认真细致地做好施工准备工作，对充分发挥各方面的积极因素，合理利用资源，加快施工速度、提高工程质量、确保施工安全、降低工程成本及获得较好经济效益都起着重要作用。

施工准备工作的基本任务是：掌握工程的特点、进度要求、摸清施工的客观条件；合理部署施工力量，从技术、资源、现场、组织等方面为建筑安装施工创造一切必要的条件。

（二）施工准备工作的分类

1. 按施工准备工作的范围不同进行分类

（1）按施工总准备（全场性施工准备）。它是以整个建设项目为对象而进行的各项施工准备。其作用是为整个建设项目的顺利施工创造条件，即为全场性的施工活动服务，也兼顾单位工程施工条件的准备。

（2）单项（单位）工程施工条件准备。它是以一个建筑物或构筑物为对象而进行的各项施工准备。其作用是为单项（单位）工程的顺利施工创造条件，即为单项（单位）工程做好一切准备，又要为分部（分项）工程施工进行作业条件的准备。

（3）分部（分项）工程作业条件准备。它是以一个分部（分项）工程或冬雨期施工工程为对象而进行的作业条件准备。

2. 按工程所处的施工阶段不同进行分类

（1）开工前的施工准备。它是在拟建工程正式开工前所进行一切的施工准备工作，其目的是为拟建工程正式开工创造必要的施工条件。开工日期的确定：深基础（桩基础）工程以打第一根正式桩的日期为准，浅基础工程以破土挖槽的那天为准。

（2）工序前的施工准备。开工前的施工准备由于受空间、资源供应等因素的影响而不可能将所有的准备工作全面完成，而要在各工序前做补充性的施工准备。

（三）施工准备工作的内容

1. 调查研究与收集资料

对一项工程所涉及的自然条件和技术经济条件等施工资料进行调查研究与收集整理，是施工准备工作的一项重要内容，也是编制施工组织设计的重要依据。尤其是当施工单位进入一个新的城市或地区，对建设地区的技术经济条件、场地特征和社会情况等不太熟悉，此项工作显得尤为重要。调查研究与收集资料的工作应有计划、有目的地进行，事先要拟建详细的调查提纲。其调查的范围、内容要求等应根据拟建工程的规模、性质、复杂程序、工期以及对当地了解程度确定。调查时，除向建设单位、勘察设计单位、当地气象台站及有关部门和单位收集资料及有关规定外，还应到实地勘测，并向当地居民了解。对调查、收集到的资料应注意整理归纳、分析研究，对其中特别重要的资料，必须复查其数据的真实性和可靠性。

2. 技术资料准备

技术资料准备即通常所说的"内业"工作，它是施工准备的核心，指导着现场施工准备工作，对于保证建筑产品质量，实现安全生产，加快工程进度，提高工程经济效益都具有十分重要的意义。任何技术差错和隐患都可能引起人身安全和质量事故，造成生命财产和经济的巨大损失，因此，必须重视做好技术资料准备。其主要内容包括：熟悉和会审图纸，编制中标后施工组织设计，编制施工预算等。

（1）熟悉和会审图纸

施工图全部（或分析段）出图以后，施工单位应依据建设单位和设计单位提供的初步设计或扩大初步设计（技术设计）、施工图设计、建筑总平面图、土方竖向设计和城市规划等资料文件，调查、收集的原始资料和其他相关信息与资料。组织有关人员对设计图纸进行学习和会审工作，使参与施工的人员掌握施工图的内容、要求和特点，同时发现施工图中的问题，以便在图纸会审时统一提出，解决施工图中存在的问题，确保工程施工顺利进行。

（2）编制中标后施工组织设计

中标后施工组织设计是施工单位在施工准备阶段编制的指导拟建工程从施工准备到竣工验收乃至保修回访的技术经济、组织的综合性文件，也是编制施工预算、实行项目管理的依据，是施工准备工作的主要文件。它是在投标书施工组织设计的基础上，结合所收集的原始资料和相关信息资料，根据图纸及会审纪要，按照编制施工组织设计的基本原则，综合建设单位、监理单位、设计意图的具体要求进行编制，以保证工程好、快、省、安全、顺利地完成。

（3）编制施工预算

施工预算是施工单位根据施工合同价款、施工图纸、施工组织设计或施工方案、施工定额等文件进行编制的企业内部经济文件，它直接受施工合同中合同价款的控制，是施工前的一项重要准备工作。它是施工企业内部控制各项成本支出、考核用工、签发施工任务书、限额领料，基层进行经济核算、进行经济活动分析的依据。在施工过程中，要按施工预算严格控制各项指标，以促进降低工程成本和提高施工管理水平。

3. 施工现场准备

施工现场准备即室外准备，它包括"三通一平"，测量控制网的建立及临时设施的搭设等内容。

（1）"三通一平"工作

"三通一平"工作是由建设单位负责完成的，一般是委托施工单位实施。

"三通一平"即是水通、电通、路通及场地平整。水通应由建设单位将供水管接到施工现场，管径应满足施工单位的用水量需要；电通应由建设单位将电缆接到施工单位的总配电箱，线径应满足施工用电量的要求；路通应由建设单位负责将施工现场与交通干线相连能以满足运输需要；场地平整，在平整时往往会碰到地上的地下的障碍物，例：坟墓、旧建筑、高压线、地下管线等应由建设单位与有关部门协调做出妥善处理。

现在所讲的"三通一平"实际已不再是狭义的概念而是一个广义的概念，实际做的"四通一平"即水通、电通、路通、通信通、场地平整。随着地域的不同和生活要求的不断提高，还有蒸汽、煤气等的畅通，使"三通一平"工作更完善。

（2）测量控制网的建立

测量控制网的建立主要是为了确定拟建工程的平面位置及标高。这一工作的好坏直接影响到施工测量中的精度，故应正确搜集勘测部门建立的国家或城市平面与高程控制网资料，测量控制点的标志情况，从而确定拟建建筑物的定位方式（方格网和原有建筑物定位）。

建筑物的定位是由施工单位实施，建设单位核检签字，并将定位放线记录交给城市规划部门。由城市规划部门验线（防止建筑物超、压红线），验线后方能破土动工。

（3）临时设施的搭设

临时设施就是指除了拟建工程以外一切为拟建工程服务的一切设施：它包括生产性设施与非生产性设施。

施工现场上的临时设施应按施工平面布置来规划布置，并满足城市规划、市政、消防、交通、环保和安全的要求，并尽可能利用原有的、拟建的设施以节约临时设施费用。

4. 资源准备

（1）劳动力组织准备

工程项目是否按目标完成，很大程度上取决于承担这一工程的施工人员的素质。劳动力组织准备包括施工管理层和作业层两大部分，这些人员的合理选择和配备，将直接影响到工程质量与安全、施工进度及工程成本，因此，劳动组织准备是开工前施工准备的一项重要内容。

（2）物资准备

施工物资准备是指施工中必须有的劳动手段（施工机械、工具）和劳动对象（材料、配件、构件）等的准备，是一项较为复杂而又细致的工作，建筑施工所需的材料、构（配）件、机具和设备品种多且数量大，能否保证按计划供应，对整个施工过程的工期、质量和成本，有着举足轻重的作用。各种施工物资只有运到现场并有必要的储备后，才具备必要的开工条件。因此，要将这项工作作为施工准备工作的一个重要方面来抓。施工管理人员应尽早地计算出各阶段对材料、施工机械、设备、工具等的需用量，并说明供应单位、交货地点、运输方式等，特别是对预制构件，必须尽早地从施工图中摘录出构件的规格、质量、品种和数量，制表造册，向预制加工厂订货并确定分批交货清单、交货地点及时间，对大型施工机械、辅助机械及设备要精确计算工作日，并确定进场时间，做到进场后立即使用，用毕后立即退场，提高机械利用率，节省机械台班费及停留费。

物资准备的具体内容有材料准备、构（配）件及设备加工订货准备、施工机具准备、生产工艺设备准备、运输设备和施工物质价格管理等。

5. 季节性施工准备

建筑工程施工绝大部分工作是露天作业，受气候影响比较大，因此，在冬期、雨期及夏季施工中，必须从具体条件出发，正确选择施工方法，做好季节性施工准备工作，以保证按期、保质、安全地完成施工任务，取得较好的技术经济效果。

（四）施工准备工作计划与开工报告

1. 施工准备工作计划

为了落实各项施工准备工作，加强检查和监督，必须根据各项施工准备的内容、时间和人员，编制出施工准备工作计划，具体见表7-1。

施工准备工作计划   表 7-1

序号	施工准备工作	简要内容	要求	负责单位	负责人	配合单位	起止时间		备注
							月 日	月 日	

2. 开工报告

单位工程施工应待施工准备工作计划基本完成，已具备了开工条件后，由施工部门提出开工申请报告（表7-2），待上级审查批准后报总监理工程师批准后方能开工，这是必须遵守的施工顺序。

开 工 报 告　　　　　　　　　表 7-2

工程名称		建设单位		设计单位		施工单位	
工程地点		结构类型		建筑面积		层数	
工程批准文号		施工准备工作情况	施工许可证办理情况				
预算造价			施工图纸会审情况				
计划开工日期	年 月 日		主要物资准备情况				
计划竣工日期	年 月 日		施工组织设计编审情况				
实际开工日期	年 月 日		"七通一平"情况				
合同工期			工程预算编审情况				
合同编号			施工队伍进场情况				
审核意见	建设单位		监理单位		施工企业		施工单位
	负责人（公章）年月日		负责人（公章）年月日		负责人（公章）年月日		负责人（公章）年月日

复习思考题：

1. 试述建筑产品及其施工的特点。
2. 施工组织的任务是什么？
3. 施工组织设计可分为哪几类？
4. 编制施工组织设计应遵守哪些原则？
5. 试述施工准备工作的内容。

完成工作任务的要求：

1. 要求学生能说出建筑产品及施工的特点；
2. 要求学生能编制施工准备工作计划；
3. 要求学生能编制开工报告。

任务二　用横道图编制流水施工进度计划

【引导问题】

1. 组织流水施工的基本原则。
2. 组织施工的基本方式。
3. 组织流水施工的条件。
4. 流水施工的主要参数。
5. 流水施工的分类及计算。

【工作任务】

了解组织流水施工的基本原则、组织施工的基本方式、组织流水施工的条件；掌握流水施工基本参数及其计算方法，掌握流水施工的组织方法。

【学习参考资料】

1. 危道军. 工程项目管理. 武汉理工大学出版社，2005.

2. 各类版本的《建筑施工组织》。

3. 国家颁发的各种施工组织的法律法规文件。

4. 有关施工组织的各类书刊。

一、流水施工的基本概念

（一）组织施工的基本原则

影响施工过程组织的因素很多，如施工性质、施工生产类型、建筑产品结构、材料及半成品性质、机械设备条件、自然条件等等，使施工过程的组织变化较多，困难较大，因此，科学地、合理地组织施工过程则更为重要。其原则可归纳为：

1. 施工过程的连续性

连续性是指产品在施工过程中的各阶段、各工序在时间上是紧密衔接的，不发生各种不合理的中断现象，表现为劳动对象始终处于被加工状态，或者在进行检验，或者处于自然过程中。保持和提高施工过程的连续性，可以缩短建设周期，减少在制品数量上节省流动资金，可以避免产品在停放等待时可能引起的损失，对提高劳动生产率，具有很大的经济意义。

2. 施工过程的协调性

施工过程的协调性也叫比例性，它是指产品施工各阶段、各工序之间，在施工能力上要保持一定的比例关系，各施工环节的工人数、生产效率、设备数量等都必须互相协调，不发生脱节和比例失调现象。协调性是保证施工顺利进行的前提，可使施工过程中人力和设备得到充分利用，避免产品在各个施工阶段和工序之间的停顿和等待，从而缩短施工周期。施工过程的协调性在很大程度上取决于施工组织设计的正确性。

3. 施工过程的均衡性

施工过程的均衡性又称节奏性，是指企业的各个施工环节都按照施工生产计划的要求进行，工作负荷保持相对稳定，不发生时松时紧、前松后紧等现象。均衡施工能充分利用设备和工时，避免突击赶工造成的各种损失，有利于保证施工质量、降低成本，有利于劳动力和机械的调配。

4. 施工过程的经济性

施工过程组织除满足技术要求外，必须讲究经济效益。上述的连续性、协调性和均衡性，最终都要通过经济效果集中反映出来。

上述合理组织施工过程的四个方面是相互制约，互为条件的。在进行施工组织时，必须保证全面符合上述四个方面的要求，不可偏重某一方。

（二）组织施工的基本方式

任何一个建筑工程都是由许多施工过程组成的，而每一个施工过程可以组织一个或多个施工队组来进行施工。如何组织各施工队组的先后顺序或平行搭接施工，是组织施工中一个基本的问题。通常，组织施工时有依次施工、平行施工和流水施工三种方式，现将这三种方式的特点和效果分析如下。

1. 依次施工组织方式

依次施工也称顺序施工，是将工程对象任务分解成若干个施工过程，按照一定的施工顺序，前一个施工过程完成后，后一个施工过程才开始施工；或前一个施工段完成后，后一个施工段才开始施工。它是一种最基本的、最原始的施工组织方式。

2. 平行施工组织方式

平行施工组织方式是全部工程任务的各施工段同时开工、同时完成的一种施工组织方式。

3. 流水施工组织方式

流水施工组织方式就是指所有的施工过程按一定的时间间隔依次投入施工，各个施工过程陆续开工、陆续竣工，使同一施工过程的施工队组保持连续、均衡施工，不同的施工过程尽可能平行搭接施工的组织方式。

【例 7-1】　某四幢相同的砌体结构房屋的基础工程，划分为基槽挖土、混凝土垫层、砖砌基础、回填土四个施工过程，每个施工过程安排一个施工队组，一班制施工，其中，每幢楼挖土方工作队由 16 人组成，2 天完成；垫层工作队由 30 人组成，1 天完成；砌基础工作队由 20 人组成，3 天完成；回填土工作队由 10 人组成，1 天完成。按依次施工组织方式施工，进度计划安排如图 7-1、图 7-2；按平行施工组织方式施工，进度计划如图 7-3；按流水施工组织方式施工，进度计划如图 7-4、图 7-5。

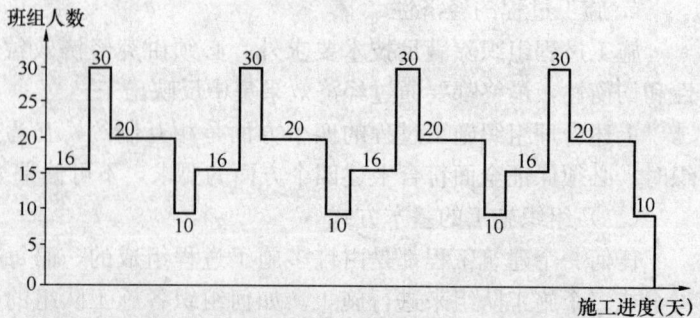

图 7-1　按幢（或施工段）依次施工

施工过程	班组人数	施 工 进 度（天）													
		2	4	6	8	10	12	14	16	18	20	22	24	26	28
基槽挖土	16	t_1													
混凝土垫层	30					t_2									
砖砌基础	20							t_3							
基槽回填土	10													t_4	

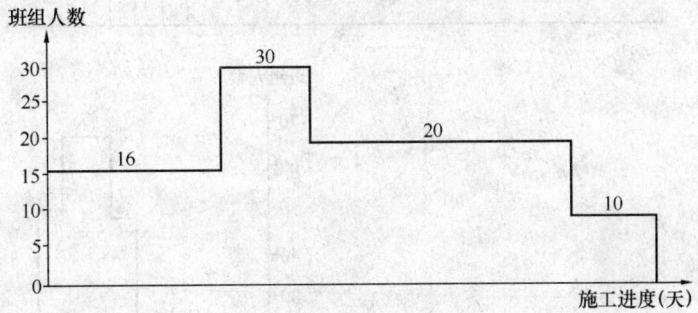

图 7-2　按施工过程依次施工

施工过程	施工班组数	班组人数	施 工 进 度（天）						
			1	2	3	4	5	6	7
基槽挖土	4	16							
混凝土垫层	4	30							
砖砌基础	4	20							
基槽回填土	4	10							

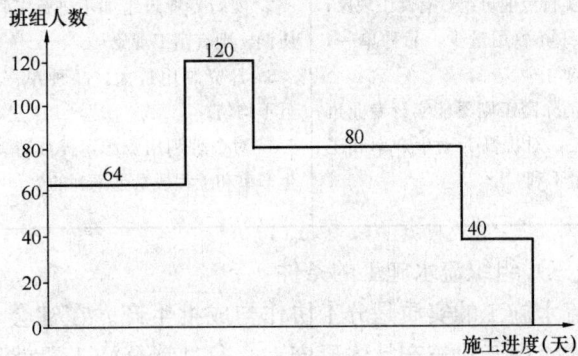

图 7-3　平行施工

施工过程	班组人数	施工进度（天）									
		1	3	5	7	9	11	13	15	17	19
基槽挖土	16										
混凝土垫层	30										
砖砌基础	20										
基槽回填土	10										

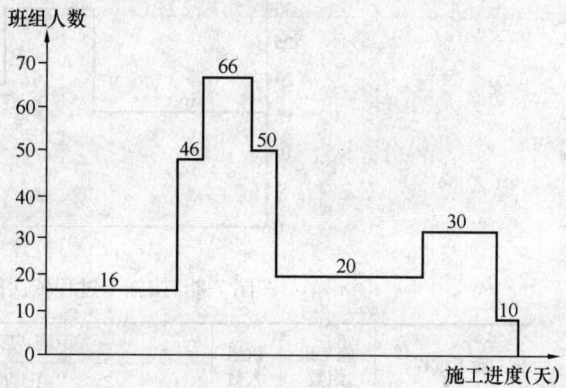

图 7-4　流水施工（全部连续）

4. 三种组织施工方式的特点

三种组织施工方式的特点见表 7-3。

三种组织施工方式的特点 表 7-3

依 次 施 工	平 行 施 工	流 水 施 工
1. 工作面有空闲，工期长； 2. 实行专业班组，有窝工现象； 3. 日资源用量少，品种单一，但不均匀； 4. 消除窝工则不能实行专业班组施工，对提高劳动生产率和工程质量不利	1. 充分利用工作面，工期短； 2. 实行专业班组如不进行工程协调，则有窝工现象； 3. 日资源用量大，品种单一，且不均匀； 4. 对合理利用资源，提高劳动生产率和工程质量是不利的	1. 合理利用工作面，工期适中； 2. 实行专业班组减少窝工现象； 3. 日资源耗用量适中，且比较均匀； 4. 实行专业班组，则有利于提高劳动生产率和工程质量

（三）组织流水施工的条件

流水施工的实质是分工协作与成批生产。在社会化大生产的条件下，分工已经形成，由于建筑产品体形庞大，通过划分施工段就可将单件产品变成假象的多件产品。组织流水施工的条件主要有以下几点：

施工过程	班组人数	施工进度（天）							
		2	4	6	8	10	12	14	16
基槽挖土	16								
混凝土垫层	30								
砖砌基础	20								
基槽回填土	10								

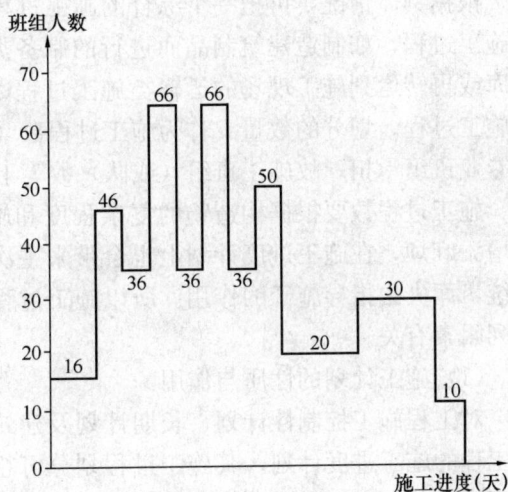

图 7-5 流水施工（部分间断）

1. 划分分部分项工程

首先，将拟建工程根据工程特点及施工要求，划分为若干个分部工程，每个分部工程又根据施工工艺要求、工程量大小、施工队组的组成情况，划分为若干施工过程（即分项工程）。

2. 划分施工段

根据组织流水施工的需要，将所建工程在平面或空间上，划分为工程量大致相等的若干个施工区段。

3. 每个施工过程组织独立的施工队组

在一个流水组中，每个施工过程尽可能组织独立的施工队组，其形式可以是专业队组，也可以是混合队组，这样可以使每个施工队组按照施工顺序依次地、连续地、均衡地从一个施工段转到另一个施工段进行相同的操作。

4. 主要施工过程必须连续、均衡地施工

对工程量较大、施工时间较长的施工过程，必须组织连续、均衡地施工，对其他次要施工过程，可考虑与相邻的施工过程合并或在有利于缩短工期的前提下，安排其间断施工。

5. 不同的施工过程尽可能组织平行搭接施工

按照施工先后顺序要求，在有工作面的条件下，除必要的技术和组织间歇时间外，尽可能组织平行搭接施工。

二、流水施工的主要参数

为了说明流水施工在时间和空间上的开展情况，我们必须引入一些量的描述，这些量称为流水参数。按参数性质不同，可以分为工艺参数、空间参数、时间参数三类。

（一）工艺参数

1. 施工过程数 n

根据具体情况，可把一个综合的施工过程划分为若干具有独自工艺特点的个别施工过程，如制造建筑制品而进行的制备类施工过程；把材料和制品运到工地仓库或再转运到施工现场的运输类施工过程以及在施工中占主要地位的安装砌筑类施工过程。划分的数量 n 称为施工过程数（工序数）。由于每一个施工过程一般由专业班组承担，故施工班组（或队）数等于 n。

施工过程数要根据构造物的复杂程度和施工方法来确定，太多、太细，给计算增添麻烦，在施工进度计划上也会带来主次不分的缺点；太少则会使计划过于笼统，而失去指导施工的作用。所以施工过程划分的数目多少、粗细程度一般与下列因素有关。

（1）施工计划的性质与作用

对工程施工控制性计划、长期计划及建筑群体规模大、结构复杂、施工期长的工程的施工进度计划，其施工过程划分可粗些，综合性大些，一般划分至单位工程或分部工程。对中小型单位工程及施工工期不长的工程的施工实施性计划，其施工过程划分可细些、具体些，一般划分至分项工程。对月度作业性计划，有些施工过程还可分解为工序，如安装模板、绑扎钢筋等。

（2）施工方案及工程结构

施工过程的划分与工程的施工方案及工程结构形式有关。如厂房的柱基础与设备基础挖土，如同时施工，可合并为一个施工过程；若先后施工，可分为两个施工过程。承重墙与非承重墙的砌筑，也是如此。砌体结构、大墙板结构、装配式框架与现浇钢筋混凝土框架等不同的结构体系，其施工过程划分及其内容也各不相同。

（3）劳动组织及劳动量大小

施工过程的划分与施工队组的组织形式有关。如现浇钢筋混凝土结构的施工，如果是单一工种组成的施工班组，可以划分为支模板、绑扎钢筋、浇筑混凝土三个施工过程；同时为了组织流水施工的方便或需要，也可合并成一个施工过程，这时劳动班组由多工种混合班组组成。施工过程的划分还与劳动量大小有关，劳动量小的施工过程，当组织流水施工有困难时，可与其他施工过程合并，如垫层劳动量较小时可与挖土合并为一个施工过程，这样可以使各个施工过程的劳动量大致相等，便于组织流水施工。

（4）施工过程内容和工作范围

一般来说，施工过程可分为下述四类：加工厂（或现场外）生产各种预制构件的施工过程；各种材料及构件、配件、半成品的运输过程；直接在工程对象上操作的各个施工过程（安装砌筑类施工过程）；大型施工机具安置及砌砖、抹灰、装修等脚手架搭设施工过程（不构成工程实体的施工过程）。前两类施工过程，一般不应占有施工工期，只配合工程实体施工进度的需要，及时组织生产和供应到现场，所以一般可以不划入流水施工过程；第三类必须划入流水施工过程；第四类要根据具体情况，如果需要占有施工工期，则可划入流水施工过程。

2. 流水强度 V

流水强度又称流水能力、生产能力，它是指某一施工过程在单位时间内所完成的工程量（如浇筑混凝土时，每工作班浇筑的混凝土的数量），一般以 V_i 表示。

（1）机械施工过程的流水强度

$$V_i = \sum_{i=1}^{x} R_i S_i \tag{7-1}$$

式中　V_i——某施工过程 i 的机械操作流水强度；

　　　　R_i——投入施工过程 i 的某种施工机械台数；

　　　　S_i——投入施工过程 i 的某种施工机械产量定额；

　　　　x——投入施工过程 i 的施工机械种类数。

（2）人工施工过程的流水强度

$$V_i = R_i S_i \tag{7-2}$$

式中　R_i——投入施工过程 i 的工作队人数；

　　　　S_i——投入施工过程 i 的工作队平均产量定额；

　　　　V_i——某施工过程 i 的人工操作流水强度。

（二）空间参数

在组织流水施工时，用以表达流水施工在空间布置上所处状态的参数，称为空间参数。空间参数主要有：工作面、施工段数和施工层数。

1. 工作面

某专业工种的工人在从事建筑产品施工生产过程中，所必须具备的活动空间，这个活动空间称为工作面。它的大小是根据相应工种单位时间内的产量定额、工程操作规程和安全规程等的要求确定的。工作面确定的合理与否，直接影响到专业工种工人的劳动生产效率，对此，必须认真加以对待，合理确定。

2. 施工段数和施工层数

施工段数和施工层数是指工程对象在组织流水施工中所划分的施工区段数目。一般把平面上划分的若干个劳动量大致相等的施工区段称为施工段，用符号 m 表示。把建筑物垂直方向划分的施工区段称为施工层，用符号 r 表示。

划分施工区段的目的，就在于保证不同的施工队组能在不同的施工区段上同时进行施工，消除由于不同的施工队组不能同时在一个工作面上工作而产生的互等、停歇现象，为流水创造条件。

划分施工段的基本要求：

（1）施工段的数目要合理。施工段数过多势必要减少人数，工作面不能充分利用，拖长工期；施工段数过少，则会引起劳动力、机械和材料供应的过分集中，有时还会造成"断流"的现象。

（2）各施工段的劳动量（或工程量）要大致相等（相差宜在15％以内），以保证各施工队组连续、均衡、有节奏地施工。

（3）要有足够的工作面，使每一施工段所能容纳的劳动力人数或机械台数能满足合理劳动组织的要求。

（4）要有利于结构的整体性。施工段分界线宜划在伸缩缝、沉降缝以及对结构整体性影响较小的位置。

（5）以主导施工过程为依据进行划分。例如在砌体结构房屋施工中，就是以砌砖、楼板安装为主导施工过程来划分施工段的。而对于整体的钢筋混凝土框架结构房屋，则是以钢筋混凝土工程作为主导施工过程来划分施工段的。

（6）当组织流水施工的工程对象有层间关系，分层分段施工时，应使各施工队组能连续施工。即施工过程的施工队组做完第一段能立即转入第二段，施工完第一层的最后一段能立即转入第二层的第一段。因此每层的施工段数必须不小于其施工过程数。即：

$$m \geqslant n \tag{7-3}$$

例如：某三层砌体结构房屋的主体工程，施工过程划分为砌砖墙、现浇圈梁（含构造柱、楼梯）、预制楼板安装灌缝等，设每个施工过程在各个施工段上施工所需要的时间均为3天，则施工段数与施工过程数之间可能有下述三种情况：

（1）当 $m=n$ 时，即每层分三个施工段组织流水施工时，其进度安排如图7-6所示。

施工过程	施工 进 度 （天）										
	3	6	9	12	15	18	21	24	27	30	33
砌砖墙	I-1	I-2	I-3	II-1	II-2	II-3	II-1	III-2	III-3		
现浇圈梁		I-1	I-2	I-3	II-1	II-2	II-3	III-1	III-2	III-3	
安板灌缝			I-1	I-2	I-3	II-1	II-2	II-3	III-1	III-2	III-3

图7-6　$m=n$ 的进度安排

（图中Ⅰ、Ⅱ、Ⅲ表示楼层，1、2、3表示施工段）

从图7-6可以看出：当 $m=n$ 时，各施工队组连续施工，施工段上始终有施工队组，工作面能充分利用，无停歇现象，也不会产生工人窝工现象，比较理想。

（2）当 $m>n$ 时，即每层分四个施工段组织流水施工时，其进度安排如图 7-7 所示。

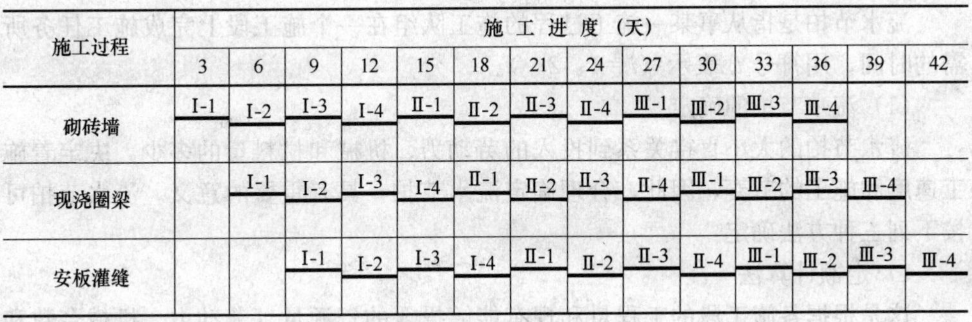

施工过程	施工进度（天）													
	3	6	9	12	15	18	21	24	27	30	33	36	39	42
砌砖墙	I-1	I-2	I-3	I-4	II-1	II-2	II-3	II-4	III-1	III-2	III-3	III-4		
现浇圈梁		I-1	I-2	I-3	I-4	II-1	II-2	II-3	II-4	III-1	III-2	III-3	III-4	
安板灌缝			I-1	I-2	I-3	I-4	II-1	II-2	II-3	II-4	III-1	III-2	III-3	III-4

图 7-7 $m>n$ 的进度安排

（图中Ⅰ、Ⅱ、Ⅲ表示楼层，1、2、3表示施工段）

从图 7-7 可以看出：当 $m>n$ 时，施工队组仍是连续施工，但每层楼板安装后不能立即投入砌砖，即施工段上有停歇，工作面未被充分利用。但工作面的停歇并不一定有害，有时还是必要的，如可以利用停歇的时间做养护、备料、弹线等工作。但当施工段数目过多，必然导致工作面闲置，不利于缩短工期。

（3）当 $m<n$ 时，即每层分两个施工段组织施工时，其进度安排如图 7-8 所示。

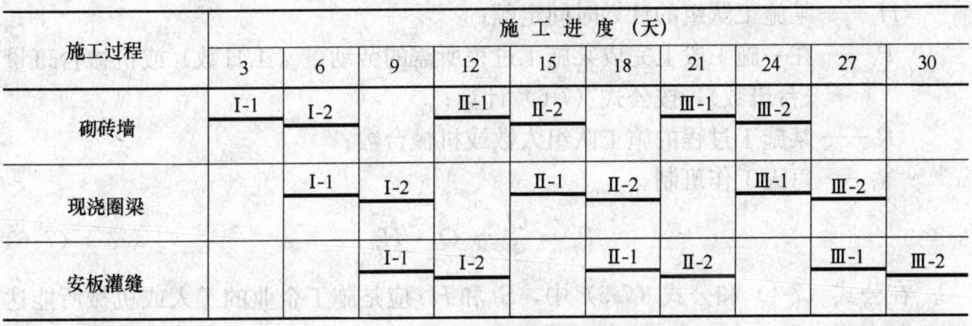

施工过程	施工进度（天）									
	3	6	9	12	15	18	21	24	27	30
砌砖墙	I-1	I-2		II-1	II-2		III-1	III-2		
现浇圈梁		I-1	I-2		II-1	II-2		III-1	III-2	
安板灌缝			I-1	I-2		II-1	II-2		III-1	III-2

图 7-8 $m<n$ 的进度安排

（图中Ⅰ、Ⅱ、Ⅲ表示楼层，1、2、3表示施工段）

从图 7-8 可以看出：当 $m<n$ 时，尽管施工段上未出现停歇，但施工队组不能及时进入第二层施工段施工而轮流出现窝工现象。因此，对于一个建筑物组织流水施工是不适宜的，但是，在建筑群中可与一些建筑物组织大流水。

应当指出，当无层间关系或无施工层（如某些单层建筑物、基础工程等）时，则施工段数并不受公式（7-3）的限制，关于施工段数（m）与施工过程数（n）的关系在本任务三中将进一步阐述。

（三）时间参数

在组织流水施工时，用以表达流水施工在时间排列上所处状态的参数，称为时间参数。它包括：流水节拍、流水步距、平行搭接时间、技术与组织间歇时间、工期。

1. 流水节拍

流水节拍是指从事某一施工过程的施工队组在一个施工段上完成施工任务所需的时间，用符号 t_i 表示（$i=1$、$2\cdots$）。

（1）流水节拍的确定

流水节拍的大小直接关系到投入的劳动力、机械和材料量的多少，决定着施工速度和施工的节奏，因此，合理确定流水节拍，具有重要的意义。流水节拍可按下列三种方法确定：

1）定额计算法

这是根据各施工段的工程量和现有能够投入的资源量（劳动力、机械台数和材料量等），按公式（7-4）或公式（7-5）进行计算。

$$t_i = \frac{Q_i}{S_i \cdot R_i \cdot N_i} = \frac{P_i}{R_i \cdot N_i} \tag{7-4}$$

或

$$t_i = \frac{Q_i \cdot H_i}{R_i \cdot N_i} = \frac{P_i}{R_i \cdot N_i} \tag{7-5}$$

式中　t_i——某施工过程的流水节拍；

　　　Q_i——某施工过程在某施工段上的工程量；

　　　S_i——某施工队组的计划产量定额；

　　　H_i——某施工队组的计划时间定额；

　　　P_i——在一施工段上完成某施工过程所需的劳动量（工日数）或机械台班量（台班数），按公式（7-6）计算；

　　　R_i——某施工过程的施工队组人数或机械台数；

　　　N_i——每天工作班制。

$$P_i = \frac{Q_i}{S_i} = Q_i \cdot H_i \tag{7-6}$$

在公式（7-4）和公式（7-5）中，S_i 和 H_i 应是施工企业的工人或机械所能达到实际定额水平。

2）经验估算法

它是根据以往的施工经验进行估算。一般为了提高其准确程度，往往先估算出该流水节拍的最长、最短和最可能的三种时间，然后据此求出期望时间作为某施工队组在某施工段上的流水节拍。因此，本法也称为三种时间估算法。一般按公式（7-7）计算：

$$t_i = \frac{a + 4c + b}{6} \tag{7-7}$$

式中　t_i——某施工过程在某施工段上的流水节拍；

　　　a——某施工过程在某施工段上的最短估算时间；

　　　b——某施工过程在某施工段上的最长估算时间；

　　　c——某施工过程在某施工段上的最可能估算时间；

这种方法多适用于采用新工艺、新方法和新材料等没有定额可循的工程。

3）工期计算法

对某些施工任务在规定日期内必须完成的工程项目，往往采用倒排进度法，即根据工期要求先确定流水节拍 t_i，然后应用式（7-4）、式（7-5）求出所需的施工队组人数或机械台数。但在这种情况下，必须检查劳动力和机械供应的可能性，物资供应能否与之相适应。具体步骤如下：

①根据工期倒排进度，确定某施工过程的工作延续时间；

②确定某施工过程在某施工段上的流水节拍。若同一施工过程的流水节拍不等，则用估算法；若流水节拍相等，则按公式（7-8）计算：

$$t_i = \frac{T_i}{m} \tag{7-8}$$

式中 t_i——某施工过程的流水节拍；

T_i——某施工过程的工作持续时间；

m——施工段数。

（2）确定流水节拍应考虑的因素

1）施工队组人数应符合该施工过程最小劳动组合人数的要求。所谓最小劳动组合，就是指某一施工过程进行正常施工所必须的最低限度的队组人数及其合理组合。如模板安装就要按技工和普工的最少人数及合理比例组成施工队组，人数过少或比例不当都将引起劳动生产率的下降，甚至无法施工。

2）要考虑工作面的大小或某种条件的限制。施工队组人数也不能太多，每个工人的工作面要符合最小工作面的要求。否则，就不能发挥正常的施工效率或不利于安全生产。

3）要考虑各种机械台班的效率或机械台班产量的大小。

4）要考虑各种材料、构配件等施工现场堆放量、供应能力及其他有关条件的制约。

5）要考虑施工及技术条件的要求。例如，浇筑混凝土时，为了连续施工有时要按照三班制工作的条件决定流水节拍，以确保工程质量。

6）确定一个分部工程各施工过程的流水节拍时，首先应考虑主要的、工程量大的施工过程的节拍，其次确定其他施工过程的节拍值。

7）节拍值一般取整数，必要时可保留 0.5 天（台班）的小数值。

2. 流水步距

流水步距是指两个相邻的施工过程的施工队组相继进入同一施工段开始施工的最小时间间隔（不包括技术与组织间歇时间），用符号 $K_{i,i+1}$ 表示（i 表示前一个施工过程，$i+1$ 表示后一个施工过程）。

流水步距的大小，对工期有着较大的影响。一般说来，在施工段不变的条件下，流水步距越大，工期越长；流水步距越小，则工期越短。流水步距还与前后两个相邻施工过程流水节拍的大小、施工工艺技术要求、施工段数目、流水施工的组织方式有关。

流水步距的数目等于（$n-1$）个参加流水施工的施工过程（队组）数。

（1）确定流水步距的基本要求

1）主要施工队组连续施工的需要。流水步距的最小长度，必须使主要施工专业队组进场以后，不发生停工、窝工现象。

2）施工工艺的要求。保证每个施工段的正常作业程序，不发生前一个施工过程尚未全部完成，而后一施工过程提前介入的现象。

3）最大限度搭接的要求。流水步距要保证相邻两个专业队在开工时间上最大限度地、合理地搭接；

4）要满足保证工程质量，满足安全生产、成品保护的需要。

（2）确定流水步距的方法

确定流水步距的方法很多，简捷、实用的方法主要有图上分析计算法（公式法）和累加数列法（潘特考夫斯基法）。公式法确定见本任务的异节奏流水施工中的相关内容，而累加数列法适用于各种形式的流水施工，且较为简捷、准确。

累加数列法没有计算公式，它的文字表达式为："累加数列错位相减取大差"。其计算步骤如下：

1）将每个施工过程的流水节拍逐段累加，求出累加数列；

2）根据施工顺序，对所求相邻的两累加数列错位相减；

3）根据错位相减的结果确定相邻施工队组之间的流水步距，即相减结果中数值最大者。

【例 7-2】　某项目由 A、B、C、D 四个施工过程组成，分别由四个专业工作队完成，在平面上划分成四个施工段，每个施工过程在各个施工段上的流水节拍见表 7-4。试确定相邻专业工作队之间的流水步距。

某工程流水节拍　　　　　　　　　　表 7-4

施工过程＼施工段	I	II	III	IV
A	4	2	3	2
B	3	4	3	4
C	3	2	2	3
D	2	2	1	2

【解】

（1）求流水节拍的累加数列

A：4，6，9，11

B：3，7，10，14

C：3，5，7，10

D：2，4，5，7

（2）错位相减

A 与 B

$$
\begin{array}{r}
4,\ 6,\ 9,\ 11 \\
-)\ 3,\ 7,\ 10,\ 14 \\
\hline
4,\ 3,\ 2,\ 1,\ -14
\end{array}
$$

B 与 C

$$
\begin{array}{r}
3,\ 7,\ 10,\ 14 \\
-)\ 3,\ 5,\ 7,\ 10 \\
\hline
3,\ 4,\ 5,\ 7,\ -10
\end{array}
$$

C 与 D

$$
\begin{array}{r}
3,\ 5,\ 7,\ 10 \\
-)\ 2,\ 4,\ 5,\ 7 \\
\hline
3,\ 3,\ 3,\ 5,\ -7
\end{array}
$$

（3）确定流水步距

因流水步距等于错位相减所得结果中数值最大者，故有：

$K_{A,B} = \max\ \{4,\ 3,\ 2,\ 1,\ -14\} = 4$ 天

$K_{B,C} = \max\ \{3,\ 4,\ 5,\ 7,\ -10\} = 7$ 天

$K_{C,D} = \max\ \{3,\ 3,\ 3,\ 5,\ -7\} = 5$ 天

3. 平行搭接时间

在组织流水施工时，有时为了缩短工期，考虑某些因素在可能的情况下，后续施工过程在规定的流水步距以内提前进入该施工段的提前时间，这个时间称为平行搭接时间，通常以 $C_{i,i+1}$ 表示。

4. 技术与组织间歇时间

在组织流水施工时，考虑某些因素在两相邻施工过程规定的流水步距以外增加的时间间隔。由建筑材料或现浇构件工艺性质决定的间歇时间称为技术间歇。如现浇混凝土构件的养护时间、抹灰层的干燥时间和油漆层的干燥时间等。由施工组织原因造成的间歇时间称为组织间歇。如回填土前地下管道检查验收，施工机械转移和砌筑墙体前的墙身位置弹线，以及其他作业前的准备工作。技术与组织间歇时间用 $Z_{i,i+1}$ 表示。

5. 工期

工期是指完成一项工程任务或一个流水组施工所需的时间，一般可采用公式（7-9）计算完成一个流水组的工期。

$$T = \Sigma K_{i,i+1} + T_n + \Sigma Z_{i,i+1} - \Sigma C_{i,i+1} \tag{7-9}$$

式中　T——流水施工工期；

　$\Sigma K_{i,i+1}$——流水施工中各流水步距之和；

　　T_n——流水施工中最后一个施工过程的持续时间；

　$Z_{i,i+1}$——第 i 个施工过程与第 $i+1$ 个施工过程之间的技术与组织间歇时间；

　$C_{i,i+1}$——第 i 个施工过程与第 $i+1$ 个施工过程之间的平行搭接时间。

三、流水施工的分类及计算

根据流水施工节奏特征的不同，流水施工的基本方式分为有节奏流水施工和无节奏流水施工两大类。

（一）有节奏流水施工

有节奏流水是指同一施工过程在各施工段上的流水节拍都相等的一种流水施工方式。当各施工段劳动量大致相等时，即可组织有节奏流水施工。

根据不同施工过程之间的流水节拍是否相等，有节奏流水又可分为等节奏流水和异节奏流水。

1. 等节奏流水施工

等节奏流水是指同一施工过程在各施工段上的流水节拍都相等，并且不同施工过程之间的流水节拍也相等的一种流水施工方式。即各施工过程的流水节拍均为常数，故也称为全等节拍流水或固定节拍流水。

（1）等节奏流水施工的特征

1）各施工过程在各施工段上的流水节拍彼此相等。

如有 n 个施工过程，流水节拍为 t_i，则：$t_1 = t_2 = \cdots = t_{n-1} = t_n$，$t_i = t$（常数）

2）流水步距彼此相等，而且等于流水节拍值，即：

$K_{1,2} = K_{2,3} = \cdots = K_{n-1,n} = K = t$（常数）

3）各专业工作队在各施工段上能够连续作业，施工段之间没有空闲时间。

4）施工班组数（n_1）等于施工过程数（n）。

（2）等节奏流水施工段数目（m）的确定

1）无层间关系时，施工段数（m）按划分施工段的基本要求确定即可；

2）有层间关系时，为了保证各施工队组连续施工，应取 $m \geqslant n$。此时，每层施工段空闲数为 $m-n$，一个空闲施工段的时间为 t，则每层的空闲时间为：

$$(m - n) \cdot t = (m - n) \cdot K$$

若一个楼层内各施工过程间的技术、组织间歇时间之和为 $\sum Z_1$，楼层间技术、组织间歇时间为 Z_2。如果每层的 $\sum Z_1$ 均相等，Z_2 也相等，则保证各施工队组能连续施工的最小施工段数（m）的确定如下：

$$(m - n) \cdot K = \sum Z_1 + Z_2$$

$$m = n + \frac{\sum Z_1 + Z_2}{K} \tag{7-10}$$

式中　m——施工段数；

　　　n——施工过程数；

　$\sum Z_1$——一个楼层内各施工过程间技术、组织间歇时间之和；

　　　Z_2——楼层间技术、组织间歇时间；

　　　K——流水步距。

（3）流水施工工期计算

1）不分施工层时，可按公式（7-11）进行计算。根据一般工期计算公式（7-9）得：因为

$$\sum K_{i,i+1} = (n-1) \cdot t$$
$$T_n = mt$$
$$K = t$$

所以

$$T = (n-1)K + mK + \sum Z_{i,i+1} - \sum C_{i,i+1}$$
$$T = (m+n-1)K + \sum Z_{i,i+1} - \sum C_{i,i+1} \tag{7-11}$$

式中　T——流水施工总工期；

　　　m——施工段数；

　　　n——施工过程数；

　　　t——流水节拍；

　　　K——流水步距；

　　$Z_{i,i+1}$——i，$i+1$ 两施工过程之间的技术与组织间歇时间；

　　$C_{i,i+1}$——i，$i+1$ 两施工过程之间的平行搭接时间。

2）分施工层时，可按公式（7-12）进行计算：

$$T = (m \cdot r + n - 1)K + \sum Z_1 - \sum C_1 \tag{7-12}$$

式中　$\sum Z_1$——同一施工层中技术与组织间歇时间之和；

　　　$\sum C_1$——同一施工层中平行搭接时间之和。

其他符号含义同前。

【例 7-3】 某分部工程划分为 A、B、C、D 四个施工过程，每个施工过程分三个施工段，各施工过程的流水节拍均为 4 天，试组织等节奏流水施工。

【解】 （1）确定流水步距：由等节奏流水的特征可知

$$K = t = 4 \text{ 天}$$

（2）计算工期

$$T = (m+n-1)K = (4+3-1) \times 4 = 24 \text{ 天}$$

（3）用横道图绘制流水进度计划，如图 7-9 所示。

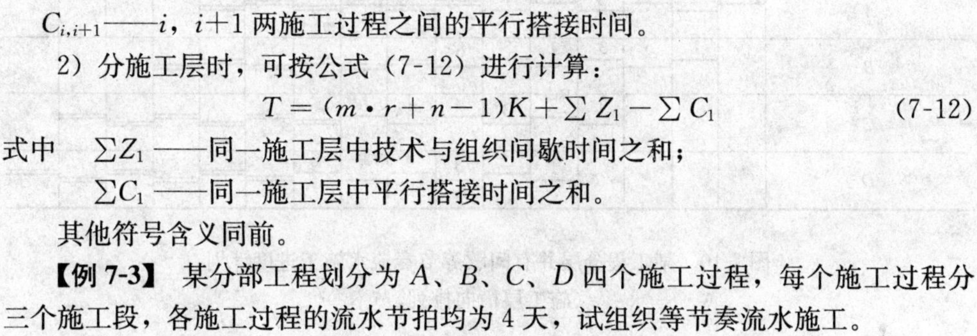

施工过程	施 工 进 度 （天）											
	2	4	6	8	10	12	14	16	18	20	22	24
A												
B												
C												
D												

图 7-9　某分部工程无间歇全等节拍流水施工进度计划

【例 7-4】 某工程由 A、B、C、D 四个施工过程组成，划分成两个施工层组织流水施工，各施工过程的流水节拍均为 2 天，其中，施工过程 B 与 C 之间有 2 天的技术间歇时间，层间技术间歇为 2 天。为了保证施工队组连续作业，试确定施工段数、计算工期、绘制流水施工进度表。

【解】 （1）确定流水步距：由等节奏流水的特征可知：

$$K_{A,B} = K_{B,C} = K_{C,D} = K = 2 \text{天}$$

（2）确定施工段数：本工程分两个施工层，施工段数由公式（7-10）确定。

$$m = n + \frac{\sum Z_1 + Z_2}{K} = 4 + \frac{2}{2} + \frac{2}{2} = 6 \text{段}$$

（3）计算流水工期：由公式（6-12）得：

$$T = (m \cdot r + n - 1)K + \sum Z_1 - \sum C_1$$
$$= (6 \times 2 + 4 - 1) \times 2 + 2 - 0 = 32 \text{天}$$

（4）绘制流水施工进度表如图 7-10 或图 7-11 所示。

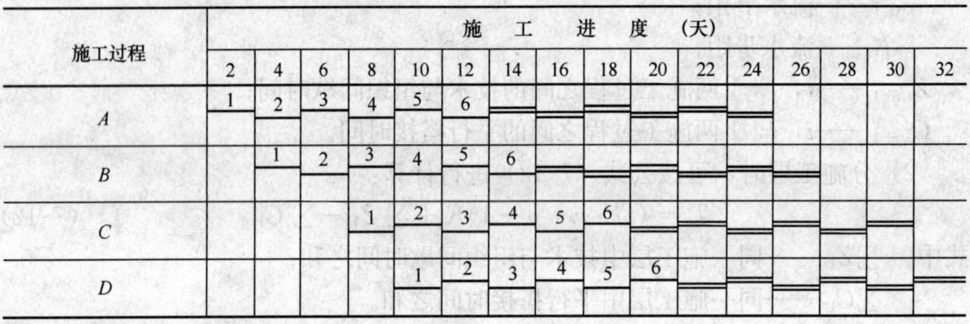

图 7-10 某工程分层并有间歇等节奏流水施工进度计划
（施工层横向排列）

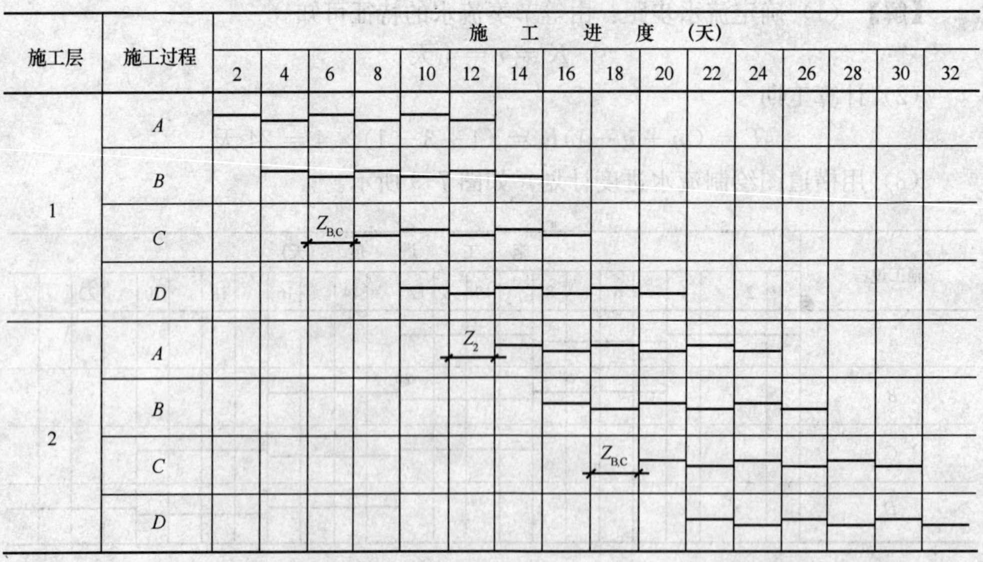

图 7-11 某工程分层并有间歇等节奏流水施工进度计划
（施工层竖向排列）

等节奏流水施工的组织方法是：首先划分施工过程，应将劳动量小的施工过程合并到相邻施工过程中去，以使各流水节拍相等；其次确定主要施工过程的施工队组人数，计算其流水节拍；最后根据已定的流水节拍，确定其他施工过程的施工队组人数及其组成。

等节奏流水施工一般适用于工程规模较小，建筑结构比较简单，施工过程不多的房屋或某些构筑物。常用于组织一个分部工程的流水施工。

2. 异节奏流水施工

异节奏流水施工是指同一施工过程在各施工段上的流水节拍都相等，不同施工过程之间的流水节拍不一定相等的流水施工方式。异节奏流水又可分为异步距异节拍流水和等步距异节拍流水两种。

(1) 异步距异节拍流水施工

1) 异步距异节拍流水施工的特征：

①同一施工过程流水节拍相等，不同施工过程之间的流水节拍不一定相等；

②各个施工过程之间的流水步距不一定相等；

③各施工工作队能够在施工段上连续作业，但有的施工段之间可能有空闲；

④施工班组数 (n_1) 等于施工过程数 (n)。

2) 流水步距的确定

$$K_{i,i+1} = \begin{cases} t_i & \text{当 } t_i \leqslant t_{i+1} \text{ 时} \\ mt_i - (m-1)t_{i+1} & \text{当 } t_i > t_{i+1} \text{ 时} \end{cases} \tag{7-13}$$

式中　t_i——第 i 个施工过程的流水节拍；

t_{i+1}——第 $i+1$ 个施工过程的流水节拍。

流水步距也可由前述"累加数列法"求得。

3) 流水施工工期

$$T = \sum K_{i,i+1} + mt_n + \sum Z_{i,i+1} - \sum C_{i,i+1} \tag{7-14}$$

式中　t_n——最后一个施工过程的流水节拍。

其他符号含义同前。

【例 7-5】　某工程划分为 A、B、C、D 四个施工过程，分三个施工段组织施工，各施工过程的流水节拍分别为 $t_A = 3$ 天，$t_B = 4$ 天，$t_C = 5$ 天，$t_D = 3$ 天，施工过程 B 完成后有 2 天的技术间歇时间，施工过程 D 与 C 搭接 1 天。试求各施工过程之间的流水步距及该工程的工期，并绘制流水施工进度表。

【解】　(1) 确定流水步距。

根据上述条件及公式 (7-13)，各流水步距计算如下：

$\because$　　　　$t_A < t_B$

$\therefore$　　　$K_{A,B} = t_A = 3 = 3$ 天

$\because$　　　　$t_B < t_C$

$\therefore$　　　$K_{B,C} = t_B = 4$ 天

$\because$　　　　$t_C > t_D$

$\therefore$　　　$K_{C,D} = mt_C - (m-1) \cdot t_D = 3 \times 5 - (3-1) \times 3 = 9$ 天

(2) 计算流水工期

$T = \sum K_{i,i+1} + mt_n + \sum Z_{i,i+1} - \sum C_{i,i+1} = (3+4+9) + 3 \times 3 + 2 - 1 = 26$ 天

（3）绘制施工进度计划表如图 7-12 所示。

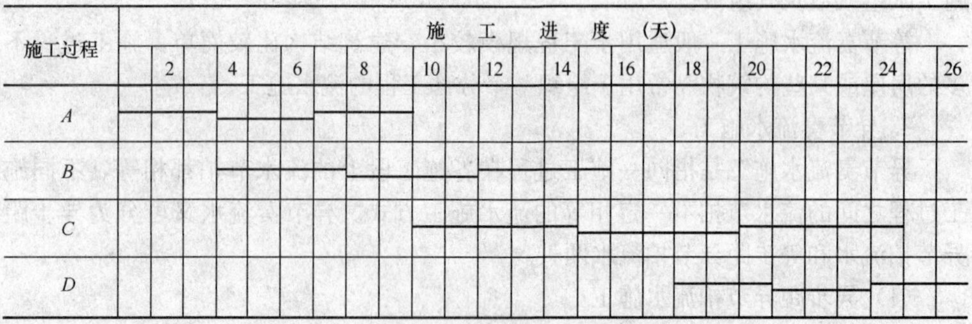

施工过程	施工 进 度 （天）												
	2	4	6	8	10	12	14	16	18	20	22	24	26
A													
B													
C													
D													

图 7-12　某工程异步距异节拍流水施工进度计划

组织异步距异节拍流水施工的基本要求是：各施工队组尽可能依次在各施工段上连续施工，允许有些施工段出现空闲，但不允许多个施工班组在同一施工段交叉作业，更不允许发生工艺顺序颠倒的现象。

异步距异节拍流水施工适用于施工段大小相等的分部和单位工程的流水施工，它在进度安排上比全等节拍流水灵活，实际应用范围较广泛。

（2）等步距异节拍流水施工

等步距异节拍流水施工也称为成倍节拍流水，是指同一施工过程在各个施工段上的流水节拍相等，不同施工过程之间的流水节拍不完全相等，但各个施工过程的流水节拍之间存在整数倍（或公约数）关系的流水施工方式。为加快流水施工进度，按最大公约数的倍数组建每个施工过程的施工队组，以形成类似于等节奏流水的等步距异节奏流水施工方式。

1）等步距异节拍流水施工的特征：

①同一施工过程流水节拍相等，不同施工过程流水节拍之间存在整数倍（公约数）关系；

②流水步距彼此相等，且等于流水节拍值的最大公约数；

③各专业施工队都能够保证连续作业，施工段没有空闲；

④施工队组数（n_1）大于施工过程数（n），即 $n_1 > n$。

2）流水步距的确定

$$K_{i,i+1} = K_b \tag{7-15}$$

式中　K_b——成倍节拍流水步距，取流水节拍的最大公约数。

3）每个施工过程的施工队组数确定

$$b_i = \frac{t_i}{K_b} \tag{7-16}$$

$$n_1 = \sum b_i \tag{7-17}$$

式中　b_i——某施工过程所需施工队组数；

　　　n_1——专业施工队组总数目。

其他符号含义同前。

4）施工段数目（m）的确定：

①无层间关系时，可按划分施工段的基本要求确定施工段数目（m），一般取 $m = n_1$。

②有层间关系时，每层最少施工段数目可按公式（7-18）确定。

$$m = n_1 + \frac{\sum Z_1}{K_b} + \frac{Z_2}{K_b} \tag{7-18}$$

式中　$\sum Z_1$——一个楼层内各施工过程间的技术与组织间歇时间；

　　　　Z_2——楼层间技术与组织间歇时间。

其他符号含义同前。

5）流水施工工期

无层间关系时：

$$T = (m + n_1 - 1)K_b + \sum Z_{i, i+1} - \sum C_{i, i+1} \tag{7-19}$$

有层间关系时：

$$T = (m \cdot r + n_1 - 1)K_b + \sum Z_1 - \sum C_1 \tag{7-20}$$

式中　r——施工层数；

其他符号含义同前。

【例 7-6】　某工程由 A、B、C 三个施工过程组成，分六段施工，流水节拍分别为 $t_A = 6$ 天、$t_B = 4$ 天、$t_C = 2$ 天，试组织等步距异节拍流水施工，并绘制流水施工进度表。

【解】　（1）按公式（7-15）确定流水步距：$K = K_b = 2$ 天

（2）按公式（7-16）确定每个施工过程的施工队组数

$$b_A = \frac{t_A}{K_b} = \frac{6}{2} = 3 \text{ 个}$$

$$b_B = \frac{t_B}{K_b} = \frac{4}{2} = 2 \text{ 个}$$

$$b_C = \frac{t_C}{K_b} = \frac{2}{2} = 1 \text{ 个}$$

施工队总数 $n_1 = \sum b_i = 3 + 2 + 1 = 6$ 个

（3）按公式（7-19）计算工期

$$T = (m + n_1 - 1)K_b = (6 + 6 - 1) \times 2 = 22 \text{ 天}$$

（4）绘制流水施工进度表如图 7-13 所示。

【例 7-7】　某两层现浇钢筋混凝土工程，施工过程分为支模板、绑扎钢筋和浇筑混凝土。其流水节拍分别为：$t_{模} = 2$ 天，$t_{钢筋} = 2$ 天，$t_{混凝土} = 1$ 天。当安装模板工程队转移到第二层第一段施工时，需待第一层第一段的混凝土养护 1 天后才能进行。试组织等步距异节拍流水施工，并绘制流水施工进度表。

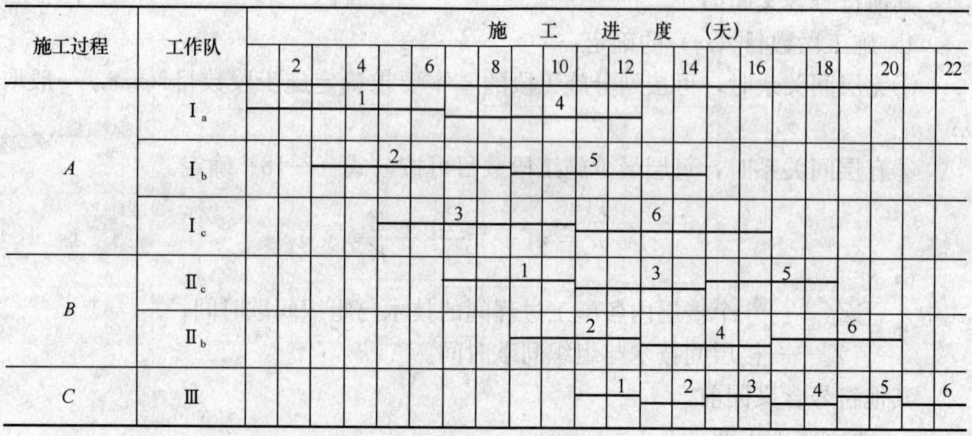

施工过程	工作队	施工　进　度　（天）										
		2	4	6	8	10	12	14	16	18	20	22
A	I a	1				4						
	I b		2				5					
	I c			3			6					
	II c					1		3		5		
B	II b						2		4		6	
C	III							1	2	3	4	5	6

图 7-13　某工程等步距异节拍流水施工进度计划

【解】（1）确定流水步距：$K = K_b = 1$ 天

（2）确定每个施工过程的施工队组数

$$b_{模} = \frac{t_{模}}{K_b} = \frac{2}{1} = 2 \text{ 个}$$

$$b_{钢筋} = \frac{t_{钢筋}}{K_b} = \frac{2}{1} = 2 \text{ 个}$$

$$b_{混凝土} = \frac{t_{混凝土}}{K_b} = \frac{1}{1} = 1 \text{ 个}$$

施工队总数 $n_1 = \sum b_i = 2 + 2 + 1 = 5$ 个

（3）确定每层的施工段数

为保证各工作队连续施工，其施工段数可按公式（7-18）确定。

$$m = n_1 + \frac{\sum Z_1}{K_b} + \frac{Z_2}{K_b} = 5 + \frac{0}{1} + \frac{1}{1} = 6 \text{ 段}$$

（4）计算工期

$$T = (m \cdot r + n_1 - 1)K_b + \sum Z_1 - \sum C_1$$

$$= (6 \times 2 + 5 - 1) \times 1 + 0 - 0 = 16 \text{ 天}$$

（5）绘制流水施工进度表如图 7-14 或图 7-15 所示。

等步距异节拍流水施工的组织方法是：根据工程对象和施工要求，划分若干个施工过程；其次根据各施工过程的内容、要求及其工程量，计算每个施工段所需的劳动量，接着根据施工队组人数及组成，确定劳动量最少的施工过程的流水节拍，最后确定其他劳动量较大的施工过程的流水节拍，用调整施工队组人数或其他技术组织措施的方法，使他们的节拍值成整数倍关系。

等步距异节拍流水施工方式比较适用于线形工程（如道路、管道等）的施工，也适用于房屋建筑施工。

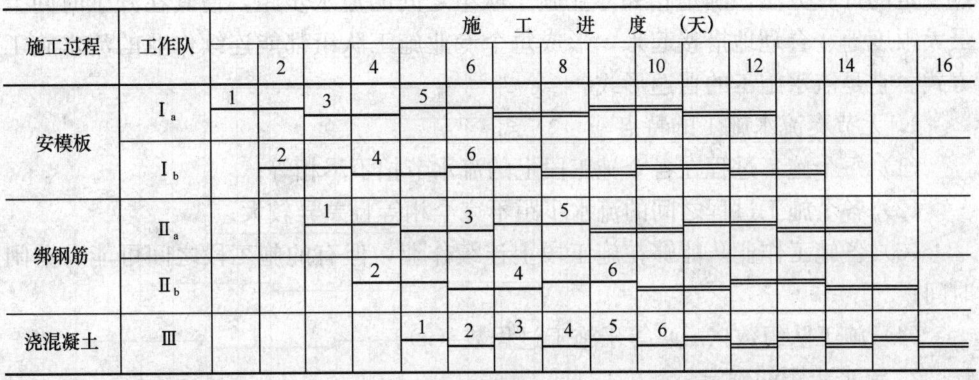

施工过程	工作队	施工　进　度　（天）							
		2	4	6	8	10	12	14	16
安模板	I_a	1　3　5							
	I_b	2　4　6							
绑钢筋	II_a	1　3　5							
	II_b	2　4　6							
浇混凝土	III	1　2　3　4　5　6							

图 7-14　某两层结构工程等步距异节拍流水施工进度计划
（施工层横向排列）

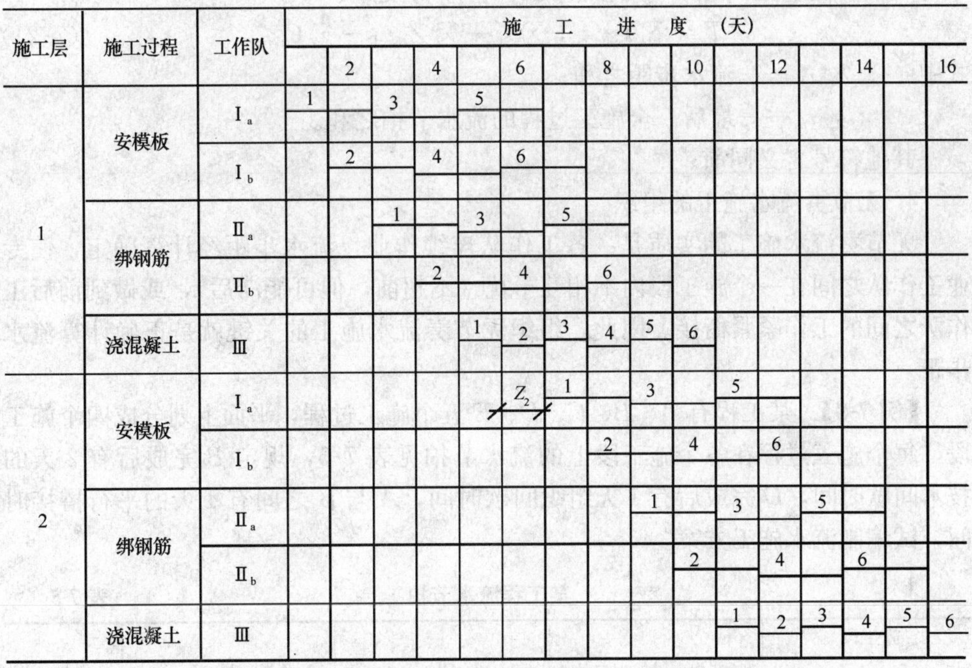

施工层	施工过程	工作队	施工　工　进　度　（天）							
			2	4	6	8	10	12	14	16
1	安模板	I_a	1　3　5							
		I_b	2　4　6							
	绑钢筋	II_a	1　3　5							
		II_b	2　4　6							
	浇混凝土	III	1　2　3　4　5　6							
2	安模板	I_a	Z_2　1　3　5							
		I_b	2　4　6							
	绑钢筋	II_a	1　3　5							
		II_b	2　4　6							
	浇混凝土	III	1　2　3　4　5　6							

图 7-15　某两层结构工程等步距异节拍流水施工进度计划
（施工层竖向排列）

（二）无节奏流水施工

无节奏流水施工是指同一施工过程在各个施工段上流水节拍不完全相等的一种流水施工方式。

在实际工程中，通常每个施工过程在各个施工段上的工程量彼此不等，各专业施工队组的生产效率相差较大，导致大多数的流水节拍也彼此不相等，因此有节奏流水，尤其是全等节拍和成倍节拍流水往往是难以组织的，而无节奏流水则是利用流水施工的基本概念，在保证施工工艺、满足施工顺序要求的前提下，按照一定的计算方法，确定相邻专业施工队组之间的流水步距，使其在开工时间上最大限度地、合理地搭接起来，形成每个专业施工队组都能连续作业的流水施工方式。它是流水施工的普遍形式。

1. 无节奏流水施工的特点

（1）每个施工过程在各个施工段上的流水节拍不尽相等；

（2）各个施工过程之间的流水步距不完全相等且差异较大；

（3）各施工作业队能够在施工段上连续作业，但有的施工段之间可能有空闲时间；

（4）施工队组数（n_1）等于施工过程数（n）。

2. 流水步距的确定

无节奏流水施工的流水步距通常采用"累加数列法"确定。

3. 流水施工工期

无节奏流水施工的工期可按公式（7-21）确定。

$$T = \sum k_{i,i+1} + \sum t_n + \sum Z_{i,i+1} - \sum C_{i,i+1} \qquad (7\text{-}21)$$

式中　$\sum k_{i,i+1}$ ——流水步距之和；

　　　$\sum t_n$ ——最后一个施工过程的流水节拍之和。

其他符号含义同前。

4. 无节奏流水施工的组织

无节奏流水施工的实质是：各工作队连续作业，流水步距经计算确定，使专业工作队之间在一个施工段内不相互干扰（不超前，但可能滞后），或做到前后工作队之间的工作紧紧衔接。因此，组织无节奏流水施工的关键就是正确计算流水步距。

【例 7-8】　某工程有 A、B、C、D、E 五个施工过程，平面上划分成四个施工段，每个施工过程在各个施工段上的流水节拍见表 7-5，规定 B 完成后有 2 天的技术间歇时间，D 完成后有 1 天组织间歇时间，A 与 B 之间有 1 天的平行搭接时间，试编制流水施工方案。

某工程流水节拍　　　　　表 7-5

施工段 施工过程	Ⅰ	Ⅱ	Ⅲ	Ⅳ
A	3	2	2	4
B	1	3	5	3
C	2	1	3	5
D	4	2	3	3
E	3	4	2	1

【解】　根据题设条件，该工程只能组织无节奏流水施工。

（1）求流水节拍的累加数列。

A：3，5，7，11

B：1，4，9，12

C：2，3，6，11

D：4，6，9，12

E：3，7，9，10

（2）确定流水步距。

1）$K_{A,B}$

$$
\begin{array}{r}
3,\quad 5,\quad 7,\quad 11 \\
-)\qquad 1,\quad 4,\quad 9,\quad 12 \\
\hline
3,\quad 4,\quad 3,\quad 2,\ -12
\end{array}
$$

$K_{A,B}=4$ 天

2）$K_{B,C}$

$$
\begin{array}{r}
1,\quad 4,\quad 9,\quad 12 \\
-)\qquad 2,\quad 3,\quad 6,\quad 11 \\
\hline
1,\quad 2,\quad 6,\quad 6,\ -11
\end{array}
$$

$K_{B,C}=6$ 天

3）$K_{C,D}$

$$
\begin{array}{r}
2,\quad 3,\quad 6,\quad 11 \\
-)\qquad 4,\quad 6,\quad 9,\quad 12 \\
\hline
2,\ -1,\quad 0,\quad 2,\ -12
\end{array}
$$

$K_{C,D}=2$ 天

4）$K_{D,E}$

$$
\begin{array}{r}
4,\quad 6,\quad 9,\quad 12 \\
-)\qquad 3,\quad 7,\quad 9,\quad 10 \\
\hline
4,\quad 3,\quad 2,\quad 3,\ -10
\end{array}
$$

$K_{D,E}=4$ 天

（3）确定流水工期

$$
\begin{aligned}
T &= \sum K_{i,i+1} + \sum t_n + \sum Z_{i,i+1} - \sum C_{i,i+1} \\
&= (4+6+2+4)+(3+4+2+4)+2+1-1 \\
&= 31\ \text{天}
\end{aligned}
$$

（4）绘制流水施工进度表如图 7-16 所示。

组织无节奏流水施工的基本要求与异步距异节拍流水相同，即保证各施工过程的工艺顺序合理和各施工队组尽可能依次在各施工段上连续施工。

无节奏流水施工不像有节奏流水施工那样有一定的时间约束，在进度安排上比较灵活、自由，适用于各种不同结构性质和规模的工程施工组织，实际应用比较广泛。

在上述各种流水施工的基本方式中，等节拍和异节拍流水通常在一个分部或分项工程中，组织流水施工比较容易做到，即比较适用于组织专业流水或细部流水。但对一个单位工程，特别是一个大型的建筑群来说，要求所划分的各分部、分项工程都采用相同的流水参数组织流水施工，往往十分困难，也不容易达到。

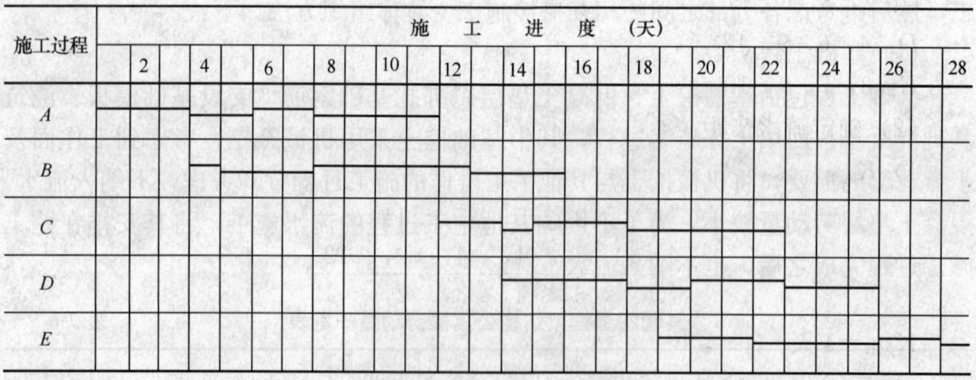

施工过程	施 工 进 度 （天）													
	2	4	6	8	10	12	14	16	18	20	22	24	26	28
A														
B														
C														
D														
E														

图 7-16　某工程无节奏流水施工进度计划

因此，到底采取哪一种流水施工的组织形式，除了要分析流水节拍的特点外，还要考虑工期要求和项目经理部自身的具体施工条件。

任何一种流水施工的组织形式，仅仅是一种组织管理手段，其最终目的是要实现企业目标——工程质量好、工期短、效益高和安全施工。

四、流水施工实例

在建筑施工中，需要组织许多施工过程的活动，在组织这些施工过程的活动中，我们把在施工工艺上互相联系的施工过程组成不同的专业组合（如基础工程，主体工程以及装饰工程等），然后对各专业组合，按其组合的施工过程的流水节拍特征（节奏性），分别组织成独立的流水组进行分别流水，这些流水组的流水参数可以是不相等的，组织流水的方式也可能有所不同。最后将这些流水组按照工艺要求和施工顺序依次搭接起来，即成为一个工程对象的工程流水或一个建筑群的流水施工。需要指出，所谓专业组合是指围绕主导施工过程的组合，其他的施工过程不必都纳入流水组，而只作为调剂项目与各流水组依次搭接。在更多情况下，考虑到工程的复杂性，在编制施工进度计划时，往往只运用流水作业的基本概念，合理选定几个主要参数，保证几个主导施工过程的连续性。对其他非主导施工过程，只力求使其在施工段上尽可能各自保持连续施工。各施工过程之间只有施工工艺和施工组织上的约束，不一定步调一致。这样，对不同专业组合或几个主导施工过程进行分别流水的组织方式就有极大的灵活性，且往往更有利于计划的实现。下面用一个较为常见的工程施工实例来阐述流水施工的应用。

【例 7-9】 框架结构房屋的流水施工

某四层学生公寓，底层为商业用房，上部为学生宿舍，建筑面积 3277.96m²，基础为钢筋混凝土独立基础；主体工程为全现浇框架结构。装修工程为铝合金窗、胶合板门；外墙贴面砖；内墙为中级抹灰，普通涂料刷白；底层顶棚吊顶，楼地面贴地板砖；屋面用 200mm 厚加气混凝土做保温层，上做 SBS 改性沥青防水层，其劳动量一览表见表 7-6。

由于本工程各分部的劳动量差异较大，因此先分别组织各分部工程的流水施工，然后再考虑各分部之间的相互搭接施工。具体组织方法如下：

（1）基础工程

基础工程包括基槽挖土、混凝土垫层、绑扎基础钢筋、支设基础模板、浇筑基础混凝土、回填土等施工过程。其中基础挖土采用机械开挖，考虑到工作面及土方运输的需要，将机械挖土与其他手工操作的施工过程分开考虑，不纳入流水。混凝土垫层劳动量较小，为了不影响其他施工过程的流水施工，将其安排在挖土施工过程完成之后，也不纳入流水。

某幢四层框架结构公寓楼劳动量一览表　　　　　　　　表 7-6

序号	分项工程名称	劳动量（工日或台班）	序号	分项工程名称	劳动量（工日或台班）
	基础工程			屋面工程	
1	机械开挖基础土方	6 台班	15	加气混凝土保温隔热层（含找坡）	236
2	混凝土垫层	30	16	屋面找平层	52
3	绑扎基础钢筋	59	17	屋面防水层	49
4	基础模板	73		装饰工程	
5	基础混凝土	87	18	顶棚墙面中级抹灰	1648
6	回填土	150	19	外墙面砖	957
	主体工程		20	楼地面及楼梯地砖	929
7	脚手架	313	21	顶棚龙骨吊顶	148
8	柱筋	135	22	铝合金窗扇安装	68
9	柱、梁、板模板（含楼梯）	2263	23	胶合板门	81
10	柱混凝土	204	24	顶棚墙面涂料	380
11	梁、板筋（含楼梯）	801	25	油漆	69
12	梁、板混凝土（含楼梯）	939	26	室外	
13	拆模	398	27	水、电	
14	砌空心砖墙（含门窗框）	1095			

基础工程平面上划分 2 个施工段组织流水施工（$m=2$），在 6 个施工过程中，参与流水的施工过程有 4 个，即 $n=4$，组织全等节拍流水施工如下：

基础绑扎钢筋劳动量为 59 个工日，施工班组人数为 10 人，采用 1 班制施工，其流水节拍为：

$$t_{筋} = \frac{59}{2 \times 10 \times 1} = 3 \text{ 天}$$

其他施工过程的流水节拍均取 3 天，其基础支模板 73 个工日，施工班组人数为：

$$R_{模板} = \frac{73}{2 \times 3} = 12 \text{ 人}$$

浇筑混凝土劳动量为 87 个工日，施工班组人数为：

$$R_{混凝土} = \frac{87}{2 \times 3} = 15 \text{ 人}$$

回填土劳动量为 150 个工日，施工班组人数为：

$$R_{回填土} = \frac{150}{2 \times 3} = 25 \text{ 人}$$

流水工期计算如下：

$$T = (m+n-1)K = (2+4-1) \times 3 = 15 \text{ 天}$$

土方机械开挖 6 个台班，用一台机械 2 班制施工，则作业持续时间为：

$$t_{挖土} = \frac{6}{1 \times 2} = 3 \text{ 天}$$

混凝土垫层 30 个工日，15 人 1 班制施工，其作业持续时间为：

$$t_{混凝土} = \frac{30}{15 \times 1} = 2 \text{ 天}$$

则基础工程的工期为：

$$T_1 = 3+2+15 = 20 \text{ 天}$$

（2）主体工程

主体工程包括立柱子钢筋，安装柱、梁、板模板，浇捣柱子混凝土，梁、板、楼梯钢筋绑扎，浇捣梁、板、楼梯混凝土，搭脚手架，拆模板，砌空心砖墙等施工过程，其中后三个施工过程属于平行穿插施工过程，只根据施工工艺要求，尽量搭接施工即可，不纳入流水施工。主体工程由于有层间关系，要保证施工过程流水施工，必须使 $m=n$，否则，施工班组会出现窝工现象。本工程中平面上划分为两个施工段，主导施工过程是柱、梁、板模板安装，要组织主体工程流水施工，就要保证主导施工过程连续作业，为此，将其他次要施工过程综合为一个施工过程来考虑其流水节拍，且其流水节拍值不得大于主导施工过程的流水节拍，以保证主导施工过程的连续性，因此，则主体工程参与流水的施工过程数 $n=2$ 个，满足 $m=n$ 的要求。具体组织如下：

柱子钢筋劳动量为 135 个工日，施工班组人数为 17 人，1 班制施工，则其流水节拍为：

$$t_{柱筋} = \frac{135}{4 \times 2 \times 17 \times 1} = 1 \text{ 天}$$

主导施工过程的柱、梁、板模板劳动量为 2263 个工日，施工班组人数为 25 人，2 班制施工，则流水节拍为：

$$t_{模} = \frac{2263}{4 \times 2 \times 25 \times 2} = 6 \text{ 天}$$

柱子混凝土，梁、板钢筋，梁、板混凝土及柱子钢筋统一按一个施工过程来考虑其流水节拍，其流水节拍不得大于 6 天，其中，柱子混凝土劳动量为 204 个工日，施工班组人数为 14 人，2 班制施工，其流水节拍为：

$$t_{柱混凝土} = \frac{204}{4 \times 2 \times 14 \times 2} = 1 \text{ 天}$$

梁、板钢筋劳动量为 801 个工日，施工班组人数为 25 人，2 班制施工，其流水节拍为：

$$t_{梁、板筋} = \frac{801}{4 \times 2 \times 25 \times 2} = 2 \text{ 天}$$

梁、板混凝土劳动量为 939 个工日，施工班组人数为 20 人，3 班制施工，其流水节拍为：

$$t_{混凝土} = \frac{939}{4 \times 2 \times 20 \times 3} = 2 \text{ 天}$$

因此，综合施工过程的流水节拍仍为 （1+2+2+1） ＝6 天，可与主导施工过程一起组织全等节拍流水施工。其流水工期为：

$$T = (m \cdot r + n - 1) \cdot t = (2 \times 4 + 2 - 1) \times 6 = 54 \text{ 天}$$

拆模施工过程计划在梁、板混凝土浇捣 12 天后进行，其劳动量为 398 个工日，施工班组人数为 25 人，1 班制施工，其流水节拍为：

$$t_{拆模} = \frac{308}{4 \times 2 \times 25 \times 1} = 2 \text{ 天}$$

砌空心砖墙（含门窗框）劳动量为 1095 个工日，施工班组人数为 45 人，1 班制施工，其流水节拍为：

$$t_{砌墙} = \frac{1095}{4 \times 2 \times 45 \times 1} = 3 \text{ 天}$$

则主体工程的工期为：

$$T_2 = 54 + 12 + 2 + 3 = 71 \text{ 天}$$

（3）屋面工程

屋面工程包括屋面保温隔热层、找平层和防水层 3 个施工过程。考虑屋面防水要求高，所以不分段施工，即采用依次施工的方式。屋面保温隔热层劳动量为 236 个工日，施工班组人数为 40 人，1 班制施工，其施工持续时间为：

$$t_{保温} = \frac{236}{40 \times 1} = 6 \text{ 天}$$

屋面找平层劳动量为 52 个工日，18 人 1 班制施工，其施工持续时间为：

$$t_{找平} = \frac{52}{18 \times 1} = 3 \text{ 天}$$

屋面找平层完成后，安排 7 天的养护和干燥时间，方可进行屋面防水层的施工。SBS 改性沥青防水层劳动量为 47 个工日，安排 10 人 1 班制施工，其施工持续时间为：

$$t_{防水} = \frac{47}{10 \times 1} = 5 \text{ 天}$$

（4）装饰工程

装饰工程包括顶棚墙面中级抹灰、外墙面砖、楼地面及楼梯地砖、一层顶棚龙骨吊顶、铝合金窗扇安装、胶合板门安装、内墙涂料、油漆等施工过程。其中一层顶棚龙骨吊顶属穿插施工过程，不参与流水作业，因此参与流水的施工过程为 $n=7$。

装修工程采用自上而下的施工起点流向。结合装修工程的特点，把每层房屋视为一个施工段，共 4 个施工段（$m=4$）其中抹灰工程是主导施工过程，组织有节奏流水施工如下：顶棚墙面抹灰劳动量为 1648 个工日，施工班组人数为 60 人，1 班制施工，其流水节拍为：

$$t_{抹灰} = \frac{1648}{4 \times 60 \times 1} = 7\,天$$

外墙面砖劳动量为 957 个工日，施工班组人数为 34 人，1 班制施工，则其流水节拍为：

$$t_{外墙} = \frac{957}{4 \times 34 \times 1} = 7\,天$$

楼地面及楼梯地砖劳动量为 929 个工日，施工班组人数为 33 人，1 班制施工，其流水节拍为：

$$t_{地面} = \frac{929}{4 \times 33 \times 1} = 7\,天$$

铝合金窗扇安装 68 个工日，施工班组人数为 6 人，1 班制施工，则流水节拍为：

$$t_{窗} = \frac{68}{4 \times 6 \times 1} = 3\,天$$

其余胶合板门、内墙涂料、油漆安排 1 班制施工，流水节拍均取 3 天，其中，胶合板门劳动量为 81 个工日，施工班组人数为 7 人；内墙涂料劳动量为 380 个工日，施工班组人数为 32 人；油漆劳动量为 69 个工日，施工班组人数为 6 人。

顶棚龙骨吊顶属穿插施工过程，不占总工期，其劳动量为 148 个工日，施工班组人数为 15 人，1 班制施工，则施工持续时间为：

$$t_{顶棚} = \frac{148}{15 \times 1} = 10\,天$$

装饰部分流水施工工期计算如下：

$K_{抹灰、外墙} = 7\,天$

$K_{外墙、地面} = 7\,天$

$K_{地面、窗} = 4 \times 7 - (4-1) \times 3 = 28 - 9 = 19\,天$

$K_{窗、门} = 3\,天$

$K_{门、涂料} = 3\,天$

$K_{涂料、油漆} = 3\,天$

$$T_3 = \sum K_{i,i+1} + mt_n = (7+7+19+3+3+3) + 4 \times 3 = 54\,天$$

本工程流水施工进度计划安排如图 7-17 所示。

序号	分部分项工程名称	劳动量(工日)	每班工人数	每天工作班数	作业天数	施工进度
	基础工程					
1	机械开挖土方	6台班	10	2	3	
2	混凝土垫层	30	15	1	2	
3	绑扎基础钢筋	59	10	1	6	
4	基础模板	73	12	1	6	
5	基础混凝土	87	15	1	6	
6	回填土	150	25	1	6	
	主体工程					
7	脚手架	313	6			
8	柱筋	135	17	1	8	
9	柱、梁、板模板	2263	25	2	48	
10	柱混凝土	204	14	2	8	
11	梁、板模板(含楼梯)	801	25	2	16	
12	梁、板混凝土(含楼梯)	959	20	3	16	
13	拆模	398	25	1	16	
14	砌砖(含门窗框)	1095	45	1	24	
	屋面工程					
15	屋面找坡保温层	236	40	1	6	
16	屋面找平层	52	18	1	3	
17	屋面防水层	47	10	1	5	
	装饰工程					
18	外墙面砖	957	34	1	28	
19	顶棚墙中级抹灰	1648	60	1	28	
20	楼地面及楼梯地砖	929	33	1	28	
21	一层顶棚龙骨吊顶	148	15	1	10	
22	铝合金窗安装	68	6	1	12	
23	玻合板门	81	7	1	12	
24	顶棚墙面涂料	380	30	1	12	
25	油漆	69	6	1	12	
26	其他					
27	水、暖、电					

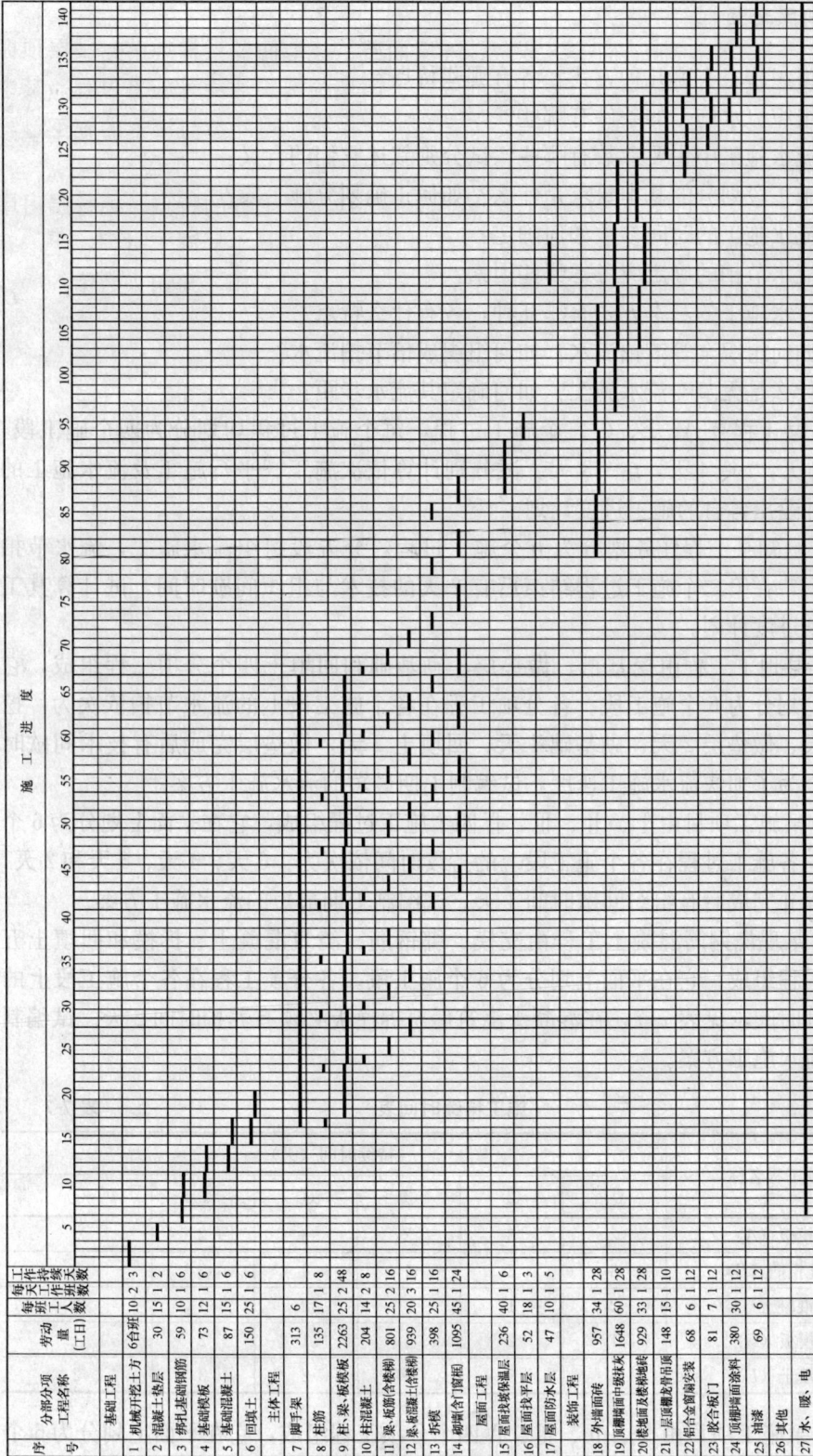

图7-17　某四层框架学生公寓楼流水施工进度表

复习思考题：

1. 组织施工有哪几种方式？各有哪些特点？
2. 组织流水施工的条件有哪些？
3. 流水施工中主要参数有哪些？试分别叙述它们的含义。
4. 施工段划分的基本要求是什么？如何正确划分施工段？
5. 流水施工的时间参数如何确定？
6. 流水节拍的确定应考虑哪些因素？
7. 流水施工的基本方式有哪几种，各有什么特点？
8. 如何组织全等节拍流水？如何组织成倍节拍流水？
9. 什么是无节奏流水施工？如何确定其流水步距？

10. 某工程有 A、B、C 三个施工过程，每个施工过程均划分为四个施工段，设 $t_A=2$ 天，$t_B=4$ 天，$t_C=3$ 天。试分别计算依次施工、平行施工及流水施工的工期，并绘出各自的施工进度计划。

11. 已知某工程任务划分为五个施工过程，分五段组织流水施工，流水节拍均为 3 天，在第二个施工过程结束后有 2 天的技术与组织间歇时间，试计算其工期并绘制进度计划。

12. 某地下工程由挖基槽、做垫层、砌基础和回填土四个分项工程组成，它在平面上划分为 6 个施工段。各分项工程在各个施工段上的流水节拍依次为：挖基槽 6 天、做垫层 2 天、砌基础 4 天、回填土 2 天，做垫层完成后有技术间歇时间 2 天。为了加快流水施工速度，试编制工期最短的流水施工方案。

13. 某施工项目由Ⅰ、Ⅱ、Ⅲ、Ⅳ四个施工过程组成，它在平面上划分为 6 个施工段。各施工过程在各个施工段上的持续时间依次为：6 天、4 天、6 天和 2 天，施工过程Ⅱ完成后有组织间歇时间 1 天。试编制工期最短的流水施工方案。

14. 某现浇钢筋混凝土工程由支模、绑钢筋、浇筑混凝土、拆模和回填土五个分项工程组成，它在平面上划分为 6 个施工段。各分项工程在各个施工段上的施工持续时间，见表 7-7，在混凝土浇筑后至拆模板必须有养护时间 2 天。试编制该工程流水施工方案。

施工持续时间表　　　　　　　　　　　　　　　　　　表 7-7

分项工程名称	持续时间（天）					
	①	②	③	④	⑤	⑥
支模板（A）	2	3	2	3	2	3
绑扎钢筋（B）	3	3	4	4	3	3
浇筑混凝土（C）	2	1	2	2	1	2
拆模板（D）	1	2	1	1	2	1
回填土（E）	2	3	2	2	3	2

15. 某施工项目由Ⅰ、Ⅱ、Ⅲ、Ⅳ四个分项工程组成，它在平面上划分为 6 个施工段。各分项工程在各个施工段上的持续时间，见表 7-8。分项工程完成后。其

相应施工段至少应有技术间歇时间 2 天；分组织间歇时间 1 天。试编制该工程流水施工方案。

施工持续时间表
表 7-8

分项工程名称	持续时间（天）					
	①	②	③	④	⑤	⑥
Ⅰ	3	2	3	3	2	3
Ⅱ	2	3	4	4	3	2
Ⅲ	4	2	3	3	4	2
Ⅳ	3	3	2	2	2	4

完成工作任务的要求：

通过学习使学生掌握分部工程进度计划的编制内容和编制过程，为工程进度计划的编制打下良好的基础；能够动手编制各种结构的分部工程施工进度计划。

任务三　用网络图编制流水施工进度计划

【引导问题】

1. 网络计划的发展。

2. 网络计划技术特点。

3. 网络计划的分类。

4. 网络计划的表达方法。

5. 网络图的基本符号。

6. 网络计划的基本概念。

7. 网络图的绘制。

8. 网络计划时间参数的计算。

9. 网络计划的优化。

【工作任务】

熟悉网络计划的基本概念、分类及表示方法；掌握网络计划的绘制方法；掌握网络计划时间参数的概念、时间参数的计算、关键线路的确定方法；了解网络计划优化的基本概念、优化方法。

【学习参考资料】

1. 危道军·工程项目管理．武汉理工大学出版社，2005。

2. 各类版本的《建筑施工组织》。

3. 国家颁发的各种施工组织的法律法规文件。

4. 有关施工组织的各类书刊。

一、网络计划技术的基本概念

（一）网络计划的发展

网络计划技术，也称网络计划法，是利用网络计划进行生产组织与管理的一种方法。网络计划技术是 20 世纪中叶在美国创造和发展起来的一项新型计划技术，当初最有代表性的是关键线路法（CPM）和计划评审技术法（PERT）。

关键线路法（CPM）是 1955 年由美国杜邦化学公司首创的，即将每一活动（工作或工序）规定起止时间，并按活动顺序绘制成网络状图形。1956 年，他们又设计了电子计算机程序，将活动的顺序和作业延续时间输入计算机，从而编制出新的进度控制计划。1957 年 9 月，把此法应用于新工厂建设工作，使该工程提前两个月完成。杜邦公司采用此法安排施工和维修等计划，仅一年时间就节约资金 100 万美元。

计划评审技术法（PERT）的出现较 CPM 稍迟。1958 由美国海军特种计划局，在研制北极星导弹时创造出来的。当时有 3000 多个单位参加，协调工作十分复杂。采用这种办法后，效果显著，比原来进度提前了两年，并且节约了大量资金。为此，1962 年美国国防部规定：以后承包有关工程的单位都应采用网络计划技术来安排计划。

网络计划技术的成功应用，引起了世界各国的高度重视，被称为计划管理中最有效的、先进的、科学的管理方法。1956 年，我国著名数学家华罗庚教授将此技术介绍到中国，并把它称为"统筹法"。

从 20 世纪 80 年代起，建筑业在推广网络计划技术实践中，针对建筑流水施工的特点，提出了"流水网络技术方法"，并在实际工程中应用。网络计划技术是以系统工程的概念，运用网络的形式，来设计和表达一项计划中的各个工作的先后顺序和相互关系，通过分析关键线路和关键工作，并根据实际情况的变化不断优化网络计划，选择最优方案并付诸实施。

（二）网络计划技术特点

网络计划技术与传统的横道图计划管理比较，它具有以下特点：

1. 从工程整体出发，统筹安排，能明确地反映各工作间的先后顺序和相互制约、相互依赖关系。

2. 通过网络时间参数计算，能找出决定工期的关键线路和关键工作以及有机动时间的非关键工作，从而使管理人员胸中有数，抓主要矛盾，确保控制计划总工期和合理安排人力、物力和资源，从而降低成本，缩短工期。

3. 通过优化，可在若干可行方案中找出最优方案。

4. 网络计划执行过程中，由于可通过时间参数计算，预先知道各工作提前或推迟完成对整个计划的影响程度，管理人员可以采取技术组织措施对计划进行有效控制与监督，从而加强施工管理工作。

5. 可以利用计算机进行时间参数计算、优化、调整，从而提高管理效率。

网络计划技术可以为施工管理者提供许多信息，有利于加强施工管理，它是一种编制计划技术的方法，又是一种科学的管理方法。它有助于管理人员全面了解、重点掌握、灵活安排、合理组织、多快好省地完成计划任务，不断提高管理水平。

（三）网络计划的分类

用网络图表达任务构成、工作顺序并加注工作时间参数的进度计划称为网络计划。网络计划的种类很多，可以从不同的角度进行分类，具体分类方法如下；

1. 按网络计划目标分类

根据计划最终目标的多少，网络计划可分为单目标网络计划和多目标网络计划。

（1）单目标网络计划

只有一个最终目标的网络计划称为单目标网络计划。

（2）多目标网络计划

由若干个独立的最终目标与其相互有关工作组成的网络计划称为多目标网络计划。

2. 按网络计划层次分类

根据计划的工程对象不同和使用范围大小，网络计划可分为局部网络计划、单位工程网络计划和综合网络计划。

（1）局部网络计划

以一个分部工程或施工段为对象编制的网络计划称为局部网络计划。

（2）单位工程网络计划

以一个单位工程为对象编制的网络计划称为单位工程网络计划。

（3）综合网络计划

以一个建筑项目或建筑群为对象编制的网络计划称为综合网络计划。

3. 按网络计划时间表达方式分类

根据网络计划时间的表达方式不同，网络计划可分为时标网络计划和非时标网络计划。

（1）时标网络计划

工作的持续时间以时间坐标为尺度绘制的网络计划称为时标网络计划。

（2）非时标网络计划

工作的持续时间以数字形式标注在箭线下面绘制的网络计划称为非时标网络计划。

（四）网络计划的表达方法

网络计划的表达形式是网络图。所谓网络图是指由箭线和节点组成的，用来表示工作流程的有向、有序的网状图形。

网络图中，按节点和箭线所代表的含义不同，可分为双代号网络图和单代号网络图两大类。

1. 双代号网络图

以箭线及其两端节点的编号表示工作的网络图称为双代号网络图。即用两个节点一根箭线代表一项工作，工作名称写在箭线上面，工作持续时间写在箭线下面，在箭线前后的衔接处画上节点编上号码，并以节点编号 i 和 j 代表一项工作名称，如图 7-18 所示。

2. 单代号网络图

以节点及其编号表示工作，以箭线表示工作之间的逻辑关系的网络图称为单

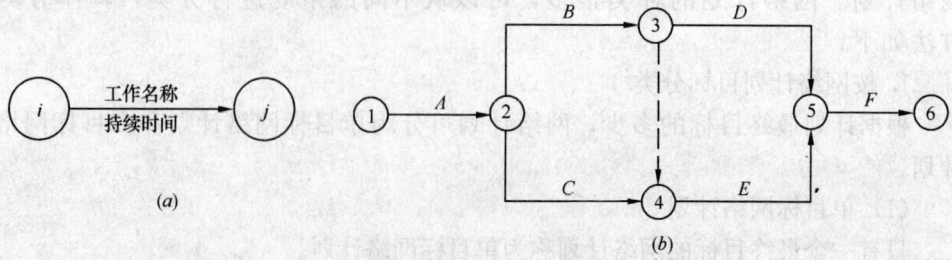

图 7-18　双代号网络图

(a) 工作的表示方法；(b) 工程的表示方法

代号网络图。即每一个节点表示一项工作，节点所表示的工作名称、持续时间和工作代号等标注在节点内，如图 7-19 所示。

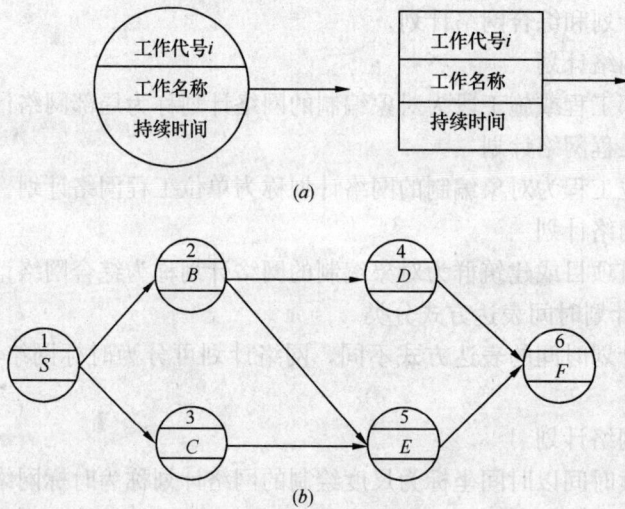

图 7-19　单代号网络图

(a) 工作的表示方法；(b) 工程的表示方法

（五）网络图的基本符号

1. 双代号网络图的基本符号

双代号网络图的基本符号是箭线、节点及节点编号。

（1）箭线

网络图中一端带箭头的实线即为箭线。在双代号网络图中，它与其两端的节点表示一项工作。箭线表达的内容有以下几个方面：

1）一根箭线表示一项工作或表示一个施工过程。根据网络计划的性质和作用的不同，工作既可以是一个简单的施工过程，如挖土、垫层等分项工程或者基础工程、主体工程等分部工程；工作也可以是一项复杂的工程任务，如教学楼土建工程等单位工程或者教学楼工程等单项工程。如何确定一项工作的范围取决于所绘制的网络计划的作用（控制性或指导性）。

2）一根箭线表示一项工作所消耗的时间和资源，分别用数字标注在箭线的下方和上方。一般而言，每项工作的完成都要消耗一定的时间和资源，如砌砖墙、浇筑混凝土等；也存在只消耗时间而不消耗资源的工作，如混凝土养护、砂浆找平层干燥等技术间歇，若单独考虑时，也应作为一项工作对待。

3）在无时间坐标的网络图中，箭线的长度不代表时间的长短，画图时原则上是任意的，但必须满足网络图的绘制规则。在有时间坐标的网络图中，其箭线的长度必须根据完成该项工作所需时间长短按比例绘制。

4）箭线的方向表示工作进行的方向和前进的路线，箭尾表示工作的开始，箭头表示工作的结束。

5）箭线可以画成直线、折线或斜线。必要时，箭线也可以画成曲线，但应以水平直线为主，一般不宜画成垂直线。

（2）节点

网络图中箭线端部的圆圈或其他形状的封闭图形就是节点。在双代号网络图中，它表示工作之间的逻辑关系，节点表达的内容有以下几个方面：

1）节点表示前面工作结束和后面工作开始的瞬间，所以节点不需要消耗时间和资源；

2）箭线的箭尾节点表示该工作的开始，箭线的箭头节点表示该工作的结束；

3）根据节点在网络图中的位置不同可以分为起点节点、终点节点和中间节点。起点节点是网络图的第一个节点，表示一项任务的开始。终点节点是网络图的最后一个节点，表示一项任务的完成。除起点节点和终点节点外的节点称为中间节点，中间节点都有双重的含义，既是前面工作的箭头节点，也是后面工作的箭尾节点。

（3）节点编号

网络图中的每个节点都有自己的编号，以便赋于每项工作以代号，便于计算网络图的时间参数和检查网络图是否正确。

1）节点编号必须满足两条基本规则。其一，箭头节点编号大于箭尾节点编号，因此节点编号顺序是：箭尾节点编号在前，箭头节点编号在后，凡是箭尾节点没有编号，箭头节点不能编号；其二，在一个网络图中，所有节点不能出现重复编号，编号的号码可以按自然数顺序进行，也可以非连续编号，以便适应网络计划调整中增加工作的需要，编号留有余地。

2）节点编号的方法有两种：一种是水平编号法，即从起点节点开始由上到下逐行编号，每行则自左到右按顺序编号，另一种是垂直编号法，即从起点节点开始自左到右逐列编号，每列则根据编号规则的要求进行编号。

2. 单代号网络计划的基本符号

单代号网络计划的基本符号也是箭线、节点和节点编号。

（1）箭线

单代号网络图中，箭线表示紧邻工作之间的逻辑关系。箭线应画成水平直线、折线或斜线。箭线水平投影的方向应自左向右，表达工作的进行方向。

（2）节点

单代号网络图中每一个节点表示一项工作，宜用圆圈或矩形表示。节点所表示的工作名称、持续时间和工作代号等应标注在节点内。

（3）节点编号

单代号网络图的节点编号与双代号网络图一样。

（六）网络计划的基本概念

1. 紧前工作、紧后工作、平行工作

（1）紧前工作

紧排在本工作之前必须完成的工作（不考虑虚工作间隔）。

（2）紧后工作

紧排在本工作之后应该完成的工作（不考虑虚工作间隔）。

（3）平行工作

可与本工作同时进行的工作称为本工作的平行工作。

如图 7-20 所示，其中 A 是 B 的紧前工作，B、C 是 A 的紧后工作，B、C 可称为平行工作。

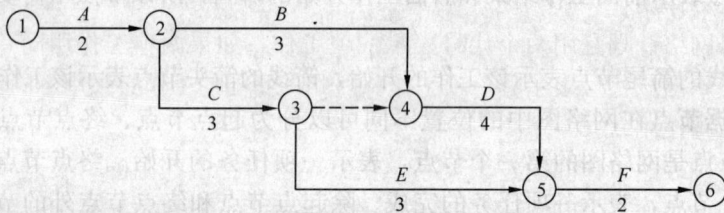

图 7-20　逻辑关系

2. 内向箭线和外向箭线

（1）内向箭线

指向某个节点的箭线称为该节点的内向箭线，如图 7-21（a）所示。

（2）外向箭线

从某节点引出的箭线称为该节点的外向箭线，如图 7-22（b）所示。

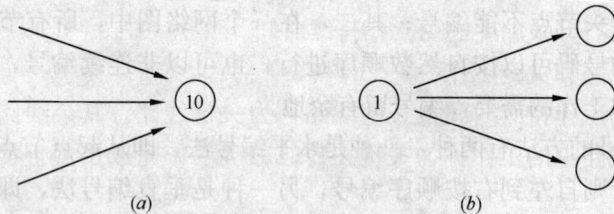

图 7-21　内向箭线和外向箭线

（a）内向箭线；（b）外向箭线

3. 逻辑关系

工作间相互制约或相互依赖的关系称为逻辑关系。工作之间的逻辑关系包括工艺关系和组织关系。

（1）工艺关系

工艺关系是指生产上客观存在的先后顺序关系，或者是非生产性工作之间由工作程序决定的先后顺序关系，例如建筑工程绝对是先做基础，后做主体；先做结构，后做装修。工艺关系是不能随意改变的。

（2）组织关系

组织关系是指在不违反工艺关系的前提下，任意安排工作的先后顺序关系。例如：建筑群中各个建筑物的开工顺序的先后；施工对象的分段流水作业等。组织顺序可以根据具体情况，按安全、经济、高效的原则统筹安排。

4. 虚工作及其应用

在网络计划中，只表示前后相邻工作之间的逻辑关系，既不占用时间，也不耗用资源的虚拟的工作称为虚工作。虚工作用虚箭线表示，其表达形式可垂直方向向上或向下，也可水平方向向右，虚工作起着联系、区分、断路三个作用。

（1）联系作用

虚工作不仅能表达工作间的逻辑关系，而且能表达不同幢号的房屋之间的相互联系。

（2）区分作用

双代号网络计划是用两个代号表示一项工作，如果两项工作用同一代号，则不能明确表示出该代号表示哪一项工作。因此，不同的工作必须用不同代号。

（3）断路作用

为了正确表达工作间的逻辑关系，在出现逻辑错误的圆圈（节点）之间增设新节点（即虚工作），切断毫无关系的工作关系联系，这种方法称为断路法。

由此可见，双代号网络图中虚工作是非常重要的，但在应用时恰如其分，不能滥用，以必不可少为限。另外，增加虚工作后要进行全面检查，不要顾此失彼。

5. 线路、关键线路、关键工作

（1）线路

网络图中从起点节点开始，沿箭头方向顺序通过一系列箭线与节点，最后达到终点节点的通路称为线路。一个网络图中，从起点节点到终点节点，一般都存在着许多条线路，每条线路都包含若干项工作，这些工作的持续时间之和就是该线路的时间长度，即线路上总的工作持续时间。

（2）关键线路和关键工作

线路上总的工作持续时间最长的线路称为关键线路。其余线路称为非关键线路。位于关键线路上的工作称为关键工作。关键工作完成快慢直接影响整个计划工期的实现。

一般来说，一个网络图中至少有一条关键线路。关键线路也不是一成不变的，在一定的条件下，关键线路和非关键线路会相互转化。例如，当采取技术组织措施，缩短关键工作的持续时间，或者非关键工作持续时间延长时，就有可能使关键线路发生转移。网络计划中，关键工作的比重往往不宜过大，网络计划愈复杂工作节点就愈多，则关键工作的比重应该越小，这样有利于抓住主要矛盾。

非关键线路都有若干机动时间（即时差），它意味着工作完成日期容许适当变动而不影响工期。时差的意义就在于可以使非关键工作在时差允许范围内放慢施工进度，将部分人、财、物转移到关键工作上去，以加快关键工作的进程；或者在时差允许范围内改变工作开始和结束时间，以达到均衡施工的目的。

关键线路宜用粗箭线、双箭线或彩色箭线标注，以突出其在网络计划中的重要位置。

二、网络图的绘制

（一）双代号网络图的绘制

1. 双代号网络图的绘图规则

（1）双代号网络图必须正确表达已定的逻辑关系。例如已知网络图的逻辑关系见表 7-9。若绘出网络图 7-22（a）就是错误的，因 D 的紧前工作没有 A。此时可引入虚工作用横向断路法或竖向断路法将 D 与 A 的联系断开，如图 7-22（b）～图 7-22（d）所示。

逻辑关系表　　　　　　　　　　　　　　　　表 7-9

工　作	A	B	C	D
紧前工作	—	—	A、B	B

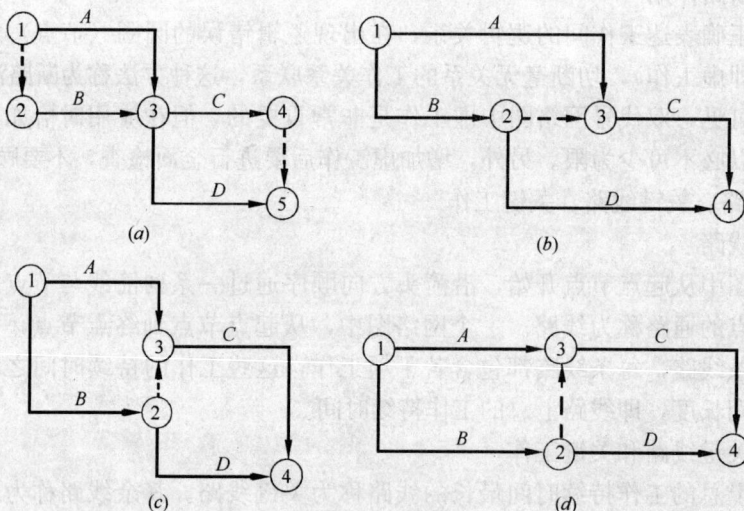

图 7-22　按表 7-9 绘制的网络图

（a）错误画法；（b）横向断路法；（c）竖向断路法之一；（d）竖向断路法之二

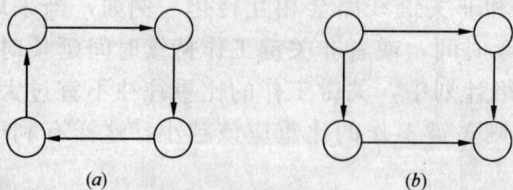

图 7-23　网络图的绘制

（a）错误；（b）正确

（2）网络图中，严禁出现循环回路。所谓循环回路是指从一个节点出发，顺箭线方向又回到原出发点的循环线路。如图 7-23 所示。

（3）双代号网络图中，在节点之间严禁出现带双向箭头或无箭头的连线。如图 7-24 所示。

图 7-24 错误的箭线画法
(a) 双向箭头的连续；(b) 无箭头的连线

（4）当双代号网络图的某些节点有多条外向箭线或多条内向箭线时，可采用母线法绘图。如图 7-25 所示。

图 7-25 母线法绘制
(a) 外向箭线；(b) 内向箭线

（5）绘制网络图时，箭线不宜交叉；当交叉不可避免时，可用过桥法或指向法，如图 7-26 所示。采用指向法时，应注意节点编号指向的大小关系，保持箭尾节点的编号小于箭头节点编号。为了避免出现箭尾节点的编号大于箭头节点的编号情况，指向法一般只在网络图已编号后才用。

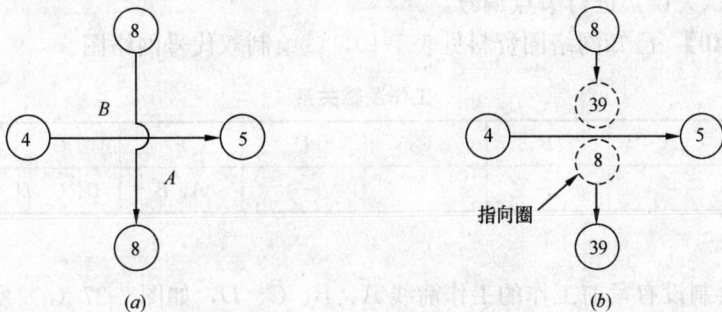

图 7-26 箭线交叉的表示方法
(a) 过桥法；(b) 指向法

（6）双代号网络图中应只有一个起点节点（该节点编号最小且没有内向箭线）；在不分期完成任务的网络图中，应只有一个终点节点（该节点编号最大且没有外向工作）；而其他所有节点均应是中间节点。

2. 双代号网络图的绘制方法

先根据网络图的逻辑关系，绘制出网络图草图，再结合绘图规则进行调整布局，最后形成正式网络图。当已知每一项工作的紧前工作时，可按下述步骤绘制双代号网络图：

251

（1）绘制没有紧前工作的工作，使它们具有相同的箭尾节点，即起点节点；

（2）依次绘制其他各项工作。这些工作的绘制条件是将其所有紧前工作都已经绘制出来。绘制原则为：

1）当所绘制的工作只有一个紧前工作时，则将该工作的箭线直接画在其紧前工作的完成节点之后即可。

2）当所绘制的工作有多个紧前工作时，应按以下四种情况分别考虑：

①如果在其紧前工作中存在一项只作为本工作紧前工作的工作（即在紧前工作栏目中，该紧前工作只出现一次），则应将本工作箭线直接画在该紧前工作完成节点之后，然后用虚箭线分别将其他紧前工作的完成节点与本工作的开始节点相连，以表达它们之间的逻辑关系。

②如果在紧前工作中存在多项只作为本工作紧前工作的工作，应先将这些紧前工作的完成节点合并（利用虚工作或直接合并），再从合并后的节点开始，画出本工作箭线，最后用虚箭线将其他紧前工作的箭头节点分别与工作开始节点相连，以表达它们之间的逻辑关系。

③如果不存在情况①、②，应判断本工作的所有紧前工作是否都同时作为其他工作的紧前工作（即紧前工作栏目中，这几项紧前工作是否均同时出现若干次）。如果这样，应先将它们完成节点合并后，再从合并后的节点开始画出本工作箭线。

④如果不存在情况①～③，则应将本工作箭线单独画在其紧前工作箭线之后的中部，然后用虚工作将紧前工作与本工作相连，表达逻辑关系。

3）合并没有紧后工作的箭线，即为终点节点。

4）确认无误，进行节点编号。

【例 7-10】 已知网络图资料见表 7-10，试绘制双代号网络图。

工作逻辑关系　　　　　　　　表 7-10

工作	A	B	C	D	E	G	H
紧前工作	—	—	—	—	A、B	B、C、D	C、D

【解】

（1）绘制没有紧前工作的工作箭线 A、B、C、D，如图 7-27（a）所示。

（2）按前述原则 2）中情况①绘制工作 E，如图 7-27（b）所示。

（3）按前述原则 2）中情况③绘制工作 H，如图 7-27（c）所示。

（4）按前述原则 2）中情况④绘制工作 G，并将工作 E、G、H 合并，如图 7-27（d）所示。

3. 双代号网络图的排列方式

在绘制网络图的实际应用中，我们都要求网络图按一定的次序组织排列，使其条理清晰、形象直观。主要有以下几种：

（1）按施工过程排列

按施工过程排列是根据施工顺序把各施工过程按垂直方向排列，把施工段按水平方向排列。

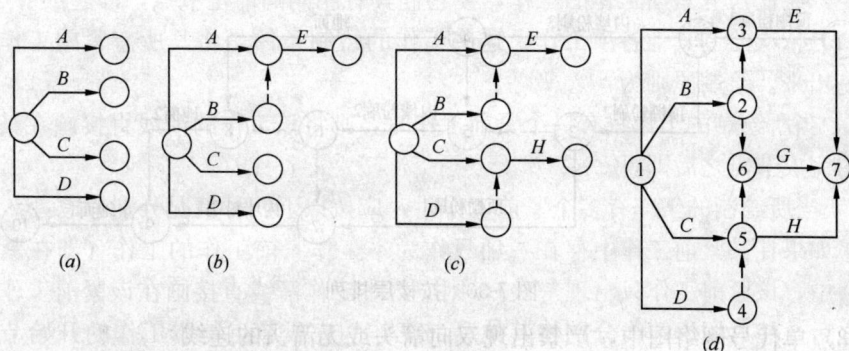

图 7-27 双代号网络图绘图

例如：某混凝土工程分为支模、绑钢筋、浇混凝土三个施工过程，若按两个施工段组织流水施工，突出不同工种的工作情况，其网络图的排列形式如图 7-28 所示。

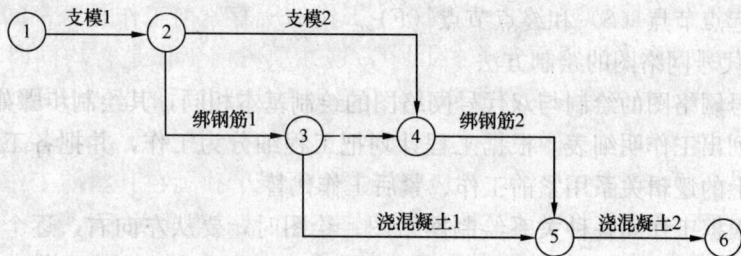

图 7-28 按施工过程排列

（2）按施工段排列

按施工段排列正好与按施工过程排列相反，它是把同一施工段上的各施工过程按水平方向排列，而施工段则按垂直方向排列，反映出分段施工的特征，突出工作面的利用情况，如图 7-29 所示。

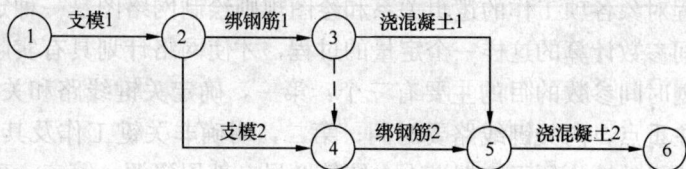

图 7-29 按施工段排列

（3）按楼层排列

如图 7-30 所示，是一个三层内装饰工程的施工组织网络图，整个施工分三个施工过程，而这三个施工过程按自上而下的顺序组织施工。

（二）单代号网络图的绘制

1. 单代号网络图的绘制规则

（1）单代号网络图必须正确表述已定的逻辑关系。

（2）单代号网络图中，严禁出现循环回路。

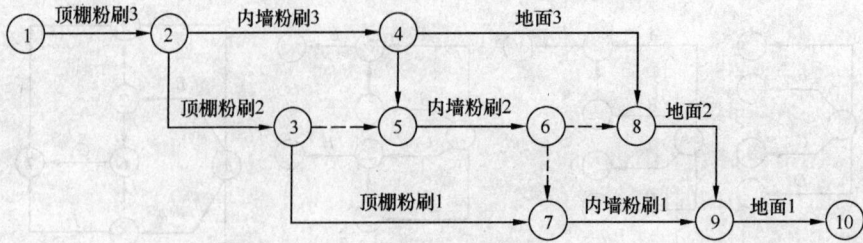

图 7-30　按楼层排列

（3）单代号网络图中，严禁出现双向箭头或无箭头的连线。

（4）单代号网络图中，严禁出现没有箭尾节点的箭线和没有箭头节点的箭线。

（5）绘制网络图时，箭线不宜交叉。当交叉不可避免时，可采用过桥法和指向法绘制。

（6）单代号网络图中只应有一个起点节点和一个终点节点；当网络图中有多项起点节点或多项终点节点时，应在网络图的两端分别设置一项虚工作，作为该网络图的起点节点（S）和终点节点（F）。

2. 单代号网络图的绘制方法

单代号网络图的绘制与双代号网络图的绘制基本相同，其绘制步骤如下：

（1）列出工作明细表。根据工程计划把工程细分为工作，并把各工作在工艺上，组织上的逻辑关系用紧前工作、紧后工作代替。

（2）根据工作间各种关系绘制网络图。绘图时，要从左向右，逐个处理工作明细表中所给的关系。只有当紧前工作绘制完成后，才能绘制本工作，并使本工作与紧前工作的箭线相连。当出现多个"起点节点"或"终点节点"时，增加虚拟起点节点或终点节点，并使之与多个"起点节点"或"终点节点"相连，形成符合绘图规则的完整网络图。

三、网络计划时间参数的计算

根据工程对象各项工作的逻辑关系和绘图规则绘制网络图是一种定性的过程，只有进行时间参数计算的这样一个定量的过程，才使网络计划具有实际应用价值。计算网络计划时间参数的目的主要有三个：第一，确定关键线路和关键工作，便于施工中抓住重点，向关键线路要时间；第二，明确非关键工作及其在施工中时间上有多大的机动性，便于挖掘潜力，统筹全局，部署资源；第三，确定总工期，做到工程进度心中有数。

（一）网络计划时间参数的概念及符号

1. 工作持续时间

工作持续时间是指一项工作从开始到完成的时间，用 D 表示。

2. 工期

工期是指完成一项任务所需要的时间，一般有以下三种工期：

（1）计算工期：是指根据时间参数计算所得到的工期，用 T_c 表示；

（2）要求工期：是指任务委托人提出的指令性工期，用 T_r 表示；

（3）计划工期：是指根据要求工期和计划工期所确定的作为实施目标的工期，用 T_p 表示。

当规定了要求工期时：$T_p \leqslant T_r$

当未规定要求工期时：$T_p = T_c$

3. 网络计划中工作的时间参数

网络计划中的时间参数有六个：最早开始时间、最早完成时间、最迟完成时间、最迟开始时间、总时差、自由时差。

（1）最早开始时间和最早完成时间

最早开始时间是指各紧前工作全部完成后，本工作有可能开始的最早时刻。工作的最早开始时间用 ES 表示。

最早完成时间是指各紧前工作全部完成后，本工作有可能完成的最早时刻。工作的最早完成时间用 EF 表示。

（2）最迟完成时间和最迟开始时间

最迟完成时间是指在不影响整个任务按期完成的前提下，工作必须完成的最迟时刻。工作的最迟完成时间用 LF 表示。

最迟开始时间是指在不影响整个任务按期完成的前提下，工作必须开始的最迟时刻。工作的最迟开始时间用 LS 表示。

（3）总时差和自由时差

总时差是指在不影响总工期的前提下，本工作可以利用的机动时间。工作的总时差用 TF 表示。

自由时差是指在不影响其紧后工作最早开始时间的前提下，本工作可以利用的机动时间。工作的自由时差用 FF 表示。

4. 网络计划中节点的时间参数

（1）节点最早时间

双代号网络计划中，以该节点为开始节点的各项工作的最早开始时间，称为节点最早时间。节点 i 的最早时间用 ET_i 表示。

（2）节点最迟时间

双代号网络计划中，以该节点为完成节点的各项工作的最迟完成时间，称为节点的最迟时间，节点 i 的最迟时间用 LT_i 表示。

5. 常用符号

（1）双代号网络计划

设有线路 ⓗ→ⓘ→ⓙ→ⓚ ，则：

D_{i-j}——工作 $i—j$ 的持续时间；

D_{h-i}——工作 $i—j$ 的紧前工作 $h—i$ 的持续时间；

D_{j-k}——工作 $i—j$ 的紧后工作 $j—k$ 的持续时间；

ES_{i-j}——工作 $i—j$ 的最早开始时间；

EF_{i-j}——工作 $i—j$ 的最早完成时间；

LF_{i-j}——在总工期已经确定的情况下，工作 $i—j$ 的最迟完成时间；

LS_{i-j}——在总工期已经确定的情况下，工作 $i—j$ 的最迟开始时间；

ET_i——节点 i 的最早时间;

LT_i——节点 i 的最迟时间;

TF_{i-j}——工作 i—j 的总时差;

FF_{i-j}——工作 i—j 的自由时差。

(2) 单代号网络计划

设有线路 ⓗ→ⓘ→ⓙ,则:

D_i——工作 i 的持续时间;

D_h——工作 i 的紧前工作 h 的持续时间;

D_j——工作 i 的紧后工作 j 的持续时间;

ES_i——工作 i 的最早开始时间;

EF_i——工作 i 的最早完成时间;

LF_i——在总工期已经确定的情况下,工作 i 的最迟完成时间;

LS_i——在总工期已经确定的情况下,工作 i 的最迟开始时间;

TF_i——工作 i 的总时差;

FF_i——工作 i 的自由时差。

(二) 双代号网络计划时间参数的计算

双代号网络计划时间参数的计算方法通常有工作计算法、节点计算法、图上计算法和表上计算法四种。

1. 工作计算法

按工作计算法计算时间参数应在确定了各项工作的持续时间之后进行。虚工作也必须视同工作进行计算,其持续时间为零。时间参数的计算结果应标注在箭线之上,如图 7-31 所示。

下面以某双代号网络计划(图 7-32)为例,说明其计算步骤。

(1) 计算各工作的最早开始时间和最早完成时间

各项工作的最早完成时间等于其最早开始时间加上工作持续时间,即

$$EF_{i-j} = ES_{i-j} + D_{i-j} \qquad (7-22)$$

图 7-31　按工作计算法的标注内容

计算工作最早时间参数时,一般有以下三种情况:

1) 当工作以起点节点为开始节点时,其最早开始时间为零(或规定时间),即:

$$ES_{i-j} = 0 \qquad (7-23)$$

2) 当工作只有一项紧前工作时,该工作的最早开始时间应为其紧前工作的最早完成时间,即:

$$ES_{i-j} = EF_{h-i} = ES_{h-i} + D_{h-i} \qquad (7-24)$$

3) 当工作有多个紧前工作时,该工作的最早开始时间应为其所有紧前工作最早完成时间的最大值,即:

$$ES_{i-j} = \max\{EF_{h-i}\} = \max\{ES_{h-i} + D_{h-i}\} \qquad (7-25)$$

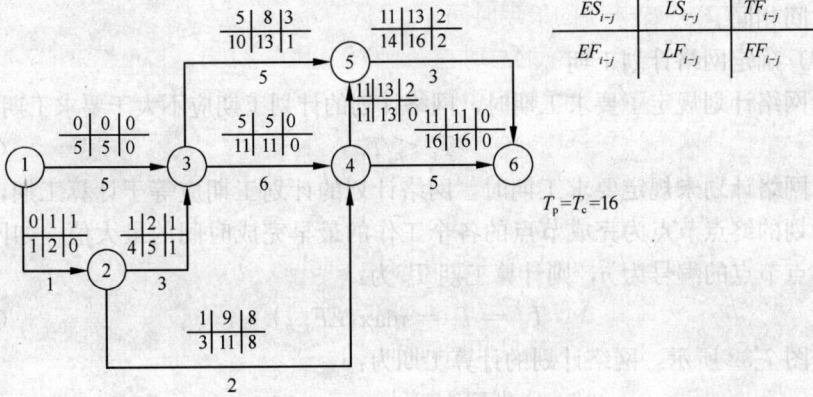

图 7-32　某双代号网络图的计算

如图 7-32 所示的网络计划中，各工作的最早开始时间和最早完成时间计算如下：

工作的最早开始时间：

$$ES_{1-2} = ES_{1-3} = 0$$

$$ES_{2-3} = ES_{1-2} + D_{1-2} = 0 + 1 = 1$$

$$ES_{2-4} = ES_{2-3} = 1$$

$$ES_{3-4} = \max \left\{ \begin{array}{l} ES_{1-3} + D_{1-3} \\ ES_{2-3} + D_{2-3} \end{array} \right\} = \max \left\{ \begin{array}{l} 0 + 5 \\ 1 + 3 \end{array} \right\} = 5$$

$$ES_{3-5} = ES_{3-4} = 5$$

$$ES_{4-5} = \max \left\{ \begin{array}{l} ES_{2-4} + D_{2-4} \\ ES_{3-4} + D_{3-4} \end{array} \right\} = \max \left\{ \begin{array}{l} 1 + 2 \\ 5 + 6 \end{array} \right\} = 11$$

$$ES_{4-6} = ES_{4-5} = 11$$

$$ES_{5-6} = \max \left\{ \begin{array}{l} ES_{3-5} + D_{3-5} \\ ES_{4-5} + D_{4-5} \end{array} \right\} = \max \left\{ \begin{array}{l} 5 + 5 \\ 11 + 0 \end{array} \right\} = 11$$

工作的最早完成时间：

$$EF_{1-2} = ES_{1-2} + D_{1-2} = 0 + 1 = 1$$

$$EF_{1-3} = ES_{1-3} + D_{1-3} = 0 + 5 = 5$$

$$EF_{2-3} = ES_{2-3} + D_{2-3} = 1 + 3 = 4$$

$$EF_{2-4} = ES_{2-4} + D_{2-4} = 1 + 2 = 3$$

$$EF_{3-4} = ES_{3-4} + D_{3-4} = 5 + 6 = 11$$

$$EF_{3-5} = ES_{3-5} + D_{3-5} = 5 + 5 = 10$$

$$EF_{4-5} = ES_{4-5} + D_{4-5} = 11 + 0 = 11$$

$$EF_{4-6} = ES_{4-6} + D_{4-6} = 11 + 5 = 16$$

$$EF_{5-6} = ES_{5-6} + D_{5-6} = 11 + 3 = 14$$

上述计算可以看出，工作的最早时间计算时应特别注意以下三点：一是计算程序，即从起点节点开始顺着箭线方向，按节点次序逐项工作计算；二是要弄清该工作的紧前工作是哪几项，以便准确计算；三是同一节点的所有外向工作最早开始时间相同。

（2）确定网络计划工期

当网络计划规定了要求工期时，网络计划的计划工期应不大于要求工期，即

$$T_p \leqslant T_r \tag{7-26}$$

当网络计划未规定要求工期时，网络计划的计划工期应等于计算工期，即以网络计划的终点节点为完成节点的各个工作的最早完成时间的最大值，如网络计划的终点节点的编号为 n，则计算工期 T_c 为：

$$T_p = T_c = \max\{EF_{i-n}\} \tag{7-27}$$

如图 7-32 所示，网络计划的计算工期为：

$$T_c = \max\left\{\begin{matrix} EF_{4-6} \\ EF_{5-6} \end{matrix}\right\} = \max\left\{\begin{matrix} 16 \\ 14 \end{matrix}\right\} = 16$$

（3）计算各工作的最迟完成时间和最迟开始时间

各工作的最迟开始时间等于其最迟完成时间减去工作持续时间，即

$$LS_{i-j} = LF_{i-j} - D_{i-j} \tag{7-28}$$

计算工作最迟完成时间参数时，一般有以下三种情况：

1）当工作的终点节点为完成节点时，其最迟完成时间为网络计划的计划工期，即：

$$LF_{i-n} = T_p \tag{7-29}$$

2）当工作只有一项紧后工作时，该工作的最迟完成时间应为其紧后工作的最迟开始时间，即：

$$LF_{i-j} = LS_{j-k} = LF_{j-k} - D_{j-k} \tag{7-30}$$

3）当工作有多项紧后工作时，该工作的最迟完成时间应为其多项紧后工作最迟开始时间的最小值，即：

$$LF_{i-j} = \min\{LS_{j-k}\} = \min\{LF_{j-k} - D_{j-k}\} \tag{7-31}$$

如图 7-32 所示的网络计划中，各工作的最迟完成时间和最迟开始时间计算如下：

工作的最迟完成时间：

$$LF_{4-6} = T_c = 16$$
$$LF_{5-6} = LF_{4-6} = 16$$
$$LF_{3-5} = LF_{5-6} - D_{5-6} = 16 - 3 = 13$$
$$LF_{4-5} = LF_{3-5} = 13$$
$$LF_{2-4} = \min\left\{\begin{matrix} LF_{4-5} - D_{4-5} \\ LF_{4-6} - D_{4-6} \end{matrix}\right\} = \min\left\{\begin{matrix} 13 - 0 \\ 16 - 5 \end{matrix}\right\} = 11$$
$$LF_{3-4} = LF_{2-4} = 11$$
$$LF_{1-3} = \min\left\{\begin{matrix} LF_{3-4} - D_{3-4} \\ LF_{3-5} - D_{3-5} \end{matrix}\right\} = \min\left\{\begin{matrix} 11 - 6 \\ 13 - 5 \end{matrix}\right\} = 5$$
$$LF_{2-3} = LF_{1-3} = 5$$

$$LF_{1-2} = \min \begin{Bmatrix} LF_{2-3} - D_{2-3} \\ LF_{2-4} - D_{2-4} \end{Bmatrix} = \min \begin{Bmatrix} 5-3 \\ 11-2 \end{Bmatrix} = 2$$

工作的最迟开始时间：

$$LS_{4-6} = LF_{4-6} - D_{4-6} = 16 - 5 = 11$$
$$LS_{5-6} = LF_{5-6} - D_{5-6} = 16 - 3 = 13$$
$$LS_{3-5} = LF_{3-5} - D_{3-5} = 13 - 5 = 8$$
$$LS_{4-5} = LF_{4-5} - D_{4-5} = 13 - 0 = 13$$
$$LS_{2-4} = LF_{2-4} - D_{2-4} = 11 - 2 = 9$$
$$LS_{3-4} = LF_{3-4} - D_{3-4} = 11 - 6 = 5$$
$$LS_{1-3} = LF_{1-3} - D_{1-3} = 5 - 5 = 0$$
$$LS_{2-3} = LF_{2-3} - D_{2-3} = 5 - 3 = 2$$
$$LS_{1-2} = LF_{1-2} - D_{1-2} = 2 - 1 = 1$$

上述计算可以看出，工作的最迟时间计算时应特别注意以下三点：一是计算程序，即从终点节点开始逆着箭线方向，按节点次序逐项工作计算；二是要弄清该工作紧后工作有哪几项，以便正确计算；三是同一节点的所有内向工作最迟完成时间相同。

（4）计算各工作的总时差

在不影响总工期的前提下，一项工作可以利用的时间范围是从该工作最早开始时间到最迟完成时间，即工作从最早开始时间或最迟开始时间开始，均不会影响总工期。而工作实际需要的持续时间是 D_{i-j}，扣去 D_{i-j} 后，余下的一段时间就是工作可以利用的机动时间，即为总时差。所以总时差等于最迟开始时间减去最早开始时间，或最迟完成时间减去最早完成时间，即：

$$TF_{i-j} = LS_{i-j} - ES_{i-j} = LF_{i-j} - EF_{i-j} \tag{7-32}$$

如图 7-32 所示的网络图中，各工作的总时差计算如下：

$$TF_{1-2} = LS_{1-2} - ES_{1-2} = 1 - 0 = 1$$
$$TF_{1-3} = LS_{1-3} - ES_{1-3} = 0 - 0 = 0$$
$$TF_{2-3} = LS_{2-3} - ES_{2-3} = 2 - 1 = 1$$
$$TF_{2-4} = LS_{2-4} - ES_{2-4} = 9 - 1 = 8$$
$$TF_{3-4} = LS_{3-4} - ES_{3-4} = 5 - 5 = 0$$
$$TF_{3-5} = LS_{3-5} - ES_{3-5} = 8 - 5 = 3$$
$$TF_{4-5} = LS_{4-5} - ES_{4-5} = 13 - 11 = 2$$
$$TF_{4-6} = LS_{4-6} - ES_{4-6} = 11 - 11 = 0$$
$$TF_{5-6} = LS_{5-6} - ES_{5-6} = 13 - 11 = 2$$

通过计算不难看出总时差有如下特性：

1）凡是总时差为最小的工作就是关键工作；由关键工作连接构成的线路为关键线路；关键线路上各工作时间之和即为总工期。

2）当网络计划的计划工期等于计算工期时，凡总时差大于零的工作为非关键工作，凡是具有非关键工作的线路即为非关键线路。非关键线路与关键线路相交时的相关节点把非关键线路划分成若干个非关键线路段，各段有各段的总时差，相互没有关系。

3）总时差的使用具有双重性，它既可以被该工作使用，但又属于某非关键线路所共有。当某项工作使用了全部或部分总时差时，则将引起通过该工作的线路上所有工作总时差重新分配。

（5）计算各工作的自由时差

在不影响其紧后工作最早开始时间的前提下，一项工作可以利用的时间范围是从该工作最早开始时间至其紧后工作最早开始时间。而工作实际需要的持续时间是 D_{i-j}，那么扣去 D_{i-j} 后，尚有的一段时间就是自由时差。其计算如下：

当工作有紧后工作时，该工作的自由时差等于紧后工作的最早开始时间减本工作最早完成时间，即：

$$FF_{i-j} = ES_{j-k} - EF_{i-j} = ES_{j-k} - ES_{i-j} - D_{i-j} \tag{7-33}$$

当以终点节点（$j=n$）为箭头节点的工作，其自由时差应按网络计划的计划工期 T_p 确定，即：

$$FF_{i-n} = T_p - EF_{i-n} = T_p - ES_{i-n} - D_{i-n} \tag{7-34}$$

如图 7-32 所示的网络图中，各工作的自由时差计算如下：

$$FF_{1-2} = ES_{2-3} - ES_{1-2} - D_{1-2} = 1 - 0 - 1 = 0$$
$$FF_{1-3} = ES_{3-4} - ES_{1-3} - D_{1-3} = 5 - 0 - 5 = 0$$
$$FF_{2-3} = ES_{3-4} - ES_{2-3} - D_{2-3} = 5 - 1 - 3 = 1$$
$$FF_{2-4} = ES_{4-5} - ES_{2-4} - D_{2-4} = 11 - 1 - 2 = 8$$
$$FF_{3-4} = ES_{4-5} - ES_{3-4} - D_{3-4} = 11 - 5 - 6 = 0$$
$$FF_{3-5} = ES_{5-6} - ES_{3-5} - D_{3-5} = 11 - 5 - 5 = 1$$
$$FF_{4-5} = ES_{5-6} - ES_{4-5} - D_{4-5} = 11 - 11 - 0 = 0$$
$$FF_{4-6} = T_p - ES_{4-6} - D_{4-6} = 16 - 11 - 5 = 0$$
$$FF_{5-6} = T_p - ES_{5-6} - D_{5-6} = 16 - 11 - 3 = 2$$

通过计算不难看出自由时差有如下特性：

1）自由时差为某非关键工作独立使用的机动时间，利用自由时差，不会影响其紧后工作的最早开始时间。

2）非关键工作的自由时差必不大于其总时差。

2. 节点计算法

按节点计算法计算时间参数，其计算结果应标注在节点之上，如图 7-33 所示。

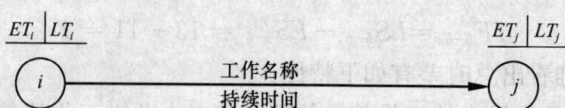

图 7-33　按节点计算法的标注内容

下面以图 7-34 为例，说明其计算步骤：

（1）计算各节点最早时间

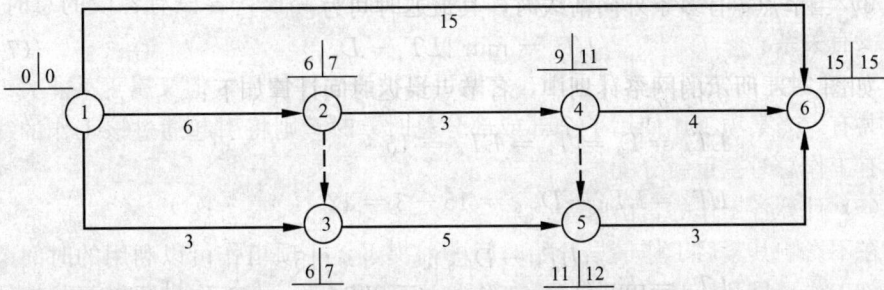

图 7-34　网络计划计算

节点的最早时间是以该节点为开始节点的工作的最早开始时间，其计算有三种情况：

1) 起点节点 i 如未规定最早时间，其值应等于零，即：

$$ET_i = 0 \qquad (i = 1) \tag{7-35}$$

2) 当节点 j 只有一条内向箭线时，最早时间应为：

$$ET_j = ET_i + D_{i-j} \tag{7-36}$$

3) 当节点 j 有多条内向箭线时，其最早时间应为：

$$ET_j = \max\{ET_i + D_{i-j}\} \tag{7-37}$$

终点节点 n 的最早时间即为网络计划的计算工期，即：

$$T_c = ET_n \tag{7-38}$$

如图 7-34 所示的网络计划中，各节点最早时间计算如下：

$ET_1 = 0$

$ET_2 = ET_1 + D_{1-2} = 0 + 6 = 6$

$ET_3 = \max \begin{Bmatrix} ET_2 + D_{2-3} \\ ET_1 + D_{2-3} \end{Bmatrix} = \max \begin{Bmatrix} 6+0 \\ 0+3 \end{Bmatrix} = 6$

$ET_4 = ET_2 + D_{2-4} = 6 + 3 = 9$

$ET_5 = \max \begin{Bmatrix} ET_4 + D_{4-5} \\ ET_3 + D_{3-5} \end{Bmatrix} = \max \begin{Bmatrix} 9+0 \\ 6+5 \end{Bmatrix} = 11$

$ET_6 = \max \begin{Bmatrix} ET_1 + D_{1-6} \\ ET_4 + D_{4-6} \\ ET_5 + D_{5-6} \end{Bmatrix} = \max \begin{Bmatrix} 0+15 \\ 9+4 \\ 11+3 \end{Bmatrix} = 15$

(2) 计算各节点最迟时间

节点最迟时间是以该节点为完成节点的工作的最迟完成时间，其计算有两种情况：

1) 终点节点的最迟时间应等于网络计划的计划工期，即：

$$LT_n = T_p \tag{7-39}$$

若分期完成的节点，则最迟时间等于该节点规定的分期完成的时间。

2) 当节点 i 只有一个外向箭线时，最迟时间为：

$$LT_i = LT_j - D_{i-j} \tag{7-40}$$

3）当节点 i 有多条外向箭线时，其最迟时间为：

$$LT_i = \min \{LT_j - D_{i-j}\} \tag{7-41}$$

如图 7-34 所示的网络计划中，各节点最迟时间计算如下：

$$LT_6 = T_p = T_c = ET_6 = 15$$

$$LT_5 = LT_6 - D_{5-6} = 15 - 3 = 12$$

$$LT_4 = \min \left\{ \begin{matrix} LT_6 - D_{4-6} \\ LT_5 - D_{4-5} \end{matrix} \right\} = \min \left\{ \begin{matrix} 15-4 \\ 12-0 \end{matrix} \right\} = 11$$

$$LT_3 = LT_5 - D_{3-5} = 12 - 5 = 7$$

$$LT_2 = \min \left\{ \begin{matrix} LT_4 - D_{2-4} \\ LT_3 - D_{2-3} \end{matrix} \right\} = \min \left\{ \begin{matrix} 11-3 \\ 7-0 \end{matrix} \right\} = 7$$

$$LT_1 = \min \left\{ \begin{matrix} LT_6 - D_{1-6} \\ LT_2 - D_{1-2} \\ LT_3 - D_{1-3} \end{matrix} \right\} = \min \left\{ \begin{matrix} 15-15 \\ 7-6 \\ 7-3 \end{matrix} \right\} = 0$$

（3）根据节点时间参数计算工作时间参数

1）工作最早开始时间等于该工作的开始节点的最早时间。

$$ES_{i-j} = ET_i \tag{7-42}$$

2）工作的最早完成时间等于该工作的开始节点的最早时间加上持续时间

$$EF_{i-j} = ET_i + D_{i-j} \tag{7-43}$$

3）工作最迟完成时间等于该工作的完成节点的最迟时间。

$$LF_{i-j} = LT_j \tag{7-44}$$

4）工作最迟开始时间等于该工作的完成节点的最迟时间减去持续时间。

$$LS_{i-j} = LT_j - D_{i-j} \tag{7-45}$$

5）工作总时差等于该工作的完成节点最迟时间减去该工作开始节点的最早时间再减去持续时间。

$$TF_{i-j} = LT_j - ET_i - D_{i-j} \tag{7-46}$$

6）工作自由时差等于该工作的完成节点最早时间减去该工作开始节点的最早时间再减去持续时间。

$$FF_{i-j} = ET_j - ET_i - D_{i-j} \tag{7-47}$$

根据节点时间参数计算工作的六个时间参数略。

3. 图上计算法

图上计算法是根据工作计算法或节点计算法的时间参数计算公式，在图上直接计算的一种较直观、简便的方法。

4. 表上计算法

为了网络图的清晰和计算数据条理化，依据工作计算法和节点计算法所建立的关系式，可采用表格进行时间参数的计算。表上计算法的格式见表 7-11。

网络计划时间参数计算表　　　　　　　　　　　表 7-11

节点	TE_i	TL_i	工作	D_{i-j}	ES_{i-j}	EF_{i-j}	LS_{i-j}	LF_{i-j}	TF_{i-j}	FF_{i-j}
(1)	(2)	(3)	(4)	(5)	(6)	(7)	(8)	(9)	(10)	(11)

5. 关键工作和关键线路的确定

(1) 关键工作

在网络计划中，总时差最小的工作为关键工作；当计划工期等于计算工期时，总时差为零的工作为关键工作。

当进行节点时间参数计算时，凡满足下列三个条件的工作必为关键工作。

$$\begin{cases} LT_i - ET_i = T_p - T_c \\ LT_j - ET_j = T_p - T_c \\ LT_j - ET_i - D_{i-j} = T_p - T_c \end{cases} \tag{7-48}$$

(2) 关键节点

在网络计划中，如果节点最迟时间与最早时间的差值最小，则该节点就是关键节点。当网络计划的计划工期等于计算工期时，凡是最早时间等于最迟时间的节点就是关键节点。

在网络计划中，当计划工期等于计算工期时，关键节点具有如下特性：

1) 关键工作两端的节点必为关键节点，但两关键节点之间的工作不一定是关键工作。

2) 以关键节点为完成节点的工作总时差和自由时差相等。

3) 当关键节点间有多项工作，且工作间的非关键节点无其他内向箭线和外向箭线时，则该线路上的各项工作的总时差相等，除了以关键节点为完成节点的工作自由时差等于总时差外，其他工作的自由时差均为零。

4) 当关键节点间有多项工作，且工作间的非关键节点存在外向箭线或内向箭线时，该线路段上各项工作的总时差不一定相等，若多项工作间的非关键节点只有外向箭线而无其他内向箭线，则除了以关键节点为完成节点的工作自由时差等于总时差外，其他工作的自由时差为零。

(3) 关键线路的确定方法

1) 利用关键工作判断

网络计划中，自始至终全部由关键工作（必要时经过一些虚工作）组成或线路上总的工作持续时间最长的线路应为关键线路。

2) 用关键节点判断

由关键节点的特性可知，在网络计划中，关键节点必然处在关键线路上。再由公式（7-48）判断关键节点之间的关键工作，从而确定关键线路。

3) 用网络破圈判断

从网络计划的起点到终点顺着箭线方向，对每个节点进行考察，凡遇到节点有两个以上的内向箭线时，都可以按线路段工作时间长短，采取留长去短而破圈，从而得到关键线路。如图 7-35 所示。

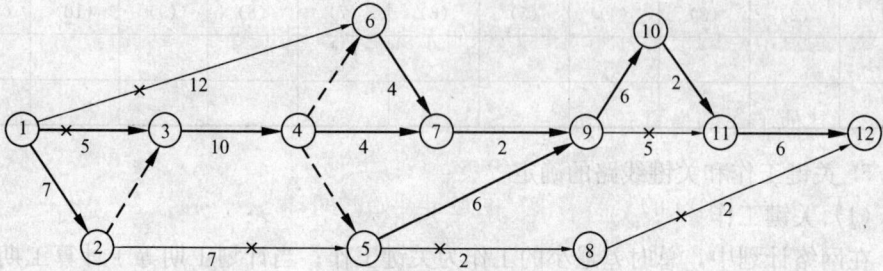

图 7-35 网络破圈法

4）利用标号法判断

标号法是一种快速寻求网络计划计算工期和关键线路的方法。它利用节点计算法的基本原理，对网络计划中的每个节点进行标号，然后利用标号值确定网络计划的计算工期和关键线路。

如图 7-36 所示网络计划为例，说明用标号法确定计算工期和关键线路步骤。

①确定节点标号值 $(a，b_i)$

a. 网络计划起点节点的标号值为零。本例中，节点①的标号值为零，即：$b_1 = 0$；

b. 其他节点的标号值等于以该节点为完成节点的各项工作的开始节点标号值加其持续时间所得之和的最大值，即：

$$b_j = \max \{b_i + D_{i-j}\} \tag{7-49}$$

式中 b_j——工作 $i-j$ 的完成节点 j 的标号值；

b_i——工作 $i-j$ 的开始节点 i 的标号值；

D_{i-j}——工作 $i-j$ 的持续时间。

节点的标号宜用双标号法，即用源节点（得出标号值的节点）号 a 作为第一标号，用标号值 b_j 作为第二标号。

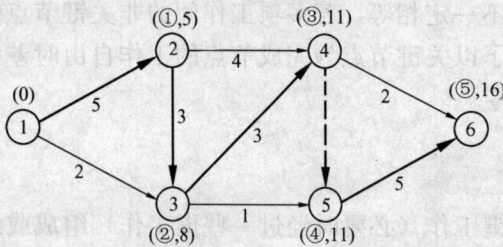

图 7-36 标号法确定关键线路

本例中各节点标号值如图 7-36 所示。

②确定计算工期

网络计划的计算工期就是终点节点的标号值。本例中，其计算工期为终点节点⑥的标号值 16。

③确定关键线路

自终点节点开始，逆着箭线跟踪源节点即可确定。本例中，从终点节点⑥开始跟踪源节点分别为⑤、④、③、②、①，即得关键线路①→②→③→④→⑤→⑥。

（三）单代号网络计划时间参数的计算

1. 单代号网络计划时间参数计算的公式与规定

（1）工作最早开始时间的计算应符合下列规定：

1）工作 i 的最早开始时间 ES_i 应从网络图的起点节点开始，顺着箭线方向依次逐个计算。

2）起点节点的最早开始时间 ES_1 如无规定时，其值等于零，即：

$$ES_1 = 0 \tag{7-50}$$

3）其他工作的最早开始时间 ES_1 应为：

$$ES_i = \max \{ES_h + D_h\} \tag{7-51}$$

式中　ES_h——工作 i 的紧前工作 h 的最早开始时间；

　　　D_h——工作 i 的紧前工作 h 的持续时间。

（2）工作 i 的最早完成时间 EF_i 的计算应符合下式规定：

$$EF_i = ES_i + D_i \tag{7-52}$$

（3）网络计划计算工期 T_c 的计算应符合下式规定：

$$T_c = EF_n \tag{7-53}$$

式中　EF_n——终点节点 n 的最早完成时间。

（4）网络计划的计划工期 T_p 应按下列情况分别确定：

1）当已规定了要求工期 T_r 时

$$T_p \leqslant T_r \tag{7-54}$$

2）当未规定要求工期时

$$T_p = T_c \tag{7-55}$$

（5）相邻两项工作 i 和 j 之间的时间间隔 $LAG_{i,j}$ 的计算应符合下式规定：

$$LAG_{i,j} = ES_j - EF_i \tag{7-56}$$

式中　ES_j——工作 j 的最早开始时间。

（6）工作总时差的计算应符合下列规定：

1）工作 i 的总时差 TF_i 应从网络图的终点节点开始，逆着箭线方向依次逐项计算。当部分工作分期完成时，有关工作的总时差必须从分期完成的节点开始逆向逐项计算。

2）终点节点所代表的工作 n 的总时差 TF_n 值为零，即

$$TF_n = 0 \tag{7-57}$$

分期完成的工作的总时差值为零。

3）其他工作的总时差 TF_i 的计算应符合下式规定：

$$TF_i = \min \{LAG_{i,j} + TF_j\} \tag{7-58}$$

式中　TF_j——工作 i 的紧后工作 j 的总时差。

当已知各项工作的最迟完成时间 LF_i 或最迟开始时间 LS_i 时，工作的总时差 TF_i 计算也应符合下列规定：

$$TF_i = LS_i - ES_i \tag{7-59}$$

或

$$TF_i = LF_i - EF_i \tag{7-60}$$

（7）工作 i 的自由时差 FF_i 的计算应符合下列规定：

$$FF_i = \min \{LAG_{i,j}\} = \min \{ES_j - EF_i\} \tag{7-61}$$

或符合下式规定：

$$FF_i = \min\{ES_j - ES_i - D_i\} \tag{7-62}$$

（8）工作最迟完成时间的计算应符合下列规定：

1）工作 i 的最迟完成时间 LF_i 应从网络图的终点节点开始，逆着箭线方向依次逐项计算。当部分工作分期完成时，有关工作的最迟完成时间应从分期完成的节点开始逆向逐项计算。

2）终点节点所代表的工作 n 的最迟完成时间 LF_n 应按网络计划的计划工期 T_p 确定，即

$$LF_n = T_P \tag{7-63}$$

分期完成那项工作的最迟完成时间应等于分期完成的时刻。

3）其他工作 i 的最迟完成时间 LF_i 应为

$$LF_i = \min\{LF_j - D_j\} \tag{7-64}$$

式中 LF_j——工作 i 的紧后工作 j 的最迟完成时间；

D_j——工作 i 的紧后工作 j 的持续时间。

（9）工作 i 的最迟开始时间 LS_i 的计算应符合下列规定：

$$LS_i = LF_i - D_i \tag{7-65}$$

单代号网络计划时间参数表示如图 7-37 所示。

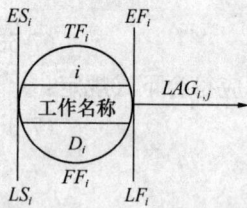

图 7-37 单代号网络
计划的时间
参数表示法

2. 关键工作和关键线路的确定

（1）关键工作的确定

网络计划中机动时间最少的工作称为关键工作。因此，网络计划中工作总时差最小的工作也就是关键工作。当计划工期等于计算工期时，总时差为零的工作就是关键工作；当计划工期小于计算工期时，关键工作的总时差为负值，说明应研究更多措施以缩短计算工期；当计划工期大于计算工期时，关键工作的总时差为正值，说明计划已留有余地，进度控制主动了。

（2）关键线路的确定

网络计划中自始至终全由关键工作组成的线路称为关键线路。在肯定型网络计划中是指线路上工作总持续时间最长的线路。关键线路在网络图中宜用粗线、双线或彩色线标注。

单代号网络计划中将相邻两项关键工作之间的间隔时间为零的关键工作连接起来而形成的自起点节点到终点节点的通路就是关键线路。

3. 单代号网络图与双代号网络图的比较

（1）单代号网络图绘制方便，不必增加虚工作。在此点上，弥补了双代号网络图的不足。

（2）单代号网络图具有便于说明，容易被非专业人员所理解和易于修改的优点。这对于推广应用统筹法编制工程进度计划，进行全面科学管理是有益的。

（3）双代号网络图表示工程进度比用单代号网络图更为形象，特别是在应用带时间坐标网络图中。

（4）双代号网络图在应用电子计算机进行计算和优化过程更为简便，这是因为双代号网络图中用两个代号代表一项工作，可直接反映其紧前或紧后工作的关系。而单代号网络图就必须按工作逐个列出其紧前、紧后工作关系，这在计算机中需占用更多的存储单元。

由于单代号和双代号网络图有上述各自的优缺点，故两种表示法在不同情况下，其表现的繁简程度是不同的。有些情况下，应用单代号表示法较为简单；有些情况下，使用双代号表示法则更为清楚。因此，单代号和双代号网络图是两种互为补充、各具特色的表现方法。

四、网络计划的优化

（一）双代号时标网络计划的表达

1. 双代号时标网络计划的一般规定

（1）双代号时标网络的特点

双代号时标网络计划是在横道图的基础上引入网络计划中各工作之间逻辑关系的表达方法，是综合应用横道图的时间坐标和网络计划的原理。

（2）双代号时标网络计划的一般规定

1）双代号时标网络计划必须以水平的时间坐标为尺度表示工作时间。时标的单位应该在编制网络计划前根据需要确定，可以是时、天、周、月、季。

2）时标网络计划以实箭线表示实工作，虚箭线表示虚工作，以波形线表示工作的自由时差。

3）时标网络计划中所有符号在时间坐标上的水平投影位置都必须与其时间参数相对应，节点中心必须对准相应的时间位置。

4）虚工作必须以垂直方向的虚箭线表示，有自由时差时加波形线表示。

2. 双代号时标网络的编制方法

双代号时标网络计划最好按照工作的最早开始时间编制，即一般编制的都是早时标网络计划。其绘制方法是：先计算出各工作的时间参数，确定关键线路和关键工作，再根据时间参数按草图在时标计划表上绘制。

某双代号网络计划如图 7-38 所示，绘制出时标网络图计划如图 7-39 所示。

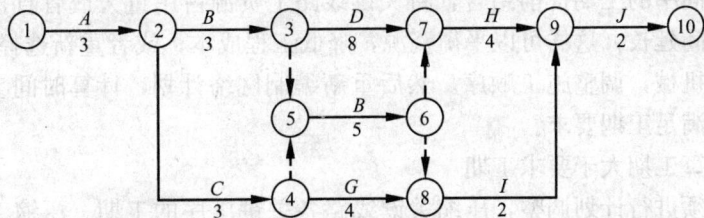

图 7-38 某双代号网络计划

（二）网络计划的优化

前面我们讲到的网络计划的表达，这只是确定网络计划的初始方案。然而在工程项目的实施过程中，内、外部有很多的约束条件，比如资金、人力、设备、

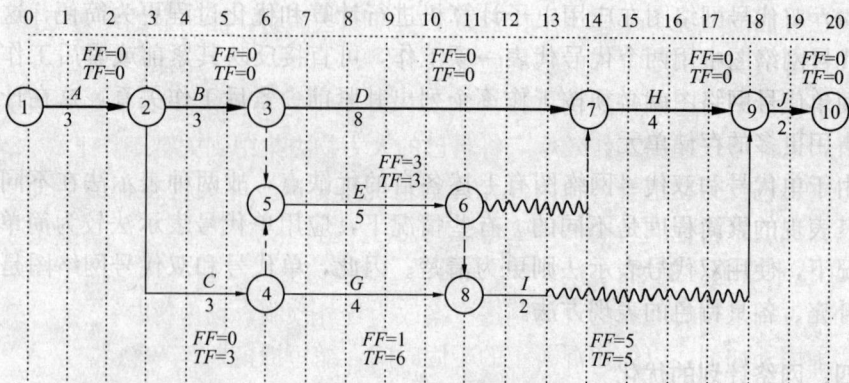

图 7-39 时标网络计划

工期要求等等，而且项目内、外部有很多实施条件不是一成不变的，而是在经常不断地变动，这些因素的变动会影响到我们所编制的网络计划的合理性和科学性，使得我们只有按一定的标准对网络计划初始方案进行不断的调整和优化，才能使工程顺利进行，从而获得工期短、质量好、消耗小、成本低的效果。

网络计划的优化，就是在满足既定约束条件下，按选定目标，通过不断改进网络计划寻求满意方案。

工程项目管理的三大目标控制就是工期目标、费用目标和质量目标，网络计划作为工程项目管理的一种重要手段，其目标和工程项目管理是一致的。因此，网络计划的优化，按其优化达到的目标不同，可分为工期优化、费用优化、资源优化三种。

1. 工期优化

工期优化是指在满足既定约束条件下，按要求工期目标，通过延长或缩短网络计划初始方案的计算工期，来达到要求工期目标，保证按期完成任务。

网络计划初始方案编制好以后，将其计算工期与要求工期相比较，会出现以下两种情况：

（1）计算工期小于要求工期

这种情况一般不必进行工期优化。如果计算工期比要求工期小的较多，则考虑与施工合同中的工期提前结合，将关键线路上资源占用量大或者直接费用高的工作持续时间延长，这样可以平衡资源，降低工程成本；或者重新选择施工方案，如改变施工机械，调整施工顺序。然后重新编制网络计划，计算时间参数，反复多次，直至满足工期要求。

（2）计算工期大于要求工期

这时必须进行计划调整，压缩关键线路各关键工序的工期。压缩工期的措施通常有两大类：

1）通过合理的劳动组织。例如：

①原来按先后顺序实施的活动改为平行实施；

②采用多班制施工或者延长工作时间；

③增加劳动力和设备的投入；

④在可能的情况下采用流水作业方法安排一些活动，能明显的缩短工期；

⑤科学的安排（如合理的搭接施工）；

⑥将原计划自己制作的构件改为购买，将原计划自己承担的某些分项工程分包出去，这样可以提高工作效率，将自己的人力物力集中到关键工作上；

⑦重新进行劳动组合，在条件允许的情况下，减少非关键工作的劳动力和资源的投入强度，将他们转向关键工作。

2）技术措施。例如：

①将占用工期时间长的现场制造方案改为场外预制，场内拼装；

②采用外加剂，以缩短混凝土的凝固时间，缩短拆模期等等。

上述措施都会带来一些不利影响，都有一些使用条件。他们可能导致资源投入增加，劳动效率低下，使工程成本增加或质量降低。

（3）工期优化的计算，应按下述步骤进行：

1）计算并找出初始网络计划的计算工期 T_c，关键线路及关键工作。

2）按要求工期 T_r 计算应缩短的时间 ΔT，$\Delta T = T_c - T_r$。

3）确定各关键工作能缩短的持续时间。

4）按前述要求的因素选择关键工作，压缩其持续时间，并重新计算网络计划的计算工期。此时，要注意，不能将关键工作压缩成非关键工作；当出现多条关键线路时，必须将平行的各关键线路的持续时间压缩相同的数值；否则，不能有效地缩短工期。

5）当计算工期仍超过要求工期时，则重复以上步骤，直到满足要求工期或工期不能再缩短为止。

6）当所有关键工作的持续时间都已达到其能缩短的极限而工期仍不能满足要求工期时，应对计划的原技术方案、组织方案进行调整，或对要求工期重新审定。

2. 费用优化

费用优化又称工期成本优化或者时间成本优化，是指寻求工程总成本最低时的工期安排或按要求工期寻求最低成本的计划安排过程。本书主要讨论总成本最低时的工期安排。

（1）费用和工期的关系

建筑安装工程费用主要由直接费用和间接费用组成。一般情况下，缩短工期会引起直接费用的增加和间接费用的减少，延长工期则会引起直接费用的减少和间接费用的增加。在考虑工程总费用时，还应该考虑因工期变化带来的诸如拖延工期罚款或者提前竣工而得到的奖励等其他损益，以及提前投产而获得的受益和资金的时间价值。

为了计算方便，可以近似的将直接费用曲线假定为一条直线，我们把缩短单位时间所增加的直接费用称为直接费用率 C_{i-j}。

$$\Delta C_{i-j} = \frac{CC_{i-j} - CN_{i-j}}{DN_{i-j} - DC_{i-j}} \tag{7-66}$$

式中　ΔC_{i-j}——$i-j$ 工作的直接费用率；

CC_{i-j}——$i-j$ 工作的最短持续时间的直接费用；

CN_{i-j}——$i-j$ 工作的正常持续时间的直接费用；

DN_{i-j}——$i-j$ 工作的正常持续时间；

DC_{i-j}——$i-j$ 工作的最短持续时间。

总费用和工期的关系曲线如图 7-40 所示，图中总费用曲线上的最低点就是工程计划的最优方案，此方案工程成本最低，其相应的工期称为最优工期。在实际操作中，要达到这一点很困难，在这点附近一定范围内都可算作最优计划。

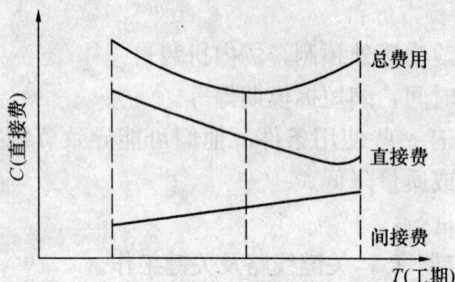

图 7-40　工期—费用关系示意图

（2）费用优化的步骤

1）按工作正常持续时间画出网络计划，找出关键工作及关键线路；

2）按公式（7-66）计算各项工作的直接费用率 ΔC_{i-j}；

3）在网络计划中找出 ΔC_{i-j} 或者组合费用率（当同时缩短几项工作时，几项工作的直接费用率之和）最低的一项或一组且其值不大于工程间接费用率的关键工作作为缩短程序时间的对象，其缩短值必须符合：

①不能压缩为非关键工作。

②缩短后的持续时间不小于最短持续时间。

4）计算缩短后的总费用：

$$C^T = C^T + \Delta C_{i-j} \times \Delta T_{i-j} - \Delta T_{i-j} \times 间接费率 \tag{7-67}$$

5）重复 3），4）步，直至总费用最低为止。

3. 资源优化

资源是完成一项任务所投入的人力、材料、机械设备、资金等的统称。由于完成一项工作所需要的资源基本上是不变的，所以资源优化是通过改变工作的开始时间和完成时间使资源均衡。一般情况下网络计划的资源优化分为两种"资源有限—工期最短"和"工期固定—资源均衡"。资源优化的前提是：

1）不改变网络计划中各工作之间的逻辑关系；

2）不改变各工作的持续时间；

3）一般不允许中断工作，除规定可中断的工作之外。

（1）"资源有限—工期最短"的优化

"资源有限—工期最短"是在满足资源限制条件下，通过调整计划安排，使工期延长最少的优化。一般可按下列步骤进行：

1）绘制早时标网络计划，并计算每个单位时间的资源需求量 R_t。

单位时间的资源需求量 R_t 等于平行的各工作资源强度之和（各工作的单位时间资源需求量）。

2）从计划开始之日起（从网络起始节点开始到网络终点节点），逐个检查每个时间段的资源需求量 R_t 是否超过所能供应的资源限量 R_a，如果出现资源需要量 R_t 超过资源限量 R_a 的情况，则要对资源冲突的诸工作做新的顺序安排，采用的方法是将一项工作安排在另一项工作之后开始，选择的标准是使工期延长最短。

一般调整的次序为：先调整时差大的，资源小的（在同一时间段中调整工作资源之和小的）工作。

（2）"工期固定—资源均衡"的优化

"工期固定—资源均衡"的优化是指在保持工期不变的情况下，调整工程施工进度计划，使资源需要量尽可能均衡，每个单位时间资源的需要量尽量不出现过多的高峰和低谷。这样有利于工程建设的组织与管理，降低工程施工费用。

1）"工期固定—资源均衡"优化的主要指标：

①资源不均衡系数 K（如果 K 为 1.55 时可以不调整，当然越接近 1 越好）。

$$K = \frac{R_{max}}{R_m} \tag{7-68}$$

$$R_{max} = \max \{R_t\} t = 1,2,3 \cdots T \tag{7-69}$$

$$R_m = \frac{1}{T} \sum_{t=1}^{T} R_t \tag{7-70}$$

式中　R_m——资源需求量的平均值；

R_{max}——资源需求量的最大值。

②极差值 ΔR

$$\Delta R = \max \{|R_t - R_m|\} t = 1,2,3 \cdots T \tag{7-71}$$

极差值 ΔR，是单位时间计划资源需求量与资源需求量平均值之差的最大值。极差值 ΔR 越大，说明工程过程中资源需求越不均衡；极差值 ΔR 越小，说明工程过程中资源需求越均衡，因此极差值 ΔR 越小越好。

③均方差值 σ^2

$$\sigma^2 = \frac{1}{T} \sum_{t=1}^{T} (R_t - R_m)^2 \tag{7-72}$$

均方差是单位时间资源需求量与资源需求量平均值之差的平方和的平均值，该值越小越好。如果调整某工作向右移一天，如要使 σ^2 最小，则经过计算要使：

$$R_t + r_{ij} - R_n \leqslant 0 \tag{7-73}$$

式中　R_t——表示工作调整前该工作结束后第一天的资源量；

r_{ij}——表示调整工作的资源量；

R_n——表示工作调整前该工作开始第一天的资源量。

2）"工期固定—资源均衡"优化的步骤：

①绘制时标网络计划，并计算每天资源需求量。

②确定削峰目标，削峰值等于单位时间需求量的最大值减去一个需求单位。

③从网络终点节点开始向网络开始节点优化，逐一调整非关键工作（调整关键工作会影响工期）。调整的次序为先迟后早，相同时调整时差大的工作，如再相同时调整资源接近于平均资源的工作。

④按下列公式确定工作是否调整：

$$R_t + r_{ij} - R_n \leqslant 0 \tag{7-74}$$

⑤绘制调整后的网络计划，并计算单位时间资源需求量。

⑥重复②～⑤步骤，直至峰值不能再调整时为止。

五、网络计划的具体应用

网络计划在实际工程的具体应用中，由于工程大小繁简不一，网络计划的体系也不同。对于小型建设工程来讲，可编制一个整体工程的网络计划来控制进度，无需分若干等级。而对于大中型建设工程来说，为了有效地控制大型而复杂的建设工程的进度，有必要编制多级网络计划系统，即：建设项目施工总进度网络计划，单项工程（或分阶段）施工进度网络计划，单位工程施工进度网络计划，分部工程施工进度网络计划等；从而做到系统控制，层层落实责任，便于管理，既能考虑局部，又能保证整体。

网络进度计划是施工组织设计的重要组成部分，其体系应与施工组织设计的体系相一致，有一级施工组织设计就必有一级网络计划。

在此仅介绍分部工程网络计划和单位工程网络计划的编制。

无论是分部工程网络计划还是单位工程网络计划，都是其相应施工组织设计文件的重要组成部分，其编制步骤一般是：

（1）调查研究收集资料；

（2）明确施工方案和施工方法；

（3）明确工期目标；

（4）划分施工过程，明确各施工过程的施工顺序；

（5）计算各施工过程的工程量、劳动量、机械台班量；

（6）明确各施工过程的班组人数、机械台数、工作班数，计算各施工过程的工作持续时间；

（7）绘制初始网络计划；

（8）计算各项时间参数，确定关键线路、工期；

（9）检查初始网络计划的工期是否符合工期目标，资源是否均衡，成本是否较低；

（10）进行优化调整；

（11）绘制正式网络计划；

（12）上报审批。

（一）分部工程网络计划

按现行《建筑工程施工质量验收统一标准》（GB 50300—2001），建筑工程可划分为以下9个分部工程：地基与基础工程、主体结构工程、建筑装饰装修工程、建筑屋面工程、建筑给水排水及采暖工程、建筑电气工程、智能建筑工程、通风与空调工程、电梯工程。

在编制分部工程网络计划时，要在单位工程对该分部工程限定的进度目标时间范围内，既考虑各施工过程之间的工艺关系，又考虑其组织关系，同时还应注意网络图的构图，并且尽可能组织主导施工过程流水施工。

1. 地基与基础工程网络计划

（1）钢筋混凝土筏形基础工程的网络计划

钢筋混凝土筏形基础工程一般可划分为：土方开挖、基础处理、混凝土垫层、钢筋混凝土筏形基础、砌体基础、防水工程、回填土七个施工过程。当划分为 3 个施工段组织流水施工时，按施工段排列的网络计划如图 7-41 所示。

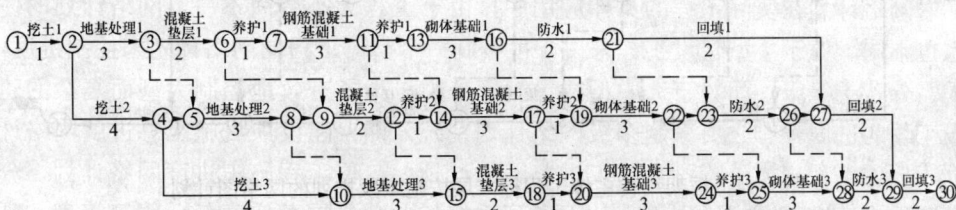

图 7-41　钢筋混凝土筏形基础工程按施工段排列的网络图计划

（2）钢筋混凝土杯形基础工程的网络计划

单层装配式工业厂房，其钢筋混凝土杯形基础工程的施工一般可划分为：挖基坑、做混凝土垫层、做钢筋混凝土杯形基础、回填土 4 个施工过程。当划分为 3 个施工段组织流水施工时，按施工过程排列的网络计划如图 7-42 所示。

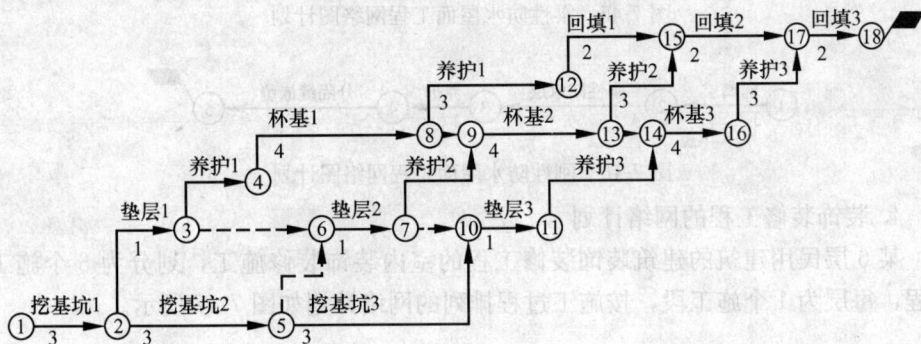

图 7-42　钢筋混凝土杯形基础工程按施工过程排列的网络图计划

2. 主体结构工程网络计划

（1）砌体结构主体工程的网络计划

当砌体结构主体为现浇钢筋混凝土的构造柱、圈梁、楼板、楼梯时，若每层分 3 个施工段组织施工，其标准层网络计划可按施工过程排列，如图 7-43 所示。

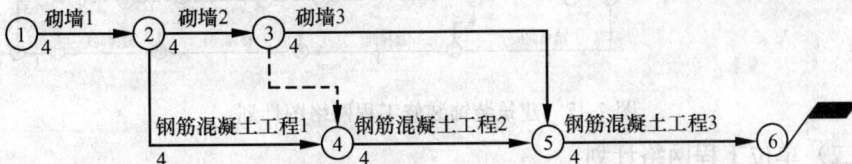

图 7-43　砖体结构主体工程标准层按施工过程排列的网络图计划

（2）框架结构主体工程的网络计划

框架结构主体工程的施工一般可划分为：立柱筋，支柱、梁、板、楼梯模，浇柱混凝土，绑梁、板、楼梯筋，浇梁、板、楼梯混凝土，填充墙砌筑 6 个施工过程。若每层分 2 个施工段组织施工，其标准层网络计划可按施工段排列，如图 7-44 所示。

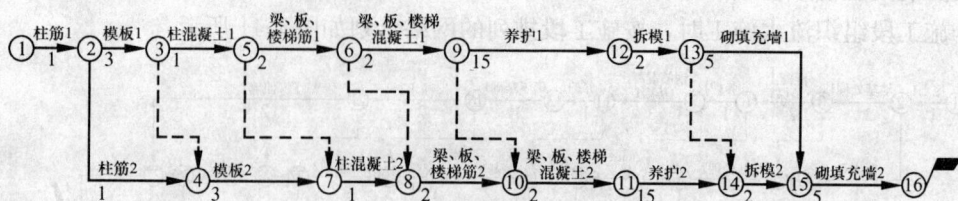

图 7-44　框架结构主体工程标准层按施工段排列的网络图计划

3. 屋面工程网络计划

没有高低层或没有设置变形缝的屋面工程，一般情况下不划分流水段，根据屋面的设计构造层次要求逐层进行施工，如图 7-45、图 7-46 所示。

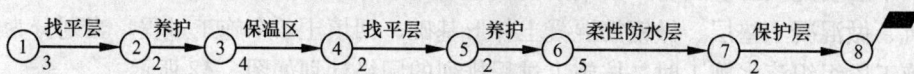

图 7-45　柔性防水屋面工程网络图计划

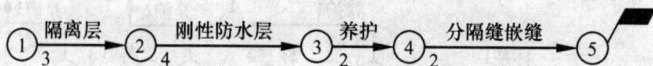

图 7-46　刚性防水屋面工程网络图计划

4. 装饰装修工程的网络计划

某 6 层民用建筑的建筑装饰装修工程的室内装饰装修施工，划分为 6 个施工过程，每层为 1 个施工段，按施工过程排列的网络计划如图 7-47 所示。

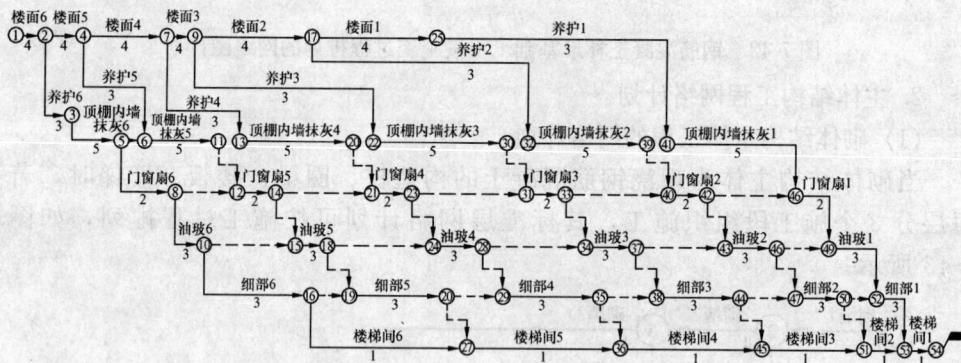

图 7-47　建筑装饰装修工程网络图计划

（二）单位工程网络计划

在编制单位工程网络计划时，要按照施工程序，将各分部工程的网络计划最大限度地合理搭接起来，一般需考虑相邻分部工程的前者最后一个分项工程与后者的第一个分项工程的施工顺序关系，最后汇总为单位工程初始网络计划。为了使单位工程初始网络计划满足规定的工期、资源、成本等目标，应根据上级要求、合同规定、施工条件及经济效益等，进行检查与调整优化工作，然后绘制正式网络计划，上报审批后执行。

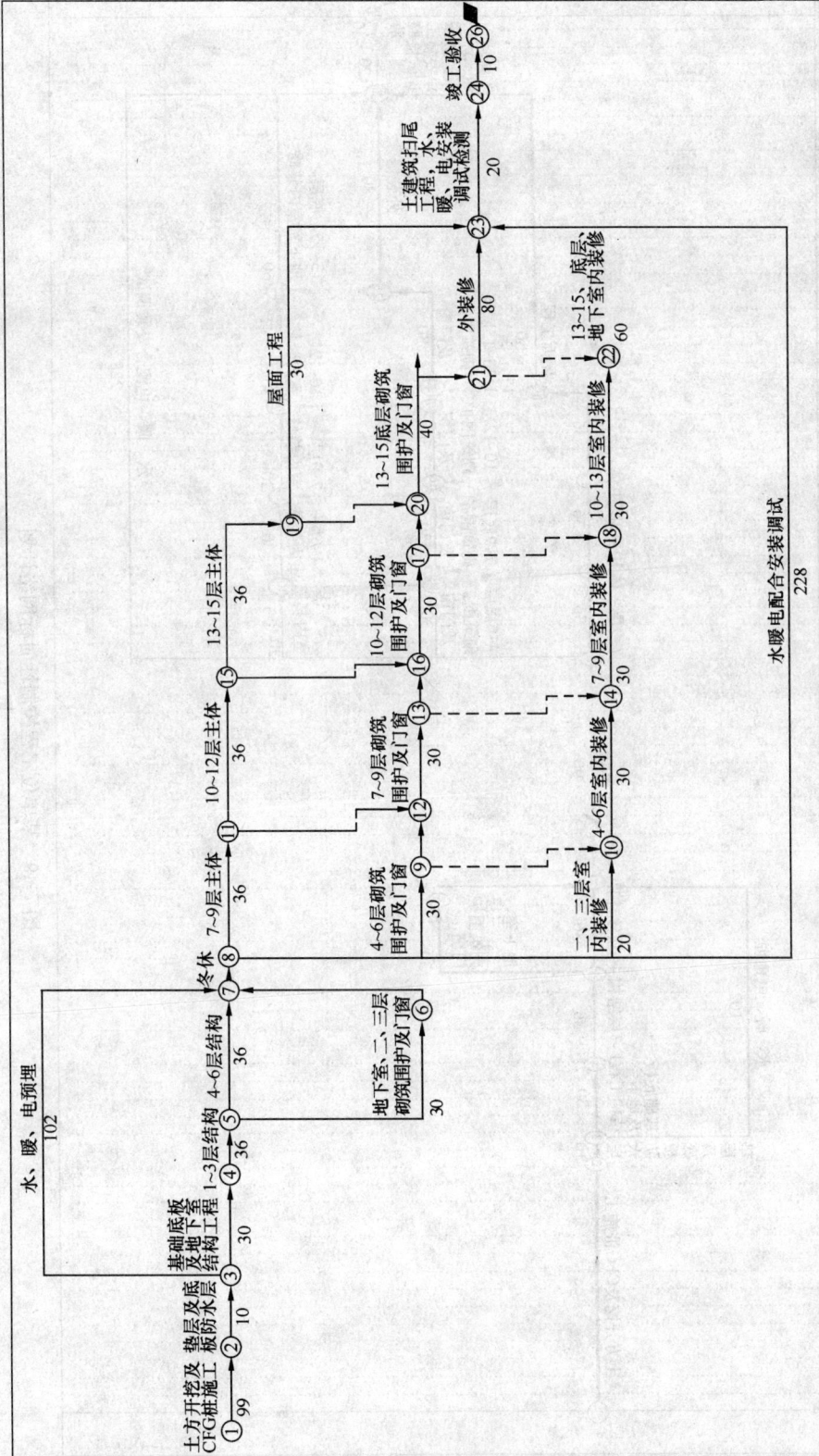

图 7-48 某单位工程控制性网络进度计划

275

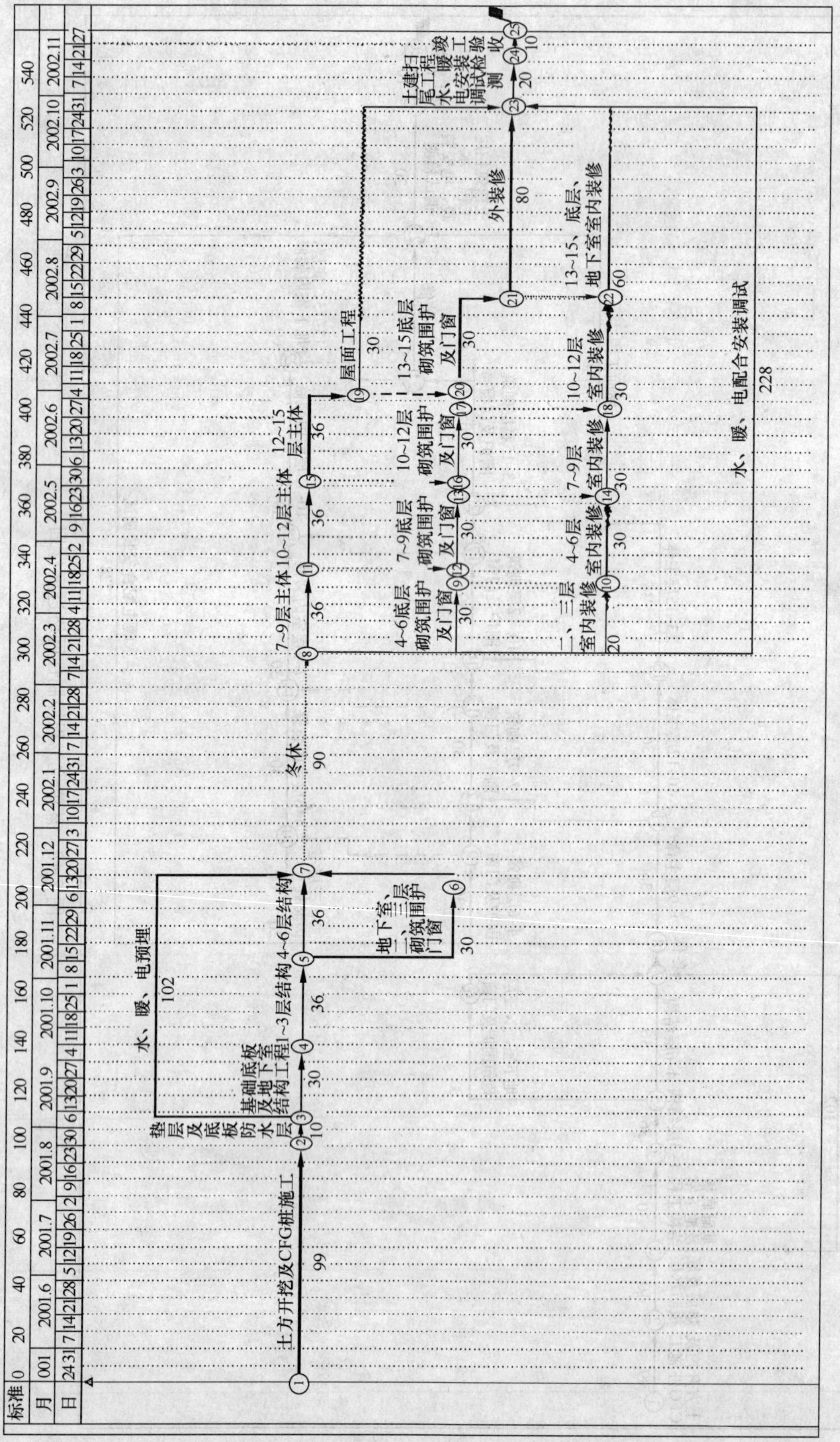

图 7-49 某单位工程控制性时标性网络计划

【例 7-11】 某 15 层办公楼,框架—剪力墙结构,建筑面积 16500m²,平面形状为凸弧形,地下 1 层,地上 15 层,建筑物总高度为 62.4m。地基处理采用 CFG桩,基础为钢筋混凝土筏片基础;主体为现浇钢筋混凝土框架—剪力墙结构,填充砌体为加气混凝土砌块;地下室地面为地砖地面,楼面为花岗岩楼面;内墙基层抹灰,涂料面层,局部贴面砖;顶棚基层抹灰,涂料面层,局部轻钢龙骨吊顶;外墙为基层抹灰,涂料面层,立面中部为玻璃幕墙,底部花岗岩贴面;屋面防水为三元乙丙卷材三层柔性防水。

本工程基础、主体均分成 3 个施工段进行施工,屋面不分段,内装修每层为 1段,外装修自上而下依次完成。在主体结构施工至四层时,在地下室开始插入填充墙砌筑,2~15 层均砌完后再进行地上一层的填充墙砌筑;在填充墙砌筑至 4 层时,在第 2 层开始室内装修,依次做完 3~15 层的室内装修后再做底层及地下室室内装修。填充墙砌筑工程均完成后再进行外装修,安装工程配合土建施工。

该单位工程控制性一般网络计划如图 7-48 所示。

该单位工程控制性时标网络计划如图 7-49 所示。

复习思考题:

1. 什么是网络图?什么是单代号网络图?什么是双代号网络图?其特点是什么?

2. 什么是虚工作?其作用是什么?在绘制网络图时,如何运用虚工作?

3. 双代号网络图与单代号网络图在绘制时有什么不同?各有何特点?

4. 编制网络计划有哪些基本原则?其编制的方法和步骤是什么?

5. 工作总时差与自由时差的区别是什么?

6. 什么叫线路、关键工作、关键线路?

7. 已知工作明细表如表 7-12 所示,试绘制双代号网络图。

工作明细表

表 7-12

工 作	紧前工作	工 作	紧前工作
A	—	D	A、B
B	—	E	B
C	—	F	C、D、E

8. 已知工作明细表如表 7-13 所示,绘制双代号网络图。

工作明细表

表 7-13

工 作	紧前工作	工 作	紧前工作
A	—	D	A
B	A	E	B、C、D
C	A	F	D

9. 已知工作明细表如表 7-14 所示,试绘制单代号及双代号网络图。

工作明细表　　　　　　　　　　　　　表 7-14

工　作	紧前工作	工作历时（天）	工　作	紧前工作	工作历时（天）
A	—	3	D	A	4
B	—	4	E	B	5
C	A	2	F	C、D	2

10. 已知工作明细表如表 7-15 所示，试绘制双代号网络图并计算各项工作的时间参数（用六时标注），并指出本工程的计划工期为多少天？

工作明细表　　　　　　　　　　　　　表 7-15

工　作	紧前工作	工作历时（天）	工　作	紧前工作	工作历时（天）
A	—	2	D	B	4
B	A	5	E	B、C	8
C	A	3	F	D、E	5

11. 根据工作明细表 7-16，试绘制双代号和单代号网络图，并确定关键线路及总工期。

工作明细表　　　　　　　　　　　　　表 7-16

工　作	紧前工作	工作历时（天）	工　作	紧前工作	工作历时（天）
A	—	1	E	B	2
B	A	3	F	C、D	4
C	B	1	G	C、E	2
D	B	6	H	F、G	1

完成工作任务的要求：

1. 能绘制双、单代号网络图；
2. 能计算网络图的参数；
3. 会找关键线路；
4. 能给网络图做简单的优化；
5. 能用网络图的形式来表示施工的进度计划。

任务四　编制单位工程施工组织设计

【引导问题】

1. 施工组织总设计。
2. 施工组织总设计编制程序。
3. 单位工程施工组织设计的编制程序。
4. 单位工程施工组织设计的内容。
5. 主要的施工技术、质量、安全及降低成本措施。

【工作任务】

了解施工组织总设计的进度概述、内容及编制依据；熟悉单位工程施工组织设计的基本概念、编制依据与原则、编制程序与内容；掌握单位工程施工程序及施工顺序；掌握施工方法及施工机械选择及各项技术组织措施的之制定方法；掌握单位工程施工进度计划及资源需要量计划的编制；掌握单位工程施工平面图的设计方法。

【学习参考资料】

1. 危道军·工程项目管理．武汉理工大学出版社，2005。

2. 各类版本的《建筑施工组织》。

3. 国家颁发的各种施工组织的法律法规文件。

4. 有关施工组织的各类书刊。

一、施工组织总设计

（一）施工组织总设计

施工组织总设计是以整个建设项目或群体工程（一个住宅建筑小区，配套的公共设施工程，一个配套的工业生产系统等）为对象编制的，是整个建设项目或建筑群施工的全局性战略性部署，是施工企业规划和部署整个施工活动的技术、经济文件。在有了批准的初步设计或技术设计、总概算或修正总概算后，一般以主持工程的总承建单位为主，有其他承建单位、建设单位和设计单位参加，结合建设准备和计划安排工作进行编制。

（二）施工组织总设计的主要作用

1. 确定设计方案的施工可能性和经济合理性；

2. 为建设单位主管机关编制基本建设计划提供依据；

3. 为施工单位主管机关编制建筑安装工程计划提供依据；

4. 为组织物资技术供应提供依据；

5. 为及时进行施工准备工作提供条件；

6. 解决有关生产和生活基地的组织问题。

（三）施工组织总设计的编制依据

1. 建设地区的工程勘察和技术经济资料，如地质、地形、气象、河流水位、地区条件等；

2. 国家现行规范和规程、上级指示、合同协议等；

3. 计划文件，如国家批准的基本建设计划、单项工程一览表、分期分批投资的期限、投资指标、工程材料和设备的订货指标、地区主管部门的批件、施工单位上级主管下达的施工任务书等。

4. 建设文件，如批准的初步设计、设计证明书、总概算、已批准的计划任务书等。

（四）施工组织总设计的内容和深度

施工组织总设计的内容和深度，视工程的性质、规模、建筑结构和施工复杂程度、工期要求和建设地区的自然经济条件而有所不同，但都应突出"规划"和"控制"的特点，一般应包括以下主要内容：

（1）施工部署和施工方案主要有：施工任务的组织分工和安排，重要单位工程施工方案，主要工种的施工方法以及"三通一平"规划。

（2）施工准备工作。

（3）施工总进度计划。用以控制工期及各单位工程的搭接关系和延续时间。

（4）各项需要量计划。包括劳动力需要量计划，主要材料与加工品需用量、需用时间计划和运输计划，主要机具需用量计划，大型临时设施建设计划等。

（5）施工总平面图。对施工所需的各项设施和永久性建筑相互间的合理布局，在施工现场上进行周密的规划和部署。

（6）技术经济指标分析。用以评价上述设计的技术经济效果并作为今后考核的依据。

（五）施工组织总设计编制程序

施工组织总设计编制程序见图 7-50。

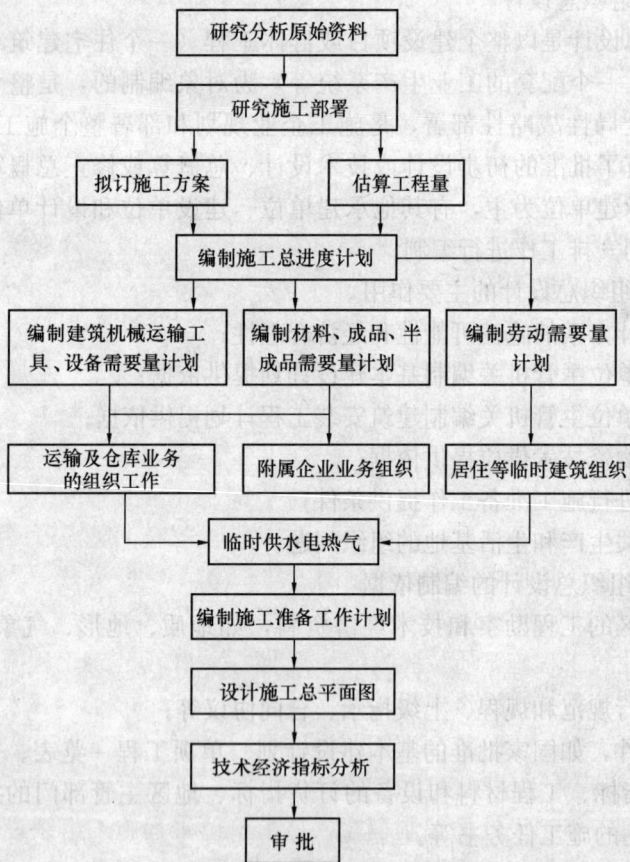

图 7-50　施工组织总设计编制程序

二、单位工程施工组织设计的概述

单位工程施工组织设计是建筑施工企业组织和指导单位工程施工全过程各项活动的技术经济文件。它是基层施工单位编制季度、月度、旬施工作业计划、分部分项工程作业设计及劳动力、材料、预制构件、施工机具等供应计划的主要依据，也是建筑施工企业加强生产管理的一项重要工作。本章主要叙述单位工程施工组织设计的编制内容和方法。

单位工程施工组织设计一般由施工单位的工程项目主管工程师负责编制，并根据工程项目的大小，报公司总工程师审批或备案。它必须在工程开工前编制完成，以作为工程施工技术资料准备的重要内容和关键成果，并应经该工程监理单位的总监理工程师批准方可实施。

（一）单位工程施工组织设计的编制依据

1. 主管部门的批示文件及有关要求

主要有上级机关对工程的有关指示和要求，建设单位对施工的要求，施工合同中的有关规定等。

2. 经过会审的施工图

包括单位工程的全套施工图纸、图纸会审纪要及有关标准图。

3. 施工企业年度施工计划

主要有本工程开、竣工日期的规定，以及与其他项目穿插施工的要求等。

4. 施工组织总设计

如本工程是整个建设项目中的一个项目，应把施工组织总设计作为编制依据。

5. 工程预算文件及有关定额

应有详细的分部分项工程量，必要时应有分层、分段、分部位的工程量，使用的预算定额和施工定额。

6. 建设单位对工程施工可能提供的条件

主要有供水、供电、供热的情况及可借用作为临时办公、仓库、宿舍的施工用房等。

7. 施工条件

8. 施工现场的勘察资料

主要有高程、地形、地质、水文、气象、交通运输、现场障碍物等情况以及工程地质勘察报告、地形图、测量控制网。

9. 有关的规范、规程和标准

主要有《建筑工程施工质量验收统一标准》等 14 项建筑工程施工质量验收规范及《建筑安装工程技术操作规程》等。

10. 有关的参考资料及施工组织设计实例。

（二）单位工程施工组织设计的编制程序

单位工程施工组织设计的编制程序，是指单位工程施工组织设计各个组成部分形成的先后次序以及相互之间的制约关系，如图 7-51 所示。

（三）单位工程施工组织设计的内容

根据工程的性质、规模、结构特点、技术复杂难易程度和施工条件等，单位工程施工组织设计编制内容的深度和广度也不尽相同。但一般来说应包括下述主要内容：

1. 工程概况及施工特点分析

主要包括工程建设概况、设计概况、施工特点分析和施工条件等内容，详见本任务三。

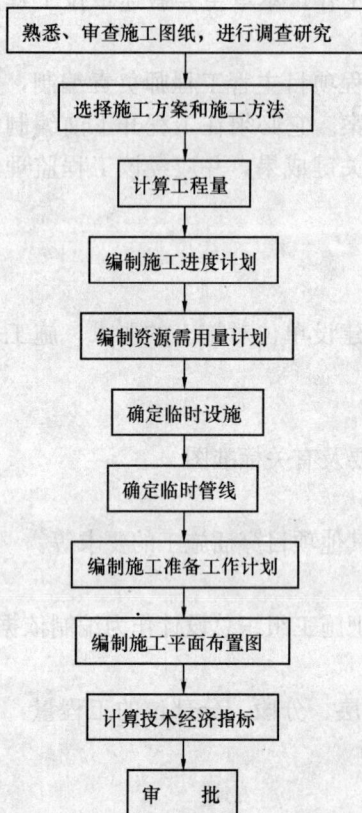

图 7-51 单位工程施工组织
设计编制程序

2. 施工方案

主要包括确定各分部分项工程的施工顺序、施工方法和选择适用的施工机械、制定主要技术组织措施，详见本章本任务四。

3. 单位工程施工进度计划表

主要包括确定各分部分项工程名称、计算工程量、计算劳动量和机械台班量、计算工作延续时间、确定施工班组人数及安排施工进度，编制施工准备工作计划及劳动力、主要材料、预制构件、施工机具需要量计划等内容，详见本任务五。

4. 单位工程施工平面图

主要包括确定起重垂直运输机械、搅拌站、临时设施、材料及预制构件堆场布置，运输道路布置，临时供水、供电管线的布置等内容，详见本任务六。

5. 主要技术经济指标

主要包括工期指标、工程质量指标、安全指标、降低成本指标等内容。

对于建筑结构比较简单、工程规模比较小、技术要求比较低，且采用传统施工方法组织施工的一般工业与民用建筑，其施工组织设计可以编制得简单一些，其内容一般只包括施工方案、施工进度表、施工平面图，辅以扼要的文字说明，简称为"一案一表一图"。

三、工程概况和施工特点分析

工程概况和施工特点分析包括工程建设概况，工程建设地点特征，建筑、结构设计概况，施工条件和工程施工特点分析五方面内容。

（一）工程建设概况

主要介绍拟建工程的建设单位、工程名称、性质、用途和建设的目的，资金来源及工程造价，开、竣工日期，设计单位、施工单位、监理单位，施工图纸情况，施工合同是否签订，上级有关文件或要求，以及组织施工的指导思想等。

（二）工程建设地点特征

主要介绍拟建工程的地理位置、地形、地貌、地质、水文、气温、冬雨季时间、主导风向、风力和抗震设防烈度等。

（三）建筑、结构设计概况

主要根据施工图纸，结合调查资料，简练地概括工程全貌，综合分析，突出重点问题。对新结构、新材料、新技术、新工艺及施工的难点作重点说明。

建筑设计概况主要介绍拟建工程的建筑面积、平面形状和平面组合情况、层数、层高、总高、总长、总宽等尺寸及室内外装修的情况。

结构设计概况主要介绍基础的类型、埋置深度、设备基础的形式，主体结构的类型，墙、柱、梁、板的材料及截面尺寸，预制构件的类型及安装位置，楼梯构造及形式等。

（四）施工条件

主要介绍"三通一平"的情况，当地的交通运输条件，资源生产及供应情况，施工现场大小及周围环境情况，预制构件生产及供应情况，施工单位机械、设备、劳动力的落实情况，内部承包方式、劳动组织形式及施工管理水平，现场临时设施、供水、供电问题的解决。

（五）工程施工特点分析

主要介绍拟建工程施工特点和施工中关键问题、难点所在，以便突出重点、抓住关键，使施工顺利进行，提高施工单位的经济效益和管理水平。

四、施工方案

施工方案的选择是单位工程施工组织设计中的重要环节，是决定整个工程全局的关键。施工方案选择的恰当与否，将直接影响到单位工程的施工效率、进度安排、施工质量、施工安全、工期长短。因此，我们必须在若干个初步方案的基础上进行认真分析比较，力求选择出一个最经济、最合理的施工方案。

在选择施工方案时应着重研究以下三个方面的内容：确定各分部分项工程的施工顺序；确定主要分部分项工程的施工方法和选择适用的施工机械；制定主要技术组织措施；进行流水施工。

（一）施工顺序的确定

1. 确定施工顺序应遵循的基本原则和基本要求

确定合理的施工顺序是选择施工方案首先应考虑的问题。施工顺序是指工程开工后各分部分项工程施工的先后次序。确定施工顺序既是为了按照客观的施工规律组织施工，也是为了解决工种之间的合理搭接，在保证工程质量和施工安全的前提下，充分利用空间，以达到缩短工期的目的。

在实际工程施工中，施工顺序可以有多种。不仅不同类型建筑物的建造过程有着不同的施工顺序；而且在同一类型的建筑工程施工中，甚至同一幢房屋的施工，也会有不同的施工顺序。因此，本节的基本任务就是如何在众多的施工顺序中，选择出既符合客观规律，又经济合理的施工顺序。

（1）确定施工顺序应遵循的基本原则

1）先地下，后地上。指的是地上工程开始之前，把管道、线路等地下设施、土方工程和基础工程全部完成或基本完成。坚固耐用的建筑需要有一个坚实的基础，从工艺的角度考虑也必须先地下后地上，地下工程施工时应做到先深后浅，这样可以避免对地上部分施工产生干扰，从而带来施工不便，造成浪费，影响工程质量。

2）先主体，后围护。指的是框架结构建筑和装配式单层工业厂房施工中，先进行主体结构施工，后完成围护工程。同时，框架主体结构与围护工程在总的施工顺序上要合理搭接，一般来说，多层建筑以少搭接为宜，而高层建筑则应尽量搭接施工，以缩短施工工期；而装配式单层工业厂房主体结构与围护工程一般不搭接。

3）先结构，后装修。是对一般情况而言，有时为了缩短施工工期，也可以有部分合理的搭接。

4）先土建，后设备。指不论是民用建筑还是工业建筑，一般来说，土建施工应先于水、暖、煤、卫、电等建筑设备的施工。但它们之间更多的是穿插配合关系，尤其在装修阶段，要从保证施工质量、降低成本的角度，处理好相互之间的关系。

以上原则并不是一成不变的，在特殊情况下，如在冬期施工之前，应尽可能完成土建和围护工程，以利于施工中的防寒和室内作业的开展，从而达到改善工人的劳动环境，缩短工期的目的；又如大板建筑施工，大板承重结构部分和某些装饰部分宜在加工厂同时完成。因此，随着我国施工技术的发展、企业经营管理水平的提高和在特殊情况下，以上原则也在进一步完善之中。

（2）确定施工顺序的基本要求

1）必须符合施工工艺的要求。建筑物在建造过程中，各分部分项工程之间存在着一定的工艺顺序关系，它随着建筑物结构和构造的不同而变化，应在分析建筑物各分部分项工程之间的工艺关系的基础上确定施工顺序。例如：基础工程未做完，其上部结构就不能进行，垫层需在土方开挖后才能施工；采用砌体结构时，下层的墙体砌筑完成后方能施工上层楼面；但在框架结构工程中，墙体作为围护或隔断，则可安排在框架施工全部或部分完成后进行。

2）必须与施工方法协调一致。例如：在装配式单层工业厂房施工中，如采用分件吊装法，则施工顺序是先吊装柱、再吊装梁、最后吊装各个节间的屋架及屋面板等；如采用综合吊装法，则施工顺序为一个节间全部构件吊装完成后，再依次吊装下一个节间，直至构件吊装完。

3）必须考虑施工组织的要求。例如：有地下室的高层建筑，其地下室地面工程可以安排在地下室顶板施工前进行，也可以安排在地下室顶板施工后进行。从施工组织方面考虑，前者施工较方便，上部空间宽敞，可以利用吊装机械直接将地面施工用的材料运送到地下室；而后者，地面材料运输和施工，就比较困难。

4）必须考虑施工质量的要求。在安排施工顺序时，要以保证和提高工程质量为前提，影响工程质量时，要重新安排施工顺序或采取必要的技术措施。例如：屋面防水层施工，必须等找平层干燥后才能进行，否则将影响防水工程的质量，特别是柔性防水层的施工。

5）必须考虑当地的气候条件。例如：在冬期和雨期施工到来之前，应尽量先做基础工程、室外工程、门窗玻璃工程，为地上和室内工程施工创造条件。这样有利于改善工人的劳动环境，有利于保证工程质量。

6）必须考虑安全施工的要求。在立体交叉、平行搭接施工时，一定要注意安全问题。例如：在主体结构施工时，水、暖、煤、卫、电的安装与构件、模板、钢筋等的吊装和安装不能在同一个工作面上，必要时采取一定的安全保护措施。

2. 多层砌体结构民用房屋的施工顺序

多层砌体结构民用房屋的施工，按照房屋结构各部位不同的施工特点，可分为基础工程、主体工程、屋面及装修工程三个施工阶段，如图7-52所示。

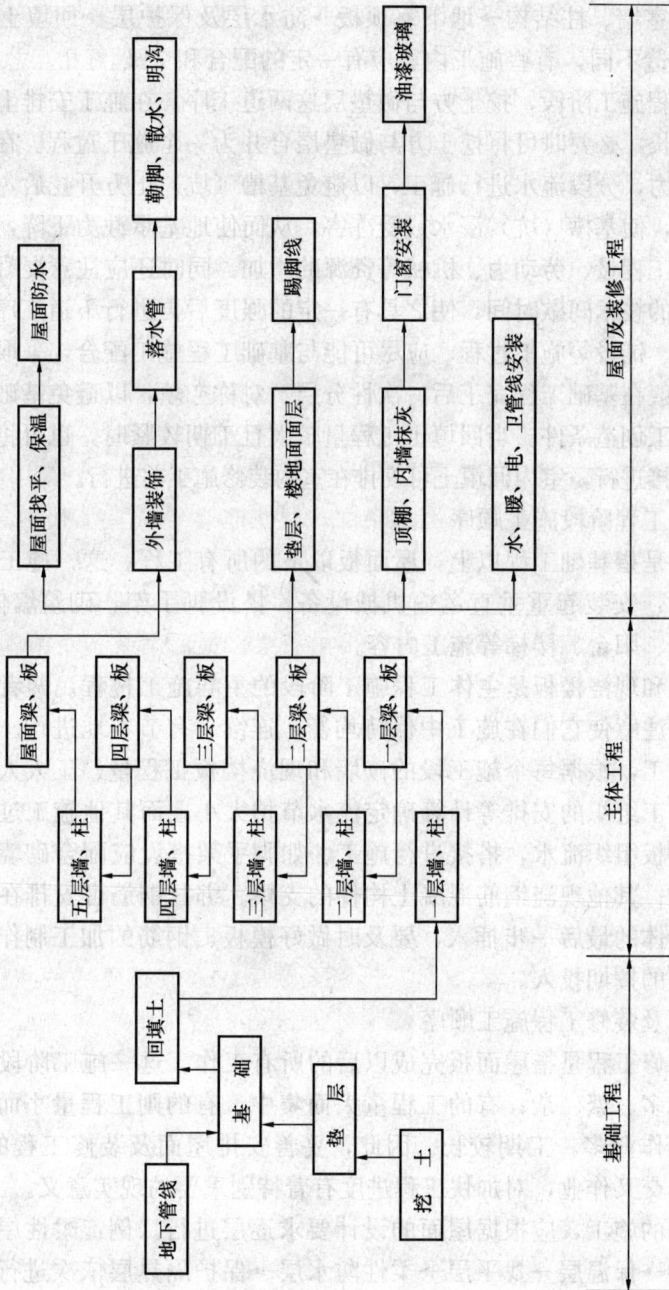

图 7-52 多层砌体结构民用房屋施工顺序示意图

（1）基础工程阶段施工顺序

基础工程是指室内地面以下的工程。其施工顺序比较容易确定，一般是：挖土方→垫层→基础→回填土。具体内容视工程设计而定。如有桩基础工程，应另列桩基础工程。如有地下室则施工过程和施工顺序一般是：挖土方→垫层→地下室底板→地下室墙、柱结构→地下室顶板→防水层及保护层→回填土。但由于地下室结构、构造不同，有些施工内容应有一定的配合和交叉。

在基础工程施工阶段，挖土方与做垫层这两道工序，在施工安排上要紧凑，时间间隔不宜太长，必要时可将挖土方与做垫层合并为一个施工过程。在施工中，可以采取集中兵力，分段流水进行施工，以避免基槽（坑）土方开挖后，因垫层施工未能及时进行，使基槽（坑）浸水或受冻害，从而使地基承载力下降，造成工程质量事故或引起工程量、劳动力、机械等资源的增加。同时还应注意混凝土垫层施工后必须有一定的技术间歇时间，使之具有一定的强度后再进行下道工序的施工。各种管沟的挖土、铺设等施工过程，应尽可能与基础工程施工配合，采取平行搭接施工。回填土一般在基础工程完工后一次性分层、对称夯填，以避免基础受到浸泡并为后道工序施工创造条件。当回填土工程量较大且工期较紧时，也可将回填土分段与主体结构搭接进行，室内回填土可安排在室内装修施工前进行。

（2）主体工程阶段施工顺序

主体工程是指基础工程以上，屋面板以下的所有工程。这一施工阶段的施工过程主要包括：安装起重垂直运输机械设备，搭设脚手架，砌筑墙体，现浇柱、梁、板、雨篷、阳台、楼梯等施工内容。

其中砌墙和现浇楼板是主体工程施工阶段的主导施工过程。两者在各楼层中交替进行，应注意使它们在施工中保持均衡、连续、有节奏地进行。并以它们为主组织流水施工，根据每个施工段的砌墙和现浇楼板工程量、工人人数、吊装机械的效率、施工组织的安排等计算确定流水节拍大小，而其他施工过程则应配合砌墙和现浇楼板组织流水，搭接进行施工。如脚手架搭设应配合砌墙和现浇楼板逐段逐层进行；其他现浇钢筋混凝土构件的支模、绑扎钢筋可安排在现浇楼板的同时或砌筑墙体的最后一步插入，要及时做好模板、钢筋的加工制作工作，以免影响后续工程的按期投入。

（3）屋面及装修工程施工顺序

屋面及装修工程是指屋面板完成以后的所有工作。这一施工阶段的施工特点是：施工内容多、繁、杂；有的工程量大而集中，有的则工程量小而分散；劳动消耗大，手工作业多，工期较长。因此，妥善安排屋面及装修工程的施工顺序，组织流水立体交叉作业，对加快工程进度有着特别重要的现实意义。

屋面工程的施工，应根据屋面的设计要求逐层进行。例：柔性屋面的施工顺序按照找平层→保温层→找平层→柔性防水层→保护隔热层依次进行。刚性屋面按照找平层→保温层→找平层→刚性防水层→隔热层施工顺序依次进行，其中细石混凝土防水层、分仓缝施工应在主体结构完成后开始并尽快完成，以便为顺利进行室内装修创造条件。为了保证屋面工程质量，防止屋面渗漏，屋面防水在南方做成"双保险"，即：既做柔性防水层，又做刚性防水层，但也应精心施工，精心管理。屋面工程施工在一般情况下不划分流水段，它可以和装修工程搭接施工。

装修工程的施工可分为室外装修（檐沟、女儿墙、外墙、勒脚、散水、台阶、明沟、水落管等）和室内装修（顶棚、墙面、楼地面、踢脚线、楼梯、门窗、五金、油漆及玻璃等）两个方面的内容。其中内、外墙及楼地面的饰面是整个装修工程施工的主导施工过程，因此，要着重解决饰面工作的空间顺序。

根据装修工程的质量、工期、施工安全以及施工条件，其施工顺序一般有以下几种：

1) 室外装修工程。室外装修工程一般采用自上而下的施工顺序，是在屋面工程全部完工后，室外抹灰从顶层至底层依次逐层向下进行。其施工流向一般为水平向下，如图 7-53 所示。采用这种顺序方案的优点是：可以使房屋在主体结构完成后，有足够的沉降和收缩期，从而可以保证装修工程质量，同时便于脚手架的及时拆除。

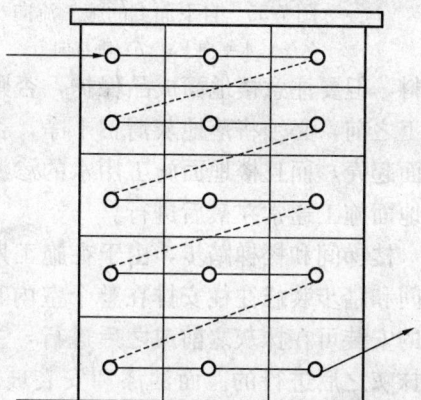

图 7-53 自上而下的施工流向（水平向下）

2) 室内装修工程。室内装修自上而下的施工顺序是指主体工程及屋面防水层完工后，室内抹灰从顶层往底层依次逐层向下进行。其施工流向又可分为水平向下和垂直向下两种，通常采用水平向下的施工流向，如图 7-54 所示。采用自上而下施工顺序的优点是：可以使房屋主体结构完成后，有足够的沉降和收缩期，沉降变化趋向稳定，这样可保证屋面防水工程质量，不易产生屋面渗漏，也能保证室内装修质量，可以减少或避免各工种操作互相交叉，便于组织施工，有利于施工安全，而且楼层清理也很方便。其缺点是：不能与主体及屋面工程施工搭接，故总工期相应拖长。

室内装修自下而上的施工顺序是指主体结构施工到三层及三层以上时（有两层楼板，以确保底层施工安全），室内抹灰从底层开始逐层向上进行，一般与主体结构平行搭接施工。其施工流向又可分为水平向上和垂直向上两种，通常采用水平向上的施工流向，如图 7-55 所示，为了防止雨水或施工用水从上层楼板渗漏，而影响装修质量，应先做好上层楼板的面层，再进行本层顶棚、墙面、楼地面的饰面。采用自下而上施工顺序的优点是：可以与主体结构平行搭接施工，可以缩短工期。其缺点是：同时施工的工序多、人员多、工序间交叉作业多，要采取必要的安全措施；材料供应集中，施工机具负担重，现场施工组织和管理比较复杂。因此只有当工期紧迫时，室内装修才考虑

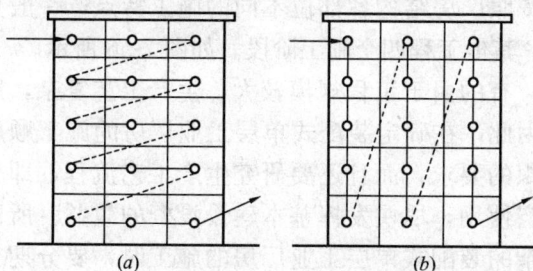

图 7-54 自上而下的施工流向
(a) 水平向下；(b) 垂直向下

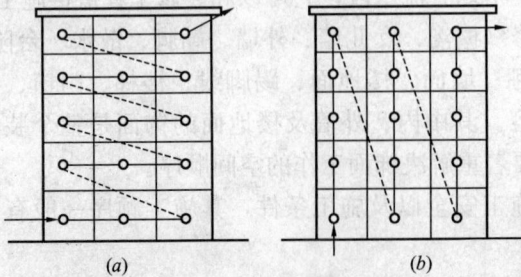

图 7-55 自下而上的施工流向
(a) 水平向上；(b) 垂直向上

采取自下而上的施工顺序。

室内装修的单元顺序即在同一楼层内顶棚、墙面、楼地面之间的施工顺序一般有两种：楼地面→顶棚→墙面，顶棚→墙面→楼地面。这两种施工顺序各有利弊。前者便于清理地面基层，楼地面质量易保证，而且便于收集墙面和顶棚的落地灰，从而节约材料，但要注意楼地面成品保护，否则后道工序不能及时进行。后者则在楼地面施工之前，必须将落地灰清扫干净，否则会影响面层与结构层间的粘结，引起楼地面起壳，而且楼地面施工用水的渗漏可能影响下层墙面、顶棚的施工质量。底层地面施工通常在最后进行。

楼梯间和楼梯踏步，由于在施工期间易受损坏，为了保证装修工程质量，楼梯间和踏步装修往往安排在整个室内其他装修完工之后，自上而下统一进行。门窗的安装可在抹灰之前或之后进行，主要视气候和施工条件而定，但通常是安排在抹灰之后进行的。而油漆和安装玻璃的次序是应先油漆门窗扇，后安装玻璃，以免油漆时弄脏玻璃，塑钢及铝合金门窗不受此限制。

在装修工程阶段，还需考虑室内装修与室外装修的先后顺序，这与施工条件和天气变化有关。通常有先内后外，先外后内，内外同时进行这三种施工顺序。当室内有水磨石楼面时，应先做水磨石楼面，再做室外装修，以免施工时渗漏水影响室外装修质量；当采用单排脚手架砌墙时，由于留有脚手眼需要填补，应先做室外装修，拆除脚手架，同时填补脚手眼，再做室内装修；当装饰工人较少时，则不宜采用内外同时施工的施工顺序。一般说来，采用先外后内的施工顺序较为有利。

3. 钢筋混凝土框架结构房屋的施工顺序

钢筋混凝土框架结构房屋的施工也可分基础、主体、屋面及装修工程三个阶段。它在主体工程施工时与砌体结构房屋有所区别，即框架柱、框架梁、板交替进行，也可采用框架柱、梁、板同时进行，墙体工程则与框架柱、梁、板搭接施工。其他工程的施工顺序与砌体结构房屋相同。

4. 装配式单层工业厂房施工顺序

装配式单层工业厂房的施工，按照厂房结构各部位不同的施工特点，一般分为基础工程、预制工程、吊装工程、其他工程四个施工阶段。如图 7-56 所示。

在装配式单层工业厂房施工中，有的由于工程规模较大，生产工艺复杂，厂房按生产工艺要求来分区、分段。因此，在确定装配式单层工业厂房的施工顺序时，不仅要考虑土建施工及施工组织的要求，而且还要研究生产工艺流程，即先生产的区段先施工，以尽早交付生产使用，尽快发挥基本建设投资的效益。所以工程规模较大、生产工艺要求较复杂的装配式单层工业厂房的施工时，要分期分批进行，分期分批交付试生产，这是确定其施工顺序的总要求。下面根据中小型装配式单层工业厂房各施工阶段来叙述施工顺序。

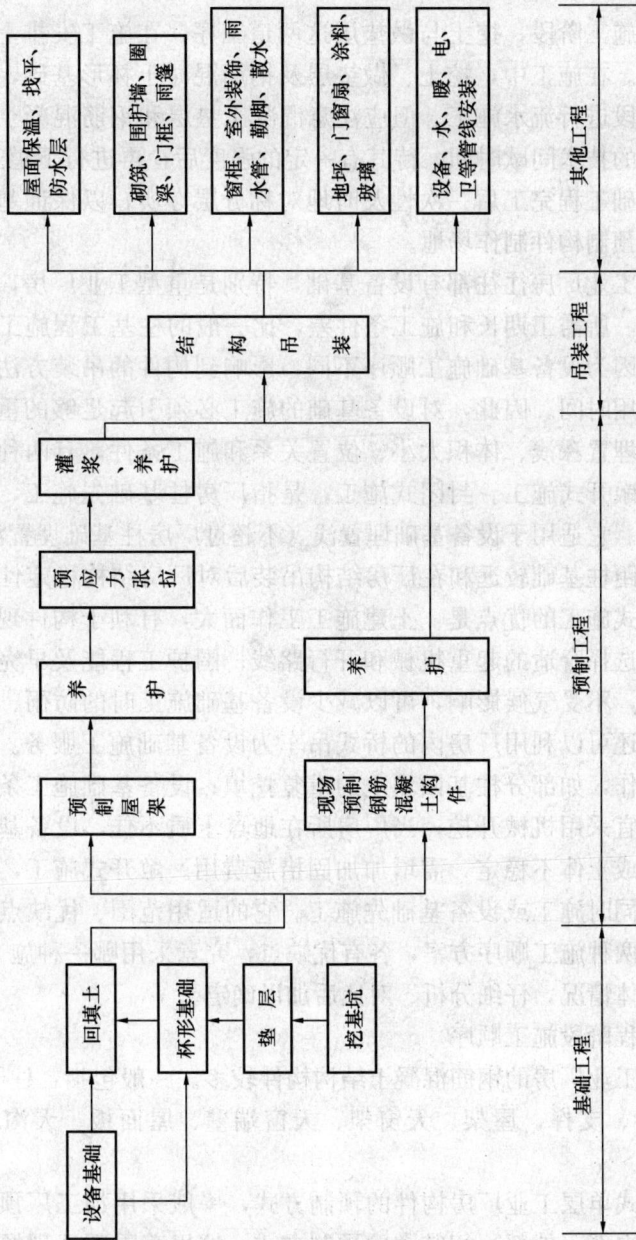

图 7-56 装配式单层工业厂房施工顺序示意图

（1）基础工程

装配式单层工业厂房的柱基础大多采用钢筋混凝土杯形基础。基础工程施工阶段的施工过程和施工顺序一般是挖土→垫层→钢筋混凝土杯形基础（也可分为绑扎钢筋、支模、浇混凝土、养护、拆模）→回填土。如有桩基础工程，则应另列桩基础工程。

在基础工程施工阶段，挖土与做垫层这两道工序，在施工安排上要紧凑，时间间隔不宜太长。在施工中，挖土、做垫层及钢筋混凝土杯形基础，可采取集中力量、分区、分段进行流水施工。但应注意混凝土垫层和钢筋混凝土杯形基础施工后必须有一定的技术间歇时间，待其有一定的强度后，再进行下道工序的施工。回填土必须在基础工程完工后一次性及时地对称分层夯实，以保证基础工程质量并及时提供现场预制构件制作场地。

装配式单层工业厂房往往都有设备基础，特别是重型工业厂房，其设备基础埋置深、体积大、所需工期长和施工条件差，比一般的柱基工程施工困难和复杂得多，有时还会因为设备基础施工顺序不同，影响到构件的吊装方法、设备安装及投入生产的使用时间。因此，对设备基础的施工必须引起足够的重视。设备基础的施工，视其埋置深浅、体积大小、位置关系和施工条件，有两种施工顺序方案，即封闭式和敞开式施工。封闭式施工，是指厂房柱基础先施工，设备基础在结构吊装后施工。它适用于设备基础埋置浅（不超过厂房柱基础埋置深度）、体积小、土质较好、距柱基础较远和在厂房结构吊装后对厂房结构稳定性并无影响的情况。采用封闭式施工的优点是：土建施工工作面大，有利于构件现场预制、吊装和就位，便于选择合适的起重机械和开行路线；围护工程能及早完工，设备基础能在室内施工，不受气候影响，可以减少设备基础施工时的防雨、防寒及防暑等的费用；有时还可以利用厂房内的桥式吊车为设备基础施工服务。缺点是：出现某些重复性工作，如部分柱基回填土的重复挖填；设备基础施工条件差，场地拥挤，其基坑不宜采用机械开挖；当厂房所在地点土质不佳，设备基础基坑开挖过程中，容易造成土体不稳定，需增加加固措施费用。敞开式施工，是指厂房柱基础与设备基础同时施工或设备基础先施工。它的适用范围、优缺点与封闭式施工正好相反。这两种施工顺序方案，各有优缺点，究竟采用哪一种施工顺序方案，应根据工程的具体情况，仔细分析、对比后加以确定。

（2）预制工程阶段施工顺序

装配式单层工业厂房的钢筋混凝土结构构件较多。一般包括：柱子、基础梁、连系梁、吊车梁、支撑、屋架、天窗架、天窗端壁、屋面板、天沟及檐沟板等构件。

目前，装配式单层工业厂房构件的预制方式，一般采用加工厂预制和现场预制（在拟建车间内部、外部）相结合的预制方式。这里着重阐述现场预制的施工顺序。通常对于构件重量大、批量小或运输不便的采用现场预制的方式，如：柱子、吊车梁、屋架等；对于中小型构件采用加工厂预制方式。但在具体确定构件预制方式时，应结合构件的技术特征、当地加工厂的生产能力、工期要求、现场施工、运输条件等因素进行技术经济分析后确定。

非预应力预制构件制作的施工顺序是：支模→绑扎钢筋→预埋铁件→浇筑混凝土→养护→拆模。

后张法预应力预制构件制作的施工顺序是：支模→扎筋→预埋铁件→孔道留设→浇筑混凝土→养护→拆模→预应力钢筋的张拉、锚固→孔道灌浆→养护。

预制构件开始制作的日期、位置、流向和顺序，在很大程度上取决于工作面和后续工程的要求。一般来说，只要基础回填土、场地平整完成一部分之后，结构吊装方案一经确定，构件制作即可开始，制作流向应与基础工程的施工流向一致，这样既能使构件制作早日开始，又能及早地交出工作面，为结构吊装尽早创造条件。

当采用分件吊装法时，预制构件的制作有两种方案：若场地狭窄而工期又允许时，构件制作可分批进行，首先制作柱子和吊车梁，待柱子和吊车梁吊装完后再进行屋架制作；若场地宽敞，可考虑柱子和吊车梁等构件在拟建车间内部预制，屋架在拟建车间外进行制作。当采用综合吊装法时，预制构件需一次制作，这时，视场地的具体情况确定构件是全部在拟建车间内部制作，还是一部分在拟建车间外制作。

（3）吊装工程阶段施工顺序

结构吊装工程是整个装配式单层工业厂房施工中的主导施工过程。其内容依次为：柱子、基础梁、吊车梁、连系梁、屋架、天窗架、屋面板等构件的吊装、校正和固定。

构件吊装开始日期取决于吊装前准备工作完成的情况。吊装流向和顺序主要由后续工程对它的要求来决定。

当柱基杯口弹线和杯底标高抄平、构件的弹线、吊装强度验算、加固设施、吊装机械进场等准备工作完成之后，就可以开始吊装。

吊装流向通常应与构件制作的流向一致。但如果车间为多跨且有高低跨时，吊装流向应从高低跨柱列开始，以适应吊装工艺的要求。

吊装的顺序取决于吊装方法。若采用分件吊装法时，其吊装顺序是：第一次开行吊装柱子，随后校正与固定；第二次开行吊装基础梁、吊车梁、连系梁；第三次开行吊装屋盖构件。有时也可将第二次开行、第三次开行合并为一次开行。若采用综合吊装法时，其吊装顺序是：先吊装4或6根柱子，迅速校正固定，再吊装基础梁、吊车梁、连系梁及屋盖等构件，如此逐个节间吊装，直至整个厂房吊装完毕。

装配式单层工业厂房两端山墙往往设有抗风柱，抗风柱有两种吊装顺序：在吊装柱子的同时先吊装该跨一端的抗风柱，另一端抗风柱则待屋盖吊装完之后进行；全部抗风柱均待屋盖吊装完之后进行。

（4）其他工程阶段施工顺序

其他工程阶段主要包括围护工程、屋面工程、装修工程、设备安装工程等内容。这一阶段总的施工顺序是：围护工程→屋面工程→装修工程→设备安装工程，但有时也可互相交叉、平行搭接施工。

围护工程的施工过程和施工顺序是：搭设垂直运输设备（一般选用井架）→

砌墙（脚手架搭设与之配合进行）→现浇门框、雨篷等。

　　屋面工程在屋盖构件吊装完毕，垂直运输设备搭好后，就可安排施工，其施工过程和施工顺序与前述多层砌体结构民用房屋基本相同。

　　装修工程包括室外装修和室内装修，两者可平行进行，并可与其他施工过程交叉进行，通常不占总工期。室外装修一般采用自上而下的施工顺序；室内按屋面板底→内墙→地面的顺序进行施工；门窗安装在粉刷中穿叉进行。

　　设备安装包括水、暖、煤、卫、电和生产设备安装。水、暖、煤、卫、电安装与前述多层砌体结构民用房屋基本相同。而生产设备的安装，则由于专业性强、技术要求高等，一般由专业公司分包安装。

　　上面所述多层砌体结构民用房屋、钢筋混凝土框架结构房屋和装配式单层工业厂房的施工顺序，仅适用于一般情况。建筑施工顺序的确定既是一个复杂的过程，又是一个发展的过程，它随着科学技术的发展，人们观念的更新而在不断地变化。因此，针对每一个单位工程，必须根据其施工特点和具体情况，合理确定施工顺序。

　　（二）施工方法和施工机械的选择

　　正确选择施工方法和施工机械是制定施工方案的关键。单位工程各个分部分项工程均可采用各种不同的施工方法和施工机械进行施工，而每一种施工方法和施工机械又都有其优缺点。因此，我们必须从先进、经济、合理的角度出发，选择施工方法和施工机械，以达到提高工程质量、降低工程成本、提高劳动生产率和加快工程进度的预期效果。

　　1. 选择施工方法和施工机械的主要依据

　　在单位工程施工中，施工方法和施工机械的选择主要应根据工程建筑结构特点、质量要求、工期长短、资源供应条件、现场施工条件、施工单位的技术装备水平和管理水平等因素综合考虑。

　　2. 选择施工方法和施工机械的基本要求

　　（1）应考虑主要分部分项工程的要求

　　应从单位工程施工全局出发，着重考虑影响整个工程施工的主要分部分项工程的施工方法和施工机械选择。而对于一般的、常见的、工人熟悉的、工程量小的以及对施工全局和工期无多大影响的分部分项工程，只要提出若干注意事项和要求就可以了。

　　主要分部分项工程是指工程量大、所需时间长、占工期比例大的工程；施工技术复杂或采用新技术、新工艺、新结构、新材料的分部分项工程；对工程质量起关键作用的分部分项工程；对施工单位来说，某些结构特殊或不熟悉、缺乏施工经验的分部分项工程。

　　（2）应符合施工组织总设计的要求

　　如本工程是整个建设项目中的一个项目时，则其施工方法和施工机械的选择应符合施工组织总设计中的有关要求。

　　（3）应满足施工技术的要求

　　施工方法和施工机械的选择，必须满足施工技术的要求。如预应力张拉方法和机械的选择应满足设计、质量、施工技术的要求。又如吊装机械类型、型号、数量的选择应满足构件吊装技术和工程进度要求。

（4）应考虑如何符合工厂化、机械化施工的要求

单位工程施工，原则上应尽可能实现和提高工厂化和机械化的施工程度。这是建筑施工发展的需要，也是提高工程质量、降低工程成本、提高劳动生产率、加快工程进度和实现文明施工的有效措施。这里所说的工厂化，是指建筑物的各种钢筋混凝土构件、钢结构构件、木构件、钢筋加工等应最大限度地实现工厂化制作，最大限度地减少现场作业。所说的机械化程度不仅是指单位工程施工要提高机械化程度，还要充分发挥机械设备的效率，减轻繁重的体力劳动。

（5）应符合先进、合理、可行、经济的要求

选择施工方法和施工机械，除要求先进、合理之外，还要考虑对施工单位是可行的、经济的。必要时，要进行分析比较，从施工技术水平和实际情况出发，选择先进、合理、可行、经济的施工方法和施工机械。

（6）应满足工期、质量、成本和安全的要求

所选择的施工方法和施工机械应尽量满足缩短工期、提高工程质量、降低工程成本、确保施工安全的要求。

3. 主要分部分项工程的施工方法和施工机械选择

主要分部分项工程的施工方法和施工机械，在建筑施工技术课程中已详细叙述，这里仅将其选择要点归纳如下：

（1）土方工程

1）确定土方开挖方法、工作面宽度、放坡坡度、土壁支撑形式，排水措施，计算土方开挖量、回填量、外运量。

2）选择土方工程施工所需机具型号和数量。

（2）基础工程

1）桩基础施工中应根据桩型及工期选择所需机具型号和数量。

2）浅基础施工中应根据垫层、承台、基础的施工要点，选择所需机械的型号和数量。

3）地下室施工中应根据防水要求，留置、处理施工缝，并注意大体积混凝土的浇筑要点、模板及支撑要求选择所需机具型号和数量。

（3）砌筑工程

1）砌筑工程中根据砌体的组砌方式、砌筑方法及质量要求，进行弹线、立皮数杆、标高控制和轴线引测。

2）选择砌筑工程中所需机具型号和数量。

（4）钢筋混凝土工程

1）确定模板类型及支模方法，进行模板支撑设计。

2）确定钢筋的加工、绑扎、焊接方法，选择所需机具型号和数量。

3）确定混凝土的搅拌、运输、浇筑、振捣、养护、施工缝的留置和处理，选择所需机具型号和数量。

4）确定预应力钢筋混凝土的施工方法，选择所需机具型号和数量。

（5）结构吊装工程

1）确定构件的预制、运输及堆放要求，选择所需机具型号和数量。

2）确定构件的吊装方法，选择所需机具型号和数量。

（6）屋面工程

1）确定屋面工程防水各层的做法、施工方法，选择所需机具型号和数量。

2）确定屋面工程施工中所用材料及运输方式。

（7）装修工程

1）确定各种装修的做法及施工要点。

2）确定材料运输方式、堆放位置、工艺流程和施工组织。

3）选择所需机具型号和数量。

（8）现场垂直、水平运输及脚手架等搭设

1）确定垂直运输及水平运输方式、布置位置、开行路线，选择垂直运输及水平运输机具型号和数量。

2）根据不同建筑类型，确定脚手架所用材料、搭设方法及安全网的挂设方法。

（三）主要的施工技术、质量、安全及降低成本措施

任何一个工程的施工，都必须严格执行现行的《建筑安装工程施工及验收规范》、《建筑安装工程质量检验及评定标准》、《建筑安装工程技术操作规程》、《建筑工程建设标准强制性条文》等有关法律法规，并根据工程特点、施工中的难点和施工现场的实际情况，制定相应技术组织措施。

1．技术措施

对采用新材料、新结构、新工艺、新技术的工程，以及高耸、大跨度、重型构件、深基础等特殊工程，在施工中应制定相应的技术措施。其内容一般包括：

（1）要表明的平面、剖面示意图以及工程量一览表；

（2）施工方法的特殊要求、工艺流程、技术要求；

（3）水下混凝土浇筑及冬雨期施工措施；

（4）材料、构件和机具的特点，使用方法及需用量。

2．保证和提高工程质量措施

保证和提高工程质量措施，可以按照各主要分部分项工程施工质量要求提出，也可以按照工程施工质量要求提出。保证和提高工程质量措施，可以从以下几个方面考虑：

（1）保证定位放线、轴线尺寸、标高测量等准确无误的措施；

（2）保证地基承载力、基础、地下结构及防水施工质量的措施；

（3）保证主体结构等关键部位施工质量的措施；

（4）保证屋面、装修工程施工质量的措施；

（5）保证采用新材料、新结构、新工艺、新技术的工程施工质量的措施；

（6）保证和提高工程质量的组织措施，如现场管理机构的设置、人员培训、建立质量检验制度等。

3．确保施工安全措施

加强劳动保护保障，保证安全生产，是国家保障劳动人民生命安全的一项重要政策。也是进行工程施工的一项基本原则。为此，应提出有针对性的施工安全保障措施，从而杜绝施工中安全事故的发生。施工安全措施，可以从以下几个方面考虑：

(1) 保证土方边坡稳定措施；

(2) 脚手架、吊篮、安全网的设置及各类洞口防止人员坠落措施；

(3) 外用电梯、井架及塔吊等垂直运输机具的拉结要求和防倒塌措施；

(4) 安全用电和机电设备防短路、防触电措施；

(5) 易燃、易爆、有毒作业场所的防火、防爆、防毒措施；

(6) 季节性安全措施，如雨期的防洪、防雨，夏期的防暑降温，冬期的防滑、防火、防冻措施等；

(7) 现场周围通行道路及居民安全保护、隔离措施；

(8) 确保施工安全的宣传、教育及检查等组织措施。

4. 降低工程成本措施

应根据工程具体情况，按照分部分项工程提出相应的节约措施，计算有关技术经济指标，分别列出节约工料数量与金额数字，以便衡量降低工程成本的效果。其内容一般包括：

(1) 合理进行土方平衡调配，以节约台班费；

(2) 综合利用吊装机械，减少吊次，以节约台班费；

(3) 提高模板安装精度，采用整装整拆，加速模板周转，以节约木材或钢材；

(4) 混凝土、砂浆中掺加外加剂或掺混合料，以节约水泥；

(5) 采用先进的钢材焊接技术以节约钢材；

(6) 构件及半成品采用预制拼装、整体安装的方法，以节约人工费、机械费等。

5. 现场文明施工措施

(1) 施工现场设置围栏与标牌，保证出入口交通安全，道路畅通，场地平整，安全与消防设施齐全；

(2) 临时设施的规划与搭设应符合生产、生活和环境卫生的要求；

(3) 各种建筑材料、半成品、构件的堆放与管理有序；

(4) 散碎材料、施工垃圾的封闭运输及防止各种环境污染；

(5) 及时进行成品保护及施工机具保养。

(四) 施工方案的技术经济评价

施工方案的技术经济评价是在众多的施工方案中选择出快、好、省、安全的施工方案。

施工方案的技术经济评价涉及的因素多而复杂，一般来说施工方案的技术经济评价有定性分析和定量分析两种。

1. 定性分析

施工方案的定性分析是人们根据自己的个人实践和一般的经验，对若干个施工方案进行优缺点比较，从中选择出比较合理的施工方案。如技术上是否可行、安全上是否可靠、经济上是否合理、资源上能否满足要求等。此方法比较简单，但主观随意性较大。

2. 定量分析

施工方案的定量分析是通过计算施工方案的若干相同的、主要的技术经济指标，进行综合分析比较，选择出各项指标较好的施工方案。这种方法比较客观，但指标的确定和计算比较复杂。主要的评价指标有以下几种：

（1）工期指标：当要求工程尽快完成以便尽早投入生产或使用时，选择施工方案就要在确保工程质量、安全和成本较低的条件下，优先考虑缩短工期，在钢筋混凝土工程主体施工时，往往采用增加模板的套数来缩短主体工程的施工工期。

（2）机械化程度指标：在考虑施工方案时应尽量提高施工机械化程度，降低工人的劳动强度。从我国国情出发，采用土洋结合的办法，积极扩大机械化施工的范围，把机械化施工程度的高低，作为衡量施工方案优劣的重要指标。

$$施工机械化程度=\frac{机械完成的实物工程量}{全部实物工程量}\times100\%$$

（3）主要材料消耗指标：反映若干施工方案的主要材料节约情况。

（4）降低成本指标：它综合反映工程项目或分部分项工程由于采用不同的施工方案而产生不同的经济效果。其指标可以用降低成本额和降低成本率来表示。

$$降低成本额=预算成本-计划成本$$

$$降低成本率=\frac{降低成本额}{预算成本}\times100\%$$

五、单位工程施工进度计划

单位工程施工进度计划是在施工方案的基础上，根据规定工期和技术物资供应条件，遵循工程的施工顺序，用图表形式表示各分部分项工程搭接关系及工程开、竣工时间的一种计划安排。

（一）概述

1. 单位工程施工进度计划的作用及分类

单位工程施工进度计划是施工组织设计的重要内容，是控制各分部分项工程施工进程及总工期的主要依据，也是编制施工作业计划及各项资源需要量计划的依据。它的主要作用是：确定各分部分项工程的施工时间及其相互之间的衔接、穿插、平行搭接、协作配合等关系；确定所需的劳动力、机械、材料等资源用量；指导现场的施工安排，确保施工任务的如期完成。

单位工程施工进度计划根据工程规模的大小、结构的复杂难易程度、工期长短、资源供应情况等因素考虑，根据其作用，一般可分为控制性和指导性进度计划两类。控制性进度计划按分部工程来划分施工过程，控制各分部工程的施工时间及其相互搭接配合关系。它主要适用于工程结构较复杂，规模较大，工期较长而需跨年度施工的工程（如宾馆体育场、火车站候车大楼等大型公共建筑），还适用于虽然工程规模不大或结构不复杂但各种资源（劳动力、机械、材料等）不落实的情况，以及由于建筑结构等可能变化的情况。指导性进度计划按分项工程或施工工序来划分施工过程，具体确定各施工过程的施工时间及其相互搭接、配合关系。它适用于任务具体而明确、施工条件基本落实、各项资源供应正常及施工工期不太长的工程。

2. 单位工程施工进度计划的表达方式及组成

单位工程施工进度计划的表达方式一般有横道图和网络图两种，详见任务二、任务三所述。横道图的表格形式见表 7-17。施工进度计划由两部分组成，一部分反映拟建工程所划分施工过程的工程量、劳动量或台班量、施工人数或机械数、工作班次及工作延续时间等计算内容，另一部分则用图表形式表示各施工过程的起止时间、延续时间及其搭接关系。

单位工程施工进度计划　　　　　　　　　　　　表 7-17

序号	施工过程名称	工程量		劳动定额	劳动量		机械		每天工作班数	每班工人数	施工时间	施工进度							
		单位	数量		定额工日	计划工日	机械名称	台班数				月					月		
												2	4	6	…	30			

3. 单位工程施工进度计划的编制依据

单位工程施工进度计划的编制依据主要包括：施工图、工艺图及有关标准图等技术资料；施工组织总设计对本工程的要求；施工工期要求；施工方案；施工定额以及施工资源供应情况。

（二）单位工程施工进度计划的编制

单位工程施工进度计划的编制步骤及方法如下：

1. 划分施工过程

编制单位工程施工进度计划时，首先必须研究施工过程的划分，再进行有关内容的计算和设计。施工过程的划分应考虑下述要求：

（1）施工过程划分粗细程度的要求

对于控制性施工进度计划，其施工过程的划分可以粗一些，一般可按分部工程划分施工过程。如：开工前准备、打桩工程、基础工程、主体结构工程等。对于指导性施工进度计划，其施工过程的划分可以细一些，要求每个分部工程所包括的主要分项工程均应一一列出，起到指导施工的作用。

（2）对施工过程进行适当合并，达到简明清晰的要求

施工过程划分太细，则过程越多，施工进度图表就会显得繁杂，重点不突出，反而失去指导施工的意义，并且增加编制施工进度计划的难度。因此，为了使计划简明清晰、突出重点，一些次要的施工过程应合并到主要施工过程中去，如基础防潮层可合并到基础施工过程内，有些虽然重要但工程量不大的施工过程也可与相邻的施工过程合并，如挖土可与垫层施工合并为一项，组织混合班组施工；同一时期由同一工种施工的施工项目也可合并在一起，如墙体砌筑，不分内墙、

外墙、隔墙等，而合并为墙体砌筑一项。

（3）施工过程划分的工艺性要求

现浇钢筋混凝土施工，一般可分为支模、绑扎钢筋浇筑混凝土等施工过程，是合并还是分别列项，应视工程施工组织、工程量、结构性质等因素研究确定。一般地，现浇钢筋混凝土框架结构的施工应分别列项，而且可分得细一些。如：绑扎柱钢筋、安装柱模板、浇捣柱混凝土；安装梁、板模板，绑扎梁、板钢筋，浇捣梁、板混凝土，养护，拆模等施工过程。但在现浇钢筋混凝土工程量不大的工程对象上，一般不再细分，可合并为一项。如砌体结构工程中的现浇雨篷、圈梁、厕所及盥洗室的现浇楼板等，即可列为一项，由施工班组的各工种互相配合施工。

抹灰工程一般分内外墙抹灰，外墙抹灰工程可能有若干种装饰抹灰的做法要求，一般情况下合并列为一项，也可分别列项。室内的各种抹灰应按楼地面抹灰、顶棚及墙面抹灰、楼梯间及踏步抹灰等分别列项，以便组织施工和安排进度。

施工过程的划分，应考虑所选择的施工方案。如厂房基础采用敞开式施工方案时，柱基础和设备基础可合并为一个施工过程；而采用封闭式施工方案时，则必须列出柱基础、设备基础这两个施工过程。

住宅建筑的水、暖、煤、卫、电等房屋设备安装是建筑工程的重要组成部分，应单独列项；工业厂房的各种机电等设备安装也要单独列项，但不必细分，可由专业队或设备安装单位单独编制其施工进度计划。土建施工进度计划中列出其施工过程，表明其与土建施工的配合关系。

（4）明确施工过程对施工进度的影响程度

根据施工过程对工程进度的影响程度可分成为三类。一类为资源驱动的施工过程，这类施工过程直接在拟建工程上进行作业，占用时间、资源，对工程的完成与否起着决定性的作用，它在条件允许的情况下，可以缩短或延长工期。第二类为辅助性施工过程，它一般不占用拟建工程的工作面，虽需要一定的时间和消耗一定的资源，但不占用工期，故可不列入施工计划以内。如交通运输，场外构件加工或预制等。第三类施工过程虽直接在拟建工程上进行作业，但它的工期不以人的意志为转移，随着客观条件的变化而变化，它应根据具体情况列入施工计划。如混凝土的养护等。

施工过程划分和确定之后，应按前述施工顺序列出施工过程的逻辑联系。

2．计算工程量

当确定了施工过程之后，应计算每个施工过程的工程量。工程量应根据施工图纸、工程量计算规则及相应的施工方法进行计算。实际就是按工程的几何形状进行计算，计算时应注意以下几个问题：

（1）注意工程量的计量单位

每个施工过程的工程量的计量单位应与采用的施工定额的计量单位相一致。如模板工程以平方米为计量单位；绑扎钢筋以吨为单位计算；混凝土以立方米为计量单位等等。这样，在计算劳动量、材料消耗量及机械台班量时就可直接套用施工定额，不再进行换算。

（2）注意采用的施工方法

计算工程量时，应与采用的施工方法相一致，以便计算的工程量与施工的实际情况相符合。例如：挖土时是否放坡，是否增加工作面，坡度和工作面尺寸是多少；开挖方式是单独开挖、条形开挖，还是整片开挖等，不同的开挖方式，土方量相差是很大的。

（3）正确取用预算文件中的工程量

如果编制单位工程施工进度计划时，已编制出预算文件（施工图预算或施工预算），则工程量可从预算文件中抄出并汇总。例如：要确定施工进度计划中列出的"砌筑墙体"这一施工过程的工程量，可先分析它包括哪些施工内容，然后从预算文件中摘出这些施工内容的工程量，再将它们全部汇总即可求得。但是，施工进度计划中某些施工过程与预算文件的内容不同或有出入时（如计量单位、计算规则、采用的定额等），则应根据施工实际情况加以修改，调整或重新计算。

3. 套用施工定额

确定了施工过程及其工程量之后，即可套用施工定额（当地实际采用的劳动定额及机械台班定额），以确定劳动量和机械台班量。

在套用国家或当地颁发的定额时，必须注意结合本单位工人的技术等级、实际操作水平，施工机械情况和施工现场条件等因素，确定定额的实际水平，使计算出来的劳动量、机械台班量符合实际需要。

有些采用新技术、新材料、新工艺或特殊施工方法的施工过程，定额中尚未编入，这时可参考类似施工过程的定额、经验资料，按实际情况确定。

4. 计算劳动量及机械台班量

根据工程量及确定采用的施工定额，即可进行劳动量及机械台班量的计算。

（1）劳动量的计算

劳动量也称劳动工日数。凡是采用手工操作为主的施工过程，其劳动量均可按式（7-75）计算：

$$P_i = \frac{Q_i}{S_i} \text{ 或 } P_i = Q_i \times H_i \tag{7-75}$$

式中　P_i——某施工过程所需劳动量（工日）；

　　　Q_i——该施工过程的工程量（m^3、m^2、m、t 等）；

　　　S_i——该施工过程采用的产量定额（m^3/工日、m^2/工日、m/工日、t/工日等）；

　　　H_i——该施工过程采用的时间定额（工日/m^3、工日/m^2、工日/m、工日/t等）；

【例 7-12】　某砌体结构工程基槽人工挖土量为 $600m^3$，查劳动定额得产量定额为 $3.5m^3$/工日，计算完成基槽挖土所需的劳动量。

【解】
$$P = \frac{Q}{S} = \frac{600}{3.5} = 171 \text{ 工日}$$

当某一施工过程是由两个或或两个以上不同分项工程合并而成时，其总劳动量应按下式计算：

$$P_{总} = \sum_{i=1}^{n} P_i = P_1 + P_2 + \cdots + P_n$$

【例 7-13】　某钢筋混凝土基础工程，其支模板、扎钢筋、浇筑混凝土三个施工过程的工程量分别为 $600m^2$、$5t$、$250m^3$，查劳动定额其时间定额分别为 0.253 工日/m^2、5.28 工日/t、0.388 工日/m^3，试计算完成钢筋混凝土基础所需劳动量。

【解】

$$P_{模} = 600 \times 0.253 = 151.8 \text{工日}$$

$$P_{筋} = 5 \times 5.28 = 26.4 \text{工日}$$

$$P_{混凝土} = 250 \times 0.833 = 208.3 \text{工日}$$

$$P_{杯基} = P_{模} + P_{筋} + P_{混凝土} = 151.8 + 26.4 + 208.3 = 386.5 \text{工日}$$

当某一施工过程是由同一工种，但不同做法、不同材料的若干个分项工程合并组成时，应先按式（7-76）计算其综合产量定额，再求其劳动量。

$$\bar{S} = \frac{\sum_{i=1}^{n} Q_i}{\sum_{i=1}^{n} P_i} = \frac{Q_1 + Q_2 + \cdots + Q_n}{P_1 + P_2 + \cdots + P_n} = \frac{Q_1 + Q_2 + \cdots + Q_n}{\dfrac{Q_1}{S_1} + \dfrac{Q_2}{S_2} + \cdots + \dfrac{Q_n}{S_n}} \tag{7-76a}$$

$$\bar{H} = \frac{1}{\bar{S}} \tag{7-76b}$$

式中　　　$\bar{S}$——某施工过程的综合产量定额（m^3/工日、m^2/工日、m/工日、t/工日等）；

$\bar{H}$——某施工过程的综合时间定额（工日/m^3、工日/m^2、工日/m、工日/t 等）；

$\sum_{i=1}^{n} Q_i$——总工程量，（m^3、m^2、m、t 等）；

$\sum_{i=1}^{n} P_i$——总劳动量，（工日）；

Q_1、Q_2、$\cdots$、Q_n——同一施工过程的各分项工程的工程量；

S_1、S_2、$\cdots$、S_n——与 Q_1、Q_2、$\cdots$、Q_n 相对应的产量定额。

【例 7-14】　某工程，其外墙面装饰有外墙涂料、真石漆、面砖三种做法，其工程量分别是 $850.5m^2$、$500.3m^2$、$320.3m^2$；采用的产量定额分别是 $7.56m^2$/工日、$4.35m^2$/工日、$4.05m^2$/工日。计算它们的综合产量定额及外墙面装饰所需的劳动量。

【解】

$$\bar{S} = \frac{Q_1 + Q_2 + Q_3}{\dfrac{Q_1}{S_1} + \dfrac{Q_2}{S_2} + \dfrac{Q_3}{S_3}} = \frac{850.5 + 500.3 + 320.3}{\dfrac{850.5}{7.56} + \dfrac{500.3}{4.35} + \dfrac{320.3}{4.05}}$$

$$= \frac{1671.1}{112.5 + 115 + 79.1} = 5.45 m^2/\text{工日}$$

$$P_{外墙装饰} = \frac{\sum_{i=1}^{3} Q_i}{S} = \frac{1671.1}{5.45} = 303.6 \text{ 工日}$$

（2）机械台班量的计算

凡是采用机械为主的施工过程，可按式（7-77）计算其所需的机械台班数。

$$P_{机械} = \frac{Q_{机械}}{S_{机械}}$$

或

$$P_{机械} = Q_{机械} \times H_{机械} \tag{7-77}$$

式中　$P_{机械}$——某施工过程需要的机械台班数（台班）；

　　　$Q_{机械}$——机械完成的工程量（m^3、t、件等）；

　　　$S_{机械}$——机械的产量定额（m^3/台班、t/台班等）；

　　　$H_{机械}$——机械的时间定额（台班/m^3、台班/t 等）。

在实际计算中 $S_{机械}$ 或 $H_{机械}$ 的采用，应根据机械的实际情况、施工条件等因素考虑，结合实际确定，以便准确地计算需要的机械台班数。

【例 7-15】　某工程基础挖土采用 W-100 型反铲挖土机挖土，挖方量为 $2099m^3$，经计算采用的机械台班产量为 $120m^3$/台班。计算挖土机所需台班量。

【解】　　　　$P_{机械} = \dfrac{Q_{机械}}{S_{机械}} = \dfrac{2099}{120} = 17.49 \text{ 台班}$

取 18 个台班。

5. 计算确定施工过程的延续时间

施工过程持续时间的确定方法有三种：经验估算法、定额计算法和倒排计划法。

（1）经验估算法

经验估算法也称三时估算法，即先估计出完成该施工过程的最乐观时间、最悲观时间和最可能时间三种施工时间，再根据式（7-78）计算出该施工过程的延续时间。这种方法适用于新结构、新技术、新工艺、新材料等无定额可循的施工过程。

$$D = \frac{A + 4B + C}{6} \tag{7-78}$$

式中　A——最乐观的时间估算（最短的时间）；

　　　B——最可能的时间估算（最正常的时间）；

　　　C——最悲观的时间估算（最长的时间）。

（2）定额计算法

这种方法是根据施工过程需要的劳动量或机械台班量，以及配备的劳动人数或机械台数，确定施工过程持续时间，其计算公式如下：

$$D = \frac{P}{N \times R} \tag{7-79}$$

$$D_{机械} = \frac{P_{机械}}{N_{机械} \times R_{机械}} \tag{7-80}$$

式中　D——某手工操作为主的施工过程持续时间（天）；

P——该施工过程所需的劳动量（工日）；

R——该施工过程所配备的施工班组人数（人）；

N——每天采用的工作班制（班）；

$D_{机械}$——某机械施工为主的施工过程的持续时间（天）；

$P_{机械}$——该施工过程所需的机械台班数（台班）；

$R_{机械}$——该施工过程所配备的机械台数（台）；

$N_{机械}$——每天采用的工作台班（台班）。

从式（7-79）、式（7-80）可知，要计算确定某施工过程持续时间，除已确定的 P 或 $P_{机械}$ 外，还必须先确定 R、$R_{机械}$ 及 N、$N_{机械}$ 的数值。

要确定施工班组人数 R 或施工机械台班数及 $R_{机械}$，除了考虑必须能获得或能配备的施工班组人数（特别是技术工人人数）或施工机械台数之外，在实际工作中，还必须结合施工现场的具体条件、最小工作面与最小劳动组合人数的要求以及机械施工的工作面大小、机械效率、机械必要的停歇维修与保养时间等因素考虑，才能计算确定出符合实际可能和要求的施工班组人数及机械台数。

每天工作班制确定，当工期允许、劳动力和施工机械周转使用不紧迫、施工工艺上无连续施工要求时，通常采用一班制施工，在建筑业中往往采用 1.25 班即 10h。当工期较紧或为了提高施工机械的使用率及加快机械的周转使用，或工艺上要求连续施工时，某些施工过程可考虑二班甚至三班制施工。但采用多班制施工，必然增加有关设施及费用，因此，须慎重研究确定。

【例 7-16】　某工程基础混凝土浇筑所需劳动量为 536 工日，每天采用三班制，每班安排 30 人施工，试求完成混凝土垫层的施工持续时间。

【解】
$$D=\frac{P}{N \times R}=\frac{536}{3 \times 30}=5.96=6 \ 天$$

（3）计划倒排法

这种方法根据施工的工期要求，先确定施工过程的延续时间及工作班制，再确定施工班组人数（R）或机械台数（$R_{机械}$）。计算公式如下：

$$R = \frac{P}{N \times D} \tag{7-81}$$

$$R_{机械} = \frac{P_{机械}}{N \times D_{机械}} \tag{7-82}$$

式中符号同公式（7-79）、式（7-80）。

如果按式（7-81）、式（7-82）计算出来的结果，超过了本部门现有的人数或机械台数，则要求有关部门进行平衡、调度及支持，或从技术上、组织上采取措施。如组织平行立体交叉流水施工，提高混凝土早期强度及采用多班组、多班制的施工等。

【例 7-17】　某工程砌墙所需劳动量为 810 个工日，要求在 20 天内完成，采用一班制施工，试求每班工人数。

【解】
$$R=\frac{P}{N \times D}=\frac{810}{1 \times 20}=40.5 \ 人$$

取 R 为 41 人。

上例所需施工班组人数为 41 人，若配备技工 20 人，普工 21 人，其比例为 1：1.05，是否有这些劳动人数，是否有 20 个技工，是否有足够的工作面，这些都需经分析研究才能确定。现按 41 人计算，实际采用的劳动量为 41×20×1＝820 工日，比计划劳动量 810 个工日多 10 个工日，相差不大。

6. 初排施工进度（以横道图为例）

上述各项计算内容确定之后，即可编制施工进度计划的初步方案。一般的编制方法有：

（1）根据施工经验直接安排的方法

这种方法是根据经验资料及有关计算，直接在进度表上画出进度线。其一般步骤是：先安排主导施工过程的施工进度，然后再安排其余施工过程，它应尽可能配合主导施工过程并最大限度地搭接，形成施工进度计划的初步方案。总的原则应使每个施工过程尽可能早地投入施工。

（2）按工艺组合组织流水的施工方法

这种方法就是先按各施工过程（即工艺组合流水）初排流水进度线，然后将各工艺组合最大限度地搭接起来。

无论采用上述哪一种方法编排进度，都应注意以下问题：

1）每个施工过程的施工进度线都应用横道粗实线段表示（初排时可用铅笔细线表示，待检查调整无误后再加粗）；

2）每个施工过程的进度线所表示的时间（天）应与计算确定的延续时间一致；

3）每个施工过程的施工起止时间应根据施工工艺顺序及组织顺序确定。

（3）检查与调整施工进度计划

施工进度计划初步方案编出后，应根据与业主和有关部门的要求、合同规定及施工条件等，先检查各施工过程之间的施工顺序是否合理、工期是否满足要求、劳动力等资源消耗是否均衡，然后再进行调整，直至满足要求，正式形成施工进度计划。总的要求是在合理的工期下尽可能地使施工过程连续施工，这样便于资源的合理安排。

（三）编制资源需用量计划

单位工程施工进度计划编制确定以后，便可编制劳动力需要量计划；编制主要材料、预制构件、门窗等的需用量和加工计划；编制施工机具及周转材料的需用量和进场计划的编制。它们是做好劳动力与物资的供应、平衡、调度、落实的依据，也是施工单位编制施工作业计划的主要依据之一。以下简要叙述各计划表的编制内容及其基本要求。

1. 劳动力需要量计划

本表反映单位工程施工中所需要的各种技术工人、普工人数。一般要求按月分旬编制计划。主要根据确定的施工进度计划编制，其方法是按进度表上每天需要的施工人数，分工种进行统计，得出每天所需工种及人数，按时间进度要求汇总编出，其表格参见表 7-18。

劳动力需要量计划   表 7-18

序号	工种名称	人数	月			月			月		
			上旬	中旬	下旬	上旬	中旬	下旬	上旬	中旬	…

2. 主要材料需要量计划

这种计划是根据施工预算、材料消耗定额和施工进度计划编制的，主要反映施工过程中各种主要材料的需要量，作为备料、供料和确定仓库、堆场面积及运输量的依据，其表格参见表 7-19。

主要材料需要量计划   表 7-19

序号	材料名称	规格	需要量		需要时间						备注
			单位	数量	月			月			
					上旬	中旬	下旬	上旬	中旬	…	

3. 施工机具需要量计划

这种计划是根据施工预算、施工方案、施工进度计划和机械台班定额编制的，主要反映施工所需机械和器具的名称、型号、数量及使用时间，其表格参见表 7-20。

机具名称需要量计划   表 7-20

序 号	机具名称	型 号	单 位	需用数量	进退场时间	备 注

4. 预制构件需要量计划

这种计划是根据施工图、施工方案及施工进度计划要求编制的。主要反映施工中各种预制构件的需要量及供应日期，并作为落实加工单位以及按所需规格、数量和使用时间组织构件进场的依据，其表格参见表 7-21。

预制构件需要量计划   表 7-21

序 号	构件名称	编 号	规 格	单 位	数 量	要求进场时间	备 注

六、单位工程施工平面图

单位工程施工平面图是根据施工需要的有关内容对拟建工程的施工现场，按一定的规则而做出的平面和空间的规划。它是单位工程施工组织设计的重要组成部分。

（一）单位工程施工平面图设计的意义和内容

组织拟建工程的施工，施工现场必须具备一定的施工条件，除了做好必要的"三通一平"工作之外，还应布置施工机械、临时堆场、仓库、办公室等生产性和非生产性临时设施，这些设施均应按照一定的原则，结合拟建工程的施工特点和施工现场的具体条件，做出一个合理、适用、经济的平面布置和空间规划方案，并将这些内容表现在图纸上，从而形成单位工程施工平面图。

施工平面图设计是单位工程开工前准备工作的重要内容之一。它是安排和布置施工现场的基本依据，也是实现有组织、有计划和顺利地进行施工的重要条件，也是施工现场文明施工的重要保证。因此，合理地、科学地规划单位工程施工平面图，并严格贯彻执行，加强督促和管理，不仅可以顺利地完成施工任务，而且还能提高施工效率和效益。

应当指出：建筑工程施工由于工程性质、规模、现场条件和环境的不同，所选的施工方案、施工机械的品种、数量也不同。因此，施工现场要规划和布置的内容也有多有少，同时工程施工又是一个复杂多变的过程。它随着工程的不断展开，要规划和布置的内容逐渐增多；随着工程的逐渐收尾，材料、构件等逐渐消耗，施工机械、施工设施逐渐退场和拆除。因此，在整个工程的不同施工阶段，施工现场布置的内容也各有侧重且不断变化。所以，工程规模较大，结构复杂、工期较长的单位工程，应当按不同的施工阶段设计施工平面图，但要统筹兼顾。近期的应照顾远期的；土建施工的应照顾设备安装的；局部的应服从整体的。为此，在整个工程施工中，各协作单位应以土建施工单位为主，共同协商，合理布置施工平面，做到各得其所。

规模不大的砌体结构和框架结构工程，由于工期不长，施工也不复杂。因此，这些工程往往只要反映其主要施工阶段的现场平面规划布置，一般是考虑主体结构施工阶段的施工平面布置，当然也要兼顾其他施工阶段的需要。如砌体结构工程的施工，在主体结构施工阶段要反映在施工平面图上的内容最多，但随着主体结构施工的结束，现场砌块、构件等的堆场将空出来，某些大型施工机械将拆除退场，施工现场也就变得宽松了，但应注意是否增加砂浆搅拌机的数量和相应堆场的面积。

单位工程施工平面图一般包括以下内容：

（1）单位工程施工区域范围内，将已建的和拟建的地上的、地下的建筑物及构筑物的平面尺寸、位置标注出来，并标注出河流、湖泊等的位置和尺寸以及指北针、风玫瑰图等。

（2）拟建工程所需的起重机械、垂直运输设备、搅拌机械及其他机械的布置位置，起重机械开行的线路及方向等。

（3）施工道路的布置、现场出入口位置等。

（4）各种预制构件堆放及预制场地所需面积、布置位置；大宗材料堆场的面积、位置确定；仓库的面积和位置确定；装配式结构构件的就位位置确定。

（5）生产性及非生产性临时设施的名称、面积、位置的确定。

（6）临时供电、供水、供热等管线的布置；水源、电源、变压器位置确定；现场排水沟渠及排水方向的考虑。

（7）土方工程的弃土及取土地点等有关说明。

（8）劳动保护、安全、防火及防洪设施布置以及其他需要的布置内容。

（二）单位工程施工平面图设计依据和原则

在设计施工平面图之前，必须熟悉施工现场与周围的地理环境；调查研究、收集有关技术经济资料；对拟建工程的工程概况、施工方案、施工进度及有关要求进行分析研究。只有这样，才能使施工平面图设计的内容与施工现场及工程施工的实际情况相符合。

1. 单位工程施工平面图设计主要依据

（1）自然条件调查资料。如气象、地形、水文及工程地质资料等。主要用于：布置地面水和地下水的排水沟；确定易燃、易爆、沥青灶、化灰池等有碍人体健康的设施布置位置；安排冬、雨期施工期间所需设施的地点。

（2）技术经济条件调查资料。如交通运输、水源、电源、物资资源、生产和生活基地状况等的资料。主要用于：布置水、电、暖、煤、卫等管线的位置及走向；交通道路、施工现场出入口的走向及位置；临时设施搭设数量的确定。

（3）拟建工程施工图纸及有关资料。建筑总平面图上标明的一切地上、地下的已建工程及拟建工程的位置，这是正确确定临时设施位置，修建临时道路、解决排水等问题所必须的资料，以便考虑是否可以利用已有的房屋为施工服务或者是否拆除。

（4）一切已有和拟建的地上、地下的管道位置。设计平面布置图时，应考虑是否可以利用这些管道或者已有的管道对施工有妨碍而必须拆除或迁移，同时要避免把临时建筑物等设施布置在拟建的管道上面。

（5）建筑区域的竖向设计资料和土方平衡图。这对布置水、电管线、安排土方的挖填及确定取土、弃土地点很重要。

（6）施工方案与进度计划。根据施工方案确定的起重机械、搅拌机械等各种机具的数量，去考虑安排它们的位置；根据现场预制构件安排要求，作出预制场地规划；根据进度计划，了解分阶段布置施工现场的要求，并如何整体考虑施工平面布置。

（7）根据各种主要材料、半成品、预制构件加工生产计划、需要量计划及施工进度要求等资料，设计材料堆场、仓库等面积和位置。

（8）建设单位能提供的已建房屋及其他生活设施的面积等有关情况。以便决定施工现场临时设施的搭设数量。

（9）现场必须按有关生产作业场所的规模要求搭建，以便确定其面积和位置。

（10）其他需要掌握的有关资料和特殊要求。

2. 单位工程施工平面图设计原则

（1）在确保安全施工以及使现场施工能比较顺利进行的条件下，要布置紧凑，少占或不占农田，尽可能减少施工占地面积。

（2）最大限度缩短场内运距，尽可能减少二次搬运。各种材料、构件等要根据施工进度并保证能连续施工的前提下，有计划地组织分期分批进场，充分利用场地；合理安排生产流程，材料、构件要尽可能布置在使用地点附近，要通过垂直运输的尽可能布置在垂直运输机具附近，以求减少运距，达到节约用工和减少材料的损耗。

（3）在保证工程施工顺利进行的条件下，尽量减少临时设施的搭设。为了降低临时设施的费用，应尽量利用已有的或拟建的各种设施为施工服务；对必须修建的临时设施尽可能采用装拆方便的设施；布置时要不影响正式工程的施工，避免二次或多次拆建；各种临时设施的布置，应便于生产和生活。

（4）各项布置内容，应符合劳动保护、技术安全、防火和防洪的要求。为此，机械设备的钢丝绳、缆风绳以及电缆、电线与管道等要不妨碍交通，保证道路畅通；各种易燃库、棚（如木工、油毡、油料等）及沥青灶、化灰池应布置在下风向，并远离生活区；炸药、雷管要严格控制并由专人保管；根据工程具体情况，考虑各种劳保、安全、消防设施；在山区雨期施工时，应考虑防洪、排涝等措施，做到有备无患。

根据上述原则及施工现场的实际情况，尽可能进行多方案施工平面图设计。并从满足施工要求的程度；施工占地面积及利用率；各种临时设施的数量、面积、所需费用；场内各种主要材料、半成品（混凝土、砂浆等）、构件的运距和运量大小；各种水电管线的敷设长度；施工道路的长度、宽度；安全及劳动保护是否符合要求等进行分析比较，选择出合理、安全、经济、可行的布置方案。

（三）单位工程施工平面图设计步骤

1. 确定起重机械的位置

起重机械的位置直接影响仓库、堆场、砂浆和混凝土搅拌站的位置，以及道路和水、电线路的布置等。因此应予以首先考虑。

布置固定式垂直运输设备，例如井架、龙门架、施工电梯等，主要根据机械性能、建筑物的平面和大小、施工段的划分、材料进场方向和道路情况而定。其目的是充分发挥起重机械的能力并使地面和楼面上的水平运距最小。一般说来，当建筑物各部位的高度相同时，布置在施工段的分界线附近；当建筑物各部位的高度不同时，布置在高低分界线处。这样布置的优点是楼面上各施工段水平运输互不干扰。若有可能，井架、龙门架、施工电梯的位置，以布置在建筑的窗洞口处为宜，以避免砌墙留槎和减少井架拆除后的修补工作。固定式起重运输设备中卷扬机的位置不应距离起重机过近，以便司机的视线能够看到起重机的整个升降过程。

塔式起重机有行走式和固定式两种，行走式起重机由于其稳定性差已经逐渐淘汰。塔吊的布置除了应注意安全上的问题以外，还应该着重解决布置的位置问题。建筑物的平面应尽可能处于吊臂回转半径之内，以便直接将材料和构件运至任何施工地点，尽量避免出现"死角"（图7-57）。塔式起重机的安装位置，主要取决于建筑物的平面布置、形

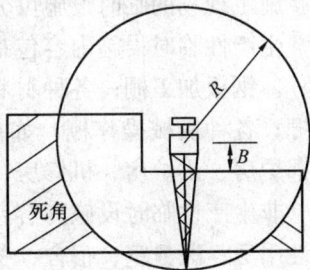

图7-57 塔吊布置方案

307

状、高度和吊装方法等。塔吊离建筑物的距离（B）应该考虑脚手架的宽度、建筑物悬挑部位的宽度、安全距离、回转半径（R）等内容。

2. 确定搅拌站、仓库和材料、构件堆场以及工厂的位置

（1）搅拌站、仓库和材料、构件堆场的位置应尽量靠近使用地点或在起重机起重能力范围内，并考虑到运输和装卸的方便。

1）建筑物基础和第一施工层所用的材料，应该布置在建筑物的四周。材料堆放位置应与基槽边缘保持一定的安全距离，以免造成基槽土壁的塌方事故。

2）第二施工层以上所用的材料，应布置在起重机附近。

3）砂、砾石等大宗材料应尽量布置在搅拌站附近。

4）当多种材料同时布置时，对大宗的、重大的和先期使用的材料，应尽量在起重机附近布置；少量的、轻的和后期使用的材料，则可布置的稍远一些。

5）根据不同的施工阶段使用不同材料的特点，在同一位置上可先后布置不同的材料。

（2）根据起重机械的类型，搅拌站、仓库和堆场位置又有以下几种布置方式：

1）当采用固定式垂直运输设备时，须经起重机运送的材料和构件堆场位置，以及仓库和搅拌站的位置应尽量靠近起重机布置，以缩短运距或减少二次搬运；

2）当采用塔式起重机进行垂直运输时，材料和构件堆场的位置，以及仓库和搅拌站出料口的位置，应布置在塔式起重机的有效起重半径内；

3）当采用无轨自行式起重机进行水平和垂直运输时，材料、构件堆场、仓库和搅拌站等应沿起重机运行路线布置。且其位置应在起重臂的最大外伸长度范围内。

木工棚和钢筋加工棚的位置可考虑布置在建筑物四周以外的地方，但应有一定的场地堆放木材、钢筋和成品；石灰仓库和淋灰池的位置要接近砂浆搅拌站并在下风向；沥青堆场及熬制锅的位置要离开易燃仓库或堆场，并布置在下风向。

3. 运输道路的布置

运输道路的布置主要解决运输和消防两个问题。现场主要道路应尽可能利用永久性道路的路面或路基，以节约费用。现场道路布置时要保证行驶畅通，使运输工具有回转的可能性。因此，运输线路最好绕建筑物布置成环形道路，道路宽度大于 3.5m。

4. 临时设施的布置

（1）临时设施分类、内容

施工现场的临时设施可分为生产性与非生产性两大类。

生产性临时设施内容包括：在现场加工制作的作业棚，如木工棚、钢筋加工棚、薄钢板加工棚；各种材料库、棚，如水泥库、油料库、卷材库、沥青棚、石灰棚；各种机械操作棚，如搅拌机棚、卷扬机棚、电焊机棚；各种生产性用房，如锅炉房、烘炉房、机修房、水泵房、空气压缩机房等；其他设施，如变压器等。

非生产性临时设施内容包括：各种生产管理办公用房、会议室、文娱室、福利性用房、医务室、宿舍、食堂、浴室、开水房、警卫传达室、厕所等。

（2）单位工程临时设施布置

布置临时设施，应遵循使用方便、有利施工、尽量合并搭建、符合防火安全的原则；同时结合现场地形和条件、施工道路的规划等因素分析考虑它们的布置。各种临时设施均不能布置在拟建工程（或后续开工工程），拟建地下管沟、取土、弃土等地点。

各种临时设施尽可能采用活动式、装拆式结构或就地取材。施工现场范围应设置临时围墙、围网或围笆。

5. 布置水电管网

（1）施工用临时给水管，一般由建设单位的干管或施工用干管接到用水地点。布置有枝状、环状和混合状等方式，应根据工程实际情况从经济和保证供水两个方面去考虑其布置方式。管径的大小、龙头数目根据工程规模由计算确定。管道可埋置于地下，也可铺设在地面上，视气温情况和使用期限而定。工地内要设消火栓，消火栓距离建筑物应不小于5m，也不应大于25m，距离路边不大于2m。条件允许时，可利用城市或建设单位的永久消防设施。有时，为了防止供水的意外中断，可在建筑物附近设置简易蓄水池，储存一定数量的生产和消防用水。如果水压不足时，尚应设置高压水泵。

（2）为了便于排除地面水和地下水，要及时修通永久性下水道，并结合现场地形在建筑物四周设置排泄地面水和地下水的沟渠。

（3）施工中的临时供电，应在全工地性施工总平面图中一并考虑。只有独立的单位工程施工时才根据计算出的现场用电量选用变压器或由业主原有变压器供电。变压器的位置应布置在现场边缘高压线接入处，但不宜布置在交通要道出入口处。现场导线宜采用绝缘线架空或电缆布置。

七、单位工程施工组织设计实例

某办公楼工程施工组织设计：

（一）工程概况

本工程是集现代管理和先进技术装备于一体的智能型建筑，位于省府所在地。东临将军路，西遥市府大院，南对科协办公楼，北接中医院。

1. 工程设计情况

本工程由主楼和辅房两部分组成，建筑面积13779m²，投资约5000多万元。主楼为9层、11层，局部12层。坐北朝南，南侧有突出的门厅；东侧辅房是三层的沿街餐厅、轿车库和门卫用房，与主楼垂直衔接；主楼地下室是人防、500t水池和机房；广场地下是地下车库；北面是消防通道；南面是7m宽的规划道路及主要出入口。室内±0.00，相当于黄海高程4.7m。现场地面平均高程约3.7m。

主楼是7度抗震设防的框架—剪力墙结构，柱网分7.2m×5.4m、7.2m×5.7m两种；φ800、φ1100、φ1200大孔径钻孔灌注桩基础，混凝土强度等级C25；地下室底板厚600mm，外围墙厚400mm，层高有3.45m和4.05m两种；一层层高有2.10m、2.60m、3.50m。标准层层高3.30m，十一层层高5.00m；外墙围护结构采用混凝土小型砌块填充，内墙用轻质泰柏板分隔；楼、屋面板除现浇混凝土外，其余均采用预应力薄板上现浇厚度不同的钢筋混凝土的叠合板。辅房采用

ϕ500 水泥搅拌桩复合地基，与主楼衔接处设宽 150mm 沉降缝。

设备情况：给水排水、消防、电气均按一类高层建筑设计，水源采用了市政和省府行政二路供水，两个消防给水系统，大楼采用顶喷、侧喷和地下室满堂喷方式的自动喷淋系统；双向电源供电，配变电所设在主楼底层；冷暖两用中央空调；接地、防雷利用基础主筋并与大楼接地系统融为一体。

室外管线：水源在东北和西南角，分别从市政给水管和省府行政供水管接入，同雨水管一样绕建筑四周埋设。污水管经化粪池沿北侧东西向敷设。雨水、污水均在东北角引入市政管道网。

2. 工程特点

（1）本工程选用了大量轻质高强、性能好的新型材料，装饰上粗犷、大方和细腻相结合的手法恰到好处，表现了不同的质感和风韵。

（2）地基处于含水量大、力学性能差的淤泥质黏土层，且下卧持力层较深；基坑的支护处于淤泥质黏土层中，这将使基坑支护的难度和费用增加，加上地下室的占地面积大、范围广，导致施工场地狭窄，难以展开施工。

（3）主要实物量：钻孔灌注桩 2521m³，水泥搅拌桩 192m³，围护设施 250m，防水混凝土 1928m³，现浇混凝土 3662m³，屋面 1706m²，叠合板 12164m²，门窗 1571m²，填充墙 10259m²，吊顶 3018m²，楼地面 16220m²。

3. 施工条件分析

（1）施工工期目标

合同工期 580 天，比国家定额工期（900 天），提前 35.6% 交付使用。

（2）施工质量目标

确保市级优质工程，争创优质工程。

（3）施工力量及施工机械配置

本工程属省重点工程，它的外形及内部结构复杂、技术要求高、工期紧。因此如何使人、材、机在时间空间上得到合理安排，以达到保质、保量、安全、如期地完成施工任务，是这个工程施工的难点，为此采取以下措施：

1）公司成立重点工程领导小组，由分公司经理任组长，每星期召开一次生产调度会，及时解决进度、资金、质量、技术、安全等问题。

2）实行项目法施工，从工区抽调强有力的技术骨干组成项目管理班子和施工班组。

①项目管理班子主要成员名单见表 7-22。

②劳动力配置详见劳动力计划表，见表 7-24。

项目管理班子主要成员　　　　　　　　　　　　表 7-22

岗　位	姓　名	职　称	岗　位	姓　名	职　称
项目经理		工程师	质安员		助理工程师
技术负责人		高级工程师	材料员		工程师
土建施工员		高级工程师	暖通施工员		高级工程师
水电施工员		工程师			

分公司保证基本人员 100 人，各个技术岗位关键班组均派本公司人员负责，其余劳动力缺口，从江西和四川调集，劳务合同已经签订。

③做好施工准备以便早日开工。

（二）施工方案

1. 总体安排

本工程是一项综合性强、功能多，建筑装饰和设备安装要求较高，按一类建筑设计的项目。因此承担此项任务时，我们调配了一批年富力强、经验丰富的施工管理人员组成现场管理班子，周密计划、科学安排、严格管理、精心组织施工，安排好各专业、各工种的配合和交叉流水作业；同时组织一大批操作技能熟练、素质高的专业技术工人，发扬求实、创新、团结、拼搏的企业精神，公司优先调配施工机械器具，积极引进新技术、新装备和新工艺，以满足施工需要。

2. 施工顺序

本工程施工场地狭窄，地基上还残留着老基础及其他障碍物，因此应及时清除，并插入基坑支护及塔吊基础处理的加固措施，积极拓宽工作面，以减少窝工和返工损失，从而加快工程进度缩短工期。

（1）施工阶段的划分

工程分为基础、主体、装修、设备安装和调试工程四个阶段。

（2）施工段的划分

基础、主体主楼工程分两段施工，辅房单列不分段。

3. 主要项目施工顺序、方法及措施

（1）钻孔灌注桩

本工程地下水位高，在地表以下 0.15～1.19m 之间，大都在地表下 0.60m 左右。地表以下除 2m 左右的填土和 1～2m 的粉质黏土外，以下均为淤泥质土，天然含水量大，持力层设在风化的凝灰岩上。选用 GZQ-800 和 GZC-1250 潜水电钻成孔机，泥浆护壁，其顺序从左至右进行。

1）工艺流程：

定桩位→挖桩坑埋设护套→钻机就位→钻头对准桩心地面→空转→钻入土中泥浆护壁成孔→清孔→钢筋笼→下导管→二次清孔→灌注水下混凝土→水中养护成桩清理桩头。

现场机械搅拌混凝土，骨料最大粒径 4cm，强度等级 C25，掺用减水剂，坍落度控制在 18cm 左右，钢筋笼用液压式吊机从组装台分段吊运至桩位，先将下段挂在孔内，吊高第二段进行焊接，逐段焊接逐段放下，混凝土用机动翻斗车或吊机吊运至灌注桩位，以加快施工速度。浇筑高度控制在-3.4m 左右，保证凿除浮浆后，满足桩顶标高和质量要求，同时减少凿桩量和混凝土的耗用。

2）主要技术措施：

①笼式钻头进入凝灰岩持力层深度不小于 500mm，对于淤泥质土层最大钻进速度不超过 1m/min。

②严格控制桩孔、钢筋笼的垂直度和混凝土浇筑高度。

③混凝土连续浇灌，严禁导管底端提出混凝土面。浇筑完毕后封闭桩孔。

④成孔过程中勤测泥浆比重，泥浆比重保持在 1.15 左右。

⑤当发现缩颈、坍孔或钻孔倾斜时，采用相应的有效纠偏措施。

⑥按规定或建设、设计单位意见进行静载和动载测试试验。

（2）土方开挖

1）基坑支护：基坑支护采用水泥搅拌桩，深 7.5m，两桩搭接 10cm，沿基坑外围封闭布置。

2）施工段划分及挖土方法：地下室土方开挖，采用 W1-100 型反铲挖土机与人工整修相结合的方法进行。根据弃土场的距离组织相应数量的自卸式汽车外运。

3）排水措施：基底集水坑，挖至开挖标高以下 1.2m，四周用水泥砂浆和砖砌筑，采用潜水泵抽水，经橡胶水管引入市政雨水井内，疏通四周地面水沟，排水引入雨水井内，避免地表水流入基坑。

4）其他事项：机械挖土容易损坏桩体和外露钢筋，开挖时事先做好桩位标志，采用小斗开挖，并留 40cm 的浮土，用人工整修至开挖深度。汽车在松土上行驶时，应事先铺 30cm 以上石碴。

（3）地下室防水混凝土

1）地基土：地下室筏板基础下卧在淤泥质黏土层上，天然含水量为 29.6%，承载力 140kPa，地下水位高。

2）设计概况：筏板基础分为两大块，一块是车库部分，面积 1115m²，另一块 1308m²，为水池、泵房、进风、排烟机房，板厚 600mm。两块底板之间设沉降缝彼此隔开。地下室外墙厚 350～400mm，内墙厚 300～350mm，兼有承重、围护抵御土主动压力和防渗的功能。

3）防水混凝土的施工：

①施工顺序及施工缝位置的确定。

按平面布置特点分为两个施工段，每一施工段的筏板基础连续施工，不留施工缝，在板与外墙交界线以上 200mm 高度，设置水平施工缝，采用钢板止水带，P_6 抗渗混凝土并掺 UEA 膨胀剂浇捣。

②采用商品混凝土，提高混凝土密实度。

a. 增加混凝土的密实度，是提高混凝土抗渗的关键所在，除采取必需的技术措施以外，施工前还应对振捣工进行技术交底，提高质量意识。

b. 保证防水混凝土组成材料的质量：使用质量稳定的生产厂商提供的水泥；采用粒径小于 40mm，强度高且具有连续级配，含泥量少于 1% 的石子；采用中粗砂。

③掺用水泥用量 5%～7% 的粉煤灰，0.15%～0.3% 的减水剂，5% 的 UEA。

④根据施工需要，采用的特殊防水措施：预埋套管支撑；止水环对拉螺栓；钢板止水带；预埋件防水装置；适宜的沉降缝。

（4）结构混凝土

1）模板：本工程主楼现浇混凝土主要有地下室、水池防水混凝土、现浇混凝土框架、电梯井剪力墙及部分楼地面，具有工程量大、工期紧、模板周转快的特点，拟订选用以早拆型钢木竹结构体系模板为主，组合钢模和木模板为辅的模板体系。

2) 细部结构模板：为了提高细部工程（梁、板之间，梁、柱之间，梁、墙之间）的质量，达到顺直、方正、平滑连接的要求，在以上部位，附加特殊加工的薄钢板，同时改进预埋件的预埋工艺。

3) 抗震拉筋：本工程为 7 度一级抗震设防，根据抗震设计规范，选用拉筋预埋件专用模板。

4) 垂直运输：垂直运输选用 QTZ40C 自升式塔吊，塔身截面 1.4m×1.4m，底座 3.8m×3.8m，节距 2.5m，附着式架设于电梯井北侧，最大起升高度 120m，最大起重量 4t，最大幅度 42m，最大幅度时起重量 0.965t，本塔吊在 8m、17m、24m、31m 标高处附着在主楼结构部位。

同时搭设 SCDl20 施工升降机一台、八立柱扣件式钢管井架两台于主楼南侧，用作小型工具、材料的垂直运输，其位置见施工现场布置平面图（图 7-60）。

5) 钢筋：

①材料：选用正规厂家生产的钢材。钢材进场时有出厂合格证或试验报告单，检验其外观质量和标牌，进场后根据检验标准进行复试，合格后加工成型。

②加工方法：采用机械调直切断，机械和人工弯曲成型相结合。

③钢筋接头：采用 UNl00、100kVA 闪光对焊机、电渣压力焊、局部采用交流电弧焊。

6) 施工缝及沉降缝：

①地下室筏式底板：施工缝设在距底板上表面 200mm 高度处的墙体上。每个施工段内的底板及板上 200mm 高度以内的围护墙和内隔墙（约 700m³），均一次性纵向推进，连续分层浇筑。

②地下围护墙：一次浇筑高度为 3.0～3.30m 左右，外墙实物量约 1321m³，内墙实物量约 24～30m³，分四个作业面分层连续浇筑。水池壁一次成型。

③框架柱：在楼面和梁底设水平施工缝。为保证柱的正确位置，减少偏移，在各柱的楼板面标高处，用预埋钢筋方法，固定柱子模板。

④现浇楼板：叠合板的现浇部分混凝土，单向平行推进。

⑤剪力墙：水平施工缝按结构层留置，一般不设垂直施工缝。如遇特殊情况，在门窗洞口的 1/3 处或纵横墙交接处设垂直施工缝。

⑥施工缝的处理：在施工缝处继续浇筑混凝土时，已浇筑的混凝土抗压强度不应小于 $1.2N/mm^2$，同时需经一些方法处理：a. 清除垃圾、表面松动砂石和软弱混凝土，并加以凿毛，用压力水冲洗干净并充分湿润，清除表面积水。b. 在浇筑前，水平施工缝先铺上 15～20mm 厚的水泥砂浆，其配合比与混凝土内的砂浆成分相同。c. 受动力作用的设备基础和防水混凝土结构的施工缝应采取相应的附加措施。

7) 混凝土浇筑、拆模、养护：

①浇筑：浇筑前应清除杂物、游离水。防水混凝土倾落高度不超过 1.5m，普通混凝土倾落高度不超过 2m。分层浇筑厚度控制在 300～400mm 之间，后一层混凝土应在前一层混凝土浇筑后 2h 以内进行。根据结构截面尺寸、钢筋密集程度分

313

别采用不同直径的插入式振动棒及平板式、附着式振动机械，地下室、楼面混凝土采用混凝土抹光机（HM-69）HZJ-40真空吸水技术，降低水灰比、增加密实度、提高早期强度。

②拆模：防水混凝土模板的拆除应在防水混凝土强度超过设计强度等级的70％以后进行。混凝土表面与环境温差不超过15℃，以防止混凝土表面产生裂缝。

③养护：根据季节环境、混凝土特性，采用薄膜覆盖、草包覆盖、浇水养护等多种方法。养护时间：防水混凝土在混凝土浇筑后4～6h进行正常养护，持续时间不小于14天，普通混凝土养护时间不小于7天。

（5）小型砌块填充墙

本工程砌体分细石混凝土小型砌块外墙与泰柏板内墙（由厂家安装）两种。

细石混凝土小型砌块，砌体施工按《砌块工程施工规程》进行，其工艺流程如图7-58所示。

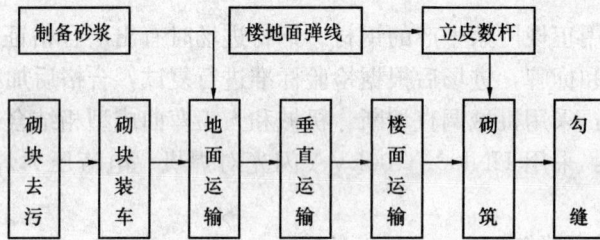

图7-58 砌体施工工艺流程

1）施工要点：

①砌块排列必须根据砌块尺寸和垂直灰缝宽度、水平灰缝厚度计算砌块砌筑皮数和排数，框架梁下和错缝不足一个砌块时，应用砖块或实心辅助砌块楔紧。

②上下皮砌块应孔对孔、肋对肋、错缝搭砌。

③对设计规定或施工所需要的孔洞口、管道、沟槽和预埋件或脚手眼等应在砌筑时预留、预埋或将砌块孔洞朝内侧砌。不得在砌筑好的砌体上打洞、凿槽。

④砌块一般不需浇水湿润，砌体顶部要覆盖防雨，每天砌筑高度不超过1.8m。

⑤框架柱的2ϕ6拉筋，应埋入砌体内不小于600mm。

⑥砌筑时应底面朝上砌筑，灰缝宽（厚）度8～12mm，水平灰缝的砂浆饱满度不小于90％，垂直灰缝的砂浆饱满度不小于80％。

⑦砂浆稠度控制在5～7cm之间，加入减水剂，在4h以内使用完毕。

2）其他措施：砌块到场后应按有关规定做质量、外观检验，并附有28天强度试验报告，还要按规定抽样。

（6）主体施工阶段施工测量

使用S3水准仪进行高程传递，实行闭合测设路线进行水准测量，埋设施工用水准基点，供工程沉降观测，楼房高程传递，使用进口的GTS-301全站电子速测仪进行主轴线检测。

1）水准基点，主轴线控制的埋设：水准基点，在建筑物的四角埋设四点；沉降观测点埋设于有特性意义的框架柱±0.00～0.200m处；平面控制点拟定在①轴、⑮轴和Ⓐ轴、Ⓙ轴的南侧、西侧延长线上布设，形成测量控制网；沉降点构造按规范设置。

2）楼层高程传递，楼层施工用高程控制点分别设于三道楼梯平台上，上下楼层的六个水准控制点，测设时采用闭合双路线。

（7）珍珠岩隔热保温层、SBS防水屋面

1）珍珠岩保温层，待屋面承重层具备施工强度后，按水泥：膨胀珍珠岩为1∶2左右的比例加适当的水配制而成，稠度以外观松散、手捏成团不散、只能挤出少量水泥浆为宜，本工程以人工抹灰法进行。

2）施工要点：

①基层表面应事先洒水湿润。

②保温层平面铺设，分仓进行。铺设厚度为设计厚度的1.3倍，刮平轻度拍实、抹平，其平整度用2m直尺检查，预埋通气孔。

③在保温层上先抹一层7～10mm厚的1∶2.5水泥砂浆，养护一周后铺设SBS卷材。

④SBS卷材施工选用FL-5型胶粘剂，再用明火烘烤铺贴。

⑤开卷清除卷材表面隔离物后，先在天沟、烟道口、水落口等薄弱环节处涂刷胶粘剂，铺贴一层附加层。再按卷材尺寸从低处向高处分块弹线，弹线时应保证有10cm的重叠尺寸。

⑥涂刷胶粘剂厚薄要一致，待内含溶剂挥发后开始铺贴SBS卷材。

⑦铺贴采用明火烘烤推滚法，用圆辊筒滚平压紧，排除其间空气，消除皱折。

（8）装修

当楼面采用叠合式现浇板时，内装修可视天气情况与主体结构交替插入，以促进提前竣工，当提前插入装修时，施工层以上必须达到防水要求和足够的强度。

1）施工顺序，总体上应遵循先屋面、后楼层，自上而下的原则。

①按使用功能：自然间→走道→楼梯间。

②按自然间：顶棚→墙面→楼地面。

③按装修分类：一级抹灰→装饰抹灰→油漆、涂料、裱糊、玻璃→专业装修。

④按操作工艺：在基层符合要求后，阴阳角找方→设置标筋→分层赶平→面层→修整→表面压光。要求表面光滑、洁净、色泽均匀，线角平直、清晰、美观、无抹纹。

2）施工准备及基层处理要求：

①除了对机具、材料作出进出场计划外，还要根据设计和现场特点，编制具体的分项工程施工方案，制定具体的操作工艺和施工方法，进行技术交底，做好样板房。

②对结构工程以及配合工种进行检查，对门窗洞口尺寸、标高、位置，顶棚、墙面、预埋件、现浇构件的平整度着重检查核对，及时做好相应的弥补或整修。

③检查水管、电线、配电设施是否安装齐全，对水暖管道做好压力试验。

④对已安装的门窗框，采取成品保护措施。

⑤砌体和混凝土表面凹凸大的部位应凿平或用1∶3水泥砂浆补齐；太光的要凿毛或用界面剂涂刷；表面有砂浆、油渍污垢等应清除干净（油、污严重时，用10％碱水洗刷），并浇水湿润。

⑥门窗框与立墙接触处用水泥砂浆或混合砂浆（加少量麻刀）嵌填密实，外墙部位打发泡剂。

⑦水、暖通风管道口通过的墙孔和楼板洞，必须用混凝土或1∶3水泥砂浆堵严。

⑧不同基层材料（如砌块与混凝土）交接处应铺钢丝网，搭接宽度不得小于10cm。

⑨预制板顶棚抹灰前用1∶0.3∶3水泥石灰砂浆将板缝勾实。

（三）施工进度

1. 施工进度计划

根据各阶段进度绘制施工进度控制网络计划，见图7-59。

2. 施工准备

（1）调查研究有关的工程、水文地质资料和地下障碍物，清除地下障碍物。

（2）定位放样，放置必要的测量标志，建立测量控制网。

（3）钻孔灌注桩施工的同时，插入基坑支护、塔吊基础加固，做好施工现场道路及明沟排水工作。

（4）根据建设单位已经接通的水、电源，按桩基、地下室和主体结构阶段的施工要求延伸水、电管线。

（5）临时设施，见表7-23。主体施工阶段，即施工高峰期，除了利用部分应予拆除，可暂缓拆除的旧房作临设外，还可以利用建好的地下室作职工临时宿舍。

（6）按地质资料、施工图，做好施工准备；根据施工进程及时调整相应的施工方案。

（7）劳动力调度，各主要阶段的劳动力计划用量见表7-24。

（8）主要施工机具见表7-25。

（9）材料供应计划见表7-26。

临 设 一 览 表　　　　表7-23

名　称	计算量	结构形式	建筑面积（m²）	备　注
钢筋加工棚	40人	敞开式竹（钢）结构	24×5=120	3m²/人在旧房加宽
木工加工棚	60人	敞开式竹（钢）结构	24×5=120	2m²/人
职工宿舍	200人	二层装配式活动房	6×3×10×2=360	双层床通铺
职工食堂	200人	利用旧房屋加设砌体结构工棚	12×5=60	
办公室	23人	二层装配式活动房	6×3×6×2=216	
拌和机棚	2台	敞开钢棚	12×7=84	
厕所		利用现有旧厕所	4×5×2=40	高峰期另行设置
水泥散装库	20t×2	成品购入	用地2.5×2.5×2=12.5	

316

劳动力计划表　　　　　　　　　　　　　表 7-24

专业工种	基础		主体		装修	
	人数	班组	人数	班组	人数	班组
木工	43	2	77	4	20	1
钢筋工	24	1	40	2		
泥工（混凝土）	37	2	55	2		
（瓦工）					24	1
（抹灰）					56	3
架子工	4	1	12	1		
土建电工	2	1	4	1	2	1
油漆工					18	1
其他	3	1	6	1	3	
小计	113		194		123	

注：表中砌体工程列入装修。

主要施工机具一览表　　　　　　　　　　　表 7-25

序号	机具名称	规格型号	单位	数量	备注
1	潜水钻孔打桩机	电动式 30×2kW	台	1	备 φ800、φ100、φ1100 钻头
2	泥浆泵（灰浆泵）	直接作用式 HB6-3	台	1	
3	污水泵		台	1	备用
4	砂石泵	与钻机配套	台	1	泵举反循环排渣时
5	单斗挖掘机	W1-60、W2-100	台	1	地下室掘土
6	自卸汽车	QD351 或是 QD352	辆	另行组合	根据弃土运距实际组合
7	水泥搅拌机	JZC350	台	2	
8	履带吊或汽车吊	W1-50 型或 QL3-16	台	2	吊钢筋笼
9	附着式塔吊	QTZ40C	台	1	
10	钢筋对焊机	UN100（100kVA）	台	1	
11	钢筋调直机	CT4-1A	台	1	
12	钢筋切割机	GQ40	台	1	
13	单头水泥搅拌桩机		台	2	用于围护桩
14	钢筋弯曲机	GW32	台	1	
15	剪板机	Q1-2020×2000	台	1	
16	交流电焊机	BS1-33021kVA	台	1	
17	交流电焊机	轻型	台	2	
18	插入式振动器	V30、V38、V48、V60	台	7	其中 4 台 V-48
19	平板式振动器		台	2	
20	真空吸水机	ZF15、22	台	1	
21	混凝土抹光机	HZJ-40	台	1	
22	潜水泵	扬程 20m、15m³/h	台	3	备用 1 台
23	蛙式打夯机	HW60	台	1	
24	压刨	MB403 B300mm	台	1	
25	木工平刨	M506 B600mm	台	2	
26	圆盘锯	MJ225φ500、φ300	台	2	

续表

序号	机具名称	规格型号	单位	数量	备 注
27	多用木工车床		台	1	
28	弯管机	W27-60	台	1	
29	手提式冲击钻	BCSZ、SB4502	台	5	
30	钢管	$\phi48$	吨	110	挑脚手 50t, 安全网 10t, 支撑 100t
31	井架（含卷扬机）	3.5×27.5kW	台	2	
32	人力车	100kg	辆	20	
33	安全网	10cm×10cm 目, 宽 3m	m²	2000	
34	钢木竹楼板模板体系	早拆型	m²	2400	
35	安全围护	宽幅编织布（VA）	m	2000	
36	竹脚手片	800mm×1200mm	片	2500	
37	电渣压力焊	14kW	台	1	
38	灰浆搅拌机	UJZ-200	台	2	
39	混凝土搅拌机	350L	台	1	

材料供应计划表   表 7-26

材料名称	数量（t）	其中：桩基工程（t）	基础、地下室、主体及装修（t）
32.5 级硅酸盐水泥	6100	710	5390
钢筋	1006	78	928
其中：$\phi6$	105	20	85
$\phi8$	33	15	18
$\phi10$	123		123
$\phi12$	84		84
$\phi14$	22	15.8	6.2
$\phi16$	225		225
$\phi18$	129	13.1	115.9
$\phi20$	132	29	103
$\phi22$	98		98
$\phi24$	55		55

注：1. 表列两种材料不包括支护及其他施工技术措施耗用量；

2. 桩基工程两种材料，水泥在开工前一个月提供样品 20t，开工前 5 天后陆续进场，钢筋在开工前 10 天进场；

3. 基础地下室工程两种材料，水泥开工后第 40 天陆续进场，钢筋在开工后陆续进场；

4. 主体、装修工程两种材料，开工后按提前编制的供应计划组织进场。

（四）施工平面布置图

1. 施工用电

施工机械及照明用电的测算，建设单位应向施工单位提供 315kVA 的配电变压器，用电量规格为 380/220V，导线布置详见图 7-60。

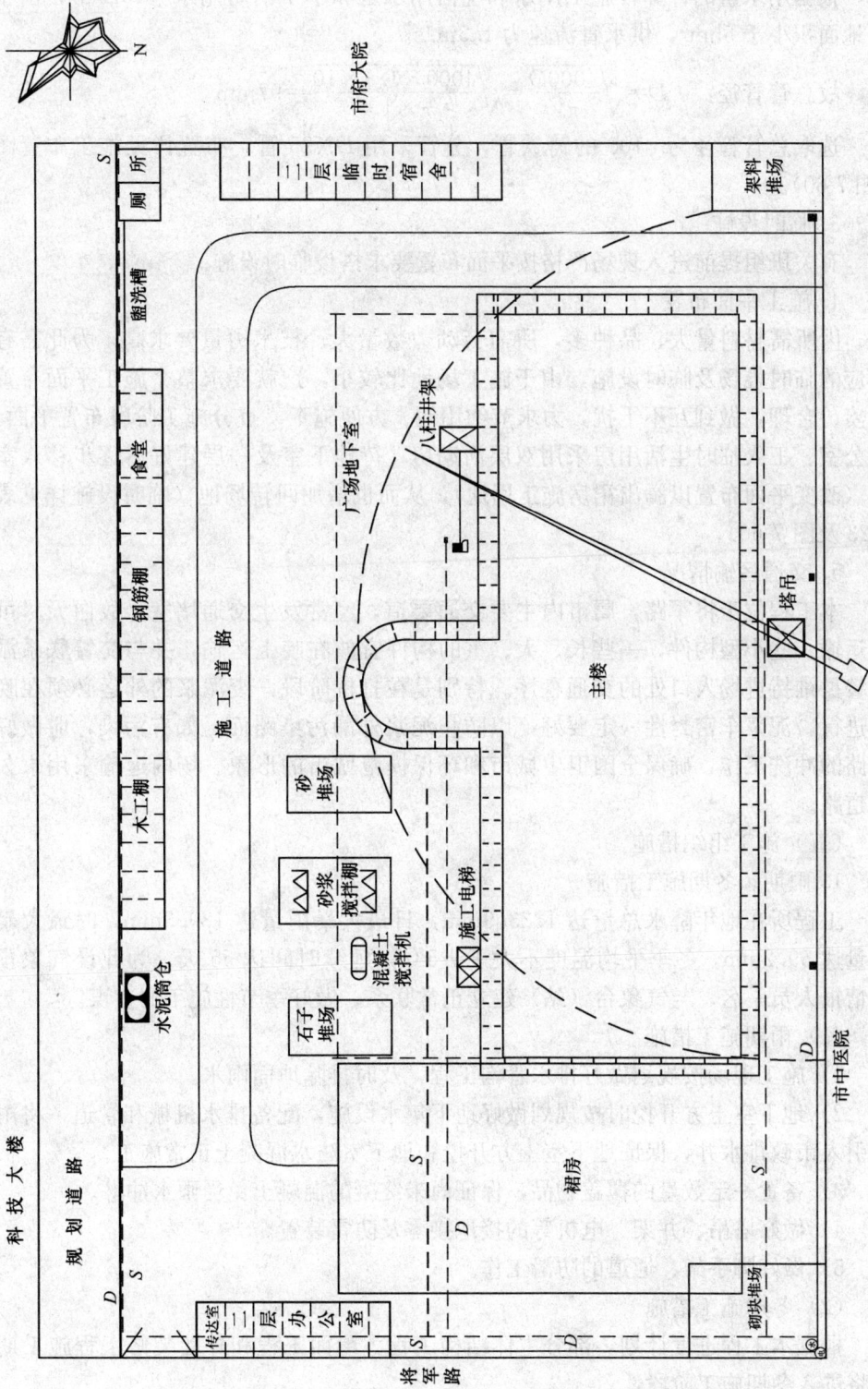

图 7-60　某工程施工现场平面布置图 1：400

2. 施工用水

根据用水量的计算，施工用水和生活用水之和小于消防用水（10L/s），由于占地面积小于 5hm²，供水管流速为 1.5m/s。

故总管管径：　　$D=\sqrt{\dfrac{4000Q}{\pi V}}=\sqrt{\dfrac{4000\times1.1\times10}{\pi\times1.5}}=97\text{mm}$

选取总管管径为 $\phi100$ 的铸铁管，分管采用 $DN25$ 管，布置详见施工布置图（图 7-60）。

3. 临时设施

有关班组提前进入现场严格按平面布置要求搭设临时设施。

4. 施工平面布置

因所需材料量大、品种多，所需劳动力数量大、技术力量要求高，为此需有相应的临时堆场及临时设施，由于施工场地比较小，这就要求整个施工平面布置紧凑、合理，做到互不干扰，力求节约用地、方便施工，且分施工阶段布置平面。办公室、工人临时生活用房采用双层活动房，待地下室及一层建好后逐步移入室内（改变平面布置以腾出裙房施工用地），从而也增加回转场地（临时设施详见表 7-23 及图 7-60）。

5. 交通运输情况

本工程位于将军路，属市内主要交通要道，经常发生交通堵塞，故白天尽可能运输一些小型构件，一些长、大、重的构件宜放在晚上运输，并与交警联系派一警员维持进场入口处的交通秩序。特别是在打桩阶段，废泥浆的外运必须在晚上进行，泥浆车密封性一定要好，以防止泥浆外漏污染路面，如有污染，应做好道路的冲洗工作，确保全国卫生城市和环保模范城市的形象。场内运输采用永久性道路。

（五）施工组织措施

1. 雨期、冬期施工措施

工程所在地年降水总量达 1223.9mm，日最大暴雨量达 189.3mm，时最大暴雨量达 59.2mm，冬季平均温度不大于 +5℃，延续时间达 55 天。为此设气象预报情报人员一名，与气象台（站）建立正常联系，做好季节性施工的参谋。

（1）雨期施工措施

1）施工现场按规划做好排水管沟工程，及时排除地面雨水。

2）地下室土方开挖时按规划做好地下集水设施，配备排水机械和管道，将雨水引入市政排水井，保证地下室土方开挖和地下室防水混凝土正常施工。

3）备置一定数量的覆盖物品，保证尚未终凝的混凝土免受雨水冲淋。

4）做好塔吊、井架、电机等的接地接零及防雷装置。

5）做好脚手架、通道的防滑工作。

（2）冬期施工措施

根据本工程进度计划，部分主体结构工程、屋面工程和外墙装修工程施工期间将进入冬期施工阶段。

1）掌握气象变化趋势，抓住有利的时机进行主体、屋面工程施工。

2）钢筋焊接应在室内进行，焊后的接头严禁立刻碰到水、冰、雪。

3）闪光对焊、电渣压力焊应及时调整焊接参数，接头的焊渣应延缓数分钟后打渣。

4）搅拌混凝土时，禁止用有雪或冰块的水拌和。

5）掺入既防冻又有早强作用的外加剂，如硝酸钙等。

6）预备一定量的早强型水泥和保温覆盖材料。

7）外墙抹灰采用冷作业法施工，在砂浆中掺入亚硝酸钠或漂白粉等化学附加剂。

2. 工程质量保证措施

（1）加强技术管理，认真贯彻各项技术管理制度；落实好各级人员岗位责任制，做好技术交底，认真检查执行情况；积极开展全面质量管理活动，认真进行工程质量检验和评定，做好技术档案管理工作。

（2）认真进行原材料检验。进场钢材、水泥、砌块、混凝土、预制板、焊条等建筑材料，必须提供质量保证书或出厂合格证，并按规定做好抽样检验；各种强度等级的混凝土，要认真做好配合比试验；施工中按规定制作混凝土试块。

（3）加强材料管理。建立工、料消耗台账，实行"当日领料、当日记载、月底结账"制度；对高级装饰材料，实行"专人检验、专人保管、限额领料、按时结算"制度；未经检验，不得用于工程。

（4）对外加工材料、外分包工程，认真贯彻质量检验制度，进行质量监督，发现问题及时整改，实行质量奖罚措施。

（5）严格控制主楼的标高和垂直度，控制各分部分项工程的操作工艺，完工后必须经班组长和质量检验人员验收，达到预定质量目标签字后，方准进行下道工序施工，并计算工作量，实行分部分项工程质量等级与经济分配挂钩制度。

（6）加强工种间的配合与衔接。在土建工程施工时，水、卫、电、暖等工程应与其密切配合，设专人检查预留孔、预埋件等位置、尺寸，逐层检验，不得遗漏。

（7）高级装修面料或进口材料应按施工进度提前两个月进场，以便分类挑选和材质检验。

（8）采用混凝土真空吸水设备，混凝土楼面抹光机，新型模板支撑体系及预埋管道预留孔堵灌新技术、新工艺。

3. 保证安全施工措施

严格执行各项安全管理制度和安全操作规程，并采取以下措施。

（1）沿将军路的附房，距规划红线外7m处（不占人行道）设置2.5m高的通长封闭式围护隔离带，通道口设置红色信号灯、警告电铃及专人看守。

（2）在三层悬挑脚手架上，满铺脚手片，用钢丝与小横杆扎牢，外扎80cm×100cm竹脚手片，设钢管扶手，钢管踢脚杆，并用塑料编织布封闭。附房部分，设双排钢管脚手架，与主楼悬挑架同样围护，主楼在三层楼面标高处，支撑挑出3m的安全网。井字架四周用安全网全封闭围护。

（3）固定的塔吊、金属井字架等设置避雷装置，其接地电阻不大于4Ω，所有机电设备，均应实行专人专机负责。

（4）严禁由高处向下抛扔垃圾、料具、物品；各层电梯口、楼梯口、通道口、预留洞口设置安全护栏。

（5）加强防火、防盗工作，指定专人巡检。每层要设防火装置，每逢三、六、九层设一临时消火栓。在施工期间严禁非施工人员进入工地，外单位来人要专人陪同。

（6）外装饰用的施工吊篮，每次使用前检查安全装置的可靠性。

（7）塔式起重机基座、升降机基础、井字架地基必须坚实，雨季要做好排水导流工作，防止塔、架倾斜事故，悬挑的脚手架作业前必须仔细检查其牢固程度，限制施工荷载。

（8）由专人负责与气象台（站）联系，及时了解天气变化情况，以便采取相应技术措施，防止发生事故。

（9）以班组为单位，作业前举行安全例会，工地逢"十"召开由班组长参加的安全例会，分项工程施工时，由安全员向班组长进行安全技术书面交底，提高职工的安全意识和自我防护能力。

4. 现场文明施工措施

（1）以后勤组为主，组成施工现场平面布置管理小组。加强材料、半成品、机械堆放、管线布置、排水沟、场内运输通道和环境卫生等工作的协调与控制，发现问题及时处理。

（2）以政工组为主，制定切实可行、行之有效的门卫制度和职工道德准则，对违纪违法和败坏企业形象的行为进行教育，并作出相应的处罚。

（3）在基础工程施工时，结合工程排污设施，插入地面化粪池工程施工，主楼进入三层时，隔2层设置临时厕所，用ϕ150铸铁管引入地面化粪池，接市政排污井。

（4）合理安排作业时间，限制夜间施工时间，避免因施工机械产生的噪声影响四周市民的休息，必要时采取一定的消声措施。白天工作时环境噪声控制在55dB以下。

（5）沿街围护隔离带（砖墙）用白灰粉刷，改变建筑工地外表面貌。

5. 降低工程成本措施

（1）对分部分项工程进行技术交底，规定操作工序，执行质量管理制度，减少返工，以降低工程成本。

（2）加强施工期间定额管理，实行限额领料制度，减少材料损耗。在定额损耗限额内，实行少耗有奖、多耗要罚的措施。

（3）采用框架柱预埋拉筋、预留管道堵孔新技术，采用早拆型钢木竹结构模板体系，采用悬挑钢管扣件脚手架技术，提高周转材料的周转次数，节约施工投入。

（4）在混凝土中应加入外加剂，以节约水泥，降低成本。

（5）钢筋水平接头采用闪光对焊，竖向接头采用电渣压力焊。

（6）利用原有旧房作部分临时设施，采用双层床架以减少临设费用，施工高峰期临时设施利用新建楼层统一安排施工用房。

单位工程施工组织设计实训

1. 环境的创建

教室或实训室。

2. 实训内容

本实训要编制的是某单位工程的施工组织设计。

3. 实训目标

按照《建筑施工技术》和《建筑施工组织》课程所学知识来编制，培养学生独立编制单位工程施工组织设计的能力和技巧，为其参加现场施工及其管理打下基础。

4. 实训要求

在全面完成单位工程施工组织设计基础上，需要每个模拟施工企业提出以下设计文件：

（1）课程设计说明书：要求图、文、表并茂，文字正确整洁，标点符号清楚，语言通顺；

（2）绘制单位工程施工进度图（一张）；

（3）绘制单位工程施工平面布置图（一张）：采用 A3 号图纸绘制；按工程制图要求进行；图面布局要合理，清洁工整，美观大方。

并且需要每个模拟施工企业的职员交一份心得，主要包括工作任务、角色分工及通过本次实训所掌握的专业知识和实践技能。

5. 实训完成

（1）实训小组的建立

模拟施工企业施工组织设计编制负责人、4 名技术员。

（2）实训小组成员的分工

负责人：负责施工组织设计决策；

技术员 1：设计项目的施工方案；

技术员 2：设计项目的进度计划；

技术员 3：设计项目的施工平面布置图；

技术员 4：设计主要技术组织的保证措施。

（3）实训小组成员的自我总结

负责人汇报企业的工作安排及员工的工作情况，每个成员汇报自己工作中遇到了哪些困难，是如何解决的，如何将理论知识运用到工作中。

6. 教师对实训结果评价

根据"施工企业"所编制的施工组织设计及汇报对每个企业进行打分；

根据"职员"的工作表现及自我总结对每个职员进行打分。

复习思考题：

1. 试述施工组织总设计的基本内容。

2. 什么叫单位工程施工组织设计？

3. 试述单位工程施工组织设计的编制依据和程序。

4. 单位工程施工组织设计包括哪些内容？

5. 工程概况及施工特点分析包括哪些内容？

6. 施工方案包括哪些内容？

7. 确定施工顺序应遵守的基本原则和基本要求是什么？

8. 试述多层砌体结构民用房屋及框架结构的施工顺序。

9. 试述装配式单层工业厂房的施工顺序。

10. 选择施工方法和施工机械应满足哪些基本要求？

11. 试述技术组织措施的主要内容。

12. 单位工程施工进度计划可分几类？分别适用于什么情况？

13. 单位工程施工进度计划的编制步骤是怎样的？

14. 施工过程划分应考虑哪些要求？

15. 工程量计算应注意什么问题？

16. 如何确定施工过程的劳动量或机械台班量？

17. 如何确定施工过程的延续时间？

18. 资源需要量计划有哪些？

完成工作任务的要求：

1. 能编制单位工程的施工方案；

2. 能编制单位工程的施工进度计划表；

3. 能绘制单位工程的施工平面图；

4. 能完整地编制单位工程的施工组织设计。

附录 投标邀请书

投标邀请书

日　　期：××年×月×日

招标编号：××××

1 ××工程已由××批准建设，××公司（招标代理机构）受××（招标人）委托，就××项目进行邀请招标，选定承包人。

2 本次招标工程项目概况如下：

2.1 工程性质（工业/民用建筑工程）

2.2 结构类型（砖混/框架）

2.3 招标范围（土建、给水排水、采暖通风、电气等）

2.4 资金来源

标段划分

2.2 工程建设地点：×××市×区

2.3 计划开工日期为××年×月×日，计划竣工日期为××年×月×日，工期××日历天。

2.4 工程质量：要求符合合格标准。

3 本工程招标对投标人资格审查方式为资格后审，资格审查标准和内容详见招标文件中的资格审查文件，只有资格审查合格的人才能授予合同。

4 投标人请于××年×月×日至××年×月×日到达××处报名并购得招标文件，并携带法人代表授权书、授权代表身份证、营业执照、资质证书、安全生产许可证原件，同时留下复印件。

5 投标文件提交的时间为×××年×月×日×时×分，文件提交地点为×××。

6 招标工程项目的开标将于上述投标截止时间的同一时间在上述的文件提交地点开标，请准时参加。

招标人/招标代理项构：××××

办公地址：

联系电话：

联系人：

招标人：（公章）

地址：

电话：

传真：

联系人：

主要参考文献

[1] 彭圣浩.建筑工程施工组织设计实例应用手册.北京：中国建筑工业出版社，1999.

[2] 危道军.建筑施工组织.北京：中国建筑工业出版社，2002.

[3] 危道军.建筑施工组织（第二版）.北京：中国建筑工业出版社，2008.

[4] 危道军.建筑施工组织与造价管理实训.北京：中国建筑工业出版社，2007.

[5] 郝永池.建筑施工组织.北京：机械工业出版社，2009.

[6] 吴根宝.建筑施工组织.北京：中国建筑工业出版社，1999.

[7] 方承训，郭立民.建筑施工.北京：中国建筑工业出版社，1997.

[8] 李玉宝.国际工程项目管理.北京：中国建筑工业出版社，2006.

[9] 危道军.建筑工程项目管理.武汉：武汉理工大学出版社，2005.

[10] 田金信.建筑企业管理学.北京：中国建筑工业出版社，2004.

[11] 可行性研究报告手册.北京：中国建筑工业出版社，2004.

[12] 工程造价计价与控制 资格考试培训教材.北京：中国计划出版社，2006.

[13] 建设工程工程量清单计价规范（GB 50500—2003/200）.

[14] 黑龙江省建设工程预算定额.

[15] 谷学良.工程招标投标与合同.哈尔滨：黑龙江省科学技术出版社，2006.

[16] 杨志中.建设工程招投标与合同管理.北京：机械工业出版社，2008.